计算机系列教材

大学IT

杨瑞霞　裴珊珊　主编

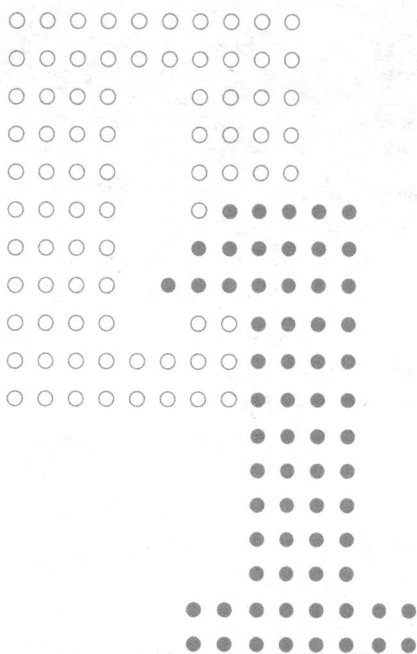

清华大学出版社
北京

内 容 简 介

本书依照非计算机专业规范以及应用型本科院校教学需求精心编撰。秉持"通俗易懂,理论与实践相融合,科学引导学习"原则,充分考量大一年级学生的特质,以由易至难、逐步深入的方式阐释计算机知识体系。着重培养学生对大学信息技术的宏观认知架构,提升其动手实操能力,有效激发并引导学生的兴趣趋向,切实为学生提供精准且具实效的学习指引。

全书共设 8 章,涵盖计算机基础、计算机系统、操作系统、办公软件 WPS、计算机网络基础与应用、网络空间安全、多媒体技术及 IT 新技术等丰富内容。各章节末尾皆配备充裕的理论习题,利于学生深化理论知识的领悟,强化实践技能的精研,助力初学者构建完整的大学信息技术认知体系。

本书既可作为高校各本科专业的计算机基础教材,也可作为各类社会培训机构的计算机基础教材。

图书在版编目(CIP)数据

大学 IT/杨瑞霞,裴珊珊主编. -- 北京:清华大学出版社,2025.8(2025.9重印).
(计算机系列教材). -- ISBN 978-7-302-70068-5

Ⅰ. TP3

中国国家版本馆 CIP 数据核字第 20259KR125 号

策划编辑:白立军
责任编辑:杨   帆
封面设计:常雪影
责任校对:王勤勤
责任印制:曹婉颖

出版发行:清华大学出版社
  网   址:https://www.tup.com.cn,https://www.wqxuetang.com
  地   址:北京清华大学学研大厦 A 座   邮   编:100084
  社 总 机:010-83470000   邮   购:010-62786544
  投稿与读者服务:010-62776969,c-service@tup.tsinghua.edu.cn
  质量反馈:010-62772015,zhiliang@tup.tsinghua.edu.cn
  课件下载:https://www.tup.com.cn,010-83470236
印 装 者:三河市君旺印务有限公司
经   销:全国新华书店
开   本:185mm×260mm   印   张:20.25   字   数:494 千字
版   次:2025 年 8 月第 1 版   印   次:2025 年 9 月第 2 次印刷
定   价:59.80 元

产品编号:109447-01

编　委　会

专 家 推 荐

本书不仅详细讲解 WPS 办公软件的应用,还涵盖了网络安全、人工智能等技术,助力提高办公技能与信息安全意识,帮助学生拓展数字化思维,适应未来职场需求。

天津人工智能学会副理事长

天津科技大学人工智能实践基地主任,河海学者

杨巨成教授

本书就像一本"数字生活指南",用文科生熟悉的语言讲解信息技术。书中没有复杂的代码和公式,而是通过生活案例和实操练习,帮助学生轻松掌握数字时代必备技能。

山东大学软件学院

王璐教授

本书以清晰的逻辑结构全面覆盖计算机基础知识,尤其适合高校计算机课程教学。内容贴合国内信息化发展趋势,帮助学生构建完整的知识体系。

山东计算机学会理事

山东师范大学信息科学与工程学院

吕蕾教授

前　言

在当今数字化、信息化高速发展的时代,信息技术如同空气一般无处不在,深刻地影响着人们生活的方方面面。"大学 IT"课程作为培养现代大学生信息素养和创新能力的重要载体,肩负着重大的使命。

信息技术的飞速发展给社会带来了翻天覆地的变化。从互联网的普及到移动智能设备的广泛应用,从大数据分析到人工智能的崛起,信息技术不断重塑着人们的生活方式、工作模式及思维观念。在这样的大背景下,大学生作为社会未来的栋梁,必须具备扎实的信息技术知识和技能,才能在激烈的竞争中立于不败之地。

本书旨在为读者构建全面、系统且实用的计算机知识体系,内容涵盖了计算机基础、计算机系统、操作系统、办公软件 WPS、计算机网络基础及应用、网络空间安全、多媒体技术及 IT 新技术等多方面。通过本书的学习,读者可以逐步建立对计算机科学的整体认识,掌握各项基本技能和前沿技术,为未来的职业发展打下坚实的基础。本书编排注重理论与实践的结合,既介绍了计算机科学的理论知识,又提供了丰富的实践案例和操作步骤,使读者能够在学习中不断实践,加深理解。同时,编者也紧跟时代步伐,将最新的 IT 技术成果融入本书,使读者能够紧跟技术前沿,把握未来趋势。

本书内容丰富、结构清晰,主编及参编人员均具有多年的一线教学和工作经验,对学生的学习能力和理解能力具有非常透彻的认识,对社会的人才需求也非常了解,所以在本书内容组织、难度把握、知识点选择等方面均有丰富的经验和全面的认识。

为了更好地辅助学生学习和教师教学,本书还配备了丰富的教学资源。编者精心制作了配套的课件,对书中的重点内容进行了梳理和总结,以图文并茂、生动形象的方式呈现给学生。同时,提供了大量的习题集,题型多样,包括选择题、判断题、填空题、简答题等,全面覆盖书中知识点,帮助学生通过练习巩固所学内容,加深对知识的理解和掌握。

在编写过程中,参考了大量国内外优秀的信息技术教材和相关文献资料,力求使本书内容准确、翔实、新颖。同时,也得到了许多同行专家和教师的支持与帮助,在此向他们表示衷心的感谢。

衷心希望本书能够成为大学生学习信息技术的得力助手,帮助学生开启信息技术知识的大门,掌握实用的信息技术技能,为未来的学习、工作和生活奠定坚实的基础。

编　者

2025 年 5 月

目　　录

第 1 章　计算机基础

本章学习目标
- 掌握信息与数据的含义。
- 掌握信息、数据与知识的关系。
- 掌握计算机的发展、分类与应用。
- 掌握信息的编码、进制转换、字符编码等。

　　我们正处于一个信息时代,信息技术深刻地影响了人们的生活和工作方式。计算机作为信息技术的核心工具,已经成为人们生活中必不可少的工具。本章主要介绍信息与信息技术,计算机的发展、分类,信息的表示和计算机的应用等内容,帮助学生了解计算机的基础知识,为后续学习打下基础。

1.1　引言

1.1.1　信息的定义

　　信息在人类社会和自然界中无处不在,它涉及人类生活的方方面面。大到社会层面的科学研究、经济活动、文化交流、政治决策等,小到家庭个人的学习、工作、生活等,都无时无刻地被信息所包围,也深受其影响。随着信息技术的不断发展,信息的获取、处理、传递和存储方式也在不断创新和变革,为人类社会的发展和进步提供了强大的动力。

1. 信息

　　信息(Information)是生活中的常用词语。婴儿时期,通过视觉、听觉和触觉等感觉器官接收外界信息,构成了我们对世界最初的认知和理解。伴随着成长,通过家庭、学校和媒体等多种渠道,接触到更加复杂多样的社会文化信息,包括语言、习俗、价值观等,这些信息影响了我们的行为方式和思维方式。在现代社会中,通过智能手机、计算机、互联网以及各种智能设备,我们可以广泛涉猎新闻、知识、娱乐内容等,这些信息不仅丰富了人们的生活,也改变了人们的生活方式和交往方式。那么,到底什么是信息呢?

　　信息是客观事物的属性和规律性的反映,是对客观事物的认识和表达。信息可以经由文字、图片、声音、视频等载体表达,给接收者传递有用的知识、技能、经验、情感等内容。信息的传递和交流是人类社会活动的重要内容,信息的获取和利用对人类的生产、生活、学习等方面产生了深远的影响。

　　信息的概念最早可以追溯到古代的希腊,希腊哲学家亚里士多德在其著作《茶学篇》中提出了"信息"一词,用来描述人类对事物的认识和了解。信息的概念在人类社会的发展中逐渐得到了深化和拓展,成为人们认识世界、改造世界的重要工具。对于信息的认识,人们从不同角度做出了多种解释。信息作为一个词语,在我国《辞海》中的解释:①音信、消息;②通信系统传输和处理的对象,泛指消息和信号的具体内容和意义。

1948年,美国数学家克劳德·香农在《通信的数学理论》一文中首次提出了信息论的基本概念,奠定了信息论的基础。香农认为:信息是一种用来消除不确定性的东西,是一种用来传递消息的东西。信息的本质是消除不确定性,是对事物的认识和了解。信息论是研究信息传输、存储、处理等问题的学科,香农的信息论为信息科学的发展提供了重要的理论支持,开创了信息科学的新领域。现代科学中信息指事物发出的消息、指令、数据、符号等所包含的内容。人们通过获得、识别自然界和社会的不同信息来区别不同的事物,得以认识和改造世界。

因此,信息的含义是不断变化和发展的,并且至今尚未有统一的定义。一般认为,信息是在自然界、人类社会和人类思维活动中普遍存在的一切物质和事物的属性。

2. 信息的特征

信息的基本特征是广泛而普遍存在的,宇宙中任何事物都包含信息。自然界中每时每刻发生的自然现象,人类社会中产生的各种活动,都包含丰富的信息。信息的主要特征可以概括为以下6点。

(1) 依附性:信息不能独立存在,需要依附于特定的载体才能被传递和存储。这些载体可以是纸张、硬盘、网络数据等。

(2) 传递性:信息可以通过各种渠道(如语言、文字、图像、声音、网络等)进行传递,使信息能够在不同的时间和空间被共享和交流。

(3) 存储性:信息可以被记录、保存和积累,以便在需要时随时获取和使用。随着技术的发展,信息的存储方式也在不断变化,从传统的纸质记录到现代的电子存储。

(4) 共享性:信息可以被多个人或组织共享和使用,而不会像物质资源那样因为使用而减少。这种共享性有助于促进知识的传播和创新的发展。

(5) 价值性:信息对于个人、组织和社会都具有重要的价值。它可以帮助人们做出决策、解决问题、提高效率、创造财富等。同时,信息也是知识和智慧的重要来源。

(6) 时效性:信息具有时间敏感性,随着时间的推移,信息的价值可能会发生变化。因此,及时获取和处理信息对于决策和行动至关重要。

除此之外,信息还具有可加工性、真伪性、多样性、无限性等特征,这些特征共同构成了信息的基本属性,使得信息成为现代社会的重要资源。

3. 信息与数据

数据(Data)是信息的载体,是对客观事物的描述和记录。数据可以是文本、数字、图形、图像、声音、视频等多种形式。数据是信息的来源,它们可以是量化的也可以是描述性的,是信息处理和分析的基础。数据本身通常不包含意义,它们需要通过分析和解释才能转化为有用的信息。

数据是原始的、未经加工的事实或信息。信息是经过处理和分析的数据,能够影响接收者的决策或行为。信息是数据的进一步发展,包含对数据的解释、意义和应用。信息可以是知识、消息、信号或任何能够减少不确定性和提供理解的内容。

总之,信息与数据之间的关系是密切相关但又有所区别的。通常数据用于表达和记录信息,而信息是数据的内涵,是对数据加工和解释的结果。数据可以被存储和保留,而信息则更侧重于使用和传播。例如,表格中的数字只是数据,但当分析这些数字得到某种趋势或关系时,这些数字就表达了信息。数据是信息处理和分析的基础,通过数据挖掘、数据分析和数据科学等技术,可以从数据中提取有价值的见解和知识。

4. 信息与知识

知识(Knowledge)是经过人们理解、分析和综合形成的信息,包含对数据的解释、意义和应用。知识是人们通过学习、研究和经验积累获得的,它可以帮助人们理解世界、解决问题和做出决策。信息是知识的载体,通过信息的传递和交流,人们可以获取新知识,增长见识。

在计算机科学和信息技术领域,信息和知识的关系可以通过数据存储、处理和分析的过程来体现。例如,在人们熟悉的电子邮件管理系统中,数据包括邮件的原始内容、邮件地址、邮件主题和内容关键词等;根据主题和内容关键词,可以得到邮件的分类(如工作邮件、垃圾邮件)、邮件的优先级别(如紧急、不紧急)等关键信息;通过分析用户如何处理不同类型的邮件,系统可以进行自动过滤和优化邮件的排序,也可以识别潜在的钓鱼邮件或恶意附件,并采取相应的安全措施,系统根据用户行为模式和安全策略自动处理邮件的能力就是知识。通过这个例子,可以看到信息和知识是从数据中提取和推导出来的,它们为计算机系统提供了智能和自动化的能力。

总之,数据、信息和知识具有密切的联系,但又不完全相同。数据通过处理和解释转化为信息,信息通过进一步的分析、综合和批判性思考转化为知识。知识可以指导数据的收集和分析,以及信息的解释。数据是构建信息和知识的基石,信息是数据的有意义表示,而知识是信息的深入理解和应用。这三者共同构成了人们理解和解释世界的基础。

1.1.2 信息技术与信息社会

1. 信息技术

信息技术(Information Technology,IT)是指利用计算机技术、通信技术和网络技术等现代手段,实现对信息的采集、存储、处理、分析、传输和应用。现代信息技术的发展主要是在计算机技术的基础上逐步发展起来的。因此,信息技术的核心是计算机技术。

广义上讲,信息技术的发展历史可以追溯到古代的文字、印刷术、通信工具等。早期,语言的产生和应用,实现了人类思想的交流和信息的共享。直到文字的出现和应用使人类能够将信息记录和传承,实现信息技术的一次重要突破。后来,印刷术的发明和应用,推动了书籍的广泛传播和知识的普及,极大地提高了信息传播的效率。19世纪中叶以后,随着电报和电话的发明、计算机的发展和应用,使人类的通信领域产生了根本性的变革,实现了信息的远距离传输、存储和处理,推动了社会的信息化进程。随着计算机技术的发展、互联网的出现,实现了信息的全球共享和交互,推动了社会的数字化、网络化和智能化发展。

当前云计算、大数据、物联网、区块链、人工智能等新技术不断发展,深刻改变着人们的生活方式和工作模式,推动社会不断向前发展。

2. 信息社会

信息技术的发展促进了信息社会的形成。信息社会是以信息技术为基础,以信息资源为核心,以信息服务为主要产业的社会形态。信息社会是继农业社会、工业社会之后的一种新的社会形态。信息社会的特点是信息资源丰富、信息传播快速、信息服务普及、信息技术应用广泛。信息社会中信息成为物质、能源之外的重要资源,是决定经济发展和社会进步的重要生产力。

信息社会改变了人们的生活方式,提高了工作效率,促进了经济发展,但也带来了新的社会问题和挑战。随着信息的传播途径日益广泛,人们每天接收着海量信息的轰炸,带来了信息过载问题,如何从海量信息中获取有价值的信息,也成为当前社会面临的重要挑战。同时,信息过载也带来了安全隐患,一些敏感或隐秘信息容易泄露,虚假信息和谣言更容易传播,影响公众的判断和行为,甚至可能引发社会恐慌和不稳定;信息过载增加了网络安全防护的复杂性,有些安全漏洞更容易被忽视,从而增加网络攻击的风险。

信息的无处不在和多样性,使得人们能够更好地理解世界。但是,为了应对信息过载带来的安全隐患,每个人都应该高度提高自我保护意识,合理筛选和管理信息,避免信息过载带来的负面影响。从个人角度更应该提高网络安全防护能力,加强个人信息保护,不断提高筛选、分析和利用信息的能力。作为当代大学生,应积极主动学习信息技术,提升自身的信息素养,在日常生活中能够有效甄别网络和社交媒体中的虚假有害信息,并阻止其进一步传播;同时,牢固树立法律意识,遵守网络信息法律法规,共同维护国家的网络空间安全。

1.2 计算机的诞生与发展

计算机(Computer)是一种电子设备,也称电脑。计算机包括电子数字计算机和电子模拟计算机,现在的计算机一般是指电子数字计算机。计算机是一种高度自动化的、能够按照预先设定的程序自动运行的智能机器,其能够接收数据、存储数据、处理数据,并输出和保存处理结果。计算机可以是通用的,也可以是为特定任务设计的。如今,计算机在办公自动化、科学计算、工程设计、休闲娱乐、教育教学、金融交易、数据分析等领域的应用非常广泛。随着技术的发展,计算机也在不断进化,变得更加强大、高效和便携。

1.2.1 计算机的诞生

20 世纪 40 年代诞生的计算机是 20 世纪最重要的发明之一,是人类科学技术发展中的一个重要里程碑。计算机作为一种计算工具,其发展历程可以追溯到古代的计算工具,如算盘、天文仪器等。现代计算机主要是在 20 世纪中叶以来逐步发展起来的。

自古以来,人们对于数量大或者复杂的计算问题,常常需要借助工具来完成。人类早期的计算工具主要取材于随处可以捡到的小石子、贝壳、木条或者竹片等,也可借助手指等身体器官、图案等方式来进行记数和计算。随着社会的发展,人们开始使用更复杂的计算工具。商周时期,算筹问世,用于数学记数和计算,算筹是通过短棒的摆放方法来表示数字和进行计算的工具,如图 1.1 所示。南朝的祖冲之用算筹计算得到圆周率精确到小数点后 7 位,保持世界纪录 1000 年。之后算盘的出现逐渐取代算筹,使得计算更加高效和准确,在电子计算机出现之前,珠算在科学计算中发挥了重要作用,尤其是在天文、历法和工程计算等领域。算盘采用的十进制系统是中国古代数学的一个重要特点,也是现代数学和计算机科学的基础。

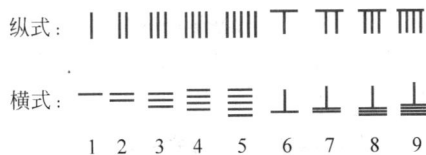

纵式: | || ||| |||| ||||| Ｔ ＴＴ ＴＴＴ ＴＴＴＴ

横式: 一 二 三 ≡ ≣ ⊥ ⊥ ⊥ ⊥

　　1 2 3 4 5 6 7 8 9

图 1.1　筹算数码

为了实现自动化计算,计算工具的发展经历了从手工计算到机械装置计算的重大突破。17 世纪,法国数学家布莱兹·帕斯卡发明了一种早期的机械计算器,这是世界上首批能够执行加法和减法运算的机械装置之一,它开启了用机械手段进行数学运算的新纪元。随后,德国数学家莱布尼茨在帕斯卡的机械计算器基础上,建造了一种能够执行加、减、乘、除四则运算的机械计算器,为后续计算技术的发展奠定了基础。进入 19 世纪,英国数学家查尔斯·巴贝奇设计了分析机,这是一种能够进行复杂数学运算的机械计算器。分析机不仅能够处理数字计算,还能够按照预设的指令自动执行任务,因此被广泛认为是现代计算机的原型,巴贝奇也被称为"计算机之父"。

世界上第一台通用电子计算机是 ENIAC,即电子数字积分计算机(Electronic Numerical Integrator and Computer),诞生于 1946 年,如图 1.2 所示。第二次世界大战期间,为了提高军方计算弹道轨迹数据的效率,由美国宾夕法尼亚大学的莫克利和埃克特领导的团队研制了 ENIAC。ENIAC 占地约 170 平方米,集成了约 18 000 个真空电子管、1500 个继电器、70 000 个电阻等元器件,是一种巨型计算机,体积庞大;耗电量大,每小时耗电 100 多千瓦,但具有前所未有的计算速度和功能。ENIAC 能够执行加、减、乘、除等基本算术运算,以及更复杂的数学运算。ENIAC 采用十进制系统进行计算,每秒可以执行 5000 次加法运算。它没有键盘、鼠标等设备,工作时需要多人合作。

图 1.2　第一台电子计算机(ENIAC)

ENIAC 的诞生标志着计算机时代的开始,开创了现代计算机的发展之路。ENIAC 采用电子管作为计算元件,电子管具有高速、高精度的特点,是早期计算机的核心部件。电子管技术的应用使计算机的运算速度大幅提升,为计算机的发展奠定了基础。

1.2.2　计算机的发展

在 ENIAC 诞生至今这段时间里,计算机技术经历了翻天覆地的变化,其发展速度之快、影响范围之广,可谓人类历史上的一项奇迹。计算机的发展经历了多个阶段,从早期的巨型计算机到现代的微型计算机,计算机的性能和功能不断提升,应用领域也不断拓展。

人们根据计算机采用的主要元器件的不同,将计算机的发展历程划分为四代,每代计算机都有其独特的特点和应用领域,如表 1.1 所示。

表 1.1　计算机的发展史

年　代	名　称	元　件	计算机语言	应　用
第一代(1946—1958 年)	电子管计算机	电子管	机器语言、汇编语言	科学计算
第二代(1958—1964 年)	晶体管计算机	晶体管	高级程序设计语言	数据处理、科学计算和工程设计等

续表

年　代	名　称	元　件	计算机语言	应　用
第三代（1964—1971 年）	集成电路计算机	中小规模集成电路	高级程序设计语言	广泛应用到各个领域
第四代（1971 年至今）	超大规模集成电路计算机	集成电路	面向对象的高级语言	网络时代
第五代	未来计算机	量子、光子、超导等	未来计算机语言	多元化、智能化

1. 电子管计算机

电子管计算机也称真空管计算机，使用电子管作为主要物理元件。电子管如图 1.3 所示，是一种控制真空中电子流动的电子装置，被设置为两个状态以表示 0 或 1，响应速度比机械计算器快，但体积大、耗能高、易烧坏。最早只能采用 0 和 1 编码的机器语言进行编程，后来出现了符号化的汇编语言。第一代计算机主要用于科学计算，运算速度为每秒几千次到几万次。电子管计算机的代表机型有 ENIAC、EDVAC、UNIVAC 等。

2. 晶体管计算机

晶体管计算机使用晶体管作为主要物理元件。晶体管如图 1.4 所示，相比电子管，晶体管体积小、耗能低、寿命长，提高了计算机的性能和可靠性。随着计算机硬件的改进，编程语言和软件也得到了发展，出现了 FORTRAN 和 COBOL 等高级程序设计语言，使编程更加高效且易于理解。晶体管计算机被广泛应用于商业数据处理、科学计算和工程设计等领域，运算速度为每秒几万次到几十万次。晶体管计算机的代表机型有 IBM 360 系列、DEC PDP 系列等。

图 1.3　电子管　　　　图 1.4　晶体管

3. 集成电路计算机

集成电路计算机使用中小规模集成电路作为主要物理元件。集成电路可以将成千上万的晶体管等元件集成在一个单独的微型芯片上，大大缩小了计算机的体积，提高了运算速度和可靠性。在这一时期，半导体存储器取代了磁芯存储器，提供了更快的数据访问速度和更高的存储密度。软件方面出现了操作系统并逐渐成熟，开始出现计算机网络和通信软件。高级程序设计语言得到很大发展，出现了流行的 BASIC、Pascal、C 等计算机语言。集成电路技术极大地推动了计算机的小型化和普及，计算机开始广泛应用到各个领域，运算速度达到每秒几十万次到几百万次。集成电路计算机的代表机型有 IBM 360 系列、DEC PDP-8/PDP-11 等。

4. 超大规模集成电路计算机

超大规模集成电路计算机是基于大规模和超大规模集成电路技术的计算机。大规模集成电路（Large Scale Integrated Circuit，LSI）、超大规模集成电路（Very Large Scale

Integrated Circuit，VLSI)实现了单个芯片上能够集成几十万甚至几百万个晶体管，极大地提高了芯片的集成密度，使计算机具有高性能、低成本、低功耗和高可靠性。

1971年，英特尔(Intel)公司制造了一款具有划时代意义的微处理器 Intel 4004，如图1.5所示，尺寸只有3mm×2mm，但集成了2400个晶体管，计算能力与ENIAC相当。这一阶段，微型计算机在家庭中得到普及，计算机在数据处理、通信、消费等多个领域得到广泛应用，运算速度达到每秒千万次甚至上亿次。同期，操作系统、高级程序设计语言和数据库技术得到快速发展，而计算机网络和互联网的出现，更深刻改变了人们的生活和工作方式。

近年来计算机的发展更为迅速，应用领域也在不断拓展，现代计算机已经进入了多核、云计算、人工智能等新技术阶段。

5. 未来计算机

作为计算机的基本物理元件，集成电路芯片的集成度和性能不断提高。英特尔公司创始人之一戈登·摩尔在1965年提出了芯片集成的摩尔定律，即在同一块半导体芯片上，可以集成的元器件数量(主要是晶体管数量)每隔大约18个月翻一番，且性能提升而价格保持不变。1982年，Intel 80286微处理器，如图1.6所示，大约集成了13万个晶体管。摩尔定律被广泛应用于计算机硬件产业的发展中，成为衡量技术进步的重要标准。但是，随着集成度的提高，芯片的功耗和散热问题也日益突出，制作工艺不断逼近物理极限，科研人员正在探索新材料和新技术，积极研制新一代的计算机。

(1) 量子计算机，是一种基于量子力学原理的计算机，利用量子比特(Qubit)进行计算。量子计算机具有并行计算能力强、运算速度快、能耗低等优点，是未来计算机发展的重要方向。

(2) 光计算机，是一种利用光子进行计算的计算机，具有光速传输、低能耗等优点，可应用于光通信、光存储等领域。

(3) 生物计算机，是一种利用生物分子进行计算的计算机，将生物系统的特性与计算能力结合，可应用于生物信息学、医学诊断等领域。

(4) 超导计算机，是一种利用超导材料进行计算的计算机，具有超导性能的优势，可实现超低温运行和超高速计算，是未来计算机技术的研究热点之一。

图1.5 Intel 4004 微处理器　　　　图1.6 Intel 80286 微处理器

1.2.3 我国计算机的发展

我国计算机的发展也经历了多个阶段。中华人民共和国成立后，百废待兴，1956年，周恩来总理在主持制定《1956—1967年科学技术发展远景规划》中，把"计算机"作为重点发展领域之一,并筹建了中国第一个计算技术研究所(简称计算所)。从此,我国的计算机事业正式起步。我国计算机发展的重要历史节点参见表 1.2。

表 1.2 我国计算机发展的重要历史节点

时 间	重要事件	机 型	主 要 特 点
1958 年	第一台小型电子管计算机	103 机	运算速度每秒 1500～1800 次,标志着我国第一台电子计算机的诞生
1959 年	第一台大型电子管计算机	104 机	运算速度每秒 1 万次,运算速度大幅提升
1964 年	大型通用电子管计算机	119 机	运算速度每秒 5 万次,我国第一台自行设计的大型通用电子管计算机
1965 年	晶体管计算机	109 乙机	运算速度每秒 6 万次,标志着我国晶体管计算机时代的到来
1973 年	百万次集成电路计算机	150 机	运算速度每秒 100 万次,我国第一台自行设计的百万次集成电路计算机
1983 年	亿次巨型机	银河-Ⅰ	运算速度每秒 1 亿次,标志着我国计算机科研水平上升到新高度
1992 年	通用并行巨型机	银河-Ⅱ	峰值性能每秒 4 亿次浮点运算,国际先进水平
1993 年	并行计算机	曙光一号	国内首次以基于超大规模集成电路的通用微处理器芯片和标准 UNIX 操作系统设计开发的并行计算机
1995 年	大规模并行处理机	曙光 1000	峰值性能每秒 25 亿次浮点运算,缩小了与国外的技术差距
2001 年	自主 CPU	龙芯	我国第一款通用 CPU,标志着我国在处理器领域的突破
2010 年	超级计算机	天河一号	第一台国产千万亿次超级计算机,全球超级计算机 500 强榜单排行第一名。广泛应用于航天、天气预报、海洋环境模拟等领域
2013 年	超级计算机	天河二号	全球超级计算机 500 强榜单排行第一名,且实现六连冠
2016 年	超级计算机	神威·太湖之光	运算速度达每秒 12.5 亿亿次,再次成为全球运算速度最快的超级计算机,并持续保持该地位
2019 年	超级计算机	"天河三号"原型机	关键技术自主创新:自主飞腾 CPU、自主天河高速互联通信、自主麒麟操作系统
2024 年	新一代超级计算机	"天河"新一代超级计算机	国家超级计算天津中心的"天河"新一代超级计算机,位居 Graph500 大数据图计算能效(Big Data Green Graph500)榜单榜首。 国家超级计算长沙中心的"天河"新一代超级计算机,位居 Graph500 小数据图计算能效(Small Data Green Graph500)榜单榜首

根据物理元件划分,我国的计算机发展可以大致分为以下 4 个阶段。

(1) 第一代电子管计算机,时间为 1958—1964 年。1956 年在华罗庚院士的领导下,计算机科研小组开始研制我国第一代计算机,1958 年成功研制出了第一台小型电子管计算机——103 机,实现了零的突破。1960 年,夏培肃院士带领团队成功研制出我国第一台自行设计的小型通用电子数字计算机——107 机。1964 年,中国科学院计算所成功研制出我国第一台自行设计的大型通用电子管计算机——119 机,运算速度达到每秒 5 万次。这些机型在国防和科学计算领域发挥了重要作用。

（2）第二代晶体管计算机，时间为 1965—1972 年。随着晶体管的广泛应用，中国计算机事业进入了第二代。这一时期，中国成功研制了多台晶体管计算机，如 109 乙机、109 丙机等，这些计算机在运算速度和可靠性上都有了显著提升，为我国的国防、科研和工业生产提供了有力支持。

（3）第三代中小规模集成电路计算机，时间为 1973 年至 20 世纪 80 年代初。进入 20 世纪 70 年代后，随着集成电路技术的发展，中国计算机事业迈入了第三代。这一时期，中国开始研制采用集成电路的计算机，如 DJS-130 小型计算机等。这些计算机在体积、功耗和性能上都有了进一步的优化，推动了计算机在更多领域的应用。

（4）第四代大规模和超大规模集成电路计算机，时间从 20 世纪 80 年代初至今。从 20 世纪 80 年代初开始，中国计算机事业进入了以大规模和超大规模集成电路为主要物理元件的第四代。1983 年，国防科技大学成功研制了运算速度每秒达亿次的银河-Ⅰ巨型机，标志着我国高速计算机研制的一个重要里程碑。自此，中国开始独立设计和制造超级计算机并取得重要成就。2010 年，国防科技大学研制的天河一号，是中国首台千万亿次超级计算机，也是当时世界上最快的超级计算机。后续的天河二号，以峰值计算速度每秒 5.49 亿亿次，成为 2013 年全球最快的超级计算机。2016 年，由国家并行计算机工程技术研究中心研制的神威·太湖之光超级计算机，以其峰值计算速度每秒 12.5 亿亿次的优异性能，夺得当年全球超级计算机 TOP500 榜单第一名。2019 年 11 月，TOP500 组织发布的全球超级计算机 500 强榜单中中国占据了 227 台。2024 年，国家超级计算天津中心"天河"新一代超级计算机，在最新公布的国际 Graph500 排名中，夺得 Big Data Green Graph500 榜单世界第一的优异成绩。

这一时期，中国不仅成功研制了多台高性能计算机，还在微型计算机、服务器等领域取得了显著进展。同时，随着计算机技术的普及和应用范围的扩大，计算机已经深入社会的各个角落，成为人们生活、工作中不可或缺的一部分。

我国的计算机事业虽然比西方国家起步晚了十几年，但是在几代科研人员的共同努力下，我国的计算机科技迅速崛起，不仅在理论研究上取得了突破性进展，更在技术创新和应用实践上展现出强劲实力。从超级计算机屡创佳绩，到人工智能、大数据、云计算等前沿技术的广泛应用，中国正逐步成为全球计算机科技领域的重要参与者和贡献者。

1.3 计算机的分类

计算机的分类方法较多，根据处理对象、用途和规模不同可有不同的分类方法，下面介绍常用的分类方法。

1. 根据信息的处理对象划分

根据处理的对象划分，计算机可分为模拟计算机、数字计算机和混合计算机。

1）模拟计算机

模拟计算机以电子线路构成基本运算单元，通过模拟物理过程来实现数学运算。专用于处理连续的电压、温度、速度等模拟数据，模拟信号如图 1.7 所示。模拟计算机以并行计算为基础，其特点是参与运算的数值用不间断的连续量表示，运算过程是连续的。优点是计算速度快,精度高。缺点是灵活性差,成本高。

在专用仿真设备、教学和训练工具等领域,模拟计算机仍然发挥着重要作用。然而,随着数字计算机的发展,模拟计算机作为通用计算工具和仿真设备的作用逐渐被数字计算机取代。模拟计算机目前已很少生产。

2) 数字计算机

数字计算机是一种采用离散信号(即数字信号,见图1.8)进行运算的计算机。专用于处理数字数据的计算机。它采用二进制形式存储、直接读取和处理数字数据,并利用算术逻辑单元(Arithmetic and Logic Unit,ALU)和控制单元(Control Unit,CU)实现数字运算和计算功能。

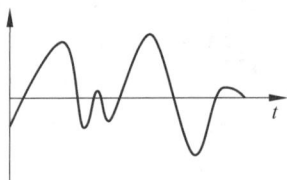

图 1.7　模拟信号　　　　　图 1.8　数字信号

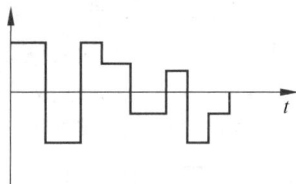

数字计算机的特点如下。
- 离散性:数字计算机处理的信号是离散的,即相邻的两个符号之间不可能有第三种符号存在。
- 精确性:由于采用二进制表示和处理数据,数字计算机能够提供几乎无限的精度。
- 可靠性:数字计算机的组成结构和性能通常优于模拟式电子计算机,具有更高的可靠性。
- 灵活性:数字计算机可以通过编程实现多种功能,具有较高的灵活性。

数字计算机的应用领域非常广泛,常见领域如下。
- 信息技术和通信:用于数据存储和处理、互联网通信、网络和系统管理等方面。
- 商业和金融:用于管理和分析数据、进行财务和会计处理、交易处理和风险评估等。
- 医疗保健:包括电子病历管理、医学图像处理、医学诊断和治疗辅助、远程医疗服务等。
- 教育:作为教学和学习的辅助工具,支持在线教育、电子教室、远程教育等。
- 工程和制造:用于建模和仿真、CAD/CAM 设计、自动化生产线、质量控制和库存管理等。
- 科学研究:在数据分析和建模、模拟实验、计算科学和高性能计算等领域发挥重要作用。

综上所述,数字计算机是当今世界电子计算机行业中的主流,并以其独特的优势在现代社会中发挥着重要作用,并随着技术的不断进步而不断发展。

3) 混合计算机

混合计算机是一种将模拟计算机与数字计算机联合在一起应用于系统仿真的计算机系统。它结合了模拟计算机和数字计算机的优点,能够在保持高速运算的同时提供高精度的数据处理能力。

混合计算机是把模拟计算机与数字计算机联合在一起,通过数模转换器和模数转换器连接,实现数字信息和模拟物理量的处理。

混合计算机的特点如下。

- 高速运算:模拟计算机部分承担快速计算的工作,适合处理连续变化的数据。
- 高精度:数字计算机部分则承担高精度运算和数据处理,确保结果的准确性。
- 实时性:由于结合了模拟和数字两种计算方式,混合计算机能够实时处理复杂系统的仿真。
- 灵活性强:可以根据任务需求灵活分配计算资源,提高计算效率。

混合计算机广泛应用于对实时性和精度要求较高的复杂系统中,具体如下。

- 航空航天:用于飞机、导弹等系统的仿真和控制。
- 科学研究:在物理、化学、生物等领域进行复杂实验和模型仿真。
- 工业自动化:在生产线控制、机器人控制等方面提供高精度和实时性的计算能力。
- 医疗诊断:用于医疗影像处理、生理信号分析等,提高诊断的准确性和效率。

总之,随着电子技术的不断发展,混合计算机在性能和应用范围上都将不断提升和扩展。未来,混合计算机可能会结合更多先进的技术,如人工智能、大数据等,以实现更加智能化和高效化的计算服务。同时,随着计算机硬件和软件的不断进步,混合计算机的制造成本也可能会逐渐降低,使得更多领域能够受益于这种高性能的计算方式。

2. 根据计算机的用途划分

根据用途的不同,计算机可分为通用计算机和专用计算机两种。

1) 通用计算机

通用计算机是一种广泛应用的计算机类型,它具备高度的灵活性和适应性,能够满足不同行业、不同工作环境下的各种需求。其适应性强,应用面广,如科学计算、数据处理和过程控制等,但其运行效率、速度和经济性依据不同的应用对象会受到不同程度的影响。

2) 专用计算机

专用计算机是指专为解决某一特定问题或应用于某一特定领域而设计制造的电子计算机。它们通常具有高度的针对性和优化,以满足特定任务的需求。

专用计算机以其高性能、低能耗、实时性、可靠性和安全性等特点,在特定领域或特定任务下能够提供更好的计算和处理能力。随着技术的不断发展,专用计算机的应用领域也在不断拓展,为各行各业的发展提供了有力支持。

3. 根据计算机的规模划分

计算机的规模用计算机的一些主要技术指标来衡量,如字长、运算速度、存储容量、输入输出能力、价格高低等。目前一般把计算机分为巨型机、大型机、小型机、微型机和工作站等。

1) 巨型机

巨型计算机(简称巨型机)又称超级计算机,是在一定时期内运算速度最快、存储容量最大、体积最大、造价也最高的计算机,实际上是一个巨大的计算机系统。巨型机擅长数值计算,主要应用于国民经济和国家安全的尖端科技领域,特别是国防领域,如模拟核爆炸、密码破译、天气预报、核能探索、地震探测,以及研究洲际导弹、宇宙飞船等,主要用来承担国家重大科学研究,国防尖端技术和国民经济领域的大型计算课题等任务。

2）大型机

大型计算机(简称大型机)硬件配置高档,性能优越,可靠性好,具有较快的运算速度和较大的存储容量,但价格高昂。大型机主要用于金融、证券等大中型企业数据处理或用做网络服务器。

3）小型机

小型计算机(简称小型机)也是处理能力较强的系统,面向中小企业的应用。与大型机相比,小型机性能适中,价格相对较低,容易使用和管理,适合用作中小企业、学校等单位的服务器。

4）微型机

微型计算机(简称微型机或微机),又称个人计算机(Personal Computer,PC),通用性好、软件丰富、价格低廉,主要在办公室和家庭中使用,是目前发展最快、应用最广泛的一种计算机。由于计算机网络的发展及集群技术的出现,微型机能进一步发挥更大的作用。

5）工作站

工作站是一种主要面向专业应用领域,具备强大的数据运算与图形、图像处理能力的高性能计算机。工作站通常配有多个中央处理器、大容量内存储器和高速外存储器,配备高分辨率的大屏幕显示器等高档外部设备,具有较强的信息处理功能和高性能的图形、图像处理功能及联网功能。工作站主要应用于工程设计、动画制作、科学研究、软件开发、金融管理、信息服务和模拟仿真等专业领域。

1.4 计算机中信息的表示

信息的表示从广义来说泛指信息的获取、描述、组织全过程,从狭义来说指其中的信息描述过程。信息表示需要一套符号系统,人类在长期的实践中形成的语言文字就是一套符号系统。人们按照语言的语法规则和语义规则,用文字表达和传递概念、事实或知识。人类常用的符号系统还有盲文、哑语和旗语等。

用于信息表示的符号系统有3个基本特点:①存在一个基本的有限符号集,符号集中符号的数目多于一个。例如,英语的基本符号有大小写英文字母和标点符号等,其基本符号的数目不多;汉语的基本符号包括汉字及标点符号等,数目比较庞大。②不同符号有明显的差别,便于人们识别和感知这些符号。③存在一组规则,按照规则可以将基本符号组成更复杂的结构,如符号串。例如,在英语中,字母可以组成单词,单词按照语法规则可以组成句子。

1.4.1 数制及常用的进位计数制

数制(Number System),又称计数制,是数学中用于表示数值大小的一种系统或方法。它通过一组有限的符号(称为数码)和一套统一的规则来构造和表示所有可能的数值。在一般情况下,人们习惯用十进制来表示数。其实,在现实生活中也使用其他进制,如用六十进制计时,用十二进制作为月到年的进制等。在计算机科学中,不同情况下允许采用不同的数制表示数据。在计算机内用二进制数码表示各种数据,但是在输入、显示或打印输出时,人们习惯于用十进制计数。在计算机程序编写中,有时还采用八进制和十六进制,这样就存在着同一个数可用不同的数制表示及它们的相互转换的问题。在介绍各种数制之前,首先介绍数制中的几个名词术语。

数码：一组用来表示某种数制的符号。如1、2、3、4、A、B、C、Ⅰ、Ⅱ、Ⅲ、Ⅳ。

基数：数制所使用的数码个数称为基数或基，常用 R 表示，称为 R 进制。如二进制的数码是 0、1，基为 2。基数决定了数制能够表示的数值范围和精度。

位权：在数制中，每位数码所代表的数值大小与其所在的位置有关，这种位置关系通过位权来表示。位权通常是基数的幂次，从右到左依次递增。如十进制数 111，个位数上的 1 的权值为 10^0，十位数上的 1 的权值为 10^1，百位数上的 1 的权值为 10^2。

常用的进位计数制有十进制、二进制、八进制和十六进制。

1．十进制

十进制（Decimal System）是人类社会中最常用的数制，包含 0～9 共 10 个数码，基数为 10。

十进制数按照"逢十进一"的原则进行进位。当某位上的数值达到 10 时，就向左边的高位进一位，同时该位数值变为 0。如 09 加一后变为 10，个位的 9 重置为 0；而十位的 0 进位为 1。

十进制数通常不需要特别的标记，但在某些情况下，为了明确区分，可以使用字母 D 作为后缀，如（1234）D。但在日常使用中，这种后缀往往是省略的。

2．二进制

二进制（Binary System）是计算机内部使用的数制，仅包含 0 和 1 共两个数码，基数为 2。

二进制数按照"逢二进一"的原则进行进位。由于只有两个数码，二进制数的表示和计算相对简单，适合计算机内部的逻辑运算和存储。如 01 加一后变为 10，个位的 1 重置为 0。

二进制数常用字母 B 作为后缀来表示，如（1010）B。在计算机科学和编程中，二进制数是一种非常重要的表示方式。

3．八进制

八进制（Octal System）包含 0～7 共 8 个数码，基数为 8。

八进制数按照"逢八进一"的原则进行进位。如 07 加一后变为 10，个位的 7 重置为 0。

八进制在计算机科学中也有一定的应用，尤其是在一些早期的计算机系统中，因为它可以方便地转换为二进制（每 3 位二进制数可以转换为 1 位八进制数）。如二进制数 111 相当于八进制数 7。因此，一组 8 位二进制 10101011 可以 3 个一组划分为 010、101、011 后，转换为八进制数 253。

八进制数常用字母 O 作为后缀来表示，如（123）O。

4．十六进制

十六进制（Hexadecimal System）包含 0～9 以及 A～F（或 a～f）共 16 个数码，基数为 16。其中，A～F（或 a～f）分别代表十进制的 10～15。

十六进制数按照"逢十六进一"的原则进行进位。如 0F 加一后变为 10，个位的 F 重置为 0。

十六进制在计算机科学中广泛使用，因为它可以非常紧凑地表示二进制数（每 4 位二进制数可以转换为 1 位十六进制数），同时保持了较好的可读性。如二进制数 1110 相当于十六进制数 E。因此，一组 8 位十六进制数 10101011 可以 4 个一组划分为 1010、1011 后，转换为十六进制数 AB。

十六进制数常用字母 H 作为后缀来表示,但更常见的是使用数字前加 0x 或 0X 作为前缀(这是大多数编程语言中的标准表示方式),如 0x1A3F 表示十六进制数 1A3F。

各种进制之间的对应关系如表 1.3 所示。

表 1.3 十进制、二进制、八进制、十六进制之间的对应关系

十 进 制	二 进 制	八 进 制	十 六 进 制
0	0	0	0
1	1	1	1
2	10	2	2
3	11	3	3
4	100	4	4
5	101	5	5
6	110	6	6
7	111	7	7
8	1000	10	8
9	1001	11	9
10	1010	12	A
11	1011	13	B
12	1100	14	C
13	1101	15	D
14	1110	16	E
15	1111	17	F

1.4.2 数制之间的转换

数制之间的转换是计算机科学和数学中的基本技能之一,以下是一些常用的转换方法。

1. 十进制与其他数制的转换

1)十进制转二进制

方法:十进制转二进制时,整数部分采用"除 2 取余逆写法",小数部分采用"乘 2 取整顺写法"。

例 1.1:

将十进制数 23 转换为二进制数:

```
除数  被除数      取余数 ↑
 2  |  23    …    1
 2  |  11    …    1
 2  |   5    …    1
 2  |   2    …    0
 2  |   1    …    1
         0    …   结束
                  逆写
```

$23÷2＝11$ 余 $1,11÷2＝5$ 余 $1,5÷2＝2$ 余 $1,2÷2＝1$ 余 $0,1÷2＝0$ 余 1。

所以,将余数逆写后,23 的二进制表示为 10111。

例 1.2:

将十进制数 0.625 转换为二进制数:

$$
\begin{array}{lll}
 & & \text{取整数} \\
0.625×2=1.25 & \cdots & 1 \\
0.25×2=0.5 & \cdots & 0 \\
0.5×2=1 & \cdots & 1 \\
\\
 & \cdots & \text{结束} \\
 & & \text{顺写}
\end{array}
$$

$0.625×2＝1.25$ 取整数 $1,0.25×2＝0.5$ 取整数 $0,0.5×2＝1$ 取整数 1(此时小数部分为 0,结束顺写)。

所以,将整数顺写后,0.625 的二进制表示为 0.101。

2)十进制转八进制

方法:一直除以 8 直到商为 0,再反向取余数。

例 1.3:

将十进制数 35 转换为八进制数:

$$
\begin{array}{cccl}
\text{除数} & \text{被除数} & & \text{取余数} \\
8 & 35 & \cdots & 3 \\
8 & 4 & \cdots & 4 \\
 & 0 & \cdots & \text{结束} \\
 & & & \text{逆写}
\end{array}
$$

$35÷8＝4$ 余 $3,4÷8＝0$ 余 4。

所以,将余数逆写后,35 的八进制表示为 43。

3)十进制转十六进制

方法:一直除以 16 直到商为 0,再反向取余数(10～15 用 A～F 表示)。

例 1.4:

将十进制数 255 转换为十六进制数:

$$
\begin{array}{cccl}
\text{除数} & \text{被除数} & & \text{取余数} \\
16 & 255 & \cdots & F \\
16 & 15 & \cdots & F \\
 & 0 & \cdots & \text{结束} \\
 & & & \text{逆写}
\end{array}
$$

$255÷16＝15$ 余 $15(F),15÷16＝0$ 余 $15(F)$。

所以,将余数逆写后,255 的十六进制表示为 FF。

2．二进制与其他数制的转换

1）二进制转十进制

方法：将各位数与对应的位权相乘，再求和。

例 1.5：

将二进制数 10111 转换为十进制数：

$$二进制 \quad 1 \quad 0 \quad 1 \quad 1 \quad 1$$

$$位权 \quad 2^4 \quad 2^3 \quad 2^2 \quad 2^1 \quad 2^0$$

$1 \times 2^4 + 0 \times 2^3 + 1 \times 2^2 + 1 \times 2^1 + 1 \times 2^0 = 16 + 0 + 4 + 2 + 1 = 23$。

2）二进制转八进制

方法：从二进制数的小数点开始，整数部分向左、小数部分向右，每 3 位一组（不足 3 位时补 0），将每组二进制数转换成对应的八进制数。

例 1.6：

将二进制数 1011010 转换为八进制数：

$$二进制 \quad 001 \quad 011 \quad 010$$

$$八进制 \quad 1 \quad\quad 3 \quad\quad 2$$

001011010（分组，不足 3 位的补 0）。

001（二进制）=1（八进制），011（二进制）=3（八进制），010（二进制）=2（八进制）。

所以，1011010 的八进制表示为 132。

3）二进制转十六进制

方法：从二进制数的小数点开始，整数部分向左、小数部分向右，每 4 位一组（不足 4 位时补 0），将每组二进制数转换成对应的十六进制数（可采用 8421 码进行转换）。

例 1.7：

将二进制数 101101 转换为十六进制数：

$$二进制 \quad\quad 0010 \quad 1101$$

$$十六进制 \quad 2 \quad\quad D$$

00101101（分组，不足 4 位的补 0）。

0010（二进制）=2（十六进制），1101（二进制）=13（十进制）=D（十六进制）。

所以，101101 的十六进制表示为 2D。

3．八进制与十六进制的转换

由于八进制和十六进制都可以看作是二进制数的压缩形式，因此它们之间的转换可以先转换为二进制后再进行转换。但也可以利用它们与二进制之间的对应关系进行直接转换。

例 1.8（通过二进制中转）：

将八进制数 132 转换为十六进制数：

$$八进制 \quad 1 \quad\quad 3 \quad\quad 2$$

$$二进制 \quad 001 \quad 011 \quad 010$$

先转换为二进制：132（八进制）=001011010（二进制）。

$$二进制 \quad\quad 0101 \quad 1010$$

$$十六进制 \quad 5 \quad\quad\quad A$$

再转换为十六进制：01011010(二进制)＝5A(十六进制)。

或者,利用对应关系直接转换(需要一些练习来熟悉)：

八进制中的 1、2、3、…、7 分别对应十六进制中的 1、2、3、…、7。

八进制中的 10 对应十六进制中的 8(十六进制用 8 表示,不需要转换)。

八进制中的 11～17 对应十六进制中的 9～F(需要注意,八进制中没有 8 和 9,所以这些对应是基于二进制表示的相似性)。

然而,直接转换通常不如先转换为二进制后再转换来得直观和准确,因此在实际应用中,更推荐使用二进制作为中转。

1.4.3 信息的编码

1. 计算机中的数据单位

计算机中的数据都要占用不同的二进制位。为了便于表示数据量的多少,引入数据单位的概念。

1) 位

位(bit),也称比特,简记为 b,是计算机存储数据的最小单位。一个二进制位只能表示 0 或 1,要想表示更大的数,就要将更多位组合起来。每增加一位,所能表示的数就增大一倍。

2) 字节

字节(Byte),简记为 B,是计算机存储数据的基本单位规定 1B＝8b。计算机的存储器是由一个个存储单元构成的,每个存储单元的大小就是一字节,所以存储器的容量大小也以字节数来度量。还经常使用其他的度量单位,如 KB、MB、GB 和 TB,其换算关系为 1KB＝1024B,1MB＝1024KB,1GB＝1024MB,1TB＝1024GB。

3) 字

计算机处理数据时,CPU 通过数据总线一次存取、加工和传送的数据称为字(Word),计算机的运算单元能同时处理的二进制数据的位数称为字长。一个字通常由一字节或若干字节组成。由于字长是计算机一次所能处理的实际位数长度,所以字长是衡量计算机性能的一个重要指标。字长越长,速度越快,精度越高。不同微处理器的字长是不同的,常见的微处理器字长有 8 位、16 位、32 位和 64 位等。

2. 数值的表示

在计算机中,所有数据都以二进制的形式表示。数的正负号也用 0 和 1 表示。通常规定一个数的最高位作为符号位,0 表示正,1 表示负。这种采用二进制表示形式的连同数符一起代码化后的数据,在计算机中统称为机器数或机器码,而与机器数对应的用正、负符号加绝对值来表示的实际数值称为真值。例如,作为有符号数,机器数 01111111 的真值是＋1111111,也就是＋127。

3. 文字信息的表示

计算机处理的对象必须是以二进制表示的数据。具有数值大小和正负特征的数据,称为数值数据;而文字、声音、图形等数据并无数值大小和正负特征,因此称为非数值数据。二者在计算机内部都是以二进制形式表示和存储的。

非数值数据又称字符或符号数据。由于计算机只能处理二进制数,这就需要用二进制的 0 和 1 按照一定的规则对各种字符进行编码。

1) 字符编码

目前采用的字符编码主要是 ASCII 码,它是 American Standard Code for Information Interchange(美国信息交换标准代码)的缩写,已被国际标准化组织(International Standards Organization,ISO)采纳,作为国际通用的信息交换标准代码。ASCII 码是一种西文机内码,有 7 位 ASCII 码和 8 位 ASCII 码两种,7 位 ASCII 码称为标准 ASCII 码,8 位 ASCII 码称为扩展 ASCII 码。7 位 ASCII 码用 1 字节(8 位)表示一个字符,并规定其最高位为 0,实际只用到 7 位,因此可表示 128 个不同的字符,其中包括数字 0～9、26 个大写英文字母、26 个小写英文字母,以及各种标点符号、运算符号和控制命令符号等。对于同一个字母的 ASCII 码值,小写字母比大写字母大 32。标准 ASCII 码字符表可以上网自行查阅。

2) 汉字编码

汉字编码是采用一种科学可行的办法,为每个汉字编一个唯一的代码,以便计算机辨认、接收和处理。早期的计算机无法处理汉字,但随着计算机在汉语言环境中的应用,我国计算机科学家也开始研究汉字处理和信息表示的问题。经过 40 多年的发展,目前汉字处理和信息表示已经相当成熟。

(1) 汉字交换码:由于汉字数量极多,一般用连续的 2 字节(16 位)来表示一个汉字。1980 年,我国颁布了第一个汉字编码字符集标准,即 GB 2312—80《信息交换用汉字编码字符集 基本集》。该标准编码简称国标码,是我国及部分海外华语区通用的汉字交换码。GB 2312—80 收录了 6763 个汉字及 682 个符号,共 7445 个字符,奠定了中文信息处理的基础。1995 年 12 月,汉字内码扩展规范——GBK 编码方案发布。2000 年,GB 18030 取代 GBK 成为正式的国家标准。GB 18030 编码完全兼容 GB 2312—80 标准,是在 GB 2312—80 标准基础上的内码扩展规范,共收录了 27 484 个汉字,同时收录了藏文、蒙文、维吾尔文等主要的少数民族文字,现在的 Windows 平台都支持 GB 18030 编码。

(2) 汉字机内码:国标码 GB 2312 不能直接在计算机中使用,因为它没有考虑与 ASCII 码的冲突。例如,"大"的国标码是 3473H,与字符组合 4S 的 ASCII 码相同;"嘉"的国标码为 3C4EH,与 ASCII 码值 3CH 和 4EH 对应的字符"、"和"N"混淆。为了能区分汉字与 ASCII 码,在计算机内部表示汉字时,把交换码(国标码)2 字节的最高位改为 1,称为机内码。这样,当某字节的最高位是 1 时,必须和下一个最高位同样为 1 的字节合起来代表一个汉字,而某字节的最高位是 0 时,就代表一个 ASCII 码字符。机内码是计算机内处理汉字信息时所用的汉字代码。在汉字信息系统内部,对汉字信息的采集、传输、存储、加工运算的各个过程都要用到机内码。机内码是真正的计算机内部用来存储和处理汉字信息的代码。

(3) 汉字字形码:汉字字形码是用来将汉字显示到屏幕上或打印到纸上所需的图形数据。汉字字形码记录汉字的外形,是汉字的输出形式。记录汉字外形通常有点阵法和矢量法两种,分别对应点阵码和矢量码两种字形编码。所有的不同字体、字号的汉字字形构成汉字库。点阵码是一种用点阵表示汉字字形的编码,它把汉字按字形排列成点阵,常用的点阵有 16×16、24×24、32×32 或更高。汉字字形点阵构成和输出简单,但是信息量很大,占用的存储空间也非常大,一个 16×16 点阵的汉字要占用 32 字节,一个 32×32 点阵的汉字则要占用 128 字节。另外,点阵码缩放困难,且容易失真。矢量码使用一组数学矢量来记录汉字的外形轮廓,矢量码记录的字体称为矢量字体或轮廓字体。这种汉字字体很容易放大缩小且不会出现锯齿状边缘,可以任意地放大缩小甚至变形,屏幕上看到的字形和打印输出的效果完全一致,且节省存储空间。如 PostScript 字库、TrueType 字库就是这种汉字字形码。

(4) 汉字输入码:将汉字通过键盘输入计算机中采用的代码称为汉字输入码,也称汉字外部码(简称外码)。根据编码规则是按照读音还是字形,汉字输入码可分为流水码、音码、形码和音形结合码 4 种。智能 ABC、微软拼音、搜狗拼音和谷歌拼音等汉字输入法为音码,五笔字型为形码。音码借助汉语拼音编码,重码多,单字输入速度慢,但容易掌握;形码重码较少,单字输入速度较快,但学习和掌握较困难。目前,汉字输入方法除了用键盘外,还可以使用手写、语音和扫描识别等多种方式,但键盘输入仍是目前最主要的汉字输入方法。汉字输入码的编码原则是易于接受、学习、记忆和掌握,重码少,码长尽可能短。

小结

本章主要介绍了信息与计算机技术相关的基础知识。首先介绍了信息、数据与知识的概念和特征,以及信息技术与信息社会的发展和对人类生活的影响。信息含义不断演变,具有依附、传递等特征,数据是其载体,信息技术发展塑造了信息社会,也带来如信息安全等问题,促使人们提升信息素养意识。计算机从机械装置发展为智能电子设备,历经多个阶段,我国虽起步晚,但在超级计算机等方面成果显著。

信息在计算机中有严谨的表示体系,本章介绍了多种数制及其之间的转换,以及信息的编码。计算机应用广泛,在科学计算、信息管理、过程控制、辅助系统、网络通信、多媒体、嵌入式系统等领域均发挥关键作用,深刻影响现代社会。

总之,本章对计算机相关技术进行了系统阐述,让大家理解计算机技术,激发探索创新精神,以便更好适应时代,推动技术与社会发展。同时,也构建了后续学习的框架,为后面深入学习奠定基础。

思政阅读材料

奠基与领航:我国计算机技术发展的杰出科学家们

我国计算机技术的发展始于 20 世纪 50 年代。从最初的电子管计算机到如今的超级计算机、云计算、大数据和人工智能,中国计算机技术经历了从无到有、从弱到强的跨越式发展。特别是近年来,中国在高性能计算、量子计算等领域取得了显著成就,展现了中国科技的力量。我国的科学家做出了不可磨灭的贡献,树立一个又一个永载史册的里程碑,他们不仅在技术研发上取得了卓越成就,而且在教育和人才培养方面也做出了巨大贡献,为我国计算机科学和技术的发展奠定了坚实的基础。

华罗庚院士,是大家熟知的伟大数学家,也是我国计算机技术发展的重要奠基人和主要创始人之一。20 世纪 40 年代末,华罗庚在美国普林斯顿高等研究院做访问研究期间,就同冯·诺依曼等多有接触,并探讨有关学术问题,曾受邀参观过当时正在设计的世界第一台存储程序的通用电子数字计算机。当时,华罗庚将数学和计算机作为重点关注的对象,并敏锐地意识到计算机对社会经济和国防事业发展的重要作用。

1950 年,华罗庚在回国途中,向全美中国留学生发出一封公开信:"为了抉择真理,我们应当回去；为了国家民族，我们应当回去；为了为人民服务，我们也应当回去。"这封信在留学生中引起了很大的反响，坚定了他们学成回国报效祖国的决心。华罗庚回国后，担任中国科学院原数学研究所所长，提出设立当时还是空白的计算数学方向，并开始酝酿计算机研究方向。之后组织了清华大学电机系的闵乃大、夏培肃和王传英三位青年学者，建立了中国第一个电子计算机科研小组。1956 年，中国科学院计算技术研究所成立，华罗庚任所长，开始了中国第一台电子计算机 103 机的研制工作。

1958 年，我国第一台通用数字电子计算机 103 机研制成功如图 1.9 所示，标志着我国在计算机技术领域取得了重要突破，为后续的计算机研发工作奠定了坚实基础。这台计算机主要用于科学计算和工程设计，对中国的科技进步和工业发展起到了积极的推动作用。华罗庚院士为我国计算机事业的起步和发展指明了方向，确定了正确的原则，同时也提出了具体的指导思想，为我国计算机技术发展做出了不可磨灭的贡献。

图 1.9　我国第一台通用数字电子计算机 103 机

夏培肃院士，我国计算机技术发展的重要奠基人之一，被誉为我国"计算机之母"。1951 年，夏培肃从英国爱丁堡大学留学回国，之后加入中国第一个电子计算机科研小组，参与中国科学院计算技术研究所的筹建，并一直在那里工作。计算机科学研究之初面临严重的人才匮乏问题，夏培肃创办了中国计算机界的第一个计算机原理讲习班，并亲自担任主讲。而后，在广泛阅读文献资料并进行相关实践研究的同时，于 1955 年开始编写《计算机原理讲义》。我们现在一直沿用的一些专业术语，如位(bit)存储器(Memory)等，都是由夏培肃反复推敲翻译而来的。

夏培肃先后创办了在我国计算机界最具权威的学术刊物——《计算机学报》和 *Journal of Computer Science and Technology*，并担任第一任主编，为中国计算机事业的发展奠定了人才基础。从 20 世纪 60 年代起，夏培肃开始培养研究生。在她的学生中，李国杰院士领导的曙光系列高性能计算机打破国外垄断；胡伟武领导的龙芯团队研制出中国第一枚高性能CPU 芯片——"龙芯"，为提升我国信息产业的核心技术、保护国家信息安全做出重要贡献。

在信息时代，计算机技术是国家发展的核心竞争力之一。我国计算机技术的发展既面临挑战也存在机遇，我们既要面对技术自主性、国际竞争等挑战，也要抓住数字经济、人工智能、云计算等新兴领域的机遇。回顾我国计算机技术的发展历程，是国家自强不息、自主创新的成长史，是历代科学家爱国奉献精神的传承和发展。作为新时代的大学生，我们应当深入了解我国计算机技术的发展轨迹，明确时代赋予我们的责任与使命，并担负起推动科技进步、服务国家发展的责任，不断学习、探索、实践，为实现中华民族伟大复兴的中国梦贡献青春和智慧。

习题 1

一、单项选择题

1. 以下有关信息的描述,正确的是_____。
   A. 信息是数据的集合,没有实际意义
   B. 信息的本质是消除不确定性
   C. 信息是物理实体,可以触摸和测量
   D. 信息是不变的,一旦产生就不会改变

2. 根据信息的定义,_____最准确地描述了信息的作用。
   A. 信息是无用的,除非它被存储在数据库中
   B. 信息是数据的简单集合,没有实际用途
   C. 信息是经过处理的数据,能够为决策提供支持
   D. 信息是随机的,与数据无关

3. 以下有关数据的描述,不正确的是_____。
   A. 数据是信息的表现形式和载体
   B. 数据就是信息
   C. 数据是信息的表达,信息是数据的内涵
   D. 数据可以是文本、数字、图形、图像、声音、视频等多种形式

4. 数据和信息的主要区别是_____。
   A. 数据是原始的,未经处理的,而信息是经过处理和解释的数据
   B. 数据是抽象的,而信息是具体的
   C. 数据是数字形式的,而信息是文字形式的
   D. 数据和信息没有区别,它们的含义相同

5. 划分计算机发展四个阶段的主要依据是_____。
   A. 计算机所经历的时间长短   B. 计算机所采用的基本元器件
   C. 计算机的体积大小   D. 计算机的应用

6. 第一代计算机主要应用于_____。
   A. 信息管理   B. 科学计算   C. 过程控制   D. 人工智能

7. 用于表示存储容量基本单位的单词 Byte 表示_____。
   A. 二进制位   B. 字长   C. 字节   D. 字

8. 计算机应用最广泛的领域是_____。
   A. 信息管理   B. 科学计算   C. 过程控制   D. 人工智能

9. 以微处理器为核心组成的微型计算机属于_____计算机。
   A. 第一代   B. 第二代   C. 第三代   D. 第四代

10. 与其他计算工具相比,计算机最突出的特点是_____,它也是计算机能够自动运算的前提和基础。
   A. 存储性   B. 精确性   C. 通用性   D. 高速性

二、判断题

1. 数据是信息的载体。 （   ）
2. 信息可以转化为知识。 （   ）
3. 第三代计算机主要采用大规模集成电路技术。 （   ）
4. 计算机根据体积可划分为巨型机、微型机。 （   ）
5. 所有的十进制数在计算机中都可以被精确地表示为二进制数。 （   ）
6. 汉字输入码的编码原则应该易于学习和掌握，重码少，码长尽可能短。 （   ）
7. 汉字字形码的点阵码比矢量码更容易缩放且不失真。 （   ）
8. 信息具有传递性、共享性、时效性等基本特征。 （   ）
9. 八进制数是只能用 0、1、2、3、4、5、6、7 这 8 个数字表示的数制。 （   ）
10. 十六进制数 0FFH 表示的二进制数是 11111111B。 （   ）

三、填空题

1. 第一代计算机主要使用_____作为物理元件。
2. 1 字节(Byte)包含_____位(bit)。
3. 人们常说的 IT 是指_____。
4. 在计算机中，存储字符 a 需要_____字节。
5. 在 16×16 点阵字库中，存储一个汉字的字模信息需用_____字节。
6. CAD 表示计算机_____，CAM 表示_____，CAI 表示_____。
7. 十进制整数 100 转换为二进制数是_____，转换为十六进制数是_____。
8. 十进制小数 0.125 转换为二进制数是_____。
9. 一个二进制位只能表示_____或_____。
10. 人工智能简称_____。

四、简答题

1. 简述信息与数据、知识的关系。
2. 简述计算机从诞生至今，其发展经历了哪几个阶段(哪几代)。
3. 在信息爆炸的时代背景下，如何有效地筛选和利用信息？
4. 简述 b、B、KB、MB、GB、TB、PB 之间的换算关系。
5. 结合人们的日常生活分析计算机的主要应用。

第 2 章　计算机系统

本章学习目标

- 掌握计算机硬件系统结构。
- 熟练掌握硬件系统的组成。
- 掌握选购计算机策略。
- 熟练掌握软件系统的分类。
- 了解编程语言。

本章首先介绍计算机硬件系统结构、硬件系统的组成和选购计算机策略,然后介绍计算机系统中软件系统的分类,最后介绍不同软件的使用场景。

2.1　硬件系统

2.1.1　计算机硬件系统结构

1. 冯·诺依曼计算机结构

1946 年,美籍匈牙利数学家冯·诺依曼领导的研究小组发表了关于 EDVAC (Electronic Discrete Variable Automatic Computer,电子离散变量自动计算机)的论文,具体介绍了制造电子计算机和程序设计的新思想,宣告电子计算机时代的到来。EDVAC 与 ENIAC 不同,它使用二进制而不是十进制。冯·诺依曼在 EDVAC 的研究中,提出了计算机的逻辑体系结构和存储程序的理论。

1) 计算机体系结构

计算机由运算器、控制器、存储器、输入设备和输出设备 5 部分组成,以运算器和控制器为中心,这两个部件构成了如今熟知的中央处理器(Central Processing Unit,CPU),如图 2.1 所示。

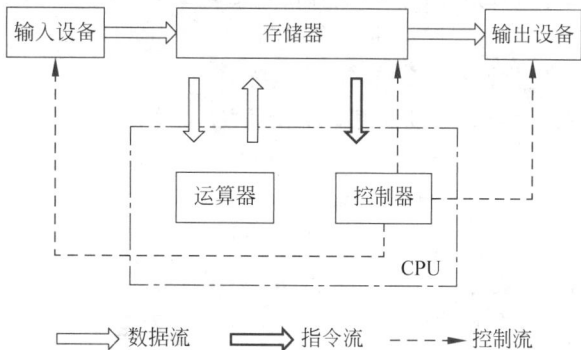

图 2.1　冯·诺依曼计算机体系结构

(1) 运算器:也称算数逻辑运算单元。主要完成数据的加、减、乘、除等算数运算和与、或、非等逻辑运算。

（2）控制器：也称控制单元。计算机的神经中枢，负责读取指令、分析指令和执行指令。

（3）存储器：计算机的记忆装置，用来保存数据。对于存储器，可以向其存放数据，称为写入；也可以从其读出数据，称为读取。读取和写入是对存储器的基本操作，通常简称为读写操作。计算机中正是因为有了存储器，才可以存放运算器运算所产生的中间和最终结果，以及向运算器提供运算所需的临时数据，从而实现自动计算。

（4）输入设备：把数据和程序等信息转变为计算机可以接收的二进制信息送入计算机。

（5）输出设备：把计算机中的二进制信息以人们要求的直观形式表现出来。

2）存储程序原理

存储程序原理是将根据特定问题编写的程序存放在计算机存储器（指令和数据均以二进制数形式存储）中，然后按存储器中的存储程序的首地址执行程序的第一条指令，以后就按照该程序的规定顺序执行其他指令，直至程序结束执行。

（1）指令：也称机器指令，是指计算机完成某个基本操作的命令，是计算机可以识别的二进制编码。指令能被计算机硬件理解并执行，是程序设计的最小语言单位。它通常包括操作码和地址码两部分。操作码确定指令的功能，如进行加、减、乘、除等运算。地址码指明参与运算的操作数本身或操作数存储的地址。其格式如下：

操作码	地址码

（2）指令系统：一台计算机所有机器指令的集合称为计算机的指令系统。不同种类计算机的指令系统的指令数目与格式也不同。指令系统越丰富完备，编制程序就越方便灵活。

（3）程序：由指令组成，是为解决某一特定问题而设计的有序指令的集合，是为了得到某种结果而由计算机等具有信息处理能力的装置执行的指令序列。

计算机按照程序的执行顺序逐条取出存储器中的指令，传输到 CPU 后执行。指令的执行过程如下所述。

（1）取指令：在控制器的控制下，将存储器中的指令读入 CPU 的指令寄存器中。

（2）分析指令：也称译码阶段，是指由指令译码器将指令代码转换为电子器件操作。

（3）执行指令：在控制器的控制下，执行指令的具体操作。

（4）写回结果：将最终结果写入相关寄存器或存储器。

2. 现代计算机的结构

现代计算机一直沿用冯·诺依曼体系结构，以 CPU 为核心，配以内存（主存储器）、输入输出（Input/Output，I/O）接口和输入输出设备等，其典型结构如图 2.2 所示。总线是连接 CPU、内存和各个输入输出接口模块的数据通路，是各模块之间传递数据的通道。

（1）地址总线（Address Bus，AB）：传送程序或数据在内存中的地址或外设的地址。

（2）数据总线（Data Bus，DB）：传送数据或程序。

（3）控制总线（Control Bus，CB）：传输指令的操作码。

2.1.2　硬件系统的组成

1. 主板

主板（Motherboard 或 Mainboard，Mobo）也称母板，主要功能是将计算机各部件紧密

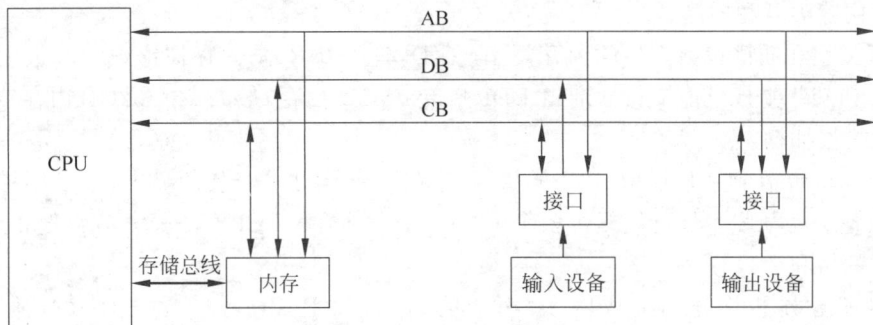

图 2.2　现代计算机结构

连接在一起。主板性能决定主板上各部件性能的发挥,主板的可扩充性决定整个计算机系统的升级能力。一般主板上有基本输入输出系统(Basic Input/Output System,BIOS)芯片、输入输出控制芯片、扩充插槽、主板及插卡的直流电源供电接插件等元器件,如图 2.3 所示。

图 2.3　主板示例图

1)主流的主板生产商

主流的主板生产厂商包括华硕、技嘉、微星、联想、惠普、戴尔、华擎、映泰、梅捷和昂达等。这些厂商在全球主板市场中占据重要地位,它们的产品以高性能、稳定性好和高可靠性著称。这些厂商不仅在性能和稳定性上表现出色,还通过不断创新和优化产品设计来满足不同用户的需求,从而在竞争激烈的市场中脱颖而出。

2)主板的参数

主板的参数是衡量其性能和功能的重要指标,主要包括以下 7 方面。

(1)芯片组。

芯片组是主板的核心,决定了主板支持的 CPU 类型和其他硬件组件。如 Intel Z87 芯片组支持 Intel 的处理器。

(2)CPU 插槽。

CPU 插槽决定了可以安装的 CPU 类型和规格。某些主板可能支持 LGA 1150 插槽的 Core i7/Core i5/Core i3/Pentium/Celeron 等处理器,某些主板只支持 AMD 的 CPU。

（3）内存类型和插槽。

内存类型和插槽包括支持的内存类型（如 DDR3、DDR4）、内存插槽数量及最大支持内存容量。如某些主板可能支持双通道 DDR4 3000MHz 内存，最大支持 32GB 内存。

（4）扩展插槽。

扩展插槽包括 PCI-E 插槽、PCI 插槽等，这些决定了可以安装的显卡、声卡等扩展卡的种类和数量。如某些主板可能提供多个 PCI-E X16 插槽和 PCI 插槽。

（5）网络和音频芯片。

网络和音频芯片分别集成网卡、声卡的功能，如 Realtek RTL8111GR 千兆网卡和 Realtek ALC8928 声道音效芯片。

（6）USB 和 SATA 接口。

该参数主要包括 USB 接口（如 USB 2.0、USB 3.0）和 SATA 接口的数量，这些接口用于连接外部设备和存储设备。如某些主板可能提供多个 USB 2.0 和 USB 3.0 接口，以及多个 SATA 3.0 接口。

（7）其他参数。

如是否支持超频、是否有集成显示芯片、主板板型（如 ATX、mATX、ITX）等。某些主板可能支持超频，或者具有集成显卡功能。

2. 微处理器之 CPU

CPU 是一块超大规模集成电路芯片，内部集成了几千万个到几十亿个晶体管元件，由运算器和控制器构成，是计算机中最核心、最关键的硬件设备，CPU 的性能强弱基本上可以决定一台计算机的整体性能。

市场上主流的 CPU 主要分为 Intel 系列和 AMD 系列两大类，如图 2.4 所示，其中 Intel 系列的 CPU 以其强大的性能而闻名，其睿频技术允许处理器在需要时自动超频来提高性能，并能与多种操作系统和硬件设备兼容，为用户提供更多选择。AMD 系列的 CPU 采用先进的制造工艺，使其在性能和功耗、多任务处理、游戏性能方面表现出色，某些型号 AMD 处理器配备了大容量缓存，能够有效提升游戏和应用程序的加载速度。

图 2.4　Intel 和 AMD 标志

1）Intel 公司系列产品

Intel 公司的 CPU 主要分为三大系列：赛扬（Celeron）、奔腾（Pentium）、酷睿（Core），其中赛扬和奔腾系列正慢慢淡出市场，目前主流的为酷睿系列产品，包括 Core i9（见图 2.5）、Core i7、Core i5、Core i3 等多个级别，分别面向高、中、低端市场。

2）AMD 公司系列产品

AMD 公司的 CPU 台式计算机主要分为四大系列：锐龙（Ryzen）、FX、APU、速龙（Athlon），早期还有羿龙（Phenom）、钻龙（Duron）等，目前主流的为锐龙系列产品，包括 9000 系列、8000 系列、7000 系列、5000 系列等多个级别，分别面向高、中、低端市场，如图 2.6 所示。

图 2.5 Core i9 处理器   图 2.6   锐龙系列处理器

3）龙芯系列产品

龙芯是中国科学院计算所自主研发的通用 CPU，后续成立的龙芯中科技术股份有限公司进行相关产品的产业化运作。龙芯系列处理器包括龙芯 1 号、龙芯 2 号、龙芯 3 号等，面向不同的应用场景，如图 2.7 所示。

图 2.7   龙芯系列产品

龙芯 1 号：中国自行设计的、有自主知识产权的第一款商用通用 CPU 芯片，也是面向嵌入式专门应用的芯片。指令系统与国际主流的 MIPS 系列兼容，字长 32 位，具有符合 IEEE 754 标准的 64 位双精度浮点部件。采用 $0.18\mu m$ 工艺设计与加工，最高主频可达 266MHz，定点和浮点最高运算速度均超过每秒 2 亿次。

龙芯 2 号：有多款不同型号。例如，龙芯 2F 为龙芯第一款产品芯片。该系列芯片为 64 位低功耗单核系列处理器，主要面向工控和终端等领域。

龙芯 3 号：有多核系列处理器，面向桌面和服务器等领域。如 2023 年发布的龙芯 3A6000 是龙芯第四代微架构首款处理器，采用自主龙芯指令集（LoongArch），基于全新研制的 LA664 处理器核，其性能在龙芯 3A5000 处理器基础上实现大幅提升，单核定/浮点性能分别提升 60% 和 90%，多核定/浮点性能分别提升 100% 和 90%。

龙芯系列产品的推出，为我国自主可控的信息技术产业发展提供了重要支持，有助于减少对国外芯片技术的依赖，并在一些关键领域保障信息安全。随着技术的不断进步，龙芯系列产品也在不断升级和完善，以满足不同应用场景的需求。同时，围绕龙芯处理器的生态系统也在逐步发展壮大，包括操作系统、应用软件等方面的适配和优化。

4）CPU 的性能指标

（1）多核心及多线程技术。

目前的 CPU 普遍采用多核心技术，即在一个处理器中集成多个核心，使之同时工作。

多核心技术虽然不能达到 1＋1＝2 的效果，但相对于单核心处理器，多核心使 CPU 性能有了很大的提升，尤其是在同时处理多个工作任务时，可以极大地提高 CPU 的工作效率。目前销售的 CPU 基本上都是多核心，其中尤以 4 核心、6 核心和 8 核心居多。

检测 CPU 核心数量的一个简单办法是通过任务管理器，同时按 Ctrl＋Alt＋Del 键或 Ctrl＋Shift＋Esc 键打开任务管理器，切换到"性能"选项卡，在 CPU 使用记录中可以清晰地看到 CPU 的核心数量，如图 2.8 所示。

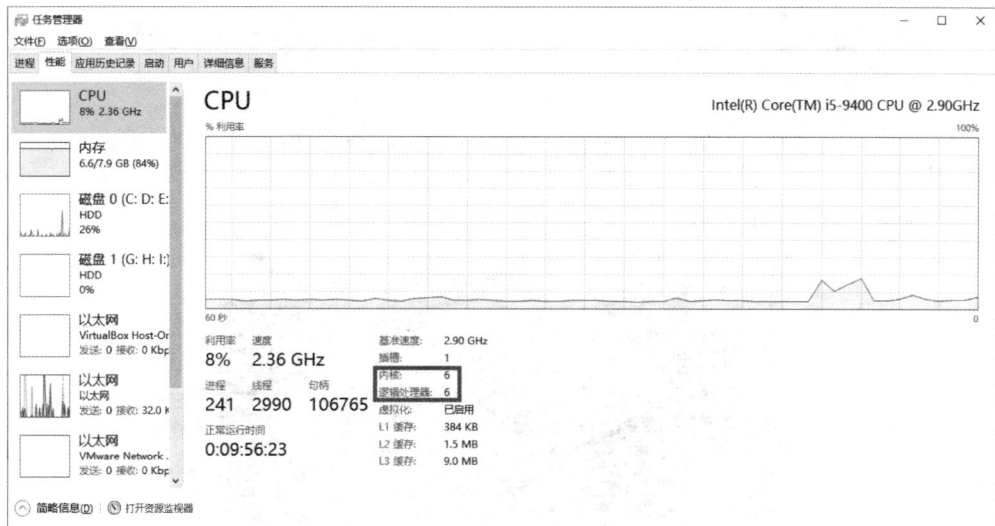

图 2.8　查看 CPU 的核心数量

与多核心技术对应，Intel 的 Core i 系列 CPU 还支持多线程技术。通过该技术，可以用软件的方式将 CPU 的 1 个物理核心模拟成 2 个。所以对于一个双核的 Core i 系列 CPU，在任务管理器中会看到有 4 核心，这其实是 4 线程，因而称为双核心四线程。

随着技术的不断发展，在 CPU 中集成的核心数量也越来越多。由于更多的 CPU 核心需要各种应用软件对其进行相应的优化才能更好地发挥作用，实验测试表明，无论是对于普通的上网应用还是高端的游戏应用，4 核心或更多核心的 CPU 优化效果并不明显，而对于图形图像类的多媒体应用，更多的核心则体现出了较大的优势。所以对于普通用户，没有必要盲目追求多核心 CPU，目前对于绝大多数用户来说，4 核心、6 核心已经够用，多核心对性能的提升并不是很明显，反而会增大发热量。

（2）字长。

字长是运算器在单位时间内能一次处理的二进制数的位数。一般来讲，字长越长代表计算的精度越高，CPU 具有更大的内存寻址能力，工作效率也就越高。目前使用的 CPU 字长大多数是 64 位，即 CPU 可以一次性处理 8 字节的数据。

（3）主频。

主频是 CPU 的工作时钟频率，它决定了 CPU 在一秒内能进行的运算次数，单位为 Hz。假设工作中的 CPU 是一个正在跑步的人，那么这个人跑步步伐的快慢就是 CPU 的主频。在其他性能参数都相同的情况下，主频越高，相应的 CPU 的处理速度也就越快。

目前主流 CPU 的主频大都在 2～4GHz，由于受到各种物理因素的限制，CPU 主频很难再进一步提升。

（4）高速缓冲存储器

CPU 在工作时，与内存之间的联系非常紧密，因为 CPU 运算所需的数据都要从内存中读取，数据处理完后的结果也要重新写入内存中，因而 CPU 与内存之间数据读写的快慢也就成为影响 CPU 性能的一个重要因素。虽然内存技术一直在发展，读写速度不断加快，但其与 CPU 相比，速度上仍然存在着较大差距。为了提高 CPU 的工作效率，弥补 CPU 与内存速度不匹配的不足，就在 CPU 和内存之间加设了一种速度更快的存储器，使之成为 CPU 和内存之间的一道中转站，即高速缓冲存储器（Cache，简称缓存），如图 2.9 所示。

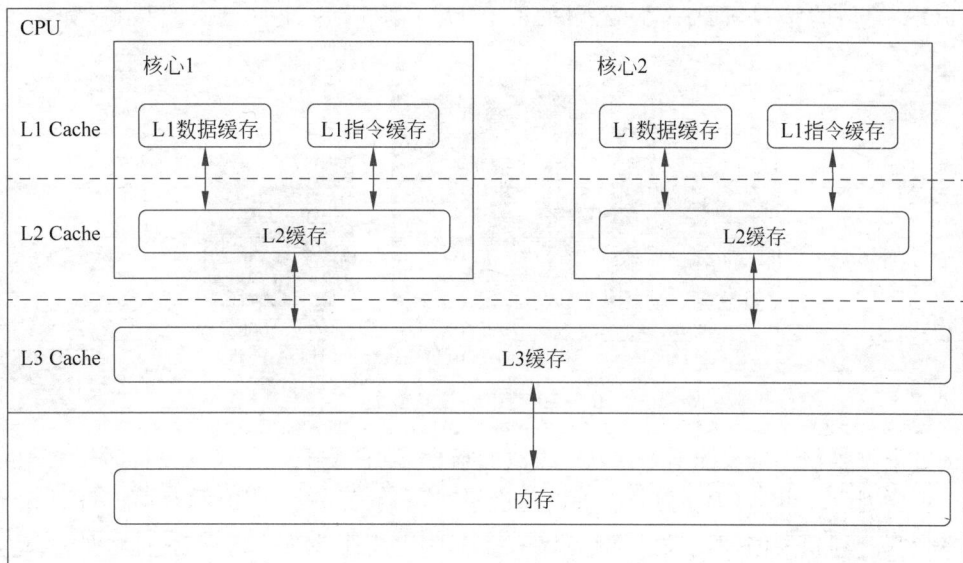

图 2.9　Cache 结构

缓存设计比较复杂，为了降低成本及充分地利用，CPU 的缓存采用了分级设计，分为一级缓存（L1 Cache）、二级缓存（L2 Cache）和三级缓存（L3 Cache）。

L1 Cache 是 CPU 的第一层缓存，一般采用写回式静态随机存储器（Static Random Access Memory，SRAM）制造。它是所有 Cache 中速度最快的，当然也是价格最高的。采用与 CPU 半导体相同的制作工艺，可以与 CPU 同频工作，大大提高了 CPU 的工作效率。

L2 Cache 是 CPU 的第二层缓存，速度比 L1 Cache 要慢一些，但是其容量十分灵活，从几百字节到几兆字节不等。L2 Cache 是目前 CPU 性能表现很关键的指标之一，相同核心 CPU 在不改变主频的情况下，CPU 制造商会根据它容量的不同，把相同核心的 CPU 分为高、中、低档几种，当然价格也会差很多。

L3 Cache 是 CPU 的第三层缓存，部分高性能 CPU 上有提供，容量比 L2 Cache 更大。评测显示，每提高 1MB 的 L3 Cache，CPU 的性能就能提高大约 5%，当然这种性能的提升也是有极限的。

总之，缓存的容量越大，CPU 的性能就越好，目前大部分 CPU 缓存的容量都在 1～4MB，所有的缓存都集成在 CPU 内部，与 CPU 成为一个整体。

（5）制造工艺。

制造工艺也称制程，是指 CPU 内部集成的电路与电路之间的距离，其单位通常是纳米

(nm)。制程反映了 CPU 的整体设计水平。制程越小,电路的密集度就越高,在同样体积的 CPU 内就可以集成更多的电子元件,从而为 CPU 带来整体性能的提升。目前,最先进的 CPU 制程为 3nm,最多已经集成了上百亿个晶体管。

(6) 接口。

接口是指 CPU 背面与主板插槽接触的部位。由于不同类型 CPU 的接口也不同,因此具有某种接口类型的 CPU,只能使用在具有相应类型插槽的主板上。

CPU 接口总体上分为板卡式的 Slot 接口、针脚式的 Socket 接口和触点式的 LGA 接口 3 种类型。其中,Slot 接口只在 CPU 早期时用过,早已被舍弃,目前 Intel 公司的 CPU 都是采用 LGA 类型的接口,而 AMD 公司的 CPU 都是采用 Socket 类型的接口,如图 2.10 所示。

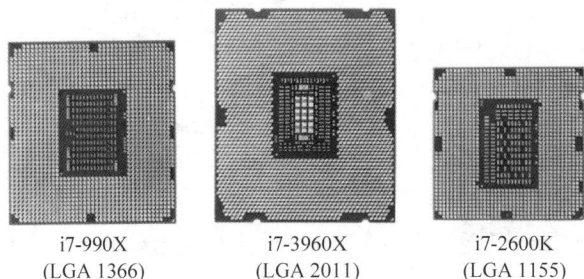

i7-990X (LGA 1366)　　i7-3960X (LGA 2011)　　i7-2600K (LGA 1155)

图 2.10　CPU 接口类型

接口类型虽然不能完全算作 CPU 的性能指标,但它是组装台式计算机时所必须考虑的一个重要因素。由于 CPU 更新发展的速度极快,一般每一代采用新核心的 CPU 出现都会随之带来一种新型的接口,所以就形成了目前 CPU 接口类型异常繁多的局面。CPU 的接口类型不同,在插孔数、体积、形状上都有很大变化,彼此之间无法兼容。尤其是在组装台式计算机时,一定要注意主板插槽要与 CPU 的接口搭配。

3. 存储体系

随着 CPU 的升级换代,计算机需要存储和处理的数据越来越多,对存取速度的要求也越来越快。因此,对存储的要求是容量足够大,越大越好;读取速度足够快,越快越好;价格足够低,越低越好;存储时间足够长,越长越好。

计算机的存储体系包括寄存器、内存和外存。寄存器和内存主要与 CPU 交换数据,存储一些临时的程序和数据;而外存用来永久存储程序和数据,断电时数据也不会丢失,包括硬盘、光盘、U 盘和存储卡等。

1) 寄存器

寄存器在 CPU 内部,包括通用寄存器、专用寄存器和控制寄存器等,可以用来暂存指令、数据和地址,寄存器的容量是有限的。寄存器与 CPU 采用相同制造工艺,速度可以与 CPU 完全匹配。CPU 在处理内存中的数据时,往往先把数据取到寄存器后再做处理。

2) 内存

内存(见图 2.11)又称主存储器,主要功能是存放当前正在运行的程序和数据。CPU 可直接读写内存,其速度和容量直接影响计算机的整体性能。内存由随机存取存储器 (Random Access Memory,RAM)、只读存储器(Read Only Memory,ROM)和 Cache 组成。

主流的生产商有金士顿(Kingston)、威刚(ADATA)、金邦(GeIL)、宇瞻(Apacer)、现代(SK hynix)、胜创(Kingmax)等。

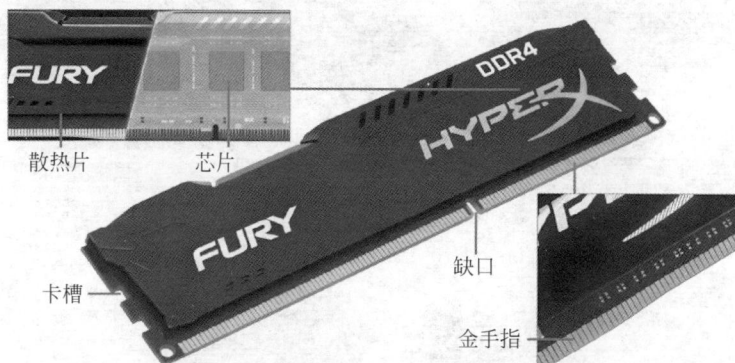

图 2.11 内存

RAM 可以按照地址访问,可以读写,断电后数据丢失。计算机中的程序和数据必须先读入内存后,才可以被 CPU 读写和处理。RAM 的容量越大,计算机性能越好。目前计算机中的内存常见的容量有 8GB、16GB、32GB 等。

ROM 可按地址访问,只能读不能写,断电后数据不丢失。ROM 具有永久存储的特点,信息必须事先写入,之后只能读不能写,容量非常小。主板上的 BIOS 芯片使用的就是 ROM,通常用于存放启动计算机所需的少量程序和数据。

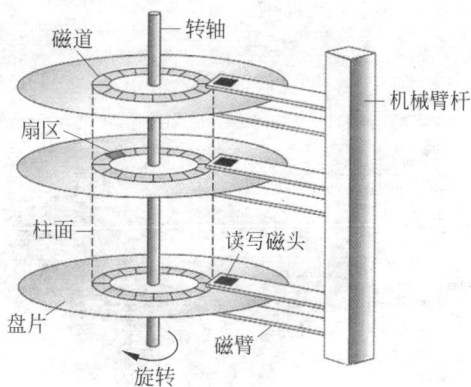

图 2.12 硬盘结构图

3) 硬盘

(1) 机械硬盘。

机械硬盘是一种采用磁性材料制作的大容量存储器,可以永久保存数据,其结构如图 2.12所示。机械硬盘由若干盘片和机械臂组成,机械臂上有读写磁头。一个盘片被划分为若干同心圆,每个同心圆称为一个磁道,不同盘片的相同磁道构成一个柱面,每个磁道又被分为若干扇形区域,称为扇区,一个扇区可以存储512B 数据。

机械硬盘的性能指标如下。

- 尺寸:3.5 英寸(1 英寸≈2.54cm)硬盘(见图 2.13)常用于台式计算机,2.5 英寸硬盘(见图 2.14)常用于笔记本计算机。
- 容量:目前一般为几百吉字节到几太字节。
- 转速:转速越快,则读写也越快。常见的硬盘转速有 5400r/min 和 7200r/min。其中,2.5 英寸的硬盘一般为 5400r/min,3.5 英寸硬盘通常为 5400r/min 和 7200r/min,而 10 000r/min 和 15 000r/min 的硬盘多用于服务器。

(2) 固态硬盘。

固态硬盘(Solid State Drive,SSD)如图 2.15 所示,是用固态电子存储芯片阵列制成的,

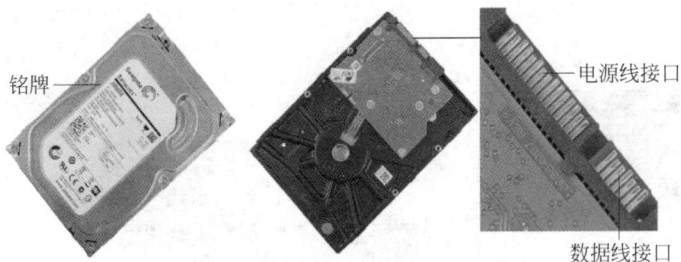

铭牌——

——电源线接口

数据线接口

图 2.13　3.5 英寸硬盘

图 2.14　2.5 英寸硬盘

由控制单元和存储单元(Flash 芯片、DRAM 芯片)组成。固态硬盘的读写速度通常可轻松突破 500MB/s,远超传统机械硬盘的性能表现。

图 2.15　固态硬盘

固态硬盘与机械硬盘的对比如表 2.1 所示。

表 2.1　固态硬盘与机械硬盘的对比

项　　目	固 态 硬 盘	机 械 硬 盘
容量	小	大
价格	高	低
随机存取速度	极快	一般
写入次数	SLC 10 万次,MLC 1 万次	无限制
工作噪声	无	有
工作温度	$-55\sim135℃$	$5\sim55℃$
防震	很好	较差
质量	轻	重
硬盘故障后数据恢复	难	容易

4) 移动存储设备

外存中,除了固定在计算机中的硬盘外,可以移动的存储设备包括移动硬盘、光盘、U 盘和存储卡等。

(1) 移动硬盘。

移动硬盘顾名思义是以硬盘为存储介质,用于在计算机之间交换大量数据,强调便携性的存储产品,如图 2.16 所示。移动硬盘多采用 USB、IEEE 1394 等传输速度较快的接口,可以用较高的速度与系统进行数据传输。移动硬盘具有体积小、容量大、速度快、使用方便和可靠性高的特点。目前,市场中移动硬盘可提供几百吉字节到几太字节的容量。

图 2.16　移动硬盘

(2) 光盘。

光盘是利用激光原理进行读写的设备。光盘需要通过光驱来进行读写,如图 2.17 所示。光盘的特点是容量大、成本低、稳定性好、使用寿命长、便于携带。光盘有不可擦写光盘,如 CD-ROM(容量 700MB)、DVD-ROM(容量 4.7GB)、Blu-ray Disc(容量 25GB)等;还有可擦写光盘,如 CD-RW、DVD-RAM 等。

(a) 光盘　　　　　　　　　　(b) 光驱

图 2.17　光盘和光驱

图 2.18　U 盘

(3) U 盘。

U 盘,全称 USB 闪存盘,如图 2.18 所示,是一种使用 USB 接口且无需物理驱动器的微型高容量移动存储产品,通过 USB 接口与计算机连接,可以即插即用。U 盘的优点是小巧、便于携带、存储容量大、价格便宜、性能可靠。一般可以提供几吉字节到数百吉字节的容量。

市面上常见的 U 盘接口有 USB 2.0 和 USB 3.0 两种。USB 2.0 的传输率理论值为 480Mb/s,即 60MB/s,实际应用中能达到约 30MB/s;USB 3.0 的传输率理论值为 5Gb/s,即 625MB/s,实际使用中能达到约 100MB/s。USB 3.0 采用了 9 针脚设计,相比 USB 2.0 的 4 针脚设计,功能更强大,其传输率是 USB 2.0 的 10 倍左右。在外观上,USB 2.0 通常是白色或黑色接口,而 USB 3.0 一般为蓝色接口。购买时一定要注意区分,以购买 USB 3.0 为宜。USB 2.0 和 USB 3.0 接口的区别如图 2.19 所示。

(4) 存储卡。

存储卡是用于手机、数码照相机、便携式计算机和其他数码产品上的独立存储介质,一般是卡片的形态,图 2.20 为 SD 存储卡和 MMC 存储卡。

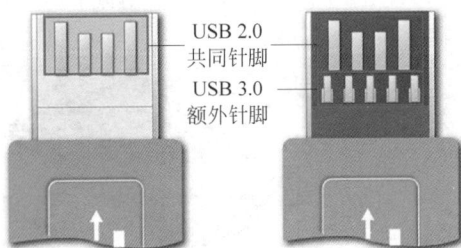

图 2.19　USB 2.0 和 USB 3.0 接口的区别

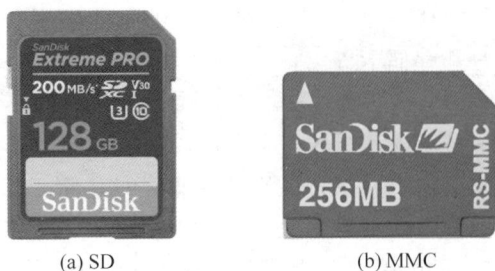

(a) SD　　　　(b) MMC

图 2.20　存储卡

4. 输入输出设备

1) 鼠标

鼠标是计算机的一种外接输入设备,也是计算机显示系统横纵坐标定位的指示器。

(1) 光电鼠标。

光电鼠标(见图 2.21)内部有一个发光二极管(Light Emitting Diode,LED),通过它发出的光线可以照亮光电鼠标底部表面(这是鼠标底部总会发光的原因)。光电鼠标经底部表面反射回的一部分光线,通过一组光学透镜后,传输到一个光感应器件(微成像器)内成像。当光电鼠标移动时,其移动轨迹便会被记录为一组高速拍摄的连贯图像,被光电鼠标内部的一块专用图像分析芯片(DSP,即数字信号处理器)分析处理。该芯片通过对这些图像上特征点位置的变化进行分析,来判断鼠标的移动方向和移动距离,从而完成光标的定位。

(2) 光学鼠标。

光学鼠标(见图 2.22)通过底部的 LED 灯,灯光以约 30°角射向桌面,照射粗糙表面产生阴影,然后再通过平面的折射透过另一块透镜反馈到传感器上。

(3) 激光鼠标。

激光鼠标(见图 2.23)其实也是光电鼠标,只是用激光代替了普通的 LED 光。它可以通过更多的表面,因为激光是相干光(Coherent Light),几乎单一的波长,即使经过长距离的传播依然能保持其强度和波形;而 LED 光则是非相干光(Incoherent Light)。

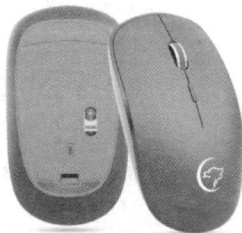

图 2.21　光电鼠标　　　图 2.22　光学鼠标　　　图 2.23　激光鼠标

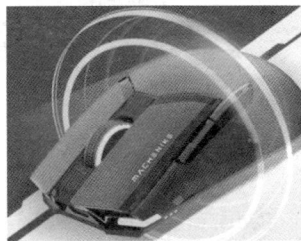

2) 键盘

键盘是最主要的输入设备,通过键盘可以将英文字母、数字、标点符号等输入计算机中,从而向计算机发出命令、输入数据等。

1868 年,美国人克里斯托夫·肖尔斯发明了沿用至今的 QWERTY 键盘,也称全键盘,其第一行开头 6 个字母是 Q、W、E、R、T、Y 的键盘布局,即现在计算机和手机等普遍使用的计算机键盘布局,如图 2.24 所示。

图 2.24　QWERTY 键盘

键盘接口和鼠标接口基本一致,以 USB 接口为主流。早期接鼠标和键盘的 PS/2 接口有区别,绿色接口接鼠标,紫色接口接键盘,不能混插。目前市面上的主板仅存一个 PS/2 接口,鼠标键盘通用,可以混插。

3) 扫描仪

扫描仪(见图 2.25)是利用光电技术和数字处理技术,以扫描方式将纸质文档、图形或图像内容转换为数字信息的装置。从最原始的图片、照片、胶片到各类文稿资料都可以用扫描仪输入计算机中,进而实现对这些图像形式信息的处理、管理、使用、存储、输出等,配合光学字符识别(Optical Character Recognition,OCR)软件还能将扫描的文稿转换成计算机的文本形式。按照扫描方式,扫描仪分为滚筒式扫描仪、平板式扫描仪和笔式扫描仪等。

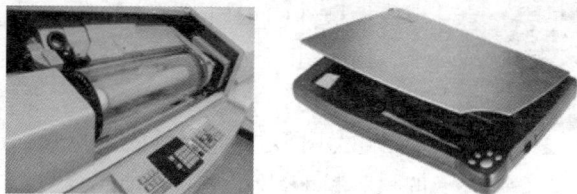

图 2.25　扫描仪

4) 手写笔

手写笔(见图 2.26)可以在手写识别软件的配合下输入中文和西文,使用者不需要再学习其他的输入法就可以轻松地输入中文。手写笔还具有鼠标的作用,可以代替鼠标操作,并可以作画。手写笔一般包括两部分:与计算机相连的写字板、在写字板上写字的笔。

5) 触摸屏

触摸屏(Touch Screen)是一种可接收手指等输入信号的感应式显示装置,如图 2.27 所示。触摸屏作为一种计算机输入设备,是简单、方便、自然的一种人机交互方式。它赋予了多媒体以崭新的面貌,是极富吸引力的多媒体交互设备。

触摸屏经常用于公共信息查询、多媒体教学等场所。可作为手机屏幕替代键盘,也可作为计算机屏幕。

图 2.26　手写笔

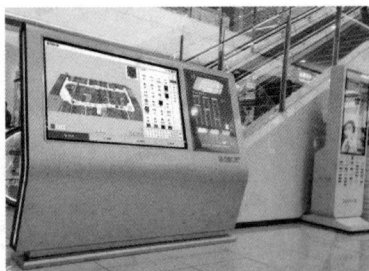

图 2.27　触摸屏

6）显示器

显示器是一种将信息通过特定传输设备显示到屏幕上再反射到人眼的显示工具，是最基本的输出设备。根据制造材料的不同，显示器可分为阴极射线管（Cathode Ray Tube，CRT）显示器、液晶显示器（Liquid Crystal Display，LCD）、发光二极管（LED）显示器，如图 2.28 所示。其中，LED 显示器色彩鲜艳、动态范围广、亮度高、寿命长、工作稳定可靠，目前成为主流显示器。

(a) CRT显示器

(b) LCD

(c) LED显示器

图 2.28　显示器

图 2.29　显卡

显卡又称显示适配器，如图 2.29 所示，插在计算机主板的插槽（PCI-E）上，将计算机的信息输出到显示器上显示。同时，显卡还有图像处理能力，可协助 CPU 工作，提高整机的运行速度。显卡的主要性能指标如下。

（1）图形处理单元（Graphics Processing Unit，GPU）的核心频率，频率越高性能越强。

（2）显存容量，显存是显卡上用来存储图形图像的内存，容量越大越好。

（3）显存位宽，一个时钟周期传送的数据的位数，如 128 位、192 位、256 位，越高越好。

显卡可分为集成显卡和独立显卡。集成显卡将显示芯片、显存及其相关电路都集成在主板上，一般集成显卡的显示效果与处理性能相对较弱。独立显卡将显示芯片、显存及其相关电路单独做在一块电路板上，自成一体而作为一块独立的板卡存在，它通过主板的扩展插槽连接主板。独立显卡不占用系统内存，一般性能较高。

显示器和显卡的常见接口有 VGA、DVI 和 HDMI。其中，VGA 接口输出模拟信号，连接 CRT 显示器、投影仪等；DVI 分为 DVI-A、DVI-D 和 DVI-I 共 3 类，目前市面上以 DVI-I 接口为主，既能输出模拟信号又能输出数字信号；HDMI 接口为高清晰度多媒体接口，是一种数字化音视频接口，能够传输 1080P 的高清视频，还可以传输 3D 数据格式，正逐步成为市场主流。各种接口如图 2.30 所示。

7) 打印机

打印机是一种典型的输出设备,将计算机的运算结果以人能识别的数字、字母、符号、图形等按照规定的格式印在纸上。

目前,常用的打印机包括针式打印机、喷墨打印机、激光打印机、3D 打印机等。

(1) 针式打印机。

针式打印机通过打印头的针击打色带,在纸上打印文字和图形等,打印质量差、噪声高、成本低,目前只在银行、超市等场合用于票单打印。

(2) 喷墨打印机。

(a) VGA　　　　(b) DVI

(c) HDMI

图 2.30　显示器和显卡常见接口

喷墨打印机将彩色液体油墨经喷嘴变成细小微粒喷到印纸上,经常用于打印照片、文本等。

(3) 激光打印机。

激光打印机(见图 2.31)是将激光扫描技术和电子照相技术相结合的打印输出设备,其工作流程主要包括页面转换、充电、曝光、显影、转印、定影等阶段。

工作原理:控制激光束在打印机的硒鼓上沿轴进行扫描,硒鼓表面的光敏材料经过激光照射的部位电位迅速降低,形成静电潜像,然后将带正电的碳粉吸附到静电潜像上,再通过转印将碳粉图像转印到纸上,最后经加热辊使碳粉在纸上熔化固定,形成永久的字符和图形。完成打印后,打印机的清洁辊会自动清除废粉,消电灯会消除硒鼓电荷,为下一次打印做好准备。激光打印机有打印速度快、成像质量高等优点,经常用于打印各类文档。

(4) 3D 打印机。

3D 打印机(见图 2.32)又称三维打印机,是一种快速成形技术的机器。它以数字模型文件为基础,运用特殊蜡材、粉末状金属或塑料等可黏合材料,通过打印一层层的黏合材料来制造三维物体。3D 打印机的原理是把数据和原料放进 3D 打印机中,机器会按照程序把产品一层层造出来,3D 打印技术经常用于机械制造、工业设计、建筑、工程和施工等许多领域。

图 2.31　激光打印机

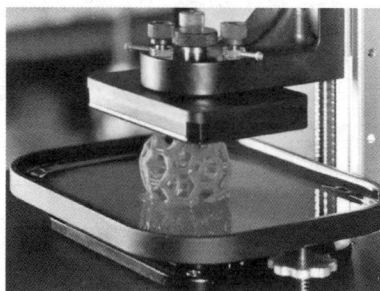

图 2.32　3D 打印机

8) 声卡

声卡(见图 2.33)是实现声波、数字信号相互转换的一种硬件。声卡的基本功能是把来

图 2.33 声卡

自发声器等设备的原始声音信号转换成数字音频,保存在计算机中;将计算机中的各种数字音频转换为模拟声波输出到音箱、耳机等设备上,或通过音乐设备数字接口(Musical Instrument Digital Interface,MIDI)使乐器发出 MIDI 声音。

声卡的金手指位置一般插在主板的 PCI 插槽内,其外置接口中,一般绿色的接耳机或音箱,红色的接发声器。

2.1.3 选购计算机策略

在掌握了计算机硬件的相关知识后,读者可以根据本人的需求和预算,选择适合自己的计算机。

1. 兼容机还是品牌机

根据用户对计算机了解程度的不同,可以分为以下两种情况。

(1) 具备一定计算机硬件基础知识,可以在日常使用中自行维护且预算有限,这种情况可以选择购买或者自行组装兼容机。兼容机的优点如下。

① 灵活性好。可以根据需要自行选择配件,非常灵活。

② 价格优势。没有品牌经营费用,因此价格比品牌机低。

③ 易于升级。可以自行选择配件,因此升级较为方便。

兼容机的缺点是无售后服务、需自行安装操作系统、后期需要自行维护和修理等。

(2) 对计算机维修和保养知识了解很少,需要售后服务和保障,可以承担一定的售后服务费用,这种情况可以选择购买品牌机。品牌机的优点如下。

① 稳定性好。采用批量采购的方式,其配件有保障、测试充分,有独立的组装车间。

② 售后服务好。有良好的售后服务。

③ 配套软件丰富。一般带有正版操作系统和其他正版软件。

品牌机的缺点是比兼容机的价格贵、配置无法根据需要自行选择、很多具体配件的型号未知等。

2. 操作系统的选择

根据用户对操作系统的要求不同,可以分为以下两种情况。

(1) 需要经常进行图像编辑、视频剪辑和文字排版等工作,可以选择购买 macOS 的计算机。

(2) 主要进行办公处理和娱乐活动(如计算机游戏、观看网络视频等),对系统的兼容性和灵活性要求较高,可以选择购买 Windows 操作系统的计算机。

3. 主要性能指标

购买台式计算机、笔记本计算机、平板计算机时,主要考虑以下性能指标。

(1) CPU:品牌、主频、字长、内核数、Cache。

(2) 内存:容量。

(3) 硬盘:容量、机械硬盘还是固态硬盘、机械硬盘的转速。

(4) 显示器:尺寸、集成显卡还是独立显卡、显存大小。

（5）保修：保修时间、送修方式。

2.2 软件系统

在现代计算机系统中，硬件只是基础设施，它本身并不能直接完成实际的工作。要使计算机能够执行各种任务，则需要依靠软件系统。

2.2.1 软件系统基础

软件系统是由程序、数据和有关的文档组成的，它们共同作用来控制和管理计算机的硬件资源，实现特定的功能需求。程序是执行具体操作的指令集合，指导计算机完成任务；数据则是程序操作的基础，提供必要的信息和参数；文档包括帮助文件、用户手册等，提供操作指南和支持。通过这些组件的协同工作，软件系统能够实现从系统管理到应用处理的多种功能，确保计算机能够高效、准确地完成用户需求。

软件系统可以分为系统软件和应用软件两大类。系统软件主要包括操作系统、数据库管理系统等，它们负责实现计算机的基本功能和管理硬件资源。应用软件则直接面向用户，满足用户的具体需求，帮助他们完成具体的工作，如文字处理、电子表格、图像编辑等，通过这些软件，用户能够高效地处理数据、进行沟通和创造内容，进一步提升工作效率。

在当今数字化时代，软件系统的影响无处不在，从企业运营到个人生活，都离不开各类软件的支撑。随着信息技术的快速发展，软件系统的功能也在不断丰富和扩展，许多软件不仅具备传统的功能，还结合了人工智能和云计算等前沿技术，使得用户能够享受更加智能化和个性化的服务。此外，软件系统的使用不再局限于个人计算机，移动设备和云平台的兴起使得人们随时随地都能访问和使用软件，这种灵活性和便利性改变了人们获取信息和进行工作的方式，也推动了各行业的创新与发展。因此，理解软件系统的基本概念和应用场景，对于提高信息素养和应对未来职场挑战具有重要意义。

2.2.2 系统软件

系统软件主要包括操作系统、数据库管理系统、语言处理程序等。

1. 操作系统

操作系统（Operating System, OS）可以有效地管理和控制计算机系统中的硬件和软件资源，合理地组织计算机工作流程，控制程序运行，提供多种服务功能及友好的操作界面，方便用户使用计算机的系统软件。在裸机上安装的第一个软件就是操作系统，其他所有的系统软件和应用软件都在操作系统的支持下运行。

在众多操作系统中，麒麟操作系统（Kylin OS，也称麒麟桌面操作系统，简称麒麟系统）是一款由我国自主研发的操作系统，设计目标是为中国用户提供一个安全可靠的计算平台。其核心特点包括高安全性、稳定性以及对国产硬件的优化，采用先进的权限管理和访问控制机制，有效防止恶意软件和病毒的攻击。

系统服务程序和故障诊断程序是操作系统的一部分，负责支持计算机的基本功能、维护系统的稳定性和提供故障排除功能。

系统服务程序是操作系统中提供各种基本服务和功能的程序，它们为用户和应用程序提供操作系统资源的访问、管理和保护。例如,文件管理服务程序负责处理文件的创建、删除、读取和写入等操作,并确保文件的安全性和完整性;内存管理服务程序则负责分配和回收内存资源,确保多个程序能有效共享内存而不会互相干扰;设备管理服务程序则控制和协调计算机硬件设备的操作,如打印机、硬盘和网络接口,以确保数据的顺畅传输和设备的正常运行;网络服务程序负责处理计算机网络通信的各种事务,包括数据传输、网络连接管理和协议处理等。通过这些服务程序,操作系统能够提供一个稳定、高效的运行环境,使用户和应用程序能够专注于其具体任务,而无须直接处理底层硬件操作。Windows 10 操作系统设备管理设置界面如图 2.34 所示。

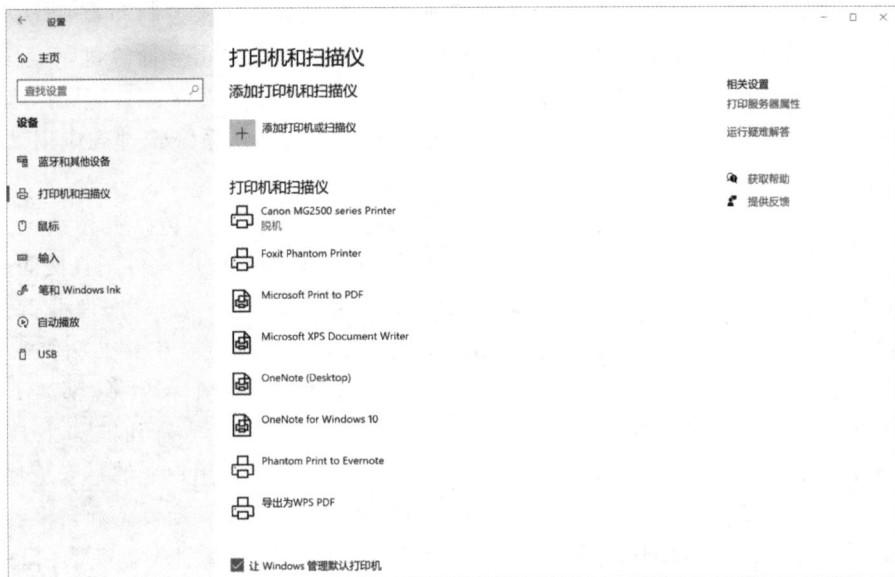

图 2.34　Windows 10 操作系统设备管理设置界面

故障诊断程序则是用于检测和解决计算机系统故障的工具。这些程序能够监测系统运行状态,识别潜在的错误和问题,并提供相应的解决方案。故障诊断程序通常包括硬件诊断工具、软件调试工具和系统监控工具:硬件诊断工具可以测试计算机的各个硬件组件(如内存、硬盘和 CPU),确保其正常工作,并在发现问题时提供修复建议;软件调试工具帮助开发人员查找和修复程序中的错误,通过跟踪程序的执行、检查变量值和分析程序日志来定位问题;系统监控工具则实时监控系统资源的使用情况,如 CPU 利用率、内存使用情况和网络流量,以便在系统负荷过高或出现异常时及时警告用户。

系统服务程序和故障诊断程序在保证计算机系统稳定性和性能方面发挥着重要作用,系统服务程序通过提供基础服务和资源管理支持系统的正常运作,而故障诊断程序则帮助用户快速识别和解决问题,维护系统的可靠性。这些程序的有效运行是确保计算机系统高效、稳定工作的基础,使得用户能够在一个可靠的环境中完成工作。

2. 数据库管理系统

数据库管理系统(Database Management System,DBMS)是一种用于管理、存储和检索数据的系统软件。它作为计算机系统中的核心组件之一,提供了高效的数据管理和操作功能,确保数据的完整性、安全性和一致性,DBMS 的主要功能包括数据存储、查询、更新和备份。

(1) 数据库是一种结构化的数据集合,可以包含多个表格或者集合,每个表格或集合包含一组相似的数据。它一般以表的形式组织信息,表由行和列组成,行表示记录(如一个学生的信息),列则表示记录中的字段(如学生的姓名、学号等)。数据库系统使得数据的存储、检索和管理变得更加系统化和高效。

(2) 数据模型是数据库设计的重要概念。最常见的数据模型是关系模型,通过表之间的关系(如主键和外键)来实现数据的关联。关系数据库管理系统(Relational Database Management System,RDBMS)是最广泛使用的 DBMS 类型之一,如 MySQL、PostgreSQL 和 Oracle 等系统都采用了关系模型。

(3) 数据库的基本操作包括数据的插入、查询、更新和删除。结构化查询语言(Structured Query Language,SQL)是与关系数据库交互的标准语言,用户通过编写 SQL 语句来执行这些操作,SQL 语句能够精确指定所需的数据并执行复杂的查询,如联合查询、聚合函数和子查询。

(4) 事务管理是 DBMS 的一个重要功能。事务是指一系列操作的集合,这些操作要么全部成功,要么全部失败,保证了数据库的一致性。事务管理涉及 ACID 特性,即原子性(Atomicity)、一致性(Consistency)、隔离性(Lsolation)和持久性(Durability),这些特性确保了数据库操作的可靠性。

(5) 数据安全性和完整性是 DBMS 关注的另一个重要方面。安全性包括对用户访问的控制和权限管理,以防止未授权的访问;完整性则通过定义约束(如主键约束、外键约束和检查约束)来保证数据的准确性和一致性。

(6) 备份和恢复是确保数据持久性和防止数据丢失的关键功能。数据库系统提供了定期备份机制,允许用户在发生故障时能够恢复到之前的状态。

华为 GaussDB 是一款高性能、分布式的数据库管理系统,旨在满足企业级应用的各种需求。它支持关系数据模型和非关系数据模型,能够处理大规模数据存储与查询。GaussDB 采用了先进的智能优化技术,通过自学习算法提高查询效率,降低延迟。同时,GaussDB 提供多种部署模式,包括云端和本地部署,灵活适应不同业务场景。通过集成多种数据分析工具,GaussDB 还支持实时分析和智能决策,为企业提供数据驱动的洞察力。其高可用性架构和自动故障恢复功能,确保了业务的连续性和稳定性,是现代企业数字化转型的理想选择。GaussDB 数据库的特点如图 2.35 所示。

数据库管理系统通过高效的数据存储、检索、更新和备份功能,为用户提供了一个稳定、安全、易于管理的数据环境,它在企业和各种应用中扮演着关键角色,支持复杂的数据处理需求,保障数据的完整性和安全性。

3. 语言处理程序

语言处理程序指的是一类专门用于处理编程语言的工具和软件,它们负责将程序源代码转换为计算机能够理解和执行的机器代码或中间代码。

这些程序通常包括编译器、解释器等。编译器是将整个程序源代码一次性翻译成机器代码的工具,它的主要任务是分析源代码的语法和语义,然后生成对应的目标代码。编译器通常包括多个阶段,如词法分析、语法分析、语义分析、优化和代码生成;词法分析器将源代码拆分成基本的语言单位(称为词法单元);语法分析器检查这些单位是否符合语言的语法

图 2.35　GaussDB 数据库的特点

规则；语义分析阶段确保程序的逻辑正确；优化阶段对代码进行改进以提高性能；最终生成目标代码供计算机执行。编译器的优点是编译后生成的机器代码执行速度较快，但编译过程通常较为复杂且耗时。

解释器与编译器不同，它逐行解释和执行源代码。解释器不生成机器代码，而是在执行时逐步分析和执行程序，它通过将源代码转换成中间代码或直接解释执行来实现。解释器的优点在于开发和调试时更为灵活，因为程序员可以立即看到代码的执行结果，而无须经过编译过程，但由于每次运行都需要解释，执行速度通常较慢。

此外，现代编程语言还使用了虚拟机和中间语言。例如，Java 语言使用 Java 虚拟机（Java Virtual Machine，JVM）将编译后的字节码执行在不同平台上，而 Android 操作系统基于 Java 语言开发，使用 Android Runtime（ART）来执行应用程序，这些机制提供了跨平台的兼容性，同时结合了编译和解释的优点。语言处理程序的设计和实现对程序的执行效率、开发效率和调试能力都有重要影响。安卓程序开发工具 Android Studio 如图 2.36 所示。

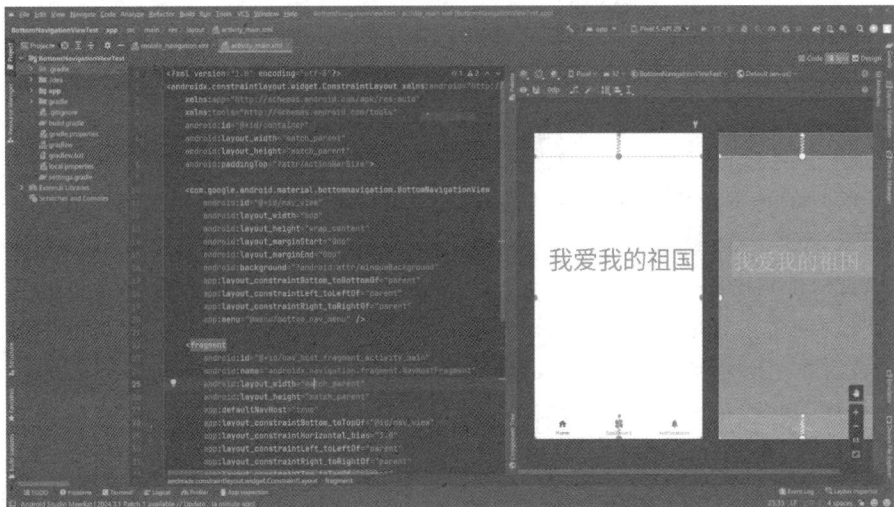

图 2.36　安卓程序开发工具 Android Studio 使用界面

2.2.3　应用软件

应用软件不仅是现代计算机系统的核心组成部分,它们还在各行各业中发挥着至关重要的作用,掌握不同类型的应用软件及其实际应用,可以极大提高工作效率。

1. 办公软件

办公软件是现代工作环境中不可或缺的工具,具有高效、易用和功能多样的特点。它们通常提供了丰富的功能模块,便于用户进行文字处理、数据分析、演示文稿制作及电子邮件管理等任务。这类软件的界面设计通常友好,允许用户通过直观的操作快速上手,减少了学习成本,适合各类用户。

由我国金山办公软件股份有限公司自主研发的一款功能强大的办公软件套装 WPS,在日常办公中能够满足用户多种需求。在撰写报告、论文或信件时,用户可以利用文字处理软件(如 Word)轻松地进行排版、插入图表和添加批注。此外,数据分析和管理是办公软件的另一重要应用领域,电子表格软件(如 Excel)使得用户能够进行复杂的数据计算、可视化图表生成以及数据透视分析,广泛应用于财务报表和项目管理中。演示文稿软件(如 PowerPoint)则在会议和培训中发挥着重要作用,帮助用户以图文并茂的方式展示信息,增强沟通效果。通过这些办公软件,用户能够显著提高工作效率,优化信息处理流程,使得日常工作更加顺利,WPS 使用界面如图 2.37 所示。

图 2.37　WPS 使用界面

2. 图形图像处理软件

在实际应用中,图形图像处理软件的强大功能被广泛运用于多个领域。在平面设计方面,设计师利用这些工具创作广告、海报及品牌宣传材料,设计过程中的每个细节都可以通过软件进行精细调整。摄影师则借助后期处理功能,提升照片的艺术表现力,通过色彩校正和细节修复,使作品更加专业。此外,数字艺术家也利用这些软件进行插画创作,通过各种绘图工具和特效,创造出独特的视觉作品,应用于书籍封面、游戏设计等多个领域。

随着人工智能的发展,图形图像处理软件有了强大的算法支持,许多软件采用了先进的图形处理和机器学习技术。这些技术不仅提高了图像处理的效率,还大幅提升了结果的质量。用户在进行照片修复、细节增强、背景去除等操作时,能够获得更为精细和自然的效果。例如,一些软件可以自动识别画面中的人脸,并提供智能美化选项,帮助用户轻松实现理想效果,这种智能化的处理方式,使得图像处理变得更加简单和高效。

常见的图形图像处理软件如图 2.38 所示。

Photoshop   美图秀秀   剪映

图 2.38   常见的图形图像处理软件

3. 网页浏览器软件

网页浏览器软件是现代互联网使用中的核心工具,它的主要功能是帮助用户访问和浏览网络上的各种信息。随着技术的发展,网页浏览器软件已经不再仅仅是一个简单的页面展示工具,而是演变成了一个多功能的平台,具有丰富的特点和广泛的应用场景。

为了应对日益增加的网络安全威胁,许多浏览器内置了强大的安全功能,如弹出窗口拦截、恶意软件检测和隐私保护模式。这些功能可以有效防止用户受到钓鱼攻击或恶意软件的侵害。例如,隐私浏览模式允许用户在浏览时不留任何痕迹,确保个人信息的安全,这对于那些关注隐私的用户来说尤其重要。

常见的浏览器软件如图 2.39 所示。

QQ浏览器   360浏览器   UC浏览器

图 2.39   常见的浏览器软件

4. 下载工具软件

下载工具软件是现代计算机和网络环境中不可或缺的应用程序,其主要功能是帮助用户从互联网上获取所需文件和资源。

许多下载工具提供详细的下载列表,用户可以清晰地查看各个文件的下载状态、预计剩余时间和下载速度等信息。这种可视化的管理方式使用户能够更加方便地管理多个下载任务,且可以根据需要暂停或取消某个任务。同时,下载工具通常还支持文件分类和标签功能,便于用户整理和查找已经下载的内容。

在安全性方面,下载工具软件往往集成了病毒扫描和文件验证功能,以确保用户下载的文件不含恶意软件。这对于频繁下载来自不同来源文件的用户尤为重要,因为不安全的下载可能会导致计算机感染病毒或遭受数据泄露。因此,选择一款具备良好安全性能的下载工具,可以有效保护用户的设备和个人信息。

常见的下载软件如图 2.40 所示。

5. 安全软件

安全软件在当今数字环境中扮演着至关重要的角色,其主要目的是保护用户的设备和数据免受各种网络威胁。随着网络攻击手段的不断演变,安全软件的特点也日益丰富,以适应日益复杂的安全需求。

百度网盘　　**迅雷**

图 2.40　常见的下载软件

首先,安全软件通常具备病毒和恶意软件扫描功能,这是其最基本的特点。这些软件通过实时监控和定期扫描系统,能够识别并清除潜在的病毒、木马、蠕虫等恶意程序。此外,安全软件还会定期更新病毒库,以保持对新兴威胁的防护能力。这种及时的检测和清除功能,帮助用户抵御常见的恶意软件攻击,确保系统的稳定性和安全性。

另一个显著的特点是防火墙功能。安全软件通常内置防火墙,可以监控进出计算机的网络流量,这一功能能够有效防止未授权的访问,保护用户信息不被盗取。防火墙会根据设定的规则,对异常流量进行阻断,从而降低黑客攻击和数据泄露的风险,用户可以根据自身需求,自定义防火墙的策略,以实现灵活的安全保护。

安全软件还提供网络钓鱼防护和网络监控功能。随着网络钓鱼攻击逐渐增多,许多安全软件加入了对钓鱼网站的识别和拦截功能。当用户尝试访问可疑网站时,软件会自动发出警告,并阻止访问,从而减少用户上当受骗的可能性。此外,一些安全软件还提供网络监控工具,可以检测网络中的异常活动,及时提醒用户采取措施。常见的安全软件如图 2.41 所示。

腾讯管家　　**360卫士**　　**猎豹清理大师**

图 2.41　常见的安全软件

2.2.4　编程语言

程序是由一系列指令组成的,用于完成特定的计算任务或处理信息。程序通过算法和数据结构的组合,实现从简单的计算到复杂的数据处理等多种功能。

编程语言是软件开发的基础工具,它们是程序员与计算机之间沟通的桥梁,其定义了一组语法规则和语义规则用于编写程序,帮助开发者将问题的解决方案转换为计算机可以执行的指令。编程语言主要分为机器语言、汇编语言、高级语言等。每种编程语言都有其特定的语法(如何书写代码)和语义(代码的含义),这些规则决定了程序如何被解释和执行。通过编程语言,程序员可以创建各种类型的应用程序,从简单的计算工具到复杂的操作系统。理解编程语言的基本概念和特点,将帮助我们选择合适的语言来满足不同的开发需求,并有效地实现软件系统的功能。

1. 机器语言

机器语言是计算机系统中最底层的编程语言,它由一系列二进制指令组成,这些指令直接由 CPU 执行。机器语言是计算机能够直接理解和操作的唯一语言,因此它与计算机硬件的沟通是最原始的。每条机器语言指令由操作码和操作数构成,其中操作码指定了要执行的操作类型(如加法、减法),而操作数则指定了操作的具体对象(如寄存器地址或内存位置)。由于不同计算机体系结构具有不同的硬件设计,机器语言也因计算机架构而异。

2. 汇编语言

汇编语言是一种低级编程语言,它在机器语言和高级编程语言之间充当桥梁。汇编语言使用助记符来表示计算机指令,代替机器语言中的二进制编码。这些助记符与特定计算机体系结构的指令集相对应,使得程序员可以更容易地编写和理解代码。汇编语言的每条指令通常直接映射到一个机器语言指令,从而提供了对计算机硬件的精确控制。

3. 高级语言

高级语言是一类接近人类自然语言的编程语言,设计目的是提高程序员的编程效率和代码可读性。与汇编语言和机器语言不同,高级语言更具抽象性和易用性,允许程序员使用更接近于自然语言的语法和结构来编写代码。高级语言通过编译器或解释器将程序转换为计算机可以理解和执行的低级机器语言指令。它的设计目标是减少程序员对计算机硬件的直接操作,从而使程序开发过程更加高效和可靠。

小结

通过本章的学习,不仅掌握了计算机硬件、软件系统的基本知识,还意识到硬件和软件相辅相成,共同构成了完整的计算机系统。硬件提供了必要的计算能力和存储空间,软件则通过指令和程序实现具体功能,理解这两方面有助于深入掌握计算机的工作原理及其在各个领域中的应用。通过学习计算机系统的基础概念,也为后续学习和实际应用打下坚实的基础。希望同学们能在今后的学习中,继续探索硬件、软件技术的发展与应用,提升自己的信息技术素养。

📖 **思政阅读材料**

超级计算机的崛起:科技创新与国家实力的双重驱动

随着科技的迅猛发展,超级计算机作为现代信息技术的重要组成部分,已成为各国争相发展的关键领域。中国在这一领域的崛起,不仅展现了国家的科技实力,也反映了自主创新的决心和能力。从最初的探索阶段到如今在全球超级计算机领域占据领先地位,中国的超级计算机事业经历了波澜壮阔的发展历程,在这一过程中,众多企业发挥了重要作用,推动了技术的不断突破和应用的广泛拓展。超级计算机在气象预测、基因研究、人工智能(AI)等多个领域的广泛应用,体现了科技对社会进步的推动力。

1. 中国超级计算机的发展历程

1)初期探索(20世纪70—90年代)

中国开始进行超级计算机的研究和开发,并建立了第一个自主设计的计算机——银河-I,虽然在性能上仍远远落后于国际领先水平,但这标志着中国在超级计算领域的初步尝试,为后来的发展奠定了基础。20世纪90年代初期,随着国家对科技的重视,中国的计算机技术逐渐得到提升。

2) 崛起阶段(21 世纪 00 年代)

进入 21 世纪后,中国的超级计算机事业迎来了快速发展的阶段。在 2009 年 6 月,"天河一号"超级计算机首次成为全球性能最强的超级计算机,这标志着中国在超级计算领域取得了重大突破,开始进入全球超级计算机领域的前列。

2010 年前后,中国陆续发布了多个新一代超级计算机项目,包括"天河二号""神威一号"等,这些计算机在峰值性能、能效比和应用领域等方面都取得了显著进展。

3) 持续创新与突破(21 世纪 10 年代至今)

2016 年,中国发布了新一代超级计算机"神威·太湖之光",这是世界上首个采用国产处理器的超级计算机,并在 2016 年 6 月被列为全球最快的超级计算机。2018 年,中国发布了新一代超级计算机"天河三号",这是中国首次抢占全球超级计算机的领先地位,该计算机在多个领域的应用性能上都创下了前所未有的纪录。不仅展示了中国的科技实力,也反映了国家对科技创新的重视。

近几年,伴随着人工智能的迅猛发展,中国的超级计算机逐渐与 AI 技术相结合,推动了许多领域的创新。例如,依托超级计算机的强大算力,中国在医疗研究、材料科学等领域取得了诸多突破。随着技术的不断进步,中国的超级计算机在国际舞台上的地位日益提高。2022 年,根据全球超级计算机 500 强榜单,中国部署的超级计算机数量继续位列全球第一,达到 173 台,占总体份额的 34.6%,这标志着中国在全球计算能力领域的重要性。

2. 意义

1) 国家自信与科技强国建设

中国超级计算机的发展不仅是科技实力的体现,更是国家自信的表现。通过自主研发,打破了国外技术的垄断,提升了国家在国际科技竞争中的地位,这种自信心激励着更多的科研人员投身于科技创新,推动国家科技强国的建设。

2) 科技创新与社会发展的关系

超级计算机的发展为社会的各方面提供了有力支持,无论是在气象预报、环境监测,还是在新药研发、工程模拟等领域,超级计算机都发挥了不可或缺的作用。高新技术的进步推动了社会发展,提高了人民的生活质量,体现了科技为民的理念。

3) 培养科技人才的重要性

超级计算机的发展离不开高素质的人才支持,教育和科研机构的合作显得尤为重要。培养更多具备国际视野和创新能力的科技人才,不仅能推动科技的发展,也能为国家的长远发展提供智力支持。

4) 国际合作与竞争

在全球化的背景下,科技的发展也蕴含着国际合作与竞争的双重关系。中国在超级计算机领域的崛起既是对外交流合作的结果,也是与其他国家在科技领域竞争的体现。在此过程中,应坚持开放合作的原则,加强与国际同行的交流,推动共同发展。

3. 结论

中国的超级计算机事业经历了从无到有、从弱到强的发展历程,取得了令人瞩目的成就。通过对中国超级计算机发展历程的学习,不仅能够更好地理解科技创新的重要性,还能增强国家自信,培养对科技的热爱。这一过程将激励更多的年轻人投身于科技事业,为实现中华民族伟大复兴的中国梦贡献智慧和力量。因此,深入学习和研究超级计算机的发展,不仅是科学技术的追求,也是对国家未来的责任和担当。

习题 2

一、单项选择题

1. 现代计算机结构中的总线不包括_____。
    A. 地址总线　　　　B. 快速总线　　　　C. 控制总线　　　　D. 数据总线
2. 32 位计算机中的 32 指的是_____。
    A. 机器字长　　　　B. 内存容量　　　　C. 计算机型号　　　　D. 存储单位
3. 为了突破 CPU 的主频提高到一定程度遇到的瓶颈,可以采用_____。
    A. Cache　　　　　B. 多内核　　　　C. 增加内存容量　　D. 增加硬盘容量
4. 计算机重启后_____将全部消失。
    A. RAM 中的信息　　　　　　　　　B. ROM 中的信息
    C. 硬盘中的信息　　　　　　　　　D. RAM 和 ROM 中的信息
5. 以下选项中,_____不是输入设备。
    A. 键盘　　　　　　B. 鼠标　　　　　C. 打印机　　　　　D. 扫描仪
6. 关于程序的定义,以下正确的是_____。
    A. 一种硬件设备　　　　　　　　　B. 一组指令的集合,用于完成特定任务
    C. 一种数据存储格式　　　　　　　D. 一种操作系统的类型
7. 计算机软件的主要功能是_____。
    A. 进行数据存储　　　　　　　　　B. 控制计算机硬件并执行任务
    C. 提供网络连接　　　　　　　　　D. 加速计算速度
8. 以下_____是用于管理计算机硬件和软件资源的。
    A. 应用软件　　　　B. 系统软件　　　　C. 嵌入式软件　　　D. 开发软件
9. 以下_____属于常见的应用软件。
    A. Windows　　　　B. Excel　　　　　C. Linux　　　　　D. BIOS
10. 以下_____不是数据库管理系统的功能。
    A. 数据存储　　　　B. 数据备份　　　　C. 数据传输　　　　D. 网络安全

二、判断题

1. 第二代计算机使用的元器件是电子管。　　　　　　　　　　　　　　　　（　　）
2. ENIAC 采用的是二进制进行存储的。　　　　　　　　　　　　　　　　（　　）
3. 当内存中没有 CPU 要执行的指令或数据时,CPU 会直接访问硬盘。　　（　　）
4. 在外观上,USB 2.0 通常是白色或黑色接口,而 USB 3.0 一般为蓝色接口。（　　）
5. 现在的显卡一般插在主板的 PCI 插槽内。　　　　　　　　　　　　　　（　　）
6. 系统软件与应用软件没有任何联系。　　　　　　　　　　　　　　　　（　　）
7. 应用软件只能在特定的操作系统上运行。　　　　　　　　　　　　　　（　　）
8. 编程语言是计算机软件的一种类型。　　　　　　　　　　　　　　　　（　　）
9. 只要安装了软件,就不需要考虑其兼容性问题。　　　　　　　　　　　（　　）
10. 商业软件通常需要购买许可证,而共享软件可以免费试用。　　　　　　（　　）

三、填空题

1. 冯·诺依曼将计算机分成了运算器、控制器、_____、输入设备和输出设备 5 部分。

2. 中国第一个电子计算机科研小组由_____、闵乃大、夏培肃、王传英 4 个人组成。

3. _____能被计算机硬件理解并执行,是程序设计的最小语言单位。

4. 打开任务管理器的快捷键是_____。

5. 常见的图形显示接口包括 VGA、DVI 和_____。

6. 计算机软件主要分为两大类:_____和应用软件。

7. _____软件是专门为特定行业或任务设计的应用程序。

8. 在软件开发中,使用_____可以编写、调试和测试代码。

9. _____是由开发者为软件编写的使用说明和指导。

10. 数据库的_____用于描述数据的结构和关系。

四、简答题

1. 某同学刚刚入学,想要购买一台计算机,便于在大学四年的学习中使用。预算有限,4000 元左右;主要在宿舍使用,选择台式计算机;学习的专业是财务管理,主要进行日常办公处理;大学四年的学习和娱乐资料较多,硬盘容量要足够大。根据 2.1.4 节提到的选购计算机策略,给出相应的配置标准,以表的形式列出品牌机和组装兼容机的主要性能指标。

2. 比较固态硬盘和机械硬盘之间的差异,以表的形式列出。

3. 简述系统软件和应用软件的区别,并举例说明各自的功能。

4. 在日常工作中,你常用的应用软件有哪些?举例说明它们的主要功能和使用方法。

第 3 章 操作系统

本章学习目标
- 了解操作系统的发展。
- 掌握操作系统的功能和特征。
- 了解常用的操作系统。
- 理解麒麟操作系统的启动和关闭流程。
- 了解节能和休眠功能。
- 掌握桌面和文件管理器的使用方法。
- 了解磁盘管理的相关概念和操作。
- 掌握"系统"设置模块。
- 掌握常用硬件的维护和管理。

本章先介绍操作系统的基本概念,包括操作系统的定义、发展过程、操作系统的功能和特征,并针对国产的麒麟操作系统,详细介绍系统的启动、关闭、桌面配置、文件及磁盘的常用操作,以及如何实现对计算机的软硬件资源进行管理和控制。

3.1 操作系统概述

操作系统(Operating System,OS)定义:有效地管理和控制计算机系统中的软硬件资源,合理地组织计算机工作流程,控制程序的运行,提供多种服务功能及友好的操作界面,方便用户使用计算机的系统软件。在裸机上安装的第一个软件就是操作系统,其他所有的系统软件和应用软件都在操作系统的支持下运行。

3.1.1 操作系统的发展

操作系统自 20 世纪 50 年代产生以来,在短短的几十年间,为应对计算机硬件和体系结构的快速发展,以及人们应用需求的不断变化,经历了由简单到复杂、由低级到高级的发展。

1. 人工操作

从 1946 年第一台通用电子计算机诞生到 20 世纪 50 年代中期,整个计算机系统是由用户直接控制使用的,还没有现代意义上的操作系统,所以又称人工操作阶段。当时的计算机不仅速度慢、存储容量小,而且输入输出设备简单,还需要专门的控制台来控制计算机。早期的计算机如图 3.1 所示。用户使用计算机时,将事先已穿孔(对应于程序和数据)的纸带(或卡片)装入纸带输入机(或卡片输入机),再启动它们将程序和数据输入计算机,然后通过控制台启动计算机运行。当程序运行完毕,用户会通过控制台获取计算结果,之后才让下一个用户上机。

很显然,相对于 CPU 的运行速度,人工操作和输入输出设备的速度是很慢的,使得高

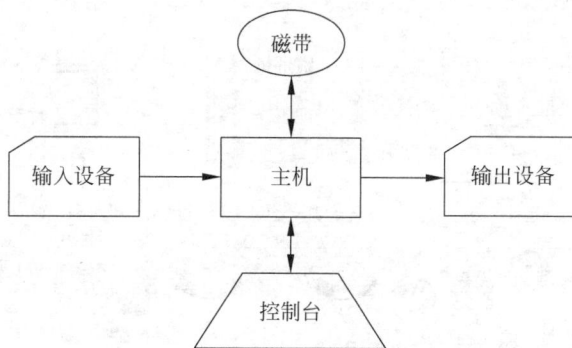

图 3.1　早期的计算机

速的 CPU 绝大部分时间在等待慢速的人工操作和输入输出设备的运行,从而导致人工操作具有以下缺点。

(1) 计算机的有效机时严重浪费。

(2) CPU 效率低。

随着计算机速度的提高,以及高级程序设计语言的问世,这种人工操作方式势必造成更大的资源浪费,因此急需用程序来代替人工操作。

2. 单道批处理操作系统

20 世纪 50 年代,为了减少操作员工作所花的时间,提高资源利用率,人们开始利用计算机系统中的软件来代替系统操作员的部分工作,从而产生了最早的操作系统——单道批处理操作系统。

单道批处理操作系统的基本思想:设计一个常驻主存的程序(监督程序 Monitor),操作员有选择地把若干用户作业合成一批,安装在输入设备上,并启动监督程序。然后,由监督程序自动控制这批作业运行。监督程序首先把第一道作业调入主存,并启动该作业。一道作业运行结束后,再把下一道作业调入内存启动运行。待一批作业全部处理结束后,系统操作员则把作业运行的结果一起交给用户。

按照这种方式处理作业,各作业间的转换及各作业的运行完全由监督程序自动控制,从而减少了部分人工干预,有效地缩短了作业运行前的准备时间。单道批处理操作系统的代表是 IBM 公司为 IBM 7094 计算机配置的 IBM SYS 操作系统。IBM 7094 计算机的工作方式如图 3.2 所示。

作业(Job)是用户在一次上机活动中要求计算机系统所做的一系列工作的集合,包括用户的程序、数据和作业控制说明书。作业是早期操作系统的一个重要概念,现代操作系统中已经很少使用。

监督程序如同一个系统操作员,它负责批作业的输入输出,并自动根据“作业控制说明书”每次执行一道作业,从而控制作业的自动运行,同时在程序运行过程中负责控制使用计算机资源。虽然监督程序并不能被称为真正的操作系统,它与操作系统的本质差别在于监督程序不具有并发控制机制,但它与操作系统有许多相似的特征。监督程序在系统中的地位和作用、实现的基本目标及管理资源的基本方法与操作系统类似。真正的操作系统就是在此基础上进一步发展和完善起来的。

与人工操作阶段相比,监督程序的引入有效地减少了人工干预时间和作业运行前的准

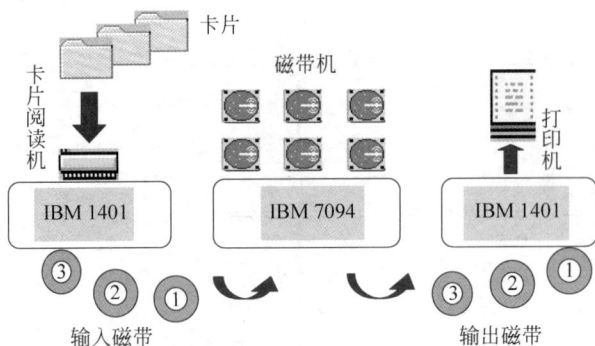

图 3.2　IBM 7094 计算机的工作方式

备时间,相对提高了 CPU 的利用率。但是,当一个作业在运行时,如果提出输入输出请求,那么 CPU 就会停下来等待其完成输入或输出操作,从而使 CPU 无法充分利用。在计算机 CPU 的速度大幅度提高的形势下,用这种方法管理计算机远不能适应需要。

3. 多道批处理操作系统

20 世纪 60 年代中期,IBM 公司生产了第一台小规模集成电路计算机 IBM 360(第三代计算机系统)。由于它较之于晶体管计算机无论在体积、功耗、速度和可靠性上都有了显著的改善,因而获得了极大的成功。IBM 公司为该机开发的 OS/360 操作系统是第一个能运行多道程序的批处理操作系统。

多道批处理操作系统的基本思想:在该系统中,用户所提交的作业先存放在外存上,并排成一个队列,称为后备队列。然后按照一定的算法,从后备队列中选择若干作业调入内存,使它们共享 CPU 和系统中的各种资源。由于同时在内存中装有若干作业,当某道作业需要输入或输出时,CPU 为该作业启动相应的输入或输出操作后就可以转去执行下一道作业。这样,第二道作业的执行与第一道作业的输入或输出并行工作,从而进一步减少 CPU 的等待时间。

4. 分时操作系统

如果推动多道批处理操作系统形成和发展的主要动力是提高资源利用率和系统吞吐量,那么,推动分时操作系统形成和发展的主要动力则是为了满足用户对人机交互的需求,由此形成了一种新型操作系统。用户的需求具体表现在以下两方面。

(1) 人机交互。每当程序员写好一个新程序时,都需要上机进行调试。由于新编程序难免存在一些错误或不当之处,需要进行修改,因此用户希望能像早期使用计算机时一样,独占全机并对它进行直接控制,以便能方便地对程序中的错误进行修改即用户希望能进行人机交互。

(2) 共享主机。在 20 世纪 60 年代,计算机还十分昂贵,一台计算机要同时供很多用户共享使用。显然,用户们在共享一台计算机时,每人都希望自己能像独占时一样,不仅可以随时与计算机进行交互,而且还不会感觉到其他用户的存在。

由上所述不难得知,分时操作系统是指在一台主机上连接了多个配有显示器和键盘的终端,并由此所组成的系统。该系统允许多个用户同时通过自己的终端,以交互方式使用计算机,共享主机中的资源。分时操作系统使每个用户都能感觉到好像自己在独占计算机系统,而在系统内部,操作系统负责协调多个用户分时共享 CPU,这便是分时的含义。分时操作系统的硬件连接如图 3.3 所示。

5．实时操作系统

随着计算机的不断普及和发展,计算机的应用领域日益扩大。20 世纪 60 年代后期,计算机已广泛应用于工业控制、武器控制及商业事务处理等领域。这类新出现的应用领域对计算机系统提出了新的要求,希望系统对来自外部的信息能在规定的时限内做出处理,称为实时处理。

随着计算机应用的普及,实时操作系统的类型也相应增多,下面列出当前常见的 4 种。

图 3.3　分时操作系统的硬件连接

(1) 实时控制系统。当计算机被用于生产过程的控制,形成以计算机为中心的控制系统时,该系统应具有能实时采集现场数据,并对所采集的数据进行及时处理,进而能够自动地控制相应的执行机构,使之具有按预定的规律变化的功能,确保产品的质量和产量。类似地,也可将计算机用于对武器的控制,如火炮的自动控制系统、飞机的自动驾驶系统及导弹的制导系统等。

(2) 信息查询系统。该系统接收从远程终端发来的服务请求,根据用户提出的请求,对信息进行检索和处理,并能及时对用户做出正确的回答。实时信息处理系统有飞机或火车的订票系统、银行管理系统等。

(3) 多媒体系统。随着计算机硬件和软件的快速发展,已可将文本、图像、音频和视频等信息集成在一个文件中,形成一个多媒体文件。如在用 DVD 播放器所播放的数字电影中就包含了音频、视频和横向滚动的文字等信息。为了保证有好的视觉和听觉感受,用于播放音频和视频的多媒体系统,也必须是实时信息处理系统。

(4) 嵌入式系统。随着集成电路的发展,已做出各种类型的芯片,可将这些芯片嵌入各种仪器和设备中,用于对设备进行控制或对其中的信息做出处理,这样就构成了智能仪器和设备。此时还需要配置嵌入式操作系统,它同样需要具有实时控制或处理的功能。

6．通用操作系统

20 世纪 60 年代是操作系统不断成熟、蓬勃发展的重要时期,不仅先后出现了多道批处理操作系统、分时操作系统和实时操作系统,而且操作系统的基本理论、原理、基本技术和设计方法也已日趋成熟。到 20 世纪 60 年代中期,为了满足用户的需要,计算机也被设计成容量大、功能全,几乎提供用户需要的所有功能的通用计算机。与这种形势相适应,第三代操作系统被设计成通用操作系统,即一个操作系统既能处理批量作业,也能处理分时、实时等作业。这类系统的典型代表是 UNIX、VMS(DECVAX 机器上的操作系统)操作系统。现代常用的操作系统 Windows NT、Linux 也属于通用操作系统。

通用操作系统不仅给用户提供了很大便利,而且对计算机资源的利用也更为合理。在单方式系统中,可供运行的作业类型受到限制,而通用方式系统能处理任何类型的作业,可将各种类型的作业合理搭配,系统更容易达到饱和状态,从而更加有利于提高资源的利用率。

7．不断发展的操作系统

操作系统自产生以来,已经有近 70 年的发展历史,随着超大规模集成电路的发展和计算机体系结构的变化,以及应用需求的不断扩大,操作系统仍在不断发展和完善,先后出现

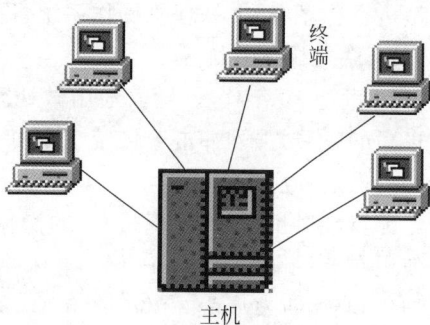

了微机操作系统、多处理机操作系统、网络操作系统、分布式操作系统和嵌入式操作系统。

1）微机操作系统

20世纪80年代后，随着通用微处理器芯片的高速发展，个人计算机和工作站系统得到了迅猛的发展，强烈冲击着传统小型机和中大型机市场。相应地，微机上的操作系统获得了快速的发展和应用。

配置在微机（个人计算机）上的操作系统称为微机操作系统。最早出现的微机操作系统是使用在8位微机上的CP/M。后来出现了16位微机，相应地，16位微机操作系统也就应运而生，当微机发展为32位、64位时，32位和64位微机操作系统也应运而生。可见微机操作系统可以按照微机的字长来分，但也可以根据所支持的用户数目不同，把微机操作系统分为单用户单任务操作系统、单用户多任务操作系统和多用户多任务操作系统。

单用户单任务的含义：在同一时间段内只允许一个用户使用计算机，且该用户只能运行一个程序。这是最简单的微机操作系统，主要配置在早期的8位和16位微机上。最有代表性的单用户单任务操作系统是CP/M和MS DOS。

单用户多任务的含义：在同一时间段内只允许一个用户使用计算机，但该用户可以同时运行多个程序，从而有效地改善系统的性能。目前在32位微机上配置的操作系统，大多数是单用户多任务操作系统，其中最有代表性的是Windows 10操作系统。

多用户多任务的含义：允许多个用户同时通过各自的终端使用同一台主机，共享主机中的各类资源；而每个用户又可以同时运行多个程序，使它们并发执行，从而进一步提高资源利用率，增加系统吞吐量。在大型机、中型机、小型机中所配置的大多是多用户多任务操作系统，随着微机性能的不断提高，其上也可以安装多用户多任务操作系统。其中，最有代表性的是微机版的UNIX和Linux操作系统。

2）多处理机操作系统

早期的计算机系统基本上都是单处理机系统，重点在于提高处理机及相关器件的性能。20世纪70年代出现了多处理机操作系统（Multi-Processor Operating System，MPOS），试图通过改进计算机体系结构来提高系统性能。20世纪90年代以来，随着共享内存的对称多处理机操作系统的广泛应用，多处理机操作系统也已经成熟。多处理机操作系统不同于单处理机操作系统，它支持多个处理机真正地并行运行多个程序。多处理机操作系统以支持并行多任务为其主要特征，充分发挥计算机中多处理机并行处理的优势，在科学计算及高端事务处理服务器领域占有重要地位。

代表性的多处理机操作系统有SUN公司的Solaris，AT&T公司的UNIX System V4.0 MP，DG公司的DG/UX等。

3）网络操作系统

网络操作系统是一种特殊的操作系统，它将分布在不同地点的计算资源整合在一起，形成一个整体，提供共享资源和协作的环境。网络操作系统可以运行在服务器、路由器、交换机等各类网络设备上，它们通过网络互联，互相通信。

常见的网络操作系统有Windows Server、网络版的UNIX和Linux等。

4）分布式操作系统

分布式操作系统支持由多个计算机组成的分布式系统。这些计算机通过网络互联，实现资源共享并协同完成任务，从而提高了系统的整体性能和可靠性。

分布式操作系统负责管理分布式系统中的各种资源,包括计算资源、存储资源、通信资源和信息服务等,并根据系统的负载情况,按照一定的策略将任务进行分解,然后分配给各个计算机进行处理,从而实现负载均衡和性能优化。

分布式操作系统是计算机科学领域的一个重要分支,在 20 世纪 70 年代末到 80 年代初得到了初步的探索和发展。在这个时期,由于计算能力的限制,科学家们开始尝试通过多台计算机协同工作来完成复杂的计算任务,这标志着分布式计算的开始,也可以视为分布式操作系统概念的雏形。尽管这个时期的探索并没有取得太大的成功,但它为后续的分布式操作系统发展奠定了基础。未来分布式操作系统面临更多的挑战和机遇,包括云计算、物联网、人工智能等领域的发展,将为分布式操作系统带来更加广泛的应用前景。

代表性的分布式操作系统有荷兰自由大学的 Amoeba(阿米巴)和贝尔实验室的 Plan 9。

5)嵌入式操作系统

嵌入式操作系统负责嵌入式系统的全部软硬件资源的分配、调度,控制、协调并发活动,它必须体现其所在系统的特征,能够通过装卸某些模块来达到系统所要求的功能。

嵌入式操作系统是一种用途广泛的系统软件,过去它主要应用于工业控制和国防系统领域。随着互联网技术的发展、信息家电的普及应用,以及嵌入式操作系统的微型化和专业化,嵌入式操作系统开始从单一的弱功能向高专业化的强功能方向发展。嵌入式操作系统在系统实时高效性、硬件的相关依赖性、软件固化及应用的专用性等方面具有较为突出的特点。嵌入式操作系统也是实时操作系统。

在嵌入式领域广泛使用的操作系统:嵌入式实时操作系统 μC/OS-Ⅱ、嵌入式 Linux、Windows CE、VxWorks 操作系统等,以及应用在智能手机和平板计算机的 Android、iOS、HarmonyOS 等。

3.1.2　操作系统的功能

引入操作系统的主要目的是为多道程序的运行提供良好的运行环境,以保证多道程序能有条不紊地、高效地运行,并能最大限度地提高系统中各种资源的利用率,方便用户的使用。为此,在传统的操作系统中应具有处理机管理、存储器管理、设备管理和文件管理等基本功能。此外,为了方便用户使用操作系统,还需向用户提供友好、方便的用户接口。

1. 处理机管理功能

在传统的多道程序系统中,处理机的分配和运行都是以进程为基本单位的,因而对处理机的管理可归结为对进程的管理。简单地说,进程是程序的一次执行过程,可以对并发执行的程序加以描述和控制。

处理机管理主要通过创建进程,按照一定的算法把处理机分配给进程,对各进程的运行进行协调,实现进程之间的信息交换,以及当程序结束或出错时撤销对应的进程,实现程序的并发运行。处理机管理功能包括以下 4 方面。

1)进程控制

在多道程序环境下为使程序能并发执行,必须为每道作业创建一个或几个进程,并为之分配必要的资源。当进程运行结束时,应立即撤销该进程,以便能及时回收该进程所占用的各类资源,供其他进程使用。因此,进程控制的主要功能就是为程序创建进程、撤销已结束的进程,以及控制进程在运行过程中的状态转换。

2) 进程同步

为使多个进程能有条不紊地运行,系统中必须设置相应的进程同步机制。该机制的主要任务是为多个进程的运行进行协调,使得多个进程在共享资源或者相互合作完成同一项任务时,能够正确运行。

3) 进程通信

当由一组相互合作的进程去完成一个共同的任务时,在它们之间往往需要交换信息。例如,有输入进程、计算进程和打印进程3个相互合作的进程,输入进程负责将所输入的数据传送给计算进程;计算进程利用输入数据进行计算,并把计算结果传送给打印进程;最后由打印进程把计算结果打印出来。进程通信的任务是实现相互合作进程之间的信息交换。

4) 处理机调度

处理机调度的主要任务是为多个并发执行的进程分配处理机。在多道环境下,内存中有多个进程,其数目往往多于处理机数目,这就要求系统能按某种算法动态地将处理机分配给某个进程,使其运行。分配处理机的任务是由处理机调度程序完成的。处理机调度是操作系统至关重要的部分。

2. 存储器管理功能

存储器管理的主要任务是为每道程序分配内存空间,提高存储器的利用率,并确保每道用户程序都仅在自己的内存空间内运行,彼此互不干扰,也绝不允许用户程序访问操作系统的程序和数据。同时方便用户使用,并能从逻辑上扩充内存。为此,存储器管理应具有内存分配和回收、内存保护、地址映射和内存扩充等功能。

3. 设备管理功能

设备管理的主要任务如下。

(1) 完成用户进程提出的输入输出请求,为用户进程分配所需的输入输出设备,并完成指定的输入输出操作。

(2) 提高 CPU 和输入输出设备的利用率,提高输入输出速度,方便用户使用输入输出设备。为此在内存中设置了缓冲区,而且还可通过增加缓冲区容量的方法来改善系统的性能。

为实现上述任务,设备管理应具有缓冲管理、设备分配和设备处理及虚拟设备等功能。

4. 文件管理功能

文件管理的主要任务是给诸多文件分配外存存储空间,提高外存的利用率,进而提高文件系统的存取速度。对用户文件和系统文件进行统一的管理以方便用户使用,并保证文件的安全性。为此,文件管理应具有对文件存储空间的管理、目录管理、文件的读写管理及文件的共享与保护等功能。

5. 操作系统与用户之间的接口

为了方便用户对操作系统的使用,操作系统向用户提供了用户与操作系统的接口。

该接口通常可分为如下两大类。

1) 用户接口

为了便于用户直接或间接地控制自己的作业,操作系统向用户提供了命令用户接口和图形用户接口。用户可通过该接口向作业发出命令以控制作业的运行;或者用户可通过菜单(或对话框)用鼠标选择菜单项的方式取代命令的输入,以方便、快捷地完成对应用程序和文件的操作,从而使得对计算机的操作更加方便、直观。

2) 程序接口

程序接口一般由程序员使用,是为用户程序在执行中访问系统资源而设置的,是用户程序取得操作系统服务的唯一途径。它是由一组系统调用组成的,每个系统调用都是一个能完成特定功能的子程序。

3.1.3 常用的操作系统

1. 微软公司的操作系统

1) MS-DOS

DOS 的全称是磁盘操作系统(Disk Operating System),是一个单用户单任务、采用命令接口方式、普及型的微机操作系统,主要用于以英特尔公司的 86 系列芯片为 CPU 的微机及其兼容机,曾经风靡了整个 20 世纪 80 年代。DOS 命令方式操作界面如图 3.4 所示。

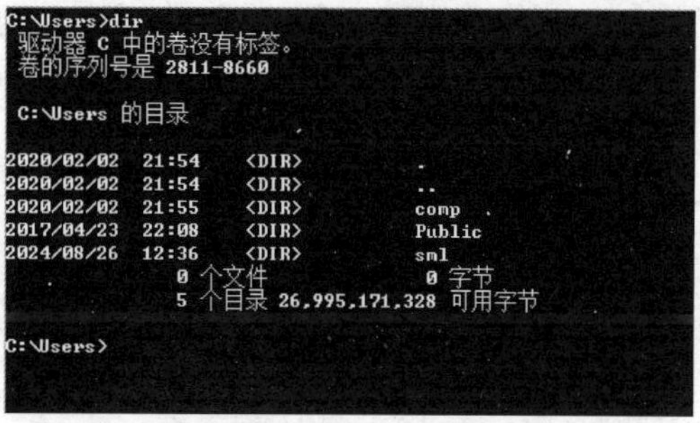

图 3.4 DOS 命令方式操作界面

1981 年 IBM 公司首次推出了 IBM-PC(16 位微机),在微机中采用了微软公司开发的 MS-DOS(Disk Operating System)操作系统。1983 年 IBM 公司推出 PC/AT(配有 Intel 公司 80286 芯片),相应地微软公司又开发出 MS-DOS 2.0 版本,它不仅能支持硬盘设备,还采用了树状目录结构的文件系统。1987 年又宣布了 MS-DOS 3.3 版本。从 MS-DOS 1.0～3.3 为止的版本都属于单用户单任务操作系统,内存被限制在 640KB。1989—1993 年又先后推出了多个 MS-DOS 版本,它们都可以配置在 Intel 80386、80486 等 32 位微机上。从 20 世纪 80—90 年代初,由于 MS-DOS 性能优越受到当时用户的广泛欢迎,成为事实上的 16 位单用户单任务操作系统标准。

早期的 MS-DOS 是不支持汉字处理的,为了能在微机上处理汉字,1983 年我国电子工业部第六研究所推出了基于 MS-DOS 的汉字磁盘操作系统 CC-DOS,以后又推出了若干版本。

2) Windows 操作系统

微软公司从 1983 年开始研发 Windows 操作系统,当时的目的是在 DOS 的基础上增加一个多任务的图形用户界面(Graphical User Interface,GUI)。1985 年和 1987 年分别推出了 Windows 1.0 和 Windows 2.0,由于当时的硬件平台还只是 16 位微机,对 Windows 1.0 和 Windows 2.0 版本不能很好地支持,没有得到用户的广泛认可。

1990 年微软公司又发布了 Windows 3.0 版本,随后又宣布了 Windows 3.1 版本,它们主要是针对 Intel 80386 和 Intel 80486 等 32 位微机开发的,较之以前的操作系统有着重大的改进,引入了友善的图形用户界面,使计算机更好使用,从而成为 Intel 80386 和 Intel 80486 等微机的主流操作系统,得以很快地流行开来,开始逐步占领微机操作系统市场。但是 Windows 3.1 及以前的版本均为 16 位系统,因而还不能充分利用硬件的发展提供强大功能。同时,它们依赖 MS-DOS 管理文件系统,且只能在 MS-DOS 上运行,因而还不能算是完整的操作系统。

Windows 95 在 1995 年 8 月正式发布,这是第一个不要求使用者先安装 MS-DOS 的 Windows 版本。从此 Windows 9x 便取代 Windows 3.x 及 MS-DOS,成为个人计算机平台的主流操作系统。2006 年后相继推出 Windows Vista、Windows 7、Windows 8、Windows 10、Windows 11 等。

Windows 家族的另一个重要分支是 Windows NT,是一种面向高端微机的操作系统,与支持个人应用的 Windows 9x 有根本的区别,Windows NT 采用客户机/服务器与层次式结合的模型,有较强的内置网络功能和较高的系统安全性,主要运行在小型机和服务器上。在相继推出 Windows NT 1.0、2.0、3.0 和 4.0 后,2000 年 2 月,推出 Windows 2000 Server(原来称为 Windows NT 5.0)。后来又推出了 Windows Server 2003、Windows Server 2008、Windows Server 2012、Windows Server 2016、Windows Server 2019、Windows Server 2022 等系列版本,主要应用于网络服务器。微软公司目前的个人和商用机器的 Windows 操作系统也都基于 NT 内核。

微软除了开发单机版和网络版操作系统之外,还涉足开发移动领域的操作系统。最早可以追溯到 1996 年的 Windows CE。它是微软制作的第一款移动操作系统,专门用在各种嵌入式设备,包括个人数字助理(Personal Digital Assistant,PDA)上的系统。Windows CE 由 Windows 95 精简而来,在操作界面上与当年的 Windows 95 很像。随着智能手机日渐普及,微软基于 Windows CE 推出了 Windows Mobile,是专为智能手机打造的一款移动操作系统。在当时与塞班、Palm 等系统形成三足鼎立之势。但随着 Android、iOS 的逐渐兴起,并成为市场主流,微软公司随后推出的 Windows Phone,Windows RT 和 Windows 10 Mobile 等产品都以失败告终。

2. 苹果公司的操作系统

1) macOS

macOS 是苹果公司开发的操作系统,其名称源自 Macintosh 的缩写。Macintosh 是苹果公司于 1984 年发布的第一台个人计算机。macOS 是 Macintosh 系列计算机上的专用操作系统,正常情况下在普通微机上无法安装。

macOS 是首个在商用领域成功的图形化操作系统。当年 macOS 推出图形界面时,微软公司的操作系统还只停留在 DOS 年代,Windows 操作系统还未问世。在此期间,苹果公司的联合创始人史蒂夫·乔布斯离开了苹果,创办了另一家公司 NeXT,开发了 NeXTSTEP 平台,该平台后来被苹果公司收购,构成了苹果系统。

macOS 的发展可以被分成两个系列:一个是已不再被支持的经典版苹果计算机操作系统,1984—1996 年用 System x.xx 来命名。1997 年 7 月,Mac OS 8.0 正式发布,也就是从这个版本开始,Mac OS 的名称被正式采用。2001 年推出 Mac OS X,2012 年更名为 OS X。2016 年 6 月,苹果公司宣布 OS X 更名为 macOS,以便与苹果其他操作系统 iOS、 watchOS 和 tvOS 保持统一的命名风格。

macOS 界面非常独特,突出了形象的图标和人机对话,具有稳定性、安全性、易用性和强大的图形处理功能,在个人和专业计算领域都广泛应用。

2) iOS

iOS 是由苹果公司为其移动设备开发的操作系统。iOS 最初被称为 iPhone OS。在 2007 年 1 月 9 日的 Macworld 展览会上,苹果公司首次向公众展示了其手机产品(iPhone)及其操作系统 iPhone OS。后来 iPhone OS 陆续套用到 iPod touch、iPad 上,因此在 2010 年 6 月 7 日召开的苹果全球开发者大会上宣布改名为 iOS。

iOS 系统以稳定性和安全性著称,因为苹果在设计和生产硬件的同时,也在开发与之相匹配的操作系统。这种深度整合使得苹果能够充分发挥硬件的性能,同时确保系统的稳定性和安全性。此外,苹果对于生态系统的建设也非常重视,通过应用商店、云服务、智能家居等一系列产品,构建了一个完整的生态系统,为用户提供了更加便捷和丰富的体验。

3. 开源操作系统

1) Linux 操作系统

Linux 是一种开源的、免费使用和自由传播的类 UNIX 操作系统。UNIX 操作系统是美国贝尔实验室于 1969 年开发的一个多用户、多任务的分时操作系统,拥有强大的网络功能,多用于超级计算机、小型机或者工作站。1991 年,芬兰赫尔辛基大学的学生林纳斯·托瓦兹开发了 Linux 操作系统内核,并利用互联网发布其源代码,从而创建了 Linux 操作系统。Linux 操作系统继承了 UNIX 操作系统以网络为核心的设计思想,是一个多用户、多任务、支持多线程和多 CPU 的操作系统。

Linux 操作系统存在着许多不同的版本,但它们都使用了 Linux 操作系统内核,Linux 操作系统可安装在各种计算机硬件设备中,如手机、平板计算机、路由器、视频游戏控制台、个人计算机、大型机和超级计算机。随着 Linux 操作系统的不断发展,越来越多的企业和个人开始使用这个操作系统。此外,许多公司和组织开始为 Linux 操作系统提供商业支持,推动了 Linux 操作系统的广泛应用。

2) Android 操作系统

Android 是一种基于 Linux 操作系统内核的自由及开放源代码的移动操作系统。主要应用于移动设备,如智能手机和平板电脑,由美国谷歌公司和开放手机联盟(Open Handset Alliance,OHA)联合开发。

Android 操作系统最初由安迪·鲁宾开发,主要支持手机。2005 年 8 月由谷歌公司收购注资。2007 年 11 月,谷歌公司与多家手机制造商、软件开发商及电信运营商组建了开放手机联盟,共同研发改良 Android 操作系统。2008 年,谷歌公司发布了 Android 1.0 的源代码。近年来,Android 逐渐扩展到平板电脑、智能家居及物联网领域,如电视、数码照相机、游戏机、智能手表等。

由于 Android 操作系统的开放性、灵活性以及高度的可自主操作性,它的普及率高,应用资源也多,开发者不断推出新的用户界面,引入很多创新功能。但是任何事物都有其两面性,由于系统的开放性,给了恶意程序攻击的机会,安全性较差。并且由于版本众多,很多软件并不能很好地适配不同型号的手机。

4. 国产操作系统

国产操作系统是指由中国本土软件公司开发的计算机操作系统。可分为国产桌面操作系统、国产服务器操作系统、国产移动终端操作系统等。

2014 年 4 月 8 日,美国微软公司停止了对 Windows XP SP3 操作系统提供服务支持,这引起了广大用户的广泛关注和对信息安全的担忧。2020 年对 Windows 7 服务支持的终止再一次推动了国产系统的发展。

随着 20 世纪 90 年代 Linux 操作系统的诞生和开源运动的兴起,其凭借着先天的开源优势成为国产操作系统开发的主流,绝大部分国产计算机操作系统是以 Linux 操作系统为基础进行二次开发的操作系统。国产操作系统在近年来取得了显著的发展,涌现出了一系列具有自主知识产权的操作系统。

1) 银河麒麟操作系统

银河麒麟操作系统(Kylin OS)原本是在"863 计划"和国家核高基科技重大专项支持下,由国防科技大学研发的操作系统,后由国防科技大学将品牌授权给天津麒麟。

最开始的时候银河麒麟操作系统仅支持银河-Ⅰ、银河-Ⅱ巨型机专用 CPU 的麒麟操作系统。2006 年,发布了银河麒麟操作系统 1.0 版本,经"863 计划"、核高基重大专项的打磨,衍生出了桌面操作系统、服务器操作系统、嵌入式操作系统。

2) 中标麒麟操作系统

中标麒麟(NeoKylin)操作系统是由中标软件有限公司(简称中标软件)研发的,以操作系统技术为核心,重点打造安全创新等差异化特性产品。作为国家规划布局内重点软件企业,中标软件获得了国防、民用两方面的相关企业与产品资质,是安全操作系统旗舰企业。

两家麒麟公司都是中国软件与技术服务股份有限公司(简称中国软件)旗下的子公司。中标麒麟操作系统主要适配龙芯 CPU,银河麒麟操作系统主要适配飞腾 CPU,合计占据国产操作系统的主要份额。为了整合资源,打造出能跟微软公司、谷歌公司匹敌的操作系统公司,2019 年 12 月,中国软件宣布整合中标软件与天津麒麟,设立新公司,打造国产 Linux 操作系统,名为麒麟软件有限公司,继续研制以 Linux 为内核的操作系统。

在 2024 年 8 月 8 日召开的中国操作系统产业大会上,银河麒麟桌面操作系统发布了首个人工智能版本,人工智能版本通过多项技术创新实现了人工智能与操作系统的深度融合,具备强大的人工智能集成能力、智能化功能、高效能计算等特点。

3) 统信操作系统

统信操作系统(UOS)由统信软件技术有限公司开发,提供了统信桌面操作系统、统信服务器操作系统和统信专用设备操作系统。统信操作系统在党政、金融和教育等行业有广泛应用,并且在生态建设方面取得了显著进展,适配的软件数超过了 500 万。

4) 欧拉操作系统(EulerOS)与 openEuler 操作系统

EulerOS 与 openEuler 操作系统都是华为公司自主研发的操作系统。

EulerOS 支持鲲鹏处理器和容器虚拟化技术,是华为公司为服务器和云环境提供的面向企业级的操作系统。2019 年年底,EulerOS 被正式推送至开源社区,更名为 openEuler。openEuler 是一个创新的平台,鼓励任何人在该平台上提出新想法、开拓新思路、实践新方案。所有个人开发者、企业和商业组织都可以使用 openEuler 社区版本,也可以基于 openEuler 社区版本发布自己二次开发的操作系统版本。后续国产服务器操作系统厂商均纷纷基于 openEuler 发行商业版本，如麒麟软件的银河麒麟高级服务器操作系统、统信软件 UOS 20。

5）鸿蒙操作系统

鸿蒙操作系统（HarmonyOS）是华为公司开发的分布式操作系统。鸿蒙操作系统的开发始于 2012 年，原名为鸿蒙 OS，早期主要用于物联网设备。然而，随着技术的发展和市场需求的变化，华为将鸿蒙操作系统升级为全场景分布式操作系统，并于 2019 年正式更名为鸿蒙操作系统。

鸿蒙操作系统的设计理念是实现全场景多设备互连互通。它通过分布式架构，将手机、平板计算机、智能穿戴、智慧屏等多种终端设备连接在一起，实现资源共享和信息传递。这意味着用户可以在不同的设备上无缝切换并享受一致的使用体验。鸿蒙操作系统还具备自适应能力，能够根据设备资源和用户需求智能调配系统资源，以提供流畅和高效的操作体验。

3.2 银河麒麟桌面操作系统的基本操作

本节将介绍银河麒麟桌面操作系统（简称麒麟系统）的基础操作，方便对此桌面操作系统有初步的认识，了解基础功能的使用方式以及如何简单地管理桌面操作系统。

3.2.1 进入桌面

1. 登录

开机启动计算机后进入银河麒麟界面，根据设置系统会默认选择自动登录或停留在登录窗口等待登录。当启动系统后，系统会提示输入密码，即系统中已创建的用户名和密码。通常用户名和密码在系统安装时进行设置，选择登录用户后，输入正确的密码，单击"登录"按钮即可访问桌面，单击"隐藏"/"取消隐藏"按钮即可实现密码隐藏/显示。成功登录后，用户可以进行各种操作，如查看信息、管理数据或执行特定任务。

2. 桌面

打开计算机并成功登录操作系统后，会看到一个图形用户界面，称为桌面，如图 3.5 所示。桌面是工作环境的主要部分，它提供了一个可视化的平台，可以访问各种应用程序、文件和系统设置。桌面的背景通常可以自定义，设置自己喜欢的图片或颜色。桌面上还会显示一些图标，这些图标代表了系统中常用的程序和文件夹。可以通过双击这些图标打开相应的应用程序或文件夹。此外，桌面底部通常会有一个任务栏，显示当前打开的程序和系统托盘图标，方便快速访问和管理正在运行的程序。

3. 电源管理

麒麟系统在电源管理方面具备多项先进功能，旨在优化设备的能耗表现，延长电池续航时间，并确保系统运行的稳定性。首先，麒麟系统内置了智能电池管理系统，能够实时监控电池状态，包括电池的充放电次数、健康状况以及当前电量。通过这些数据，系统可以智能调节电池的充放电策略，避免过度充电或过度放电，从而延长电池的使用寿命。

麒麟系统支持多种节能模式，用户可以根据实际需求选择不同的电源管理模式。例如，在节能模式下，系统会自动降低屏幕亮度、调整 CPU 频率和关闭不必要的后台应用，以减

图 3.5　麒麟系统桌面

少能耗。此外，系统还支持自定义电源计划，用户可以根据自己的使用习惯，手动设置 CPU、内存和硬盘的功耗限制，从而达到最佳的电源管理效果。

为了进一步提升电源管理的智能化水平，麒麟系统还集成了智能休眠功能。当用户长时间不操作设备时，系统会自动进入休眠状态，关闭或降低部分硬件组件的功耗，以节省电能。当用户重新操作设备时，系统能够迅速唤醒，恢复到之前的工作状态，确保用户体验的连贯性和流畅性。

4. 图标排列和大小

桌面的图标大小可以进行调节，图标顺序可以按照需要进行排序。系统默认提供 4 种图标大小的设置，分别为小图标、中图标（默认）、大图标和超大图标。

将鼠标悬停在应用图标上，按住鼠标左键不放，将应用图标拖曳到指定的位置松开鼠标左键释放图标，即可完成图标的排列。

在桌面上右击，在弹出的快捷菜单中，选择"排序方式"命令，系统提供如下 4 种排序方式。

- 单击"文件名称"命令，将按文件的名称顺序显示。
- 单击"修改日期"命令，文件将按最近一次的修改日期顺序显示。
- 单击"文件类型"命令，将按文件的类型顺序显示。
- 单击"文件大小"命令，将按文件的大小顺序显示。

5. 任务栏

麒麟系统的任务栏是一个非常实用且便捷的设计，它位于屏幕的底部，为用户提供了一系列方便的操作和快捷方式。任务栏的主要功能包括显示当前运行的应用程序、提供快速访问常用功能的图标、显示系统时间和日期等。用户可以通过单击任务栏上的图标来切换不同的应用程序窗口，或者通过右击来访问更多的系统设置和选项。任务栏的部分图标和功能如表 3.1 所示。

表 3.1 任务栏的部分图标和功能

图 标	名 称	功 能
	"开始"菜单	启动菜单,查看系统应用
	显示任务视图	显示多任务视图,切换桌面工作区
	文件管理器	文件及文件夹管理
	软件商店	软件的搜索、下载及卸载
	搜索	创建索引来快速获取搜索结果
	键盘	切换键盘输入法/输入语言
	网络设置	设置网络连接

麒麟系统的任务栏还支持拖放功能,用户可以将文件或快捷方式直接拖放到任务栏上,从而快速打开或执行相关操作。任务栏还具备自动隐藏的功能,当用户不需要使用时,它会自动隐藏到屏幕边缘,从而释放更多的桌面空间。

6. "开始"菜单

作为用户与操作系统交互的重要界面之一,提供了便捷的入口来启动各种应用程序和功能。在这个"开始"菜单中,用户可以找到常用的软件、系统设置以及一些预设的快捷方式,使得操作更加高效和直观。通过单击"开始"菜单,用户可以快速访问他们最常用的应用程序,而无须在复杂的文件夹结构中寻找。"开始"菜单还支持搜索功能,用户可以通过输入关键词快速找到需要的程序或文件,极大地提高了工作效率。麒麟系统的设计者在"开始"菜单的布局和功能上进行了精心的优化,确保用户能够获得流畅且直观的使用体验。

3.2.2 文件管理器

文件管理器是一个功能强大的工具,旨在帮助用户高效地组织、管理和访问存储在计算机上的各种文件和目录。它提供了一个直观的图形用户界面,使得用户可以轻松地浏览文件系统,执行常见的文件操作任务,如创建、删除、复制和移动文件及文件夹。此外,文件管理器还支持多种视图模式,用户可以根据自己的需求选择详细信息视图、列表视图或图标视图,以便更方便地查看文件属性和内容。

文件管理器不仅提供了基本的文件操作功能,还集成了高级功能,如文件搜索、书签管理、文件预览和批量重命名等。这些功能极大地提高了用户的工作效率,使得用户可以快速找到所需的文件,并对其进行有效管理。文件管理器还支持多种文件系统格式,包括本地文件系统和网络文件系统,确保用户可以在不同的存储设备之间无缝地进行文件操作。

文件管理器还具备自定义选项,用户可以根据个人喜好调整界面布局、快捷键和工具栏设置。此外,文件管理器还提供了丰富的插件支持,用户可以根据需要安装和使用各种扩展插件,以增强文件管理器的功能。

1．文件管理器的打开方式

在麒麟系统中，用户可以通过多种方法打开和访问文件管理器。文件管理器是麒麟系统中一个非常重要的工具，它允许用户浏览、管理、编辑和组织文件和文件夹。以下是 5 种常见的打开麒麟系统文件管理器的方法。

（1）通过桌面图标打开。用户可以在桌面上找到一个名为"文件管理器"的图标，双击该图标即可打开文件管理器。

（2）通过任务栏快捷方式打开。在任务栏上通常会有一个"文件管理器"的快捷方式，用户只需单击该快捷方式，即可快速打开文件管理器。

（3）通过"开始"菜单打开。用户可以单击屏幕左下角的"开始"按钮，然后在弹出的菜单中选择"所有程序"或"应用程序"选项，在列表中找到"文件管理器"选项并单击，即可打开文件管理器。

（4）通过快捷键打开。用户可以使用键盘上的快捷键快速打开文件管理器。通常情况下，按 Win＋E 键即可快速打开文件管理器。

（5）通过命令行打开。用户可以在系统的命令行界面中输入 nautilus 或 peony 命令，然后按 Enter 键，即可打开文件管理器。

通过以上 5 种方法，用户可以轻松地打开和使用麒麟系统中的文件管理器，从而高效地管理和组织文件资源。

2．基础知识

1）文件名

系统文件名长度最大可以为 255 个字符，通常是由字母、数字、"．"（点号）、"_"（下画线）和"—"（减号）组成的。"．"为文件名首字母时，默认情况下会被隐藏，设置了显示隐藏文件才会显示。文件名开头不可以使用空格，其他位置可以使用空格。文件名不能含"？""＊""/""\"" ＜ "" ＞ ""|"符号。使用当前目录下的文件时，可以直接引用文件名；使用其他目录下的文件时，必须指定该文件所在的目录。

2）文件类型

麒麟系统中的文件类型是指在该操作系统中，各种文件所具有的特定格式和扩展名。麒麟系统是一种基于 Linux 内核的开源操作系统，文件类型不仅包括常见的文本文件、图像文件、音频文件和视频文件等，还包括一些特定于 Linux 操作系统的文件类型。

例如，常见的文本文件通常以 txt 为扩展名，图像文件可以 jpg、png 或 gif 为扩展名，音频文件可以 mp3、wav 或 aac 为扩展名，视频文件可以 mp4、avi 或 mkv 为扩展名。而在 Linux 操作系统中，还有一些特殊的文件类型，如可执行文件通常以 bin 或 out 为扩展名，脚本文件可能以 sh 为扩展名，配置文件可能以 conf 为扩展名等。

麒麟系统还支持各种压缩文件类型，如 zip、rar、tar 和 gz 等。这些压缩文件类型可以帮助用户节省存储空间，并方便地将多个文件打包成一个文件进行传输。此外，麒麟系统还支持链接文件，包括硬链接和符号链接，这些链接文件可以帮助用户在不同的目录之间快速访问同一文件内容。

3）窗口组成

窗口组成主要包括以下几部分，窗口分区示意图如图 3.6 所示。

麒麟系统的核心部分是其主窗口，这个窗口是用户与系统交互的主要界面。主窗口通

图 3.6 窗口分区示意图

常包含菜单栏、工具栏、状态栏以及各种功能区域。菜单栏提供了系统的所有功能选项,用户可以通过单击相应的菜单项来执行各种操作;工具栏则包含一些常用的快捷操作按钮,方便用户快速访问常用功能;状态栏显示系统当前的状态信息,如当前时间、网络连接状态等。

麒麟系统包含多个子窗口,这些子窗口用于展示特定的信息或执行特定的任务。例如,"文件管理"窗口用于浏览和管理文件系统中的文件和目录;"设置"窗口则用于配置系统的各种参数和选项;"帮助"窗口则提供了系统的使用说明和帮助文档。每个子窗口都有其独特的功能和界面设计,以满足用户的不同需求。

麒麟系统支持多窗口操作,用户可以同时打开多个窗口进行不同的任务。系统会为每个打开的窗口分配一个独立的窗口标签,用户可以通过单击不同的标签来切换当前的活动窗口。这种多窗口操作模式大大提高了用户的操作效率和使用体验。

麒麟系统提供了窗口自定义功能,用户可以根据自己的喜好和需求调整窗口的布局、大小和位置。系统支持保存和加载窗口布局,方便用户在不同的工作场景下快速切换不同的窗口配置。

4) 主要功能

(1) 查看文件和文件夹。

用户可以使用文件管理器查看和管理本机文件、本地存储设备(如外置硬盘)、文件服务器和网络共享上的文件。

在文件管理器中,双击任何文件夹,可以查看其内容(使用文件的默认应用程序打开);也可以右击一个文件夹,选择在新标签页或新窗口中打开。

(2) 视图模式。

麒麟系统中的文件管理器提供了多种视图模式,以便用户根据自己的需求选择最合适的界面来浏览和管理文件。这些视图模式包括图标视图、列表视图、详细信息视图和缩略图视图等。在图标视图中,文件和文件夹以图标的形式展示,用户可以通过直观的图标快速识别文件类型和内容。列表视图以列表的形式展示文件和文件夹的名称、大小、修改日期等详细信息，方便用户进行排序和筛选。详细信息视图进一步扩展了列表视图的功能，提供了更多的文件属性信息，如创建日期、文件类型等，帮助用户更全面地了解文件信息。缩略图视图特别适用于图片、视频等多媒体文件，用户可以通过缩略图直观地预览文件内容。麒麟系统文件管理器的这些视图模式不仅提高了用户的操作效率，还增强了用户体验，使得文件管理变得更加直观和便捷。

（3）文件排序。

麒麟系统中的文件管理器具备强大的文件排序功能，可以帮助用户高效地整理和查找文件。通过这一功能，用户可以根据文件名称、文件类型、文件大小、修改日期等多种属性进行排序，如图 3.7 所示，从而快速定位到所需的文件。

图 3.7　排序方式

（4）搜索和筛选。

麒麟系统中的文件管理器具备强大的搜索和筛选功能，使得用户能够快速找到所需的文件和资料。通过输入关键词，用户可以迅速定位到特定的文件，无论是文档、图片还是视频。文件管理器还提供了多种筛选选项，如按文件类型、大小、修改日期等进行筛选，进一步细化搜索结果，提高查找效率。在麒麟系统的文件管理器中，搜索功能不仅限于简单的关键词匹配，它还支持高级搜索语法，允许用户进行更复杂的查询。例如，用户可以使用通配符来匹配文件名的某一部分，或者通过逻辑运算符（如 AND、OR、NOT）来组合多个搜索条件，从而精确定位到所需文件。这种灵活的搜索方式极大地扩展了搜索的广度和深度，让用户能够轻松地找到那些隐藏在海量文件中的目标文件。通配符是一种特殊语句，主要有星号（＊）和问号（?），用来模糊搜索文件。当查找文件夹时，可以使用它来代替一个或多个真正字符。星号匹配零个或多个字符；问号匹配任何一个字符。

除了搜索功能外，文件管理器中的筛选功能也同样强大。用户可以根据文件的属性（如类型、文件大小、创建或修改时间等，见图 3.8）来设置筛选条件，快速筛选出符合条件的文件列表。这种筛选方式不仅节省了用户的时间，还使得文件的管理变得更加有序和高效。

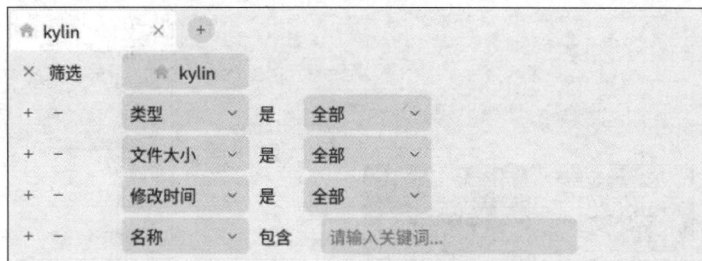

图 3.8　筛选条件

支持标记筛选,筛选出当前目录下添加了相同颜色标记的文件以及文件夹,如图 3.9 所示。

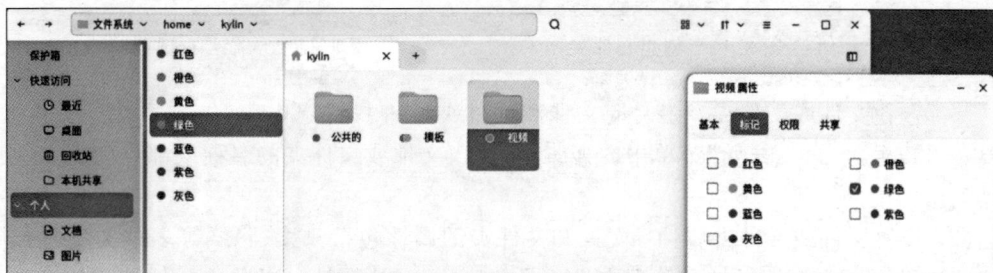

图 3.9　标记筛选

麒麟系统的文件管理器还具备智能推荐功能。基于用户的搜索和浏览历史,文件管理器能够智能地推荐相关的文件或文件夹,进一步提升用户的查找效率。这种个性化的推荐服务不仅提高了用户的使用体验,还使得文件管理器更加贴近用户的实际需求。

3. 文件和文件夹的常用操作

以下是一些文件和文件夹的常用操作及其详细说明。

(1) 创建文件夹:创建文件夹是为了更好地组织和管理文件。在操作系统中,通常可以通过右击空白区域,在弹出的快捷菜单中选择"新建"→"文件夹"命令来创建一个新的文件夹,如图 3.10 所示。

(2) 重命名文件或文件夹:为了更清晰地标识文件或文件夹的内容,常常需要对其进行重命名。右击目标文件或文件夹,在弹出的快捷菜单中选择"重命名"命令,如图 3.11 所示;然后输入新的名称即可完成操作。

(3) 复制文件或文件夹:复制操作可以创建文件或文件夹的副本,以便在其他位置使用。右击目标文件或文件夹并选择"复制"命令,如图 3.11 所示;然后导航到目标位置,右击并选择"粘贴"命令即可完成复制。

(4) 移动文件或文件夹:移动操作可以将文件或文件夹从一个位置转移到另一个位置。右击目标文件或文件夹并选择"剪切"命令,如图 3.11 所示;然后导航到目标位置,右击并选择"粘贴"命令即可完成移动。

(5) 删除文件或文件夹:删除操作可以移除不再需要的文件或文件夹,释放存储空间。右击目标文件或文件夹并选择"删除到回收站"命令,如图 3.11 所示;确认操作后即可完成删除。

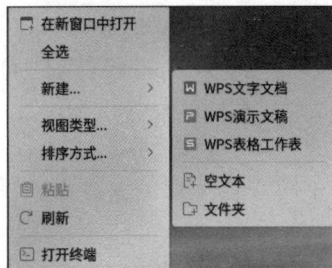

图 3.10　创建文件夹　　　　　　图 3.11　重命名右键菜单

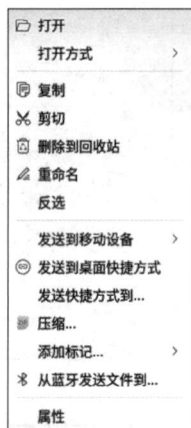

（6）查找文件或文件夹：在大量文件和文件夹中查找特定内容时，查找功能显得尤为重要。可以通过单击"开始"菜单中的搜索框，输入文件或文件夹的名称或部分内容，系统会自动列出匹配的结果。

（7）设置文件或文件夹属性：文件和文件夹的属性包括只读、隐藏等多种类型，通过设置这些属性可以更好地保护和管理文件。具体来说，只读属性可以防止文件被意外修改，而隐藏属性则可以使文件在常规浏览时不可见，从而避免被轻易访问。要设置这些属性，只需右击目标文件或文件夹并选择"属性"命令，如图 3.11 所示；然后在弹出的"属性"窗口中进行相应的设置；在"属性"窗口中，可以看到各种属性选项，根据需要勾选或取消勾选相应的复选框；最后单击"确定"按钮保存设置。这样就可以根据自己的需求，灵活地管理和保护文件了。

（8）压缩和解压缩文件或文件夹：为了节省存储空间或便于传输，常常需要对文件或文件夹进行压缩。右击目标文件或文件夹并选择"压缩"命令，如图 3.11 所示；然后选择"创建"按钮即可完成压缩。解压缩操作通常通过双击压缩文件，然后选择解压位置并确认即可完成。

通过熟练掌握这些文件和文件夹的常用操作，可以大大提高在计算机上的工作效率和数据管理能力。

4. 格式化和卸载设备操作

在麒麟系统中，用户可以进行格式化和卸载设备操作，以确保设备的正常使用或进行数据管理。格式化操作是指将存储设备上的数据完全清除，并重新建立文件系统，使其能够存储新的数据。卸载设备操作是指将已连接的存储设备安全地从系统中断开，以避免数据损坏或丢失。

具体来说，格式化操作通常用于新购买的存储设备，或者当现有设备出现故障需要重新初始化时。在进行格式化之前，用户需要确保所有重要数据已经备份，因为格式化过程会清除设备上的所有数据。麒麟系统提供了多种文件系统格式供用户选择，如 ext4、ntfs 等，用户可以根据实际需求选择合适的文件系统进行格式化。

卸载设备操作更为常见，尤其是在移动存储设备（如 U 盘、移动硬盘等）使用完毕后。在麒麟系统中，用户可以通过图形界面或命令行工具执行卸载操作。图形界面通常提供一个"安全删除硬件"的选项,用户只需单击该选项并选择相应的设备,系统便会完成卸载过程。命令行工具则提供了更为灵活的操作方式,用户可以通过输入特定的命令来卸载设备。

5. 文件保护箱功能介绍

麒麟系统中的文件保护箱是一个专门用于保护重要文件和数据的安全功能。它通过一系列先进的加密技术和访问控制机制,确保用户的重要文件在存储和传输过程中不会被未授权的第三方访问或篡改。文件保护箱为用户提供了一个安全可靠的存储环境,使得敏感信息和关键数据能够得到充分保护。

具体来说,文件保护箱采用了高强度的加密算法,对存储在其中的文件进行加密处理,确保只有授权用户才能解密和访问这些文件。此外,文件保护箱还支持多级权限管理,用户可以根据实际需求设置不同的访问权限,从而实现对文件的精细控制。例如,管理员可以为不同的用户分配不同的读写权限,确保每个人只能访问其权限范围内的文件。

为了进一步增强安全性,文件保护箱还提供了日志记录功能。系统会详细记录所有用户的访问行为和操作历史,便于事后审计和追踪。这样,即使在发生安全事件时,管理员也能够迅速定位问题并采取相应的应对措施。

6. 快捷键

表 3.2 为麒麟系统文件管理器中常用快捷键功能描述说明。

表 3.2　常用快捷键功能描述

快　捷　键	功　能　描　述
Ctrl＋N	新建文件夹
Ctrl＋S	保存当前文件
Ctrl＋C	复制选中的文件或文件夹
Ctrl＋X	剪切选中的文件或文件夹
Ctrl＋V	粘贴已复制或剪切的文件或文件夹
Ctrl＋Z	撤销上一步操作
Ctrl＋Y	重做上一步被撤销的操作
Ctrl＋A	选择当前目录下的所有文件和文件夹
Ctrl＋F	打开搜索框,查找文件或文件夹
F2	重命名选中的文件或文件夹
F3	查看选中文件或文件夹的详细信息
F5	刷新当前目录
F11	切换到全屏模式
Alt＋Enter	查看选中文件或文件夹的属性
Alt＋L	打开"位置"栏,快速跳转到指定路径
Alt＋P	显示或隐藏预览面板
Alt＋T	打开"工具"菜单
Alt＋H	打开"帮助"菜单

3.2.3　磁盘管理

1. 磁盘管理基本概念

在麒麟系统中,磁盘管理不仅是确保数据安全和系统性能的重要环节,也是用户进行高效数据存储和访问的基础。除了理解磁盘的基本概念,如分区、文件系统、挂载点等,掌握麒麟系统特有的磁盘管理工具和技术同样至关重要。

麒麟系统支持多种文件系统,如 ext4、xfs、btrfs 等。每种文件系统都有其独特的优势,如 ext4 文件系统具有成熟稳定、兼容性好等特点,而 xfs 文件系统则在处理大文件时表现出色。用户可以根据存储需求选择合适的文件系统,并通过 mkfs 等命令进行格式化操作。在麒麟系统中,挂载点也是磁盘管理的重要概念。挂载点是将磁盘分区与文件系统目录相关联的点,通过挂载操作,用户可以将磁盘分区上的数据访问权限赋予特定的文件系统目录。麒麟系统提供了 mount 和 umount 命令用于挂载和卸载文件系统,同时,在/etc/fstab 文件中配置自动挂载选项,可以实现系统启动时自动挂载磁盘分区。麒麟系统还提供了磁盘配额、逻辑卷管理(Logical Volume Manager,LVM)等高级磁盘管理功能。磁盘配额可以限制用户对磁盘空间的使用量,防止个别用户占用过多资源;逻辑卷管理允许用户在不改变物理磁盘结构的情况下,动态地调整磁盘分区的大小和数量,提高了磁盘管理的灵活性和效率。

2. 磁盘分区

在麒麟系统中,磁盘分区是一个重要且基础的操作,它决定了系统如何管理和使用存储设备上的空间。继上文所述,接下来深入探讨麒麟系统磁盘分区的具体步骤、注意事项及优化策略。

麒麟系统分区编辑器(见图 3.12)提供了对本机所有存储设备(包括移动硬盘、U 盘)进行查看和编辑的功能。

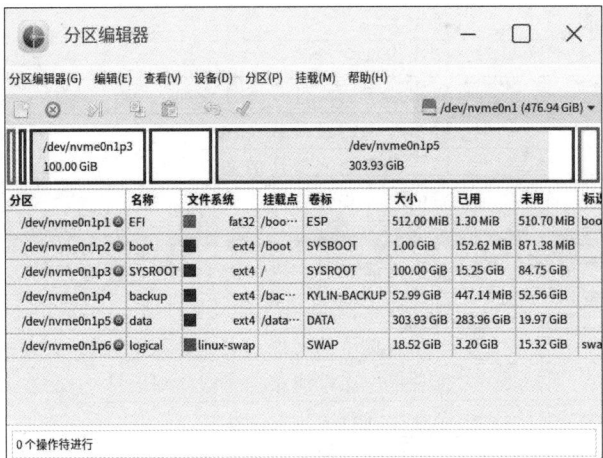

图 3.12　分区编辑器

1) 分区步骤

(1) 备份数据:在进行任何磁盘操作之前,务必先备份重要数据,以防万一操作失误导致数据丢失。

(2) 启动分区工具:根据所选工具,通过命令行或图形界面启动。

(3) 识别磁盘:在分区工具中,首先需要识别出要分区的磁盘。注意区分系统盘和数据盘,避免误操作。

(4) 创建新分区:根据需求,选择空闲空间并创建新分区。可以设置分区的大小、类型(如主分区、扩展分区、逻辑分区等)以及文件系统(如 ext4、xfs 等)。

（5）调整分区：如果需要，可以对已存在的分区进行调整，如扩大、缩小或移动等。但请注意，这些操作可能涉及数据迁移，存在一定风险。

（6）应用更改：在分区工具中完成所有设置后，需要应用更改以使设置生效。在此过程中，确保系统已关闭所有可能访问到该磁盘的程序。

（7）重启系统（如有必要）：某些分区操作可能要求重启系统才能完全生效。按照提示进行操作。

2）注意事项

（1）在进行分区操作时，确保系统具有足够的权限（如 root 权限）。

（2）分区类型和文件系统的选择应根据实际需求来确定，以兼顾性能、兼容性和安全性。

（3）分区大小应合理规划，避免浪费空间或导致空间不足的问题。

（4）在操作过程中，保持耐心和细心，避免因疏忽大意导致操作失误。

3）优化策略

（1）对于频繁读写的分区（如系统盘、用户数据盘等），可以考虑使用更快的文件系统（如 xfs）和更高效的分区方案（如使用 LVM 进行动态调整）。

（2）对于存储大量静态文件的分区（如备份盘、媒体文件盘等），可以考虑使用具有较好压缩和去重功能的文件系统（如 btrfs）来节省空间。

（3）定期对磁盘进行碎片整理和优化，以提高系统的整体性能和稳定性。不过需要注意的是，并非所有文件系统都支持碎片整理（如 ext4 就不支持），因此在进行此类操作前先了解所使用文件系统的特性。

3. 磁盘故障处理

在麒麟系统中，磁盘故障处理是系统维护的重要一环。当遇到磁盘故障时，及时而有效地处理不仅能保护数据安全，还能避免系统崩溃带来的更大损失。以下是一些针对麒麟系统磁盘故障的常见处理方法和步骤。

1）故障识别与初步诊断

首先，需要确认是否真的发生了磁盘故障。这可以通过系统日志、磁盘健康监测工具或直接观察系统行为（如文件读写异常、系统响应缓慢等）进行。一旦发现异常，应立即停止对磁盘的进一步操作，以防数据进一步损坏。

2）数据备份与还原

在确认磁盘故障后，首要任务是保护数据。如果系统允许且时间允许，应尽快将重要数据备份到其他安全存储设备中。对于已经损坏的数据，可以尝试使用数据还原软件进行恢复，但请注意，数据还原的成功率取决于多种因素，如损坏程度、数据覆盖情况等。

单击"开始"菜单，选择"备份还原"选项，即可打开如图 3.13 的"系统备份"窗口。单击"开始备份"按钮，进入"选择备份位置"对话框，可以选择备份到本地备份分区或移动设备，也可以选择备份到本机非备份分区中，但不能受到保护。

3）磁盘检查与修复

对于文件系统层面的故障，可以使用麒麟系统自带的文件系统检查工具进行修复。在修复前，确保已经卸载了受影响的文件系统，以避免数据损坏。对于物理层面的故障（如硬盘坏道、磁头损坏等），则需要使用专业的硬盘修复工具或联系硬盘厂商进行维修。

图 3.13 "系统备份"窗口

4）系统重建与还原

如果磁盘故障严重到无法修复或数据已经彻底丢失,那么可能需要考虑进行系统重建或还原,包括重新安装操作系统、配置系统环境、还原用户数据等步骤。在重建系统时,建议采用最新的系统镜像和稳定的硬件配置,以确保系统的稳定性和安全性。

系统还原可将系统还原到以前一个备份时的状态(见图 3.14)。注意:系统还原时同样会将用户数据进行还原,为防止用户数据丢失,可以先将重要的用户数据进行备份;若需要保留完整的用户数据,也可以选中系统还原首页中的"保留用户数据"单选按钮后再还原。

图 3.14 "系统还原"窗口

5）预防措施

为了防止未来再次发生磁盘故障,建议采取以下预防措施。

（1）定期备份重要数据,确保数据的安全性和可还原性。

（2）使用磁盘健康监测工具定期检查磁盘状态,及时发现并处理潜在问题。

（3）避免在磁盘满载或接近满载时进行大量数据写入操作,以减少磁盘压力。

(4) 使用高质量的硬盘和稳定的电源供应,以降低硬件故障的风险。

通过及时的故障识别、数据备份与还原、磁盘检查与修复及系统重建与还原等措施,可以最大限度地减少磁盘故障对系统和数据的影响。同时,采取有效的预防措施也是降低磁盘故障风险的重要手段。

3.3 系统管理

计算机系统管理是操作系统的一项重要功能,包括计算机硬件资源、软件资源、用户界面及系统性能等的管理,是计算机能够有条不紊运行的保证,是为用户提供便捷的人机交互方式的途径,从而满足用户的使用需求。了解计算机的系统管理,有助于帮助我们理解计算机工作原理,并从中学习其管理的思想和方法,帮助我们解决日常生活中遇到的问题。

在"系统"设置模块,可进行显示器、声音、电源、通知、远程桌面的基础配置,也可以在"关于"中查看系统信息。在"设备"设置中,可以进行硬件的维护和管理,包括蓝牙、打印机、键盘、触摸屏、触摸板、鼠标、快捷键、多屏协同。下面对这些功能的使用进行详细介绍。

3.3.1 硬件资源管理

计算机的硬件资源是计算机系统的物理组成部分,是分析执行指令、处理保存数据、实现人机交互的基础。下面主要介绍相关硬件如何管理使用,用户在使用计算机的过程中如果对硬件的使用进行个性化设置,可参考以下内容。

1. 键盘管理

键盘作为计算机的标准输入设备,在计算机的人机交互中承担主要任务。一般情况下,使用键盘的默认设置能够满足多数用户的需求,但是如果用户从事比较特殊的工作,对键盘有特殊要求,可在键盘配置中,对响应速度、键盘布局、添加输入法等进行配置。

对于键盘设置和输入法设置详见图 3.15 和图 3.16。

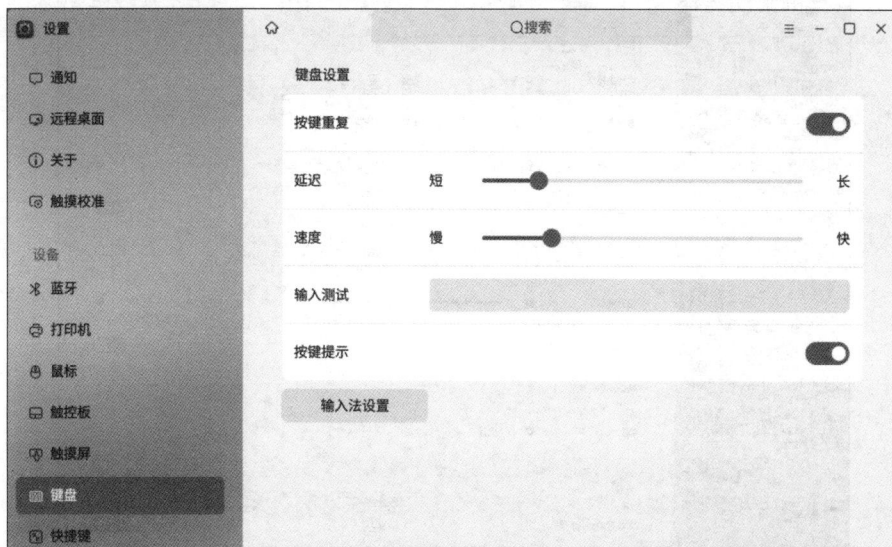

图 3.15 "键盘设置"窗口

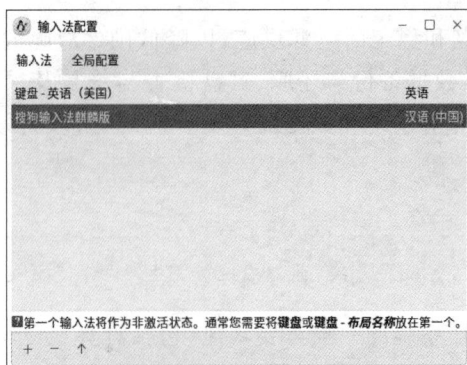

图 3.16 "输入法配置"窗口

在弹出的"键盘设置"窗口中,可进行如下操作,如表 3.3 所示。

表 3.3　键盘

菜　　单	描　　述
键盘设置	可设置启用/关闭按键重复
	可设置延迟的长短
	可设置速度的快慢
	可进行输入测试
	可设置启用按键提示
输入法设置	输入法语言、国家设置
	全局配置

2. 鼠标管理

操作系统中为满足用户对鼠标使用习惯的个性化需求,在鼠标设置窗口中,可进行鼠标、指针、光标的个性化设置,包括左右键切换、滚动方向、滚轮速度、双击间隔时长、指针速度及大小、文本区域光标闪烁和光标速度等,如图 3.17 所示。

图 3.17　鼠标设置窗口

3．显示器管理

显示器是计算机的标准输出设备,俗称屏幕。大致可分为 CRT 显示器(基本已淘汰)、等离子显示器(Plasma Display Panel,PDP)和 LCD。日常生活中常用的是 LCD。

在系统的显示器设置窗口中,可进行显示器的相关配置,如图 3.18 所示。

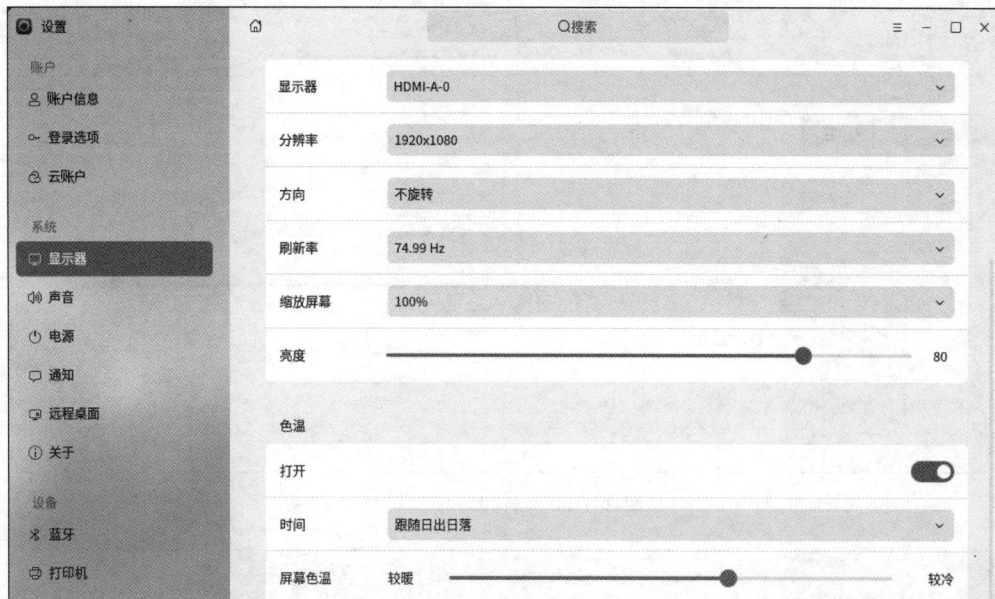

图 3.18　显示器设置窗口

在显示器窗口中用户可以选择显示器、设置分辨率、屏幕方向、刷新率、缩放屏幕、亮度、色温,使计算机显示效果达到最佳。

4．声音管理

声音作为计算机输出系统的一个重要方式和必备功能,是现代计算机深受喜爱的原因之一。要获得完美的声音输出,用户可在声音设置窗口中进行输出声音、输入声音和系统音效的相关配置,当然如果配上一套高档音响,便可获得声音的超级享受。

1) 输入输出设置

声音的输入输出设置如图 3.19 所示。

2) 音效设置

计算机系统音效是指开机、关机、注销、唤醒、提示音等场景使用的声音文件。另外,系统音效也指在某些计算机中通过人工制造或加强的声音,用来增强电影、电子游戏、音乐或其他媒体的艺术或其他内容的声音处理。这些音效通过录制和展示的声音,以增进场景的真实感、气氛或戏剧信息。音效可以包括数字音效、环境音效、MP3 音效(普通音效、专业音效)等,旨在为用户提供丰富纯粹、清晰自然、富有沉浸感的声音体验。

在麒麟系统中,提供了音效设置的方法,如图 3.20 所示。

5．电源管理

计算机电源负责将 19V 外接适配器的电压转换成各系统芯片所需的工作电压。电源对系统芯片的供电分配则由电源管理芯片来完成。操作系统对电源的管理,提供了专门的电源设置窗口,如图 3.21 所示,可进行电源的通用和电源计划的相关配置。

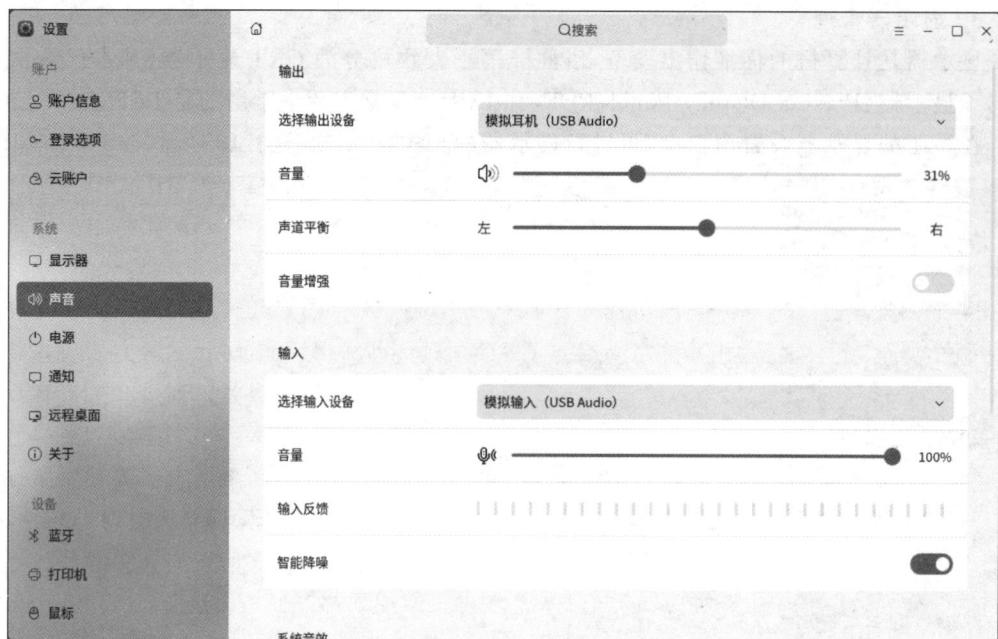

图 3.19　声音设置窗口(1)

图 3.20　声音设置窗口(2)

　　在通用设置中,可设置睡眠后唤醒时、唤醒屏幕时是否需要密码;按电源键时执行的操作(询问、睡眠、关机、休眠)关闭显示器和系统进入睡眠的时间。

　　在电源计划设置中,可设置使用电源时的模式。

　　(1) 平衡模式(推荐),利用可用的硬件自动平衡消耗与性能。

　　(2) 节能模式,尽可能降低计算机能耗。

　　(3) 性能模式,切换为高性能模式。

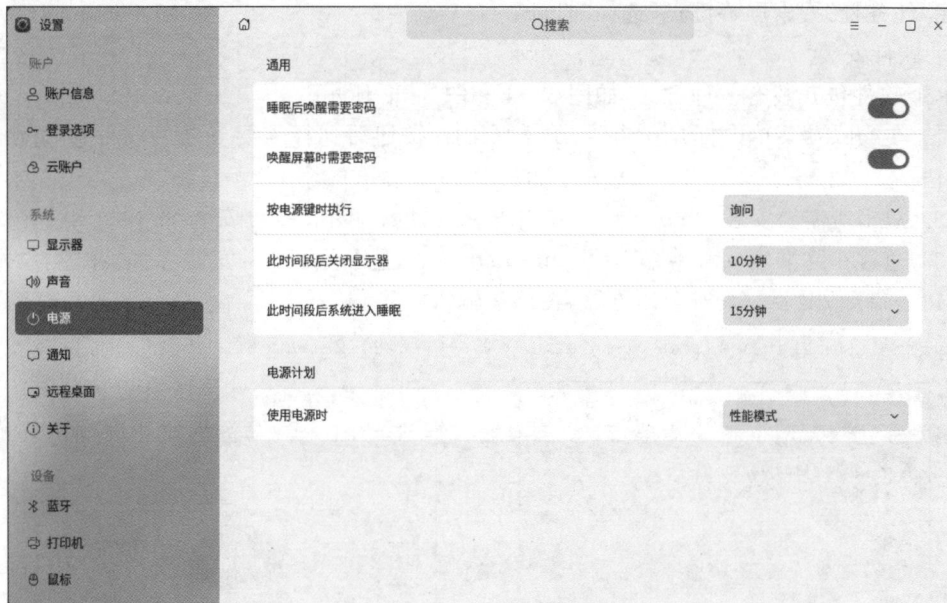

图 3.21　电源设置窗口

3.3.2　软件资源管理

软件资源主要包括安装器管理、账户管理、软件商店、时间语言管理及系统更新管理等。

1. 安装器管理

安装器用于用户在系统中图形化安装或卸载 deb 格式的软件应用。

1）打开方式

在"开始" 菜单中选择"安装器" ，如图 3.22 和图 3.23 所示。

图 3.22　安装器(日间模式)

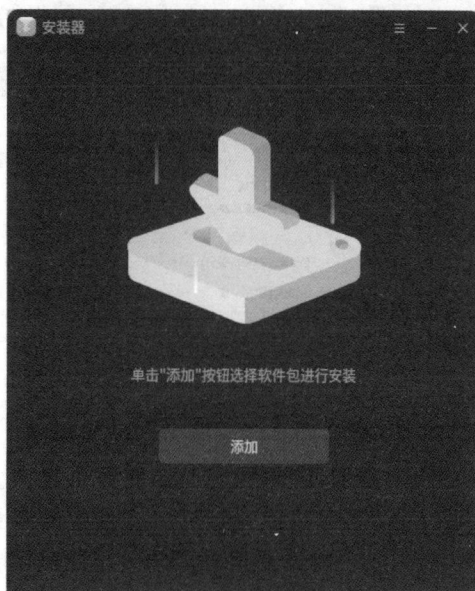

图 3.23　安装器(夜间模式)

在"任务栏"搜索屏幕键盘,选择"打开"。

2)软件安装

单个软件包安装有 3 种方式,如图 3.24 和图 3.25 所示。

(1)在"开始"菜单中打开安装器,单击"添加"按钮后选择需要安装的软件包,单击"安装"按钮。

(2)双击所需要安装的 deb 包,会弹出安装器界面,单击"一键安装"按钮。

(3)通过在终端输入命令安装,kylin-installer＋包名,会弹出安装界面,单击"一键安装"按钮。例如,安装 360 安全浏览器,在终端输入:

```
kylin-installer browser360-cn-stable_10.6.1022.22-1_amd64.deb
```

图 3.24　单个软件包添加　　　　　　　图 3.25　单个软件包安装

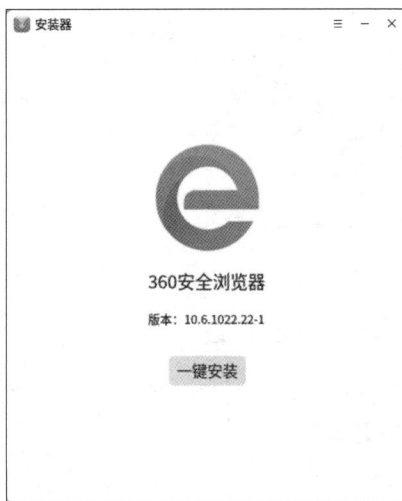

安装器还支持批量安装软件包,先在"开始"菜单打开安装器,然后点击"添加"按钮,添加需要批量安装的多个软件包,单击"安装"按钮,如图 3.26 和图 3.27 所示。软件安装完成界面如图 3.28 所示。

图 3.26　软件包批量添加　　　　　　　图 3.27　软件包批量安装

3）软件卸载

卸载软件有两种方式。

（1）通过"开始"菜单找到要卸载的软件右击，在弹出的快捷菜单中选择"卸载"命令，弹出卸载对话框，如图 3.29 所示；

（2）通过终端输入命令卸载，kylin-uninstaller＋desktop 文件的路径，如卸载 360 安全浏览器，如图 3.30 所示，在终端输入：

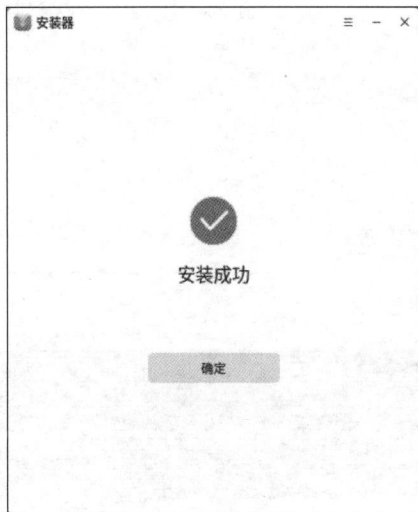

图 3.28　安装成功

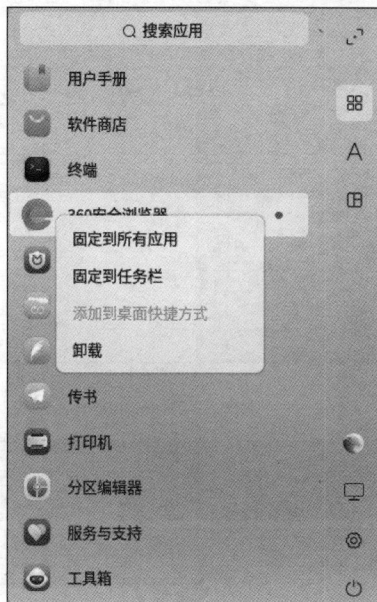

图 3.29　"开始"菜单中"卸载"命令

```
kylin-uninstaller /home/kylin/桌面/
browser360-cn.desktop
```

注：当应用正在运行时，软件不允许卸载；不允许同时卸载两个及以上的软件。

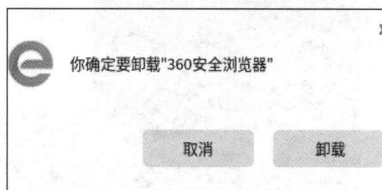

图 3.30　卸载软件

2. 账户管理

账户管理是一个重要的安全和维护任务，在"账户设置"窗口，可进行账户信息、登录选项的基础配置。

1）账户信息

在账户信息中，可以对用户的密码、头像等属性进行设置，同时可以设置免密登录和开机自动登录。如图 3.31 所示，可以看到当前的用户为 kylin。

单击用户名旁边的修改 🖉 图标，可以修改用户昵称，单击"确定"按钮生效，如图 3.32 所示。

单击"用户组"选项，可以对用户组进行添加、修改、删除操作，如图 3.33 所示。

在"其他用户"中选择"添加"按钮可新建用户，同时设置用户的权限，如图 3.34 所示。

对于创建的标准用户，可以进行修改密码操作，如图 3.35 所示，管理员可对账户类型进行修改，如图 3.36 所示。

图 3.31 "账户信息"窗口

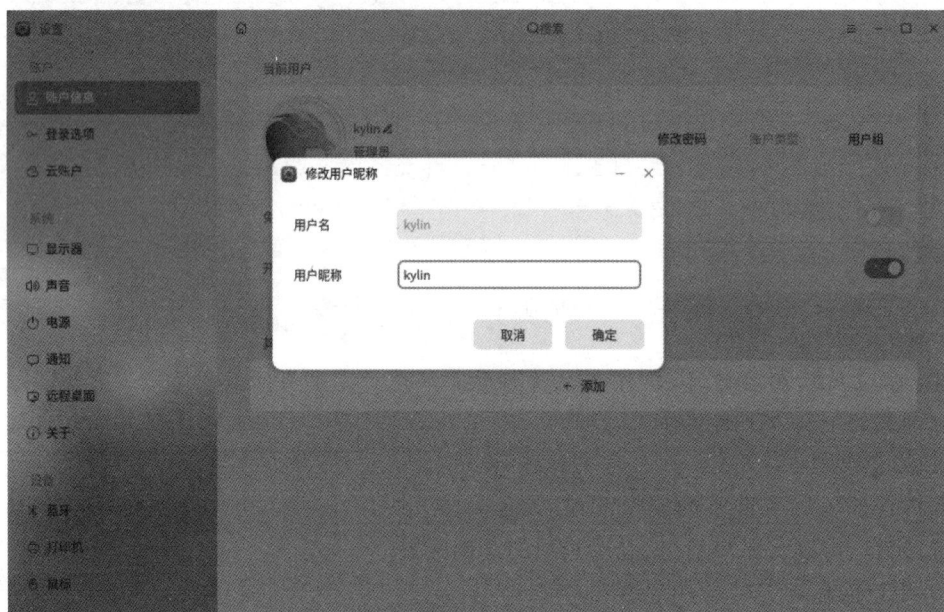

图 3.32 "修改用户昵称"对话框

删除用户时可选择"保留该用户下所属的桌面、文件、收藏夹、音乐等数据""删除该用户所属的所有数据"两种选项,如图 3.37 所示。

2)登录选项

"登录选项"窗口(见图 3.38)中可以修改密码(单击"修改密码"按钮,见图 3.39)、设置扫码登录(单击"绑定微信"按钮,见图 3.40)、开启/关闭生物识别(单击"生物识别"栏的单选按钮,见图 3.41)。

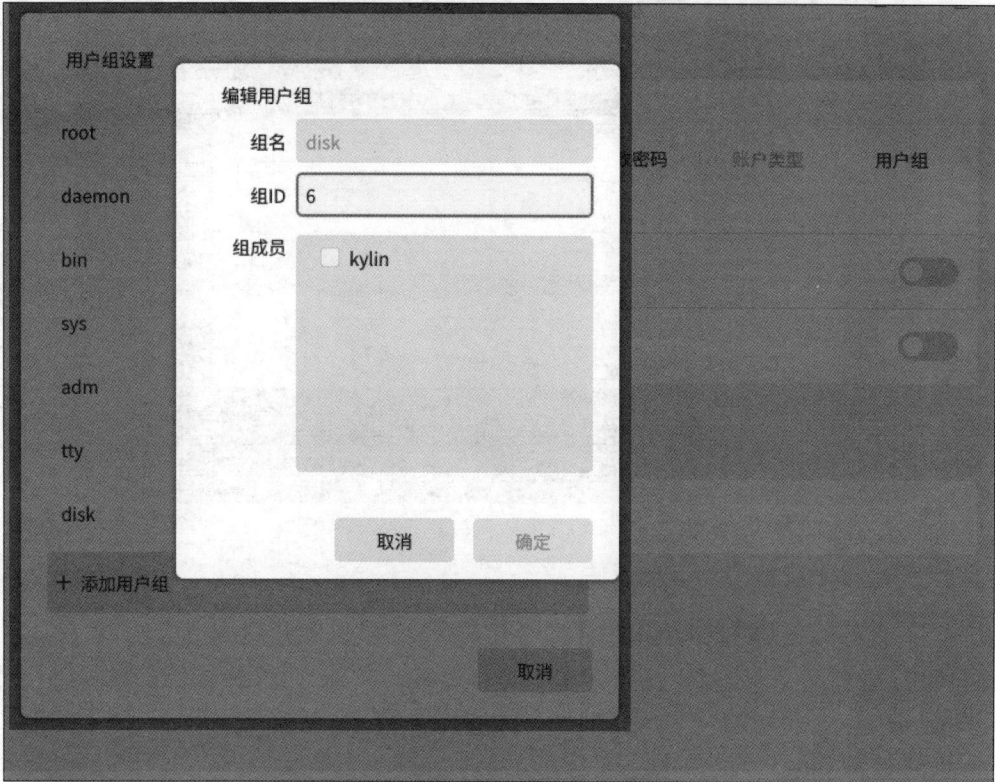

图 3.33 用户组操作

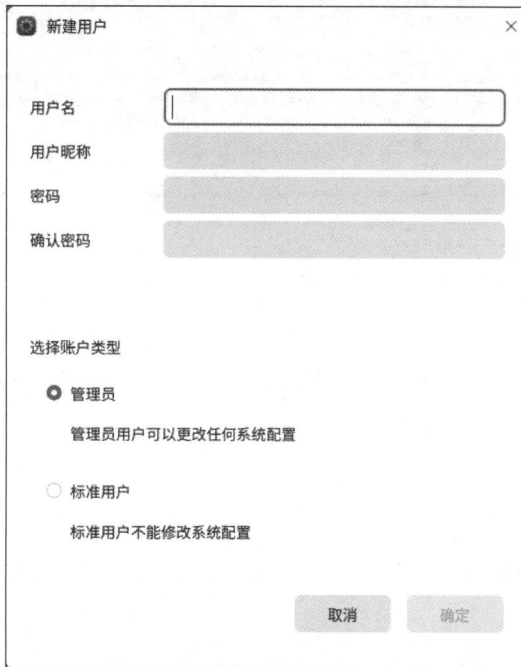

图 3.34 "新建用户"对话框

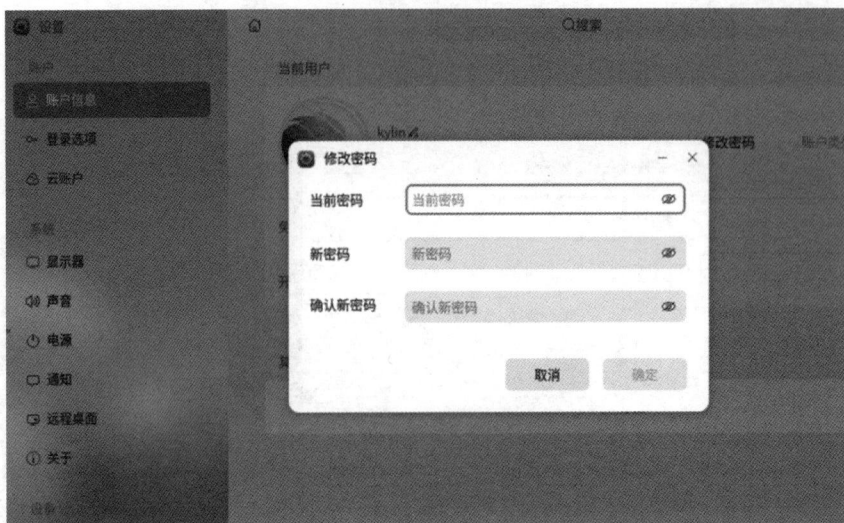

图 3.35　"修改密码"对话框

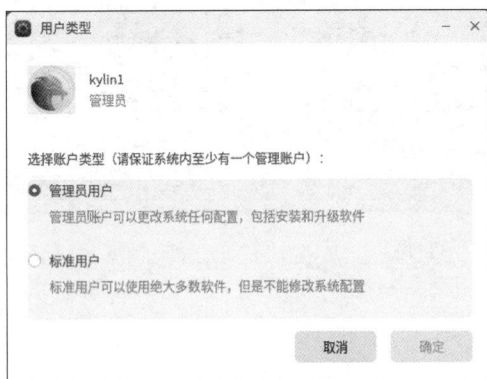

图 3.36　账户类型修改

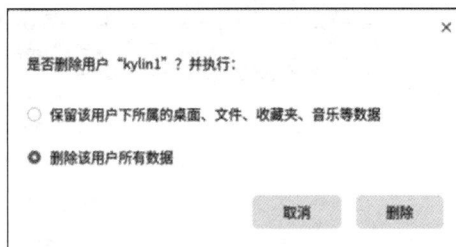

图 3.37　其他用户删除

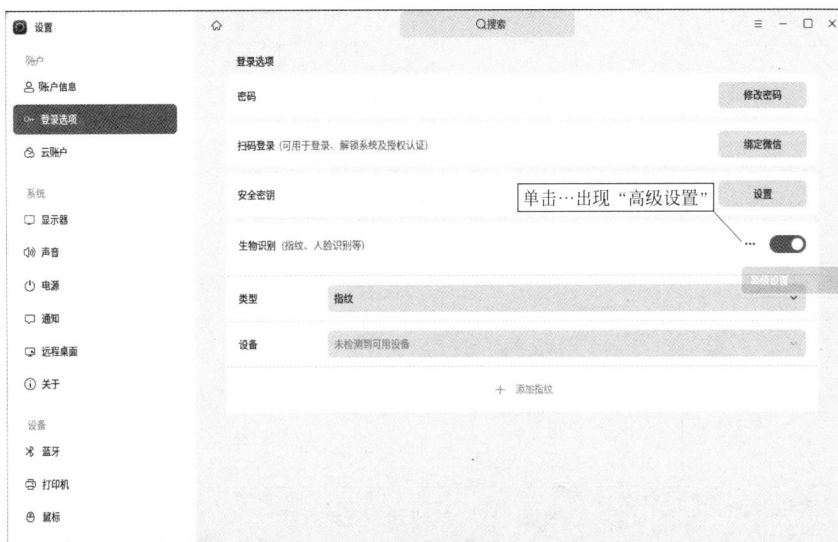

图 3.38　"登录选项"窗口

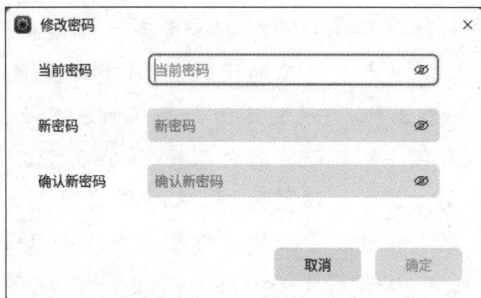

图 3.39　修改密码

图 3.40　扫码登录

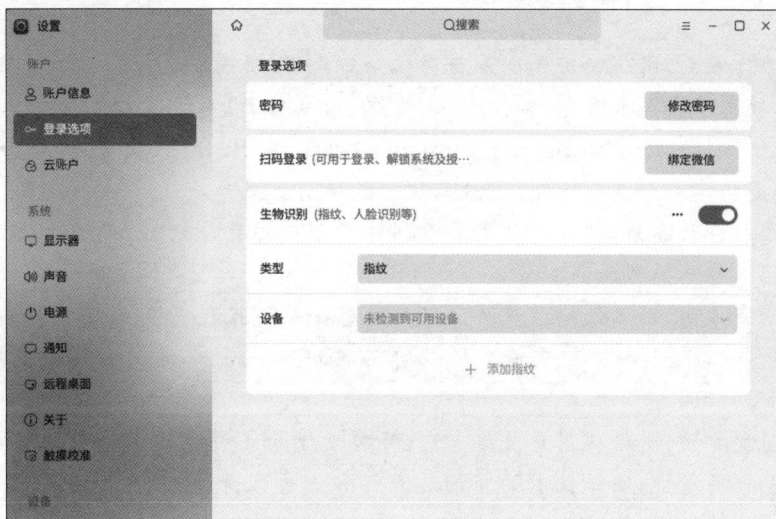

图 3.41　开启生物识别

登录时可以开启生物识别，支持生物特征的录入、重命名和删除操作。

小结

本章在讲述操作系统发展过程的同时，给出了不同类型操作系统的特点，对操作系统的5 个管理功能和 4 个主要特征作了较为详细的描述，介绍了微机和移动设备上常用的操作系统以及国产主流操作系统。并以麒麟系统为例，详细讲述了对系统启动、关闭、桌面环境、文件管理、应用程序使用、系统设置、安全维护、故障排查、系统管理等操作方法。这些技能为日常使用麒麟系统提供了坚实的基础，并为解决实际问题提供了必要的工具和知识。麒麟系统在系统管理方面提供了全面的功能，旨在提升用户体验和系统安全性，适合个人用户和企业用户的不同需求。通过本章学习，用户将能够更加自信地与麒麟系统交互，提高工作效率，并为进一步的技术探索奠定基础。

📖 思政阅读材料

铸"魂"前行，麒麟软件嵌入式操作系统研发团队事例

随着新一代信息技术与制造业深度融合以及产业数字化智能化转型，对嵌入式操作系

统在安全可信、实时可靠、泛在互联、绿色智能等方面提出了新的需求。麒麟软件成立嵌入式操作系统研发青年突击队,这是一支充满朝气和创造力的团队,成员半数以上是 90 后,主要承担银河麒麟嵌入式操作系统 V10 的研制工作,通过打造面向物联网及工业互联网场景需求的安全实时嵌入式操作系统,筑牢工业数字基础设施安全底座,赋能新型工业化。

为了打造符合产业、技术发展趋势的国产嵌入式操作系统,保障关键领域信息安全、为重要行业运行与发展提供支撑,麒麟软件嵌入式操作系统研发青年突击队组织项目攻关,着力提升产品布局。做研发、敲代码,从无到有、从有到优……这是对团队智力、耐力、协作力的多重考验。"在坚持创新研发的基础上,每天都要重复检验,确保将'安全可信'落实到每一步研发过程中。"麒麟软件工业操作系统研发部技术经理郭皓说,无论什么时候,安全都是发展的前提。

在团队协作方面,团队制定了职责与岗位分工说明,明确发展目标、职责、架构组织及岗位分工,采用技术带头人负责制,按照内核、系统、用户界面、系统支撑划分组织人才队伍资源池,建立板级支持包(Board Support Package,BSP)、显示、音频、安全、疑难杂症与崩溃分析、编译与集成构建 6 个专项问题攻坚队,执行效率明显提升。

在成员个人成长方面,团队每位成员都制订了个人发展计划,明确了主攻方向,自身的技术发展与团队规划紧密相连。

在技术研究方面,团队鼓励成员关注行业最新技术和前沿趋势,及时掌握新技术并将其应用到实践中,积极进行技术创新和实验性研究,探索新的技术方向和解决方案,提高自身的技术实力和创新能力。

在产品研发方面,团队从用户角度出发,针对性地开展关键技术的研发和创新,及时调整技术方向和产品策略,确保技术的市场适用性和竞争优势。2022 年至今,团队共申请专利 32 件,获专利授权 14 件。

团队持续保持创新能力、不断攻克难关,通过攻关成功推出了银河麒麟嵌入式操作系统 V10 SP1 版本。该版本基于银河麒麟桌面操作系统 V10 SP1 2303 研制,突破了国产芯片支持与优化、嵌入式轻量用户界面等关键技术,实现了飞腾、瑞芯微、龙芯等嵌入式芯片支持,具备轻量桌面、系统原子更新、高等级信息安全、硬件多域隔离及操作系统混合部署与通信能力。在安全方面,团队将通用系统安全和可信的能力融合到银河麒麟嵌入式操作系统中,形成了嵌入式安全差异化的核心竞争力。2024 年 4 月 9 日,麒麟软件银河麒麟嵌入式操作系统 V10 荣获"中国电子信息博览会创新金奖",这也是中国电子信息行业极具影响力的奖项。

习题 3

一、单项选择题

1. 操作系统的主要功能不包括_____。

    A. 进程管理   B. 用户接口   C. 编译程序   D. 设备管理

2. 在软件资源管理中,安装器的作用是_____。

    A. 用于用户在系统中图形化安装或卸载 deb 格式的软件应用

    B. 用于安装软件商店中的软件

    C. 用于管理账户,设置相关账户信息

　　D. 用于个性化管理、软件商店、账户管理等

　3. 下列_____不是操作系统的分类方式。

　　A. 批处理系统　　　B. 实时系统　　　C. 分布式系统　　　D. 编程语言

　4. 在麒麟系统中,以下_____操作能够让你快速打开系统的终端界面。

　　A. 使用快捷键 Ctrl＋Alt＋T

　　B. 单击"开始"菜单,然后选择"所有程序"中的"终端"选项

　　C. 在文件管理器中右击空白处,在弹出的快捷菜单中选择"打开终端"命令

　　D. 在桌面空白处双击

　5. 麒麟管家是一款提供_____、故障修复、计算机垃圾清理及系统小工具的应用。

　　A. 性能检测　　　　　　　　　　B. 计算机故障排查

　　C. 系统资源分配　　　　　　　　D. 系统监视

　6. 在麒麟系统中,以下_____应用程序用于创建和编辑电子表格。

　　A. 归档管理器　　　　　　　　　B. LibreOffice Calc

　　C. 截图　　　　　　　　　　　　D. 天气

二、判断题

　1. 计算机系统音效是指用来增强电影、电子游戏、音乐或其他媒体的艺术或其他内容的声音处理。　　　　　　　　　　　　　　　　　　　　　　　　（　　）

　2. 操作系统只能运行在服务器和个人计算机上,无法运行在嵌入式系统和移动设备上。　　　　　　　　　　　　　　　　　　　　　　　　　　　　（　　）

　3. 麒麟系统默认集成了 Adobe Reader 用于阅读 PDF 文件。　　　（　　）

　4. 麒麟系统的终端界面支持多标签页功能,方便用户同时操作多个命令行会话。
　　　　　　　　　　　　　　　　　　　　　　　　　　　　　　（　　）

　5. 实时操作系统主要用于控制工业自动化系统,要求实时性能比较好。（　　）

　6. 麒麟系统不支持第三方软件的安装,所有软件必须通过官方渠道下载。（　　）

　7. 每个人的生物特征具有唯一性和稳定性,因此无法伪造和假冒。　（　　）

三、填空题

　1. 两个程序界面切换的快捷键是 Alt＋_____。

　2. 麒麟系统中,用于管理文件和文件夹的默认应用是 _____。

　3. 操作系统具有_____、_____、_____和_____ 4 个基本特征。

　4. 麒麟系统提供了一个功能,允许用户为压缩文件设置密码以保护数据安全,这个功能是 _____。

　5. Linux 是_____、_____,支持_____和_____的操作系统。

　6. 你所用的计算机设备,属于输入设备的是_____。

　7. 麒麟系统里,若用户需要查看或编辑文本文件,常用的文本编辑器是_____。

四、简答题

　1. 在麒麟系统中,如何快速查找并定位到特定类型的文件？如所有图片文件。

　2. 20 世纪 60 年代操作系统有哪些类型？分别有什么特点？

　3. 麒麟系统中使用了哪些生物设备？

　4. 现代桌面操作系统有哪些主流产品？它们都有什么特点？

第 4 章 办公软件 WPS

本章学习目标
- 熟练掌握文档编辑的操作方法。
- 掌握表格的创建与编辑方法。
- 掌握文档中图形、图像(片)对象的编辑和处理,文本框和文档部件的使用,符号与数学公式的输入与编辑方法。
- 掌握文档页眉、页脚的设置,分页、分栏等设置,目录设置和打印设置,并灵活应用于学习和工作文档的处理。
- 熟练掌握电子表格的基本操作,包括工作表的创建、管理与保存方法。
- 掌握单元格及单元格区域的输入、编辑、引用与格式化操作方法。
- 熟练使用公式与常用函数(如 SUM、AVERAGE、IF、VLOOKUP 等)进行数据计算与分析。
- 掌握数据排序、筛选、高级筛选及数据透视表的创建与应用,灵活管理和分析数据。
- 掌握图表的创建、编辑与美化,能够通过柱状图、折线图、饼图等图表进行数据可视化展示。
- 掌握在幻灯片中插入并编辑各种对象的方法。
- 掌握制作演示文稿幻灯片母版的方法。
- 掌握为幻灯片添加切换效果的方法。
- 掌握为幻灯片对象添加动画效果的方法。

本章首先详细介绍 WPS 文字的应用,包括文本编辑的基本操作、版面设计、表格的制作和处理、图文混排、模板与样式的使用等内容;然后对 WPS 电子表格的基本操作进行介绍,如编辑数据与设置格式的方法,公式和函数的使用,图表的制作与美化,数据的排序、筛选与分类汇总等内容;最后介绍 WPS 演示文稿的制作、动画设计、母版制作和使用、演示文稿播放和导出等内容。

4.1 WPS 文字的应用

4.1.1 WPS 文字的基础操作

WPS Office(简称 WPS)是一款功能强大的常用办公软件,它支持文本文档、电子表格、演示文稿、PDF 文件、流程图、脑图等多种办公文档的处理,并集成了一系列适应现代办公需求的云服务,是提升办公效率的一站式融合办公平台。本节先对 WPS 文字组件进行介绍。

1. 文档的创建与保存

输入和编辑文本的操作都是在文档中进行的,因此要进行文本操作,首先要新建文档,新建文档时可以新建一个空白的文档,也可以使用模板创建。

1)新建空白文档

(1)启动 WPS,选择"新建"选项,如图 4.1 所示。

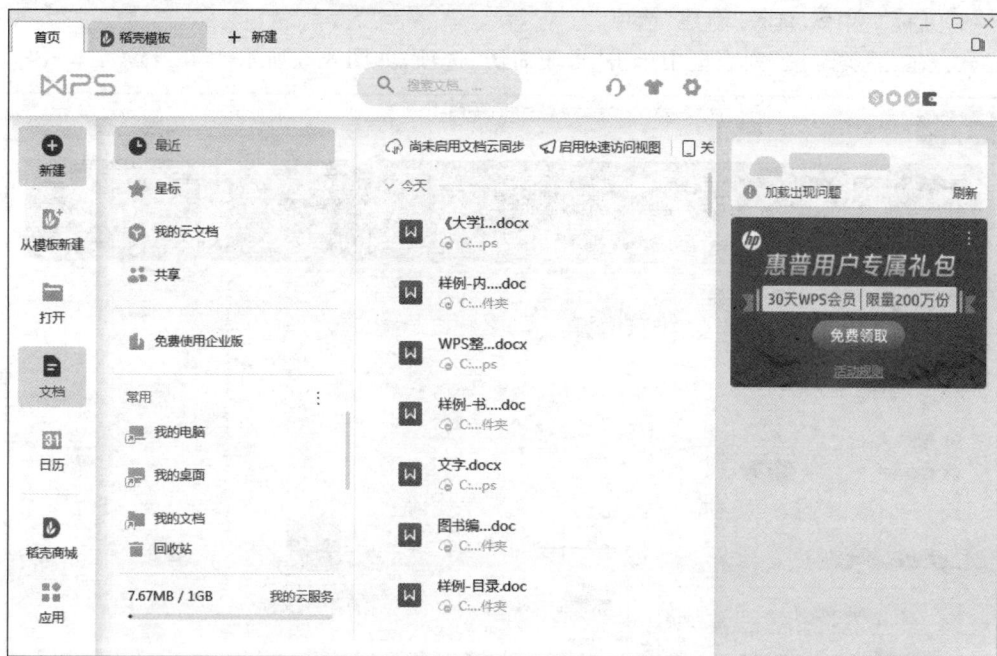

图 4.1 选择"新建"选项

(2)在打开的"新建"窗口中,单击"文字"选项卡,如图 4.2 所示,然后选择下方的"新建空白文档"选项,即可创建一个名为"文字文稿 1"的空白文档。

图 4.2 选择"新建空白文档"选项

2）使用模板创建文档

除了新建空白文档外，WPS还为用户提供了丰富的模板。借助这些模板，用户可以快速创建多种专业的文档。

（1）启动WPS，选择"新建"选项。

（2）在"品类专区"列表框中单击"求职简历"选项，如图4.3所示。

图4.3　使用模板创建文档

（3）进入"求职简历"模板页面，选择一个模板，单击"使用模板"按钮，即可创建一个基于该模板的文档。

3）文档的保存

在编辑文档时，及时保存文档是一个非常重要的习惯。在WPS中，文档的保存分为两种情况：一种是新建文档的保存；另一种是对已有文档编辑后的保存。

在创建新文档时，WPS会自动赋予文档一个默认名称，如"文字文稿3"。为便于查找和区分文档，建议在保存文档时，为文档指定一个有意义的名称。

（1）在新建的文档中，选择"文件"选项卡中的"保存"命令，或者单击快速访问工具栏上的"保存"按钮，或直接按快捷键Ctrl+S，打开如图4.4所示的"另存文件"对话框。

（2）设置文档的保存路径、文件名及文件类型，单击"保存"按钮，即可将文档保存到相应位置。

（3）如果需要对文档进行加密保护，单击"加密"按钮，在图4.5所示的"密码加密"对话框中可以输入密码。

图 4.4 "另存文件"对话框

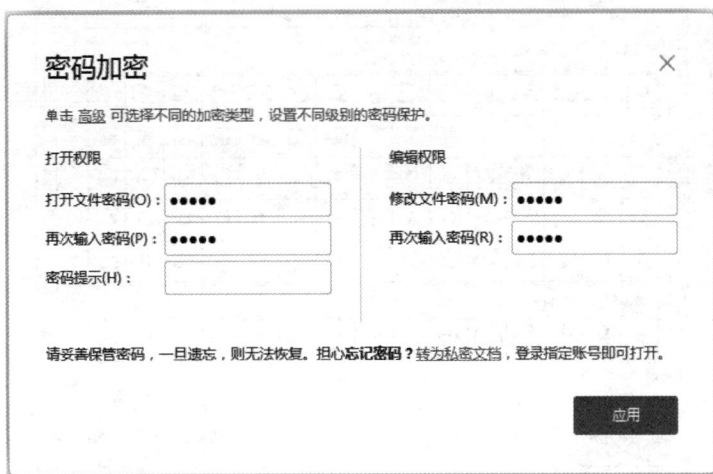

图 4.5 密码加密

对于已经保存过的文档,选择"文件"选项卡中的"保存"命令,或者单击快速访问工具栏上的"保存"按钮,或直接按快捷键 Ctrl＋S,不会弹出"另存文件"对话框,会在原有位置使用已有的名称和类型进行保存。

如果希望保存文档的同时保留修改之前的文档,可以选择"文件"选项卡中的"另存为"命令,然后在打开的"另存文件"对话框中修改保存路径或文件名称。

2. 内容的输入

打开文字文稿后,在文档编辑区域会显示一个称为"插入点"的不停闪烁的光标"|",插

入点即为输入文本的位置。

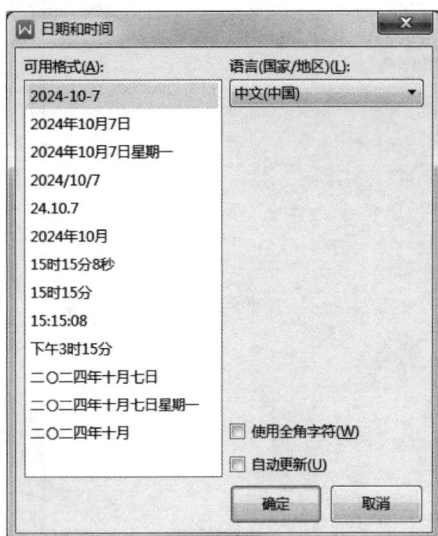

图 4.6 "日期和时间"对话框

1）日期和时间的输入

选择"插入"选项卡，单击"日期"按钮，弹出"日期和时间"对话框，如图 4.6 所示。

在"可用格式"列表框中选择一种日期格式，单击"确定"按钮，即可完成输入日期的操作；在"可用格式"列表框中选择一种时间格式，单击"确定"按钮，即可完成输入时间的操作。

2）插入符号

在输入文档内容的过程中，有时候需要输入一些特殊文本，如 &、* 等符号。有些符号能通过键盘直接输入，有的符号却不能，这时可通过插入符号的方法输入，具体操作步骤如下。

（1）将插入点定位在需要插入符号的位置，选择"插入"选项卡，然后单击"符号"组中的"符号"按钮，在弹出的下拉列表框中选择"其他符号"命令，弹出"符号"对话框。在"字体"下拉列表框中选择符号类型，如 Wingdings，如图 4.7 所示。

图 4.7 "符号"对话框

（2）在列表框中选中要插入的符号，单击"插入"按钮，然后单击"关闭"按钮，关闭对话框，返回文档。

3．设置文字效果

在"开始"选项卡中单击"文字效果"按钮，在弹出的下拉列表框中选择需要的文字特效。将鼠标指针移到某种特效上，将弹出对应的预设效果级联菜单，单击即可应用指定的效果。

如果希望自定义效果样式，单击"文字效果"下拉列表框底部的"更多设置"命令，在文档编辑窗口右侧将展开"属性"面板。在这里，用户可以按照需要自定义文本效果，切换到"填充与轮廓"选项卡,还可以设置文本的填充颜色和轮廓颜色。

4. 设置段落格式

段落是指文档中两次回车键之间的所有字符,包括段末的回车符。设置不同的段落格式,可以使文档布局合理、层次分明。段落格式主要是指段落对齐方式、段落缩进、段落间距、边框和底纹等。设置段落格式主要是利用"段落"组中的按钮或在"段落"对话框中完成,如图 4.8 所示。

为段落文本添加边框和底纹,不仅可以美化文档,还可以强调或分离文档中的部分内容,增强可读性。

在"开始"选项卡"段落"组中单击"边框"下拉按钮,在弹出的下拉列表框中单击"边框和底纹"命令,可以打开"边框和底纹"对话框,如图 4.9 所示。

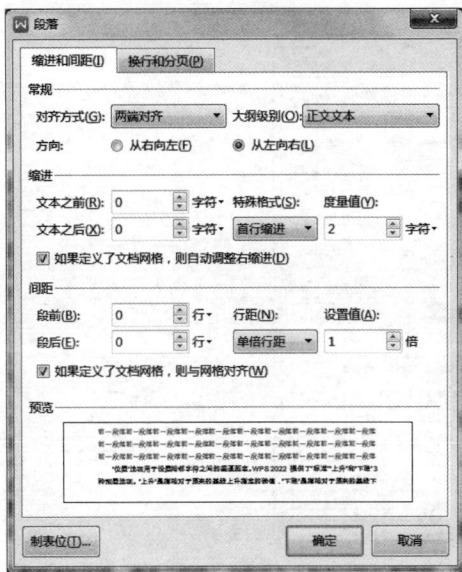

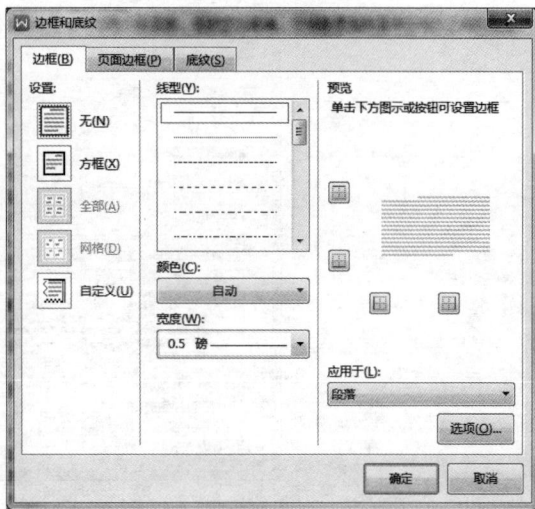

图 4.8 "段落"对话框   图 4.9 "边框和底纹"对话框

在"边框和底纹"对话框的"边框"选项卡中,设置边框的样式、线型、颜色和宽度。

在"应用于"下拉列表框中选择边框的应用范围。如果选择"段落"命令,则在段落四周显示边框线;如果选择"文字"命令,则在文字四周显示边框线。

单击"选项"按钮打开"边框和底纹选项"对话框,可设置边框和底纹与正文内容四周的距离。设置完成后,单击"确定"按钮返回到"边框和底纹"对话框。

在"边框和底纹"对话框中切换到"底纹"选项卡,设置底纹的填充颜色、图案样式和图案的前景色。在"应用于"下拉列表框中选择底纹要应用的范围。应用于段落的底纹是衬于整个段落区域下方的一整块矩形背景,而应用于文字的底纹只在段落文本下方显示,没有字符的区域不显示底纹。

4.1.2 文档编辑

1. 样式

样式是系统自带的或由用户定义的一系列排版格式的总和,包括字符格式、段落格式等。通过将某种样式应用到文字或段落上，可以快速为所选文字或段落设置统一的格式，从而提高排版效率。

1）使用样式

选中需要应用样式的文本，单击"开始"选项卡中的"样式和格式"按钮，打开"样式和格式"窗格。在该窗格的列表框中可以看到样式的预览效果，选择所需样式，即可将该样式应用到所选文本或段落中。

应用样式后，可以单击"样式和格式"窗格中的"清除格式"按钮，取消应用的样式。

2）新建样式

除可以使用 WPS 提供的样式外，还可以自己创建和设计样式，将其保存。

单击"开始"选项卡中的"新样式"按钮，在弹出的下拉列表框中选择"新样式"命令，打开"新建样式"对话框，如图 4.10 所示。

图 4.10 "新建样式"对话框

在"属性"组中设置样式的名称、样式类型、样式基于等参数，在"格式"组中设置字体、字号等格式。如需要更加详细的设置，可以单击左下角的"格式"下拉按钮，在弹出的下拉列表框中进行相应的设置。例如，要设置字体格式，可从中选择"字体"命令。

3）修改样式

在"样式和格式"窗格中找到需要修改或删除的样式选项，单击该样式右侧的下拉按钮，在弹出的下拉列表框中选择"修改"命令，打开"修改样式"对话框，按照新建样式的方法进行设置，便可实现样式的修改；若在下拉列表框中单击"删除"命令，便可删除该样式。

2. 项目符号和编号

项目符号是指添加在段落前的符号，为段落添加项目符号或编号，可以使文档更加直观、清晰。

1）添加项目符号或编号

选中需要添加项目符号或编号的段落，单击"开始"选项卡中的"项目符号"或"编号"右侧的下拉按钮，在弹出的下拉列表框中，单击需要的项目符号或编号，即可应用到所选段落中。

默认情况下,在以"一、"、"①"或"a."等编号开始的段落中,按 Enter 键换到下一段时,下一段会自动产生连续的编号。

在刚出现一个编号时,单击快速访问工具栏上的"撤销"按钮或按 Ctrl+Z 键,可以撤销自动产生的编号。

2)添加自定义项目符号或编号

在使用项目符号和编号时,除了可以使用系统自带的项目符号和编号样式,还可对段落添加自定义样式的项目符号和编号。

选中要添加项目符号的段落,单击"项目符号"右侧的下拉按钮,在弹出的下拉列表框中单击"自定义项目符号"命令,打开"项目符号和编号"对话框,如图 4.11 所示。

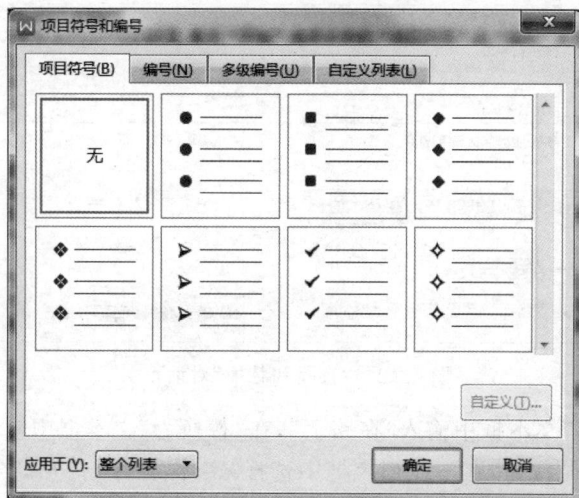

图 4.11 "项目符号和编号"对话框

在"项目符号"选项卡中,选择一种项目符号,单击"自定义"按钮,弹出"自定义项目符号列表"对话框,单击"字符"按钮,打开"符号"对话框。从中选择合适的符号作为项目符号,单击"插入"按钮,可以将其添加到项目符号字符中;单击"高级"按钮,可以设置项目符号的位置及缩进等选项。

对段落添加编号的操作步骤和添加项目符号类似。

如果需要添加多级编号,可以切换到"多级编号"选项卡,在该选项卡中选择一种编号,单击"确定"按钮,即可为所选对象添加多级编号。当提升或降低某个段落的级别时,系统会自动调整其前面的编号格式。单击"自定义"按钮,弹出"自定义多级编号列表"对话框,在该对话框中可以设置各个级别的编号格式、编号样式、起始编号及字体格式等。

3. 查找和替换

查找是指在文档中根据指定的文本找到相匹配的字符串,替换是指用新的文本或符号替换查找到的内容。WPS 文字提供了多种高级搜索方式,如使用通配符、区分大小写、区分全/半角等。在篇幅比较长的文档中,使用 WPS 提供的查找与替换功能,可以快速地找到指定的文本或更改指定的内容,提高文档操作的效率。

1)查找文本

单击"开始"选项卡中的"查找替换"按钮,或者按 Ctrl+F 键,打开"查找和替换"对话框,在"查找内容"文本框中输入要查找的内容,单击"查找上一处"或"查找下一处"按钮即可。

2) 替换文本

当发现文档中某个字或词全部输错了,可以通过 WPS 的"替换"功能进行批量修改。例如,将文档中所有的"在路上"替换为 On the way,并使用红色加粗显示。具体操作步骤如下。

(1) 在"查找和替换"对话框中(见图 4.12),单击"替换"选项卡,或者按 Ctrl+H 键。

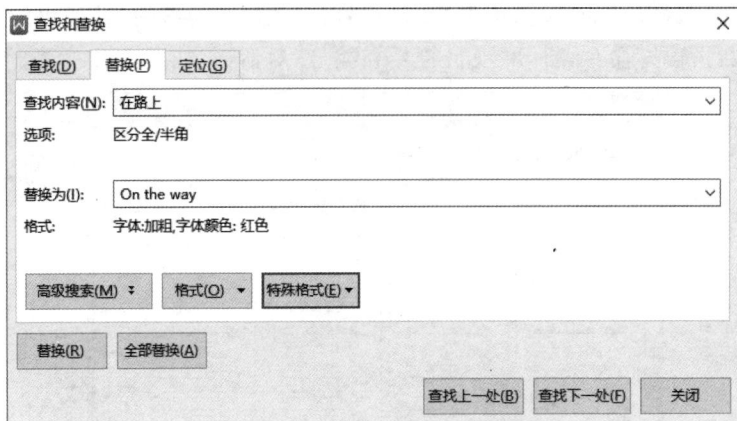

图 4.12 "查找和替换"对话框

(2) 在"查找内容"文本框中输入"在路上",在"替换为"文本框中输入 On the way,单击对话框中的"格式"下拉按钮,在下拉列表框中选择"字体"命令,打开"字体"对话框,设置"加粗"和"红色",单击"确定"按钮。

(3) 单击"查找下一处"按钮,先进行查找,当找到查找内容的第一个位置时,可进行两种操作:单击"替换"按钮可替换当前内容,同时系统会自动查找指定内容的下一个位置;单击"查找下一处"按钮,系统会忽略当前位置,直接查找指定内容的下一个位置。如果想用替换内容直接修改查找目标,则直接单击"全部替换"按钮即可。

3) 替换特殊符号

例如,将文档中的"分节符"替换为"手动换行符"。

在"替换"选项卡中,将光标定位在"查找内容"文本框中,单击"特殊格式"下拉按钮,在下拉列表框中选择"分节符"选项。然后将光标定位在"替换为"文本框中,单击"特殊格式"下拉按钮,选择"手动换行符"选项,单击"查找下一处"按钮,可以进行替换。除此之外,还可以查找、替换段落标记、制表符等。

4.1.3 表格

表格是一种简明、直观的表达方式,有时一个简单的表格远比一大段文字更能表达清楚一个问题或一组数据。在 WPS 文字文稿中,不仅可以方便地制作表格,还可以对表格进行编辑和格式化,使表格更加美观、大方、布局合理。

1. 创建表格

WPS 提供了多种创建表格的方法,用户可以根据自己的使用习惯或需求灵活选择。

1）利用示意表格插入表格

如果需要插入的表格行数和列数不多，可以利用示意表格快速插入表格。在"插入"选项卡中单击"表格"下拉按钮，在弹出的下拉列表框中利用鼠标指针在示意表格中拖出一个5行5列的表格，即可插入一个表格。

2）通过对话框插入表格

如果创建的表格超过了示意表格的行数和列数，可在"表格"的下拉列表框中单击"插入表格"命令，打开"插入表格"对话框，在"列数"和"行数"微调框中输入数值，单击"确定"按钮即可插入表格，如图 4.13 所示。

可以在"列宽选择"区域指定表格列宽，也可以选择自动列宽。如果希望以后创建的表格自动设置为当前指定的尺寸，则选中"为新表格记忆此尺寸"复选框。

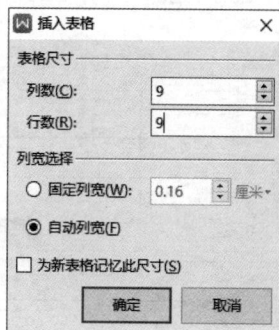

3）手动绘制表格

如果希望快速创建特殊结构的表格，可在"表格"的下拉列表框中单击"绘制表格"命令，此时鼠标指针显示为铅笔样式，按住鼠标左键不放，在文档合适位置拖动鼠标，将显示表格的预览图，指针右侧显示当前表格的行数和列数。释放鼠标，即可绘制相应行列数的表格。

4）使用模板创建表格

如果希望创建一个自带样式和内容格式的表格，可以在"表格"的下拉列表框的"插入内容型表格"区域单击需要的表格模板图标，如"汇报表"选项，如图 4.14 所示。

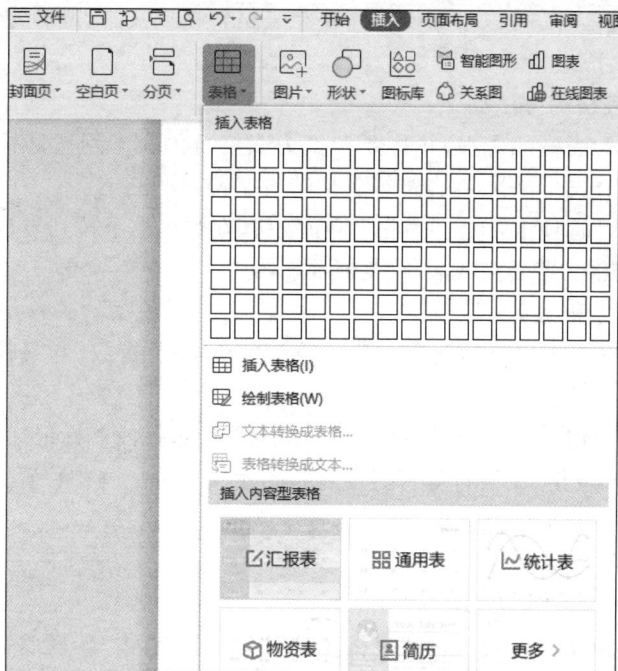

图 4.13 "插入表格"对话框

图 4.14 插入内容型表格

在打开的模板库中选择一种与需要创建的表格接近的表格模板，单击其下的"插入"按钮,如图 4.15 所示,即可将所选表格模板插入文档中,然后根据需要修改内容和格式。

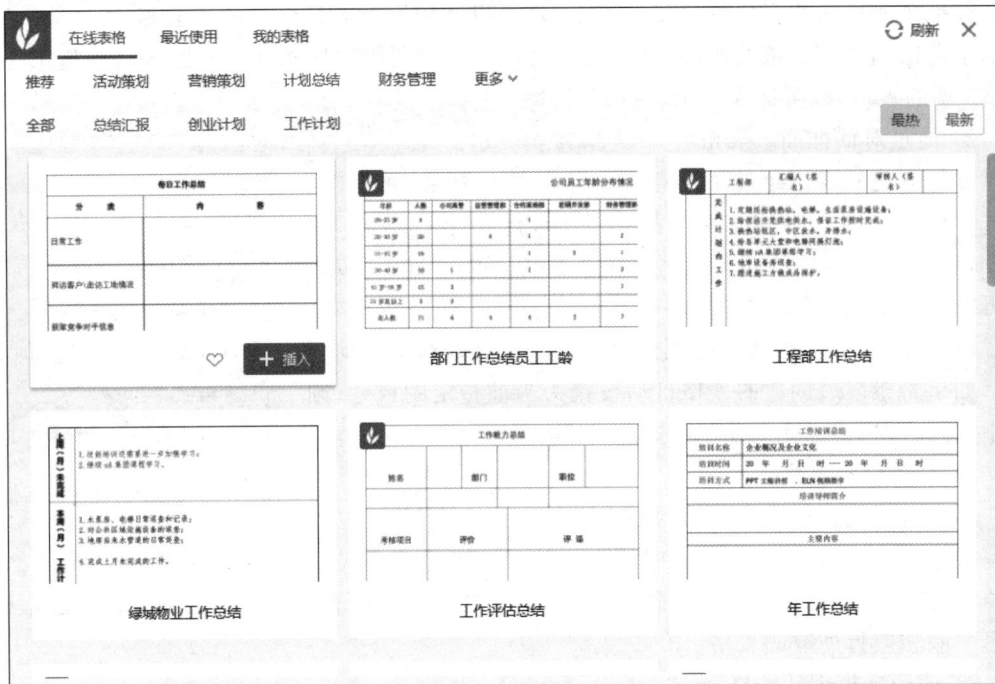

图 4.15　选择表格模板

5) 文本和表格的相互转换

在编辑表格的过程中,可以根据操作需要将表格转换成文本,或者将文本转换成表格。

(1) 将文本转换成表格。

将文本转换成表格的方法如下。

① 选中要转换为表格的文本,并将要转换为表格行的文本用段落标记分隔,要转换为列的文本用分隔符(逗号、空格、制表符等其他特定字符)分开。

② 切换到"插入"选项卡,单击"表格"下拉按钮,在弹出的下拉列表框中选择"文本转换成表格"命令,弹出"将文字转换成表格"对话框。

③ 设置表格尺寸和文字分隔位置。

表格尺寸:WPS 根据段落标记符和列分隔符自动填充"行数"和"列数",用户也可以根据需要进行修改。

文字分隔位置:选择将文本转换成行或列的位置。选择段落标记指示文本要开始的新行的位置,选择逗号、空格、制表符等特定的字符指示文本分成列的位置。

④ 单击"确定"按钮关闭对话框,即可将选中文本转换成表格。

(2) 将表格转换为文本。

将表格转换成文本的方法如下。

① 选中要转换成文本的表格,在"表格工具"选项卡中单击"转换成文本"按钮,打开"表格转换成文本"对话框。

② 根据需要选择单元格内容之间的分隔符。

③ 单击"确定"按钮关闭对话框,即可将表格转换成文本。

2．编辑表格

表格的基本操作主要包括插入行、列和单元格，删除行、列和单元格，以及调整行高和列宽等。

1）插入行、列和单元格

当表格范围无法满足数据的录入时，可以根据实际情况插入行或列。方法如下：将插入点定位于表格中需要插入行、列或者单元格的位置。在"表格工具"选项卡中，单击"在上方插入行"或"在下方插入行"按钮可方便地插入行；单击"在左侧插入列"或"在右侧插入列"按钮可方便地插入列。如果要在表格底部添加行，可以直接单击表格底边框上的"＋"按钮；如果要在表格右侧添加列，可直接单击表格右边框上的"＋"按钮。

如果要插入单元格，可在表格中右击，在弹出的快捷菜单中选择"插入"→"单元格"命令，打开"插入单元格"对话框，如图 4.16 所示。

在该对话框中选择插入单元格的方式，设置完成后，单击"确定"按钮关闭对话框。

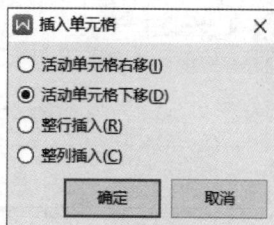

图 4.16 "插入单元格"对话框

2）删除行、列和单元格

如果要删除行、列或单元格，则选中相应的表格元素之后，在"表格工具"选项卡中单击"删除"下拉按钮，在打开的下拉列表框中选择要删除的行、列或单元格。选择"单元格"命令，在"删除单元格"对话框中可以选择填补空缺单元格的方式。

3）调整行高和列宽

创建表格后，可以通过下面的方法调整行高和列宽。

（1）拖动鼠标调整行高与列宽。

将鼠标指针移至要调整的行或列框线上，拖动鼠标，表格中将出现虚线，待虚线达到合适位置时释放鼠标即可。

（2）使用"表格属性"对话框。

选中需要调整的行或列右击，在弹出的快捷菜单中选择"表格属性"命令，打开"表格属性"对话框，如图 4.17 所示，在"表格属性"对话框的各选项卡中精确设定行高或列宽的值。

（3）输入具体数值。

将插入点定位到某个单元格内，在"表格工具"选项卡的"高度"和"宽度"文本框中输入具体数值，可调整单元格所在行的行高和所在列的列宽。

（4）自动调整。

选中要调整行高或列宽的行或列，单击"表格工具"选项卡中的"自动调整"下拉按钮，在弹出的下拉列表框中选择需要自动调整的方式，如图 4.18 所示。选择"适应窗口大小"命令，可以根据窗口大小调整整个表格的宽度；选择"根据内容调整表格"命令，可以让行高和列宽随内容增减而变化；选择"平均分布各行"或"平均分布各列"命令，可以按所选行的总高度平均分布每一行或按所选列的总宽度平均分布每一列。

4）合并与拆分单元格

在编辑表格时，经常需要将一个单元格拆分成多个单元格或者将多个单元格合并成一个单元格。

图 4.17　"表格属性"对话框

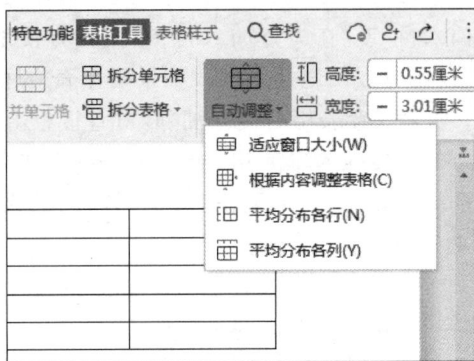

图 4.18　自动调整行高和列宽

选中要进行合并的多个连续单元格,在"表格工具"选项卡中单击或右击"合并单元格"按钮,在弹出的快捷菜单中选择"合并单元格"命令,所选的多个单元格即可合并为一个单元格。合并单元格后,原来单元格的行高和列宽合并为当前单元格的行高和列宽。

选中要进行拆分的单元格,在"表格工具"选项卡中单击或右击"拆分单元格"按钮,在弹出的快捷菜单中选择"拆分单元格"命令,打开"拆分单元格"对话框。在"列数"和"行数"文本框中输入要拆分的列数和行数,单击"确定"按钮,即可将所选单元格拆分成相应的多个单元格。如果要对多个单元格进行拆分,先选择这些单元格,在"拆分单元格"对话框中选中"拆分前合并单元格"复选框,可以先合并选定的单元格,然后进行拆分。

5) 标题行重复

当一张表格内容较多,需要在多个页面显示时,往往需要在每页都显示标题行。设置方法:将插入点定位在标题行中,在"表格工具"选项卡中单击"标题行重复"按钮即可。

3. 格式化表格

在 WPS 文档中插入表格后,可以设置单元格内文本的对齐方式、表格的边框和底纹,以及应用表格样式等,从而美化表格。

1) 设置文本的对齐方式

单元格中的文本对齐方式有水平对齐和垂直对齐两种方向:水平方向有左对齐、居中和右对齐 3 种方式;垂直方向有顶端对齐、居中和底端对齐 3 种方式。所以,单元格的文本共有靠上两端对齐、靠上居中对齐、靠上右对齐等 9 种对齐方式。

选中需要设置对齐方式的单元格,单击"表格工具"选项卡中的"对齐方式"下拉按钮,在弹出的下拉列表框中选择合适的对齐方式即可。也可以在选中目标单元格后右击,在弹出的快捷菜单中选择"单元格对齐方式"命令中的相应选项,实现单元格内文本的对齐方式设置。

2) 设置边框和底纹

选中要添加底纹的单元格,在"表格样式"选项卡中单击"底纹"下拉按钮,在弹出的下拉列表中选择一种颜色,就为所选单元格添加了底纹。

　　将插入点定位在表格中,在"表格样式"选项卡中单击"边框"下拉按钮,在弹出的下拉列表中选择"边框和底纹"命令,打开"边框和底纹"对话框,如图 4.19 所示。可在其中设置边框的线型、颜色和宽度等参数。在"预览"一栏,单击某个按钮可以调整相应框线,在"应用于"下拉列表框中可以选择边框或底纹的应用范围。

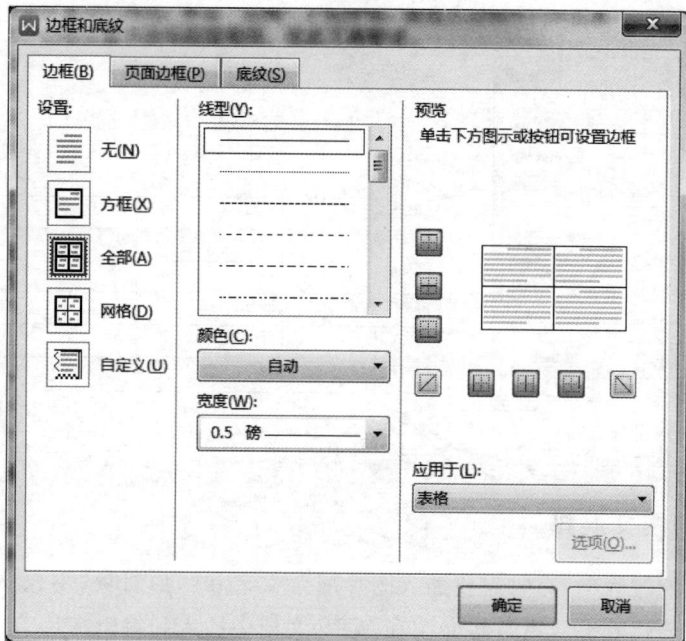

图 4.19 "边框和底纹"对话框

3) 应用表格样式

　　用户可以直接为表格套用 WPS 自带的表格样式,方法如下:将插入点定位在表格中,在"表格样式"选项卡的表格样式表中指向一个样式,文档中的表格就会呈现相应的样式,如果合适,就单击使用这个样式;也可以通过单击样式表右边的下拉按钮,浏览选择其他样式。

4. 表格数据的计算

　　在表格中输入数据后,可能需要对数据进行计算。文档中的表格提供一定的计算功能,可以使用公式和函数进行计算。下面以求和运算为例,介绍在表格中进行计算的方法,如图 4.20 所示。

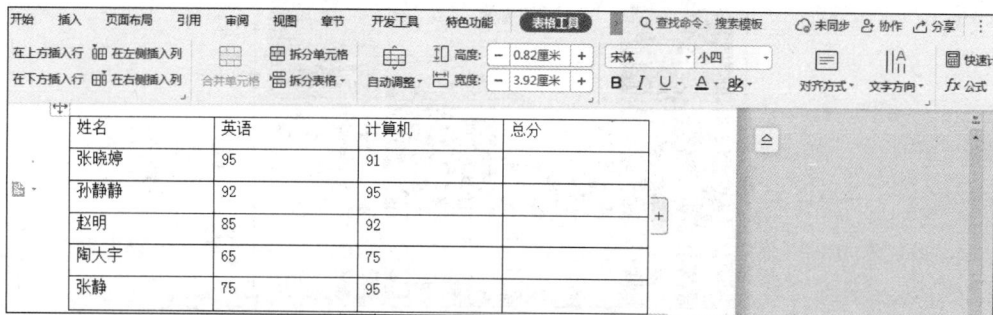

图 4.20 表格数据的计算

将插入点定位在要插入公式的单元格 D2 中,单击"表格工具"选项卡中的"公式"按钮,打开"公式"对话框,如图 4.21 所示。

"公式"文本框中出现默认的求和公式,在"数字格式"中选择合适的格式,单击"确定"按钮,当前单元格将显示运算结果。

也可以选择需要求和的单元格区域,如 B2:C2,单击"快速计算"下拉按钮,在弹出的下拉列表框中选择"求和"命令,D2 单元格中同样会显示运算结果。计算结果如图 4.22 所示。

姓名	英语	计算机	总分
张晓婷	95	91	186
孙静静	92	95	187
赵明	85	92	177
陶大宇	65	75	140
张静	75	95	170

图 4.21 "公式"对话框   图 4.22 计算结果

4.1.4 文档的图文混排

在制作文档的过程中,有时需要插入图片配合文字和图形对象,不仅美化文档页面,还可以增强文档的表达效果。本节将介绍在 WPS 文档中插入和编辑图片等对象的方法。

1. 插入图片

在 WPS 中,不仅可以插入来自本地计算机的图片,还支持从扫描仪或手机导入图片。

将光标定位在文档中需要插入图片的位置,选择"插入"选项卡,单击"图片"下拉按钮,在弹出的下拉列表框中可以选择图片来源,如图 4.23 所示。

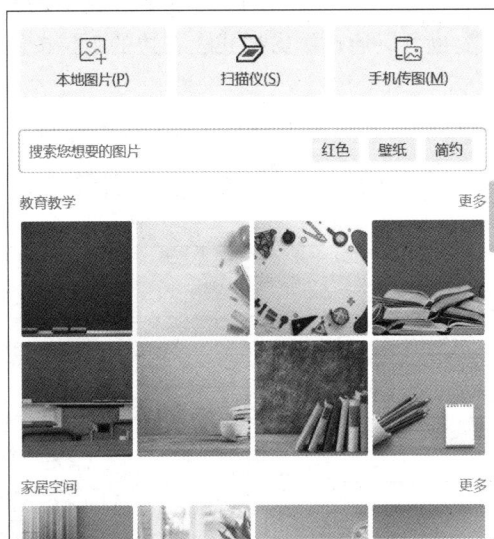

图 4.23 "图片"下拉列表框

本地图片：单击该按钮打开"插入图片"对话框，切换到目标图片的存储位置，选择需要的图片，单击"打开"按钮，即可将图片插入文档中。

扫描仪：单击该按钮打开"选择来源"对话框，如果已连接了扫描仪，在"来源"列表框中将显示扫描的图片。选择需要的图片后，单击"选定"按钮即可插入图片。

手机传图：单击该按钮打开"插入手机图片"对话框。使用手机微信扫描二维码连接成功后，即可从手机中选择图片插入文档。

另外，在编辑文档时，有时需要截取屏幕内容，可以利用 WPS"插入"选项卡下的"截屏"功能迅速截取屏幕图像，并插入当前文档中。

单击"图片"下拉按钮，在弹出的下拉列表框中还可以看到面向稻壳会员推荐的图片，单击图片即可插入文档中。

2. 编辑美化图片

在文档中插入的图片默认按原始尺寸或文档可以容纳的最大尺寸显示，可以通过单击图片后右侧显示的"快速工具栏"对图片进行编辑，如图 4.24 所示。具体包括布局选项、图片预览、裁剪图片等。也可以选中图片后，使用"图片工具"选项卡上的功能按钮编辑和美化图片，如图 4.25 所示。

图 4.24　选中图片

图 4.25　"图片工具"选项卡

3. 绘制图形

在制作文档时，有时需要绘制一些简单的图形或流程图，WPS 提供了丰富的内置形状，可以用来绘制常用的图形。

单击"插入"选项卡中的"形状"下拉按钮，弹出"形状"下拉列表框，如图 4.26 所示。

WPS 内置了线条、矩形、基本形状、箭头总汇等 8 类形状,单击需要的形状图标,鼠标指针将显示为十字形,此时在需要绘制形状的起点位置按下鼠标左键拖动到合适大小后释放鼠标,即可在指定位置绘制出一个指定大小的形状。如果双击需要的形状图标,可以绘制出一个默认大小的形状。

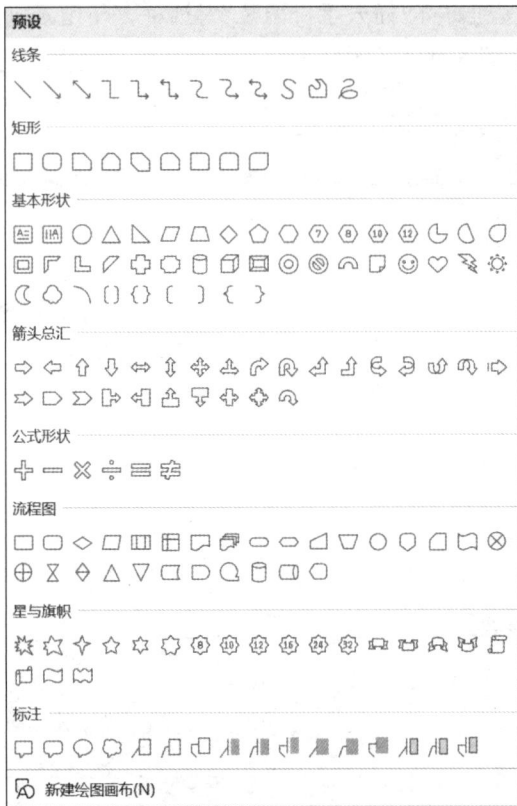

图 4.26　"形状"下拉列表框

右击形状,在弹出的快捷菜单中选择"添加文字"命令,即可为绘制的形状添加文本。在形状中添加的文本,与形状是一个整体,在移动或改变形状时,文本会随之移动或改变。

绘制形状后,WPS 自动切换到"绘图工具"选项卡,利用其中的工具按钮可以方便地设置、修改形状格式,如图 4.27 所示。如果需要在文档的同一位置插入多个形状,可以先选择"新建绘图画布"选项,在画布上再绘制多个形状,便于编辑和排版。

图 4.27　"绘图工具"选项卡

4. 插入公式

撰写论文或学术报告时经常需要输入数学公式,WPS 文档中可以通过在"插入"选项卡中单击"公式"下拉按钮,打开"公式编辑器"对公式进行编辑,如图 4.28 所示,编辑完成后关闭"公式编辑器"即可在光标位置显示公式。在插入的公式对象上双击,可以再次打开"公式编辑器"对公式进行修改；右击插入的公式对象,在弹出的快捷菜单中选择"设置对象格式"命令,可以对公式的位置、大小等进行修改。

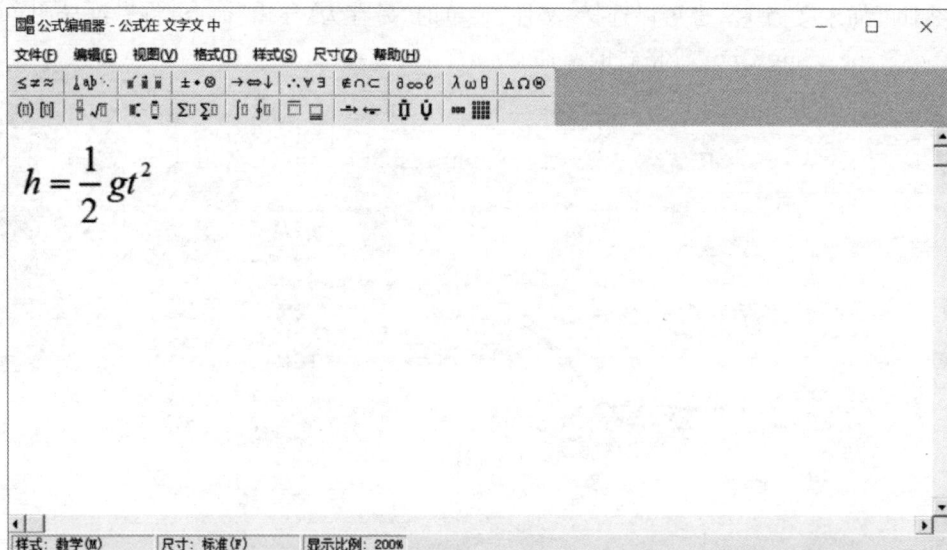

图 4.28　公式编辑器

5. 插入功能图

WPS 内置了许多实用的插图功能,可以根据需要在文档中插入流程图、思维导图、条形码、二维码、地图等。以"思维导图"为例,选择"插入"选项卡,单击"思维导图"按钮,如图 4.29 所示,进入"思维导图"模板选择界面。

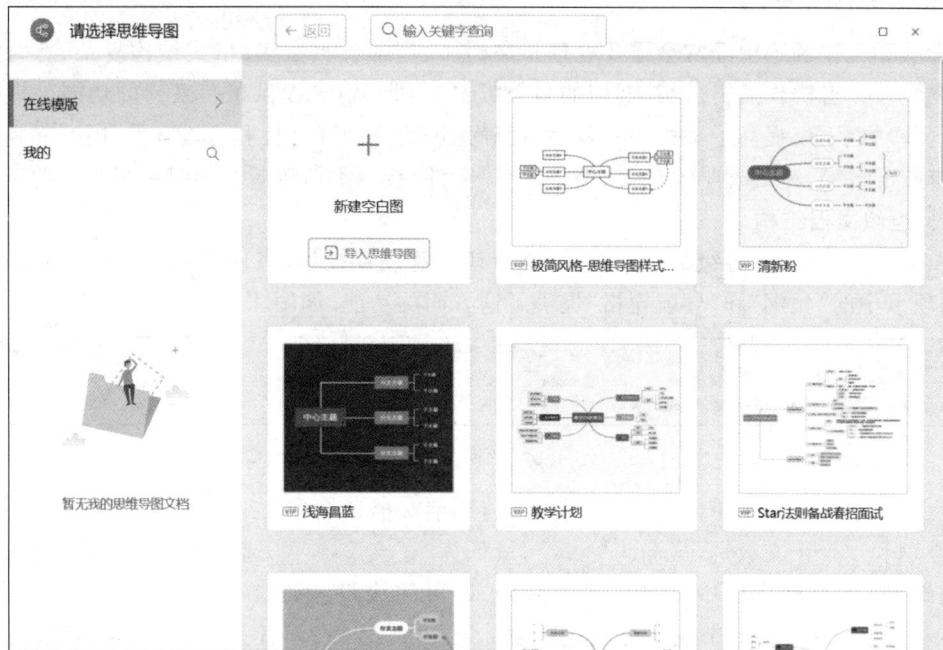

图 4.29　选择思维导图

选择一个模板样式单击,将打开"思维导图"编辑窗口,可以对思维导图进行编辑,包括输入内容、调整配色、形状等,如图 4.30 所示。设置完成后单击"插入"按钮,制作完成的思维导图即可插入文档中;也可以选择"文件"菜单的"另存为\导出"命令,将思维导图单独导出为 .pos、.jpg、.png、.pdf 等格式的文件。

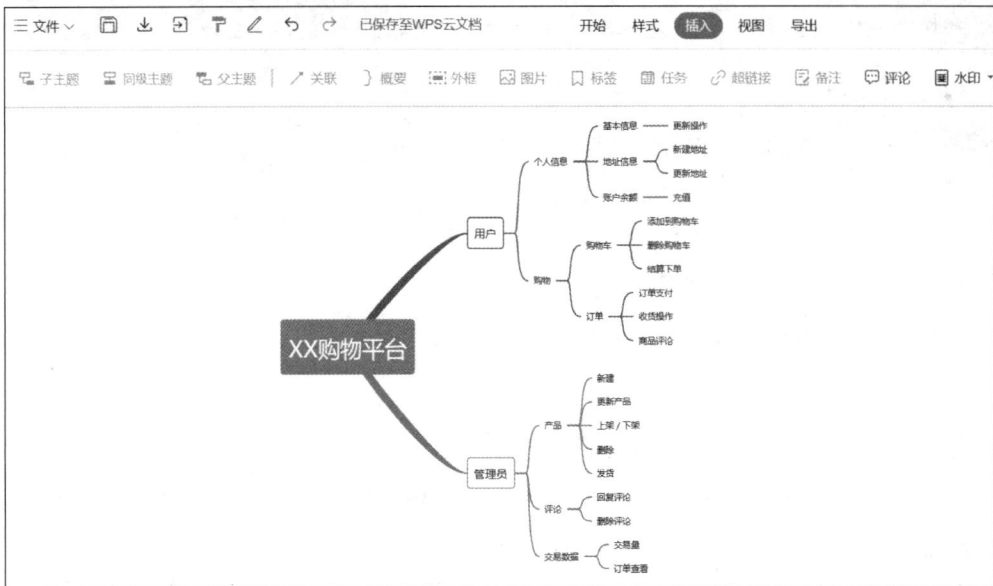

图 4.30 编辑思维导图

4.1.5 高级排版

学习和工作场景中经常会需要处理长文档,其篇幅长页数多、格式结构复杂,有时还可能需要多个作者协作编辑、跟踪文档的多个版本,为此 WPS 提供了一系列的功能处理长文档。这些功能不仅提高了文档的专业性,还确保了信息的准确性和可检索性,同时提高了编辑和审阅的效率,是处理学术论文、书籍、法律文件、技术手册等长文档时不可或缺的工具。

1. 组织文档结构

长文档结构复杂,各级标题交错,需要为其标题设置级别,以便于查找和修改内容,"视图"选项卡中的"大纲"和"导航窗格"提供了这方面的功能,如图 4.31 所示。

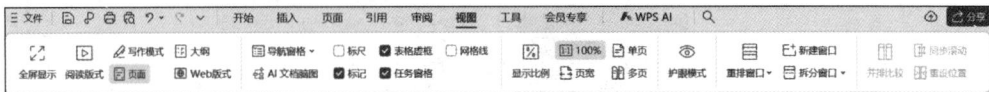

图 4.31 "视图"选项卡

在"视图"选项卡中单击"大纲"按钮,可将当前文档切换到大纲视图。WPS 提供了 9 个标题级别和 1 个正文级别,最高为"1 级",最低为"正文文本"。选中要设置级别的段落,在"大纲级别"下拉列表框中选择需要的级别,即可完成设置,如图 4.32 所示。对"第 4 章 WPS 入门与提高"的章、节、目,分别设置为 1 级、2 级、3 级,设置完成后在"大纲"选项卡中单击"关闭"按钮,即可退出大纲视图。

单击"视图"选项卡中的"导航窗格"按钮,其可以显示在文档的左侧或右侧位置,窗格默

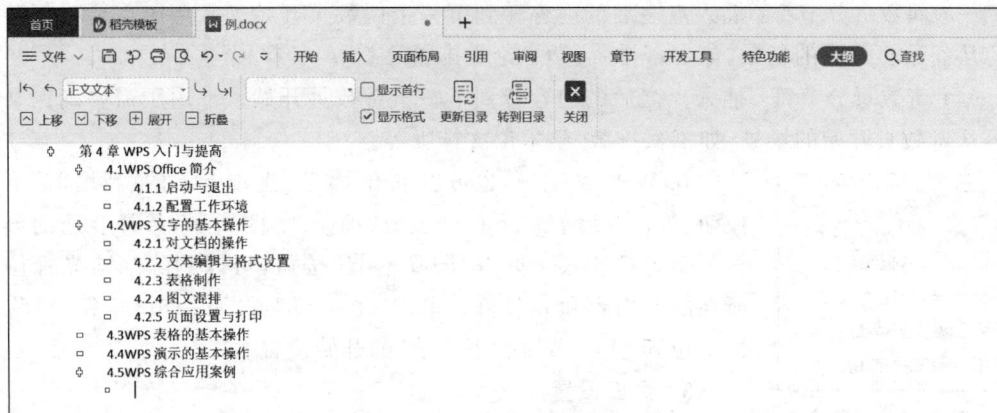

图 4.32 设置大纲级别

认显示文档的目录,也可以切换为章节、书签等。在"目录"面板中可以查看整个文档的标题结构,单击某一标题可以在文档中快速定位到对应的位置,方便对文档内容进行查看和修改。"章节"面板是以页面缩略图的形式呈现文档,单击某个页面的缩略图,可以实现快速定位到指定页面。

2. 使用分隔符

通过分隔符,用户可以高效地组织文档内容,实现页面格式、页眉、页脚等样式的独立设置,提升文档的可读性和可维护性。在"插入"选项卡中单击"分页"下拉按钮,弹出"分页"下拉列表框,如图 4.33 所示,WPS 提供的分隔符主要包括分页符、分栏符、换行符和分节符等。

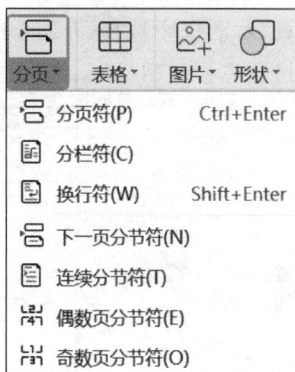

图 4.33 "分页"下拉列表框

1)分页符

分页符用于在文档中插入新的页面,使得后续内容从新的一页开始,用于对文档进行精准分页。将光标定位于需要分页的位置,单击图 4.33 中的"分页符"即可,也可以按 Ctrl+Enter 键实现,分页后光标将定位在下一页的开始位置。分页前、后的页面属性默认保持一致。

2)分节符

分节符用于将文档分割成不同的"节",每节可以独立设置页面格式和排版样式,例如,设置不同的页眉、页脚、页边距、纸张方向、纸张大小、页码格式等页面元素。合理使用分节符可以让文档排版更加灵活和多样化,是一种非常实用的排版工具。

将光标定位在需要分节的位置,在如图 4.33 所示的"分页"下拉列表框中选择需要的分节符类型。

(1)下一页分节符:插入点之后的内容作为新一节的内容将从下一页开始。常用于章节分隔,确保每个章节从新的一页开始。

(2)连续分节符:插入点之后的内容换行后作为新一节的内容,分节符前后内容分属于不同的节,可以独立设置格式。常用于在同一页中需要改变排版格式的场景,如设置分栏显示。

（3）偶数页分节符：插入点之后的内容转到下一个偶数页开始。常用于需要确保某些内容从偶数页开始的场景，如书籍排版、学术论文排版等。

（4）奇数页分节符：插入点之后的内容转到下一个奇数页开始。常用于需要确保某些内容从奇数页开始的场景，如书籍排版、学术论文排版等。

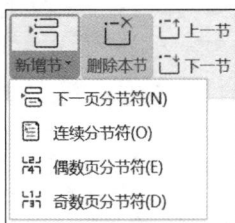

图 4.34　"新增节"下拉
列表框

在 WPS 文字中，也可以单击"章节"选项卡下的"新增节"下拉按钮，弹出"新增节"下拉列表框，如图 4.34 所示，选择合适的分节符类型进行插入。单击"删除本节"按钮，可以删除当前光标位置所在的节内容和分节符。单击"上一节"或"下一节"按钮，可将光标定位到"上一节"或"下一节"的开始位置。

3. 页面设置

在文档的编辑排版工作中，根据需要还可以为文档插入封面、页码、页眉、页脚等，使文档更加完善，WPS 的"页面布局"和"章节"选项卡中提供了页面设置的相关功能，包括封面页、页面布局、分栏、页眉和页脚、页码等。

1）封面页

WPS 提供了插入封面功能，内置样式库中的封面可直接使用。

打开需要插入封面的文档，单击"章节"选项卡中的"封面页"按钮，在打开的"预设封面页"对话框中选择需要的封面样式，如图 4.35 所示，即可将所选封面插入文档的首页位置。封面主要包括标题、副标题等信息，用户根据占位符中的提示修改或添加文字即可。

图 4.35　"预设封面页"对话框

封面主要由图片和文本框构成,用户可以根据需要设计和修改封面内容,如想删除文档封面,单击"预设封面页"对话框中的"删除封面页"按钮即可。

2)页面布局

文档制作好后,在打印前需要对页面效果进行设置,主要包括设置页边距、纸张大小和方向等,有些文档还会对每页显示的行数、每行显示的字符数有要求,这些可以通过"页面布局"选项卡的相应功能按钮进行设置或修改,如图 4.36 所示。

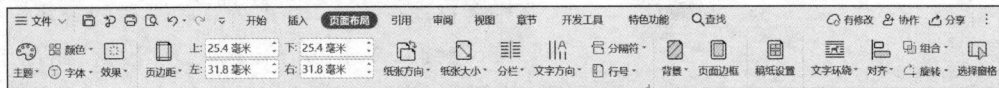

图 4.36 "页面布局"选项卡

单击"页面布局"选项卡中的功能扩展按钮,可以打开"页面设置"对话框,如图 4.37 所示。其中的"页边距"选项卡可对页边距、装订线位置、装订线宽、纸张方向等进行设置,在"应用于"下拉列表框中还可以指定页边距的应用范围。页边距是指页面的正文区域与纸张上、下、左、右 4 个方向边缘位置之间的空白距离。页边距太窄会影响文档装订,在正式的文档排版时通常会有严格的页边距和装订线要求。

在对文档编辑排版的过程中,如果需要精确指定文档每页的行数、每行的字符数,这时就需要进行文档网格设置。单击"文档网格"选项卡,如图 4.38 所示,在"文字排列"区域可以选择文字排列方向,在"网格"区域可以指定文档网格的类型,垂直方向的字符网格和水平方向的行网格可以将文档分隔为每页指定行数和每行容纳字符数的网格,以便于实现特殊要求下的排版。

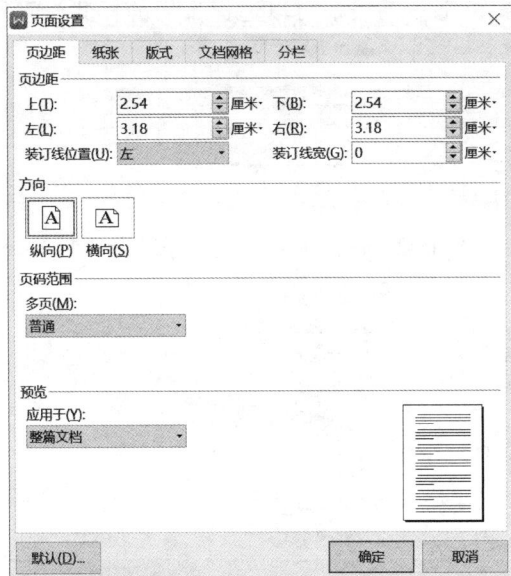

图 4.37 "页面设置"对话框

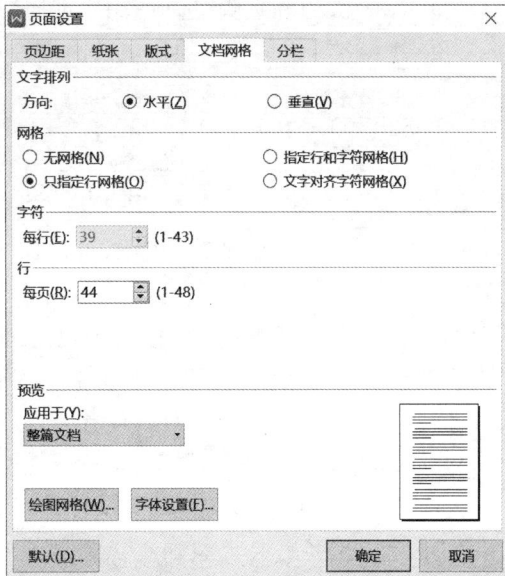

图 4.38 文档网格设置

3)分栏

WPS 文字提供了分栏功能,可以将文本设置为两栏或更多栏显示,是常用于报纸、杂志的一种版面设计,可以优化文档的视觉效果,提高阅读体验。

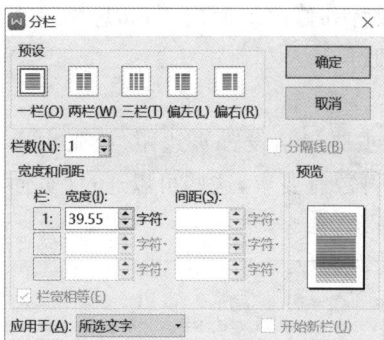

图 4.39 "分栏"对话框

在文档中,选中需要进行分栏排版的文本,单击"页面布局"选项卡的"分栏"按钮,在弹出的下拉列表框中可以直接选择分为一栏、两栏或三栏,也可以单击"更多分栏"命令打开"分栏"对话框,如图 4.39 所示,进行更详细的设置,包括栏数、宽度、间距、是否添加分隔线等。

分栏会自动产生节,因此在最后一栏的末尾会产生分节符(连续),单击"开始"选项卡"段落"组的"显示/隐藏编辑标记"按钮,可将其隐藏。

4)页眉和页脚

页眉和页脚常用于显示文档的附加信息,页眉位于页面页边距的顶部区域,页脚位于页面页边距的底部区域。在页眉和页脚中可以插入文本、图片或者线条等修饰性元素,使文档的整体显示效果更加专业、美观。通常放置在页眉、页脚的信息有文档标题、作者信息、机构名称、Logo、水印、日期、文档版本、联系方式等。

(1)打开需要编辑的文档,单击"章节"选项卡的"页眉和页脚"按钮,即可进入页眉、页脚编辑状态,同时"页眉和页脚"选项卡打开,如图 4.40 所示。此时页眉处于编辑状态,单击占位符可输入页眉内容,完成后单击选项卡上"关闭"按钮或者鼠标双击正文部分,即退出了页眉编辑状态。

(2)编辑文档过程中,鼠标移动到页面顶端,WPS 显示提示信息"双击编辑页眉",双击即可打开"页眉和页脚"选项卡,再次对页眉进行编辑。

(3)单击"页眉和页脚"选项卡中"页眉"按钮的下拉列表框可以选择页眉的样式,通过"页眉顶端距离"可以调整页眉区域的高度。

图 4.40 "页眉和页脚"选项卡

(4)单击"页眉页脚切换"按钮,可以插入和编辑页脚,具体方法与页眉操作相同,不再赘述。

(5)单击"页眉页脚选项"按钮可以打开"页眉/脚设置"对话框,如图 4.41 所示,根据需要对首页、奇偶页或者每节进行不同的页眉、页脚设置。

5)页码

为文档插入页码可以方便统计文档的页数、快速定位和打印文档。页码通常添加在页眉或页脚位置,在WPS 提供的部分页眉、页脚样式中已添加了页码功能,在应用这类样式时会自动添加页码。若应用的样式没有自动添加页码,也可以手动添加,具体方法如下:打开需要编辑的文档,单击"插入"或"章节"选项卡中的"页码"按钮,文档会定位到页脚中间位置插入样式为阿拉伯

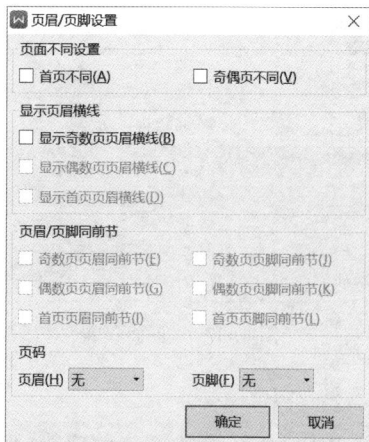

图 4.41 "页眉/页脚设置"对话框

数字的页码,如图 4.42 所示。对于插入的页码可以像编辑文本一样对其格式进行编辑。

图 4.42 插入页码

(1)重新编号:单击"重新编号"按钮,可以设置页码的起始编号,如果文档中有分节符,可以设置当前节的页码是否连续前一节排列。

(2)页码设置:单击"页码设置"按钮,在弹出的下拉列表框中可以修改页码的样式、位置、应用范围,如图 4.43 所示。

(3)删除页码:单击"删除页码"按钮,可以在弹出的下拉列表框中选择要删除页码的范围,并将其删除。

在完成对"页码"的设置后,可以单击"页眉和页脚"选项卡上"关闭"按钮或者鼠标双击正文部分,即退出了页码编辑状态。

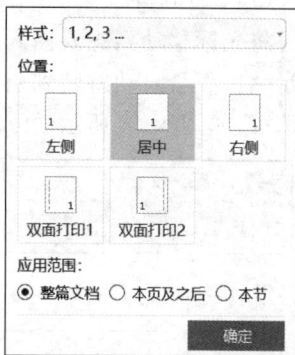

图 4.43 "页码设置"下拉列表框

4. 添加引用

1)插入目录

完成了长文档的编辑后,可以使用 WPS 提供的目录功能为文档制作一个目录。使用目录可以方便用户了解文档的结构和阅读文档内容。

(1)生成目录。

WPS 可以为长文档按照标题样式、大纲级别、题注等不同形式自动生成目录。所以在实现自动生成目录之前先要正确设置文档的标题样式、大纲级别、题注等格式。将光标放置在希望目录出现的位置,单击"引用"选项卡中的"目录"按钮,选择一个预设的目录样式,WPS 会自动检测文档中的标题样式或大纲级别,并生成目录。成功插入目录后,按住 Ctrl 键,鼠标移动到目录列表会变为小手形状,单击目录项即可快速跳转到文档中的该标题位置。

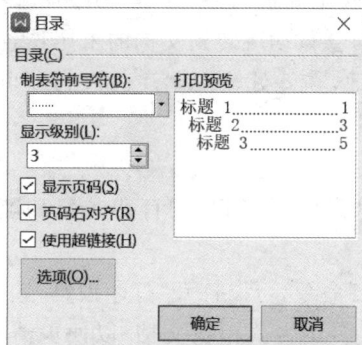

图 4.44 "目录"对话框

(2)自定义目录。

WPS 允许用户自定义目录的样式,在"目录"下拉列表框中选择"自定义目录"命令,打开"目录"对话框,如图 4.44 所示,可以自己定义目录样式。

(3)更新目录。

在文档的编辑或修改过程中,如果内容和格式发生了变化,则需要更新目录,具体步骤如下:单击文档的目录区域,在目录的左上角会出现目录操作标签,单击"更新目录"按钮,弹出"更新目录"对话框,可根据需要选择"只更新页码"或者"更新整个目录",单击"确定"按钮返回文档,即完成更新。

(4)删除目录。

对于不再使用的目录,可以将其删除,单击"目录"下拉列表框中的"删除目录"命令即可。

2）添加脚注和尾注

脚注和尾注都是用于对文档内容进行补充说明的,脚注是指附在文章页面最底端的注文,用于对当前页某些内容进行说明或补充;尾注位于章节末尾或文档末尾,用于对文档中的内容提供参考资料出处或解释专业术语等。

（1）添加脚注。

将光标移动到想要插入脚注的位置,单击"引用"选项卡的"插入脚注"按钮,如图 4.45 所示。页面会自动跳转到当前页的底部,显示一条分隔线和注释标记,在此处输入脚注的内容即可,如图 4.46 所示。

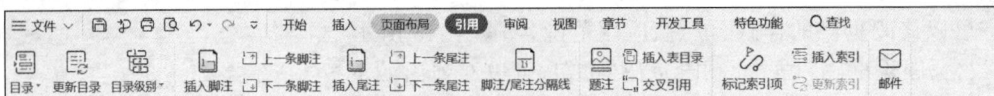

图 4.45 "引用"选项卡

图 4.46 插入脚注

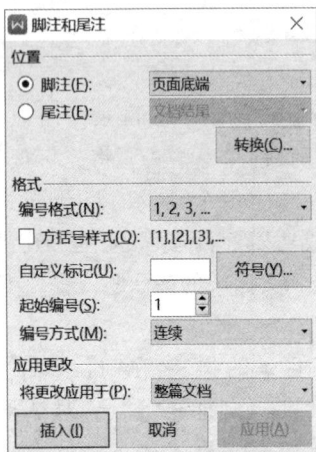

图 4.47 "脚注和尾注"对话框

输入完脚注内容,在插入脚注的文本位置右上角会显示对应的标号,将鼠标移动到标号上,会显示脚注标签和脚注内容。如果需要对脚注的位置和格式进行设置,可以单击"脚注和尾注"功能组右下角的扩展按钮,在弹出的"脚注和尾注"对话框中设置,如图 4.47 所示。如果需要删除脚注,选中文档中的脚注标号按 Delete 键即可。

（2）添加尾注。

将光标移动到想要插入尾注的位置,单击"引用"选项卡的"插入尾注"按钮,页面会自动跳转到文档的末尾位置,显示一条分隔线和注释标记,在此处输入尾注的内容即可,其他操作和脚注类似。

5. 打印预览与打印

在打印文档之前,可以先使用 WPS 的打印预览功能,预览一下打印效果,以免设置不合适造成打印浪费。

打开需要打印的文档,单击"文件"选项卡的"打印预览"命令,可以打开"打印预览"选项卡,如图 4.48 所示,可以调整显示比例,也可以选择单页或多页方式预览文档,以便更清楚地查看文档打印细节和文档的整体效果。

单击"文件"选项卡的"打印"命令,可以打开"打印"对话框,设置打印参数,如图 4.49 所示,打印前的设置主要包括选择打印机、打印份数、页码范围、方式（单面/双面）等,根据需要设置好参数,单击"确定"按钮,退出"打印"对话框,打印文档。

图 4.48 打印预览

图 4.49 "打印"对话框

6. 审阅文档

在日常工作中,某些文档可能需要不同人员进行多次的审核或修订才可以定稿,WPS 的"审阅"选项卡提供了文档校对、批注、修订等审阅工具,如图 4.50 所示,可以方便用户提高工作效率。

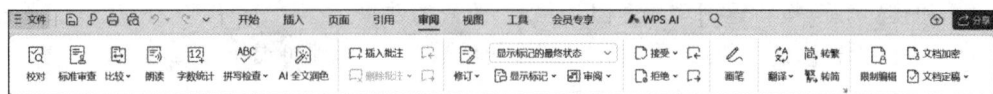

图 4.50 "审阅"选项卡

1)使用批注

在审阅文档时,审阅者可以将自己的见解和建议以批注的形式插入文档中,反馈给作者。批注由批注标记、连线和批注框构成。

(1)添加批注:打开文档,选中要添加批注的文本,单击"审阅"选项卡的"插入批注"按钮,这时在文档的右侧出现一个批注框,用于输入批注内容,WPS 的批注信息前面会自动加入用户名和添加批注的时间,如图 4.51 所示。

(2)单击批注框内的"答复"按钮,用户可以在批注框内讨论和跟踪批注,一个批注可被多次答复。对于已经沟通结束,但是沟通记录不想删除的批注,可以单击"解决"按钮,该批注会呈现浅灰色,并标注为"已解决"。如果这个问题需要重新启动讨论,单击"取消解决"按钮,即可恢复。

(3)对于要删除的批注,单击批注框中的"删除"按钮即可。

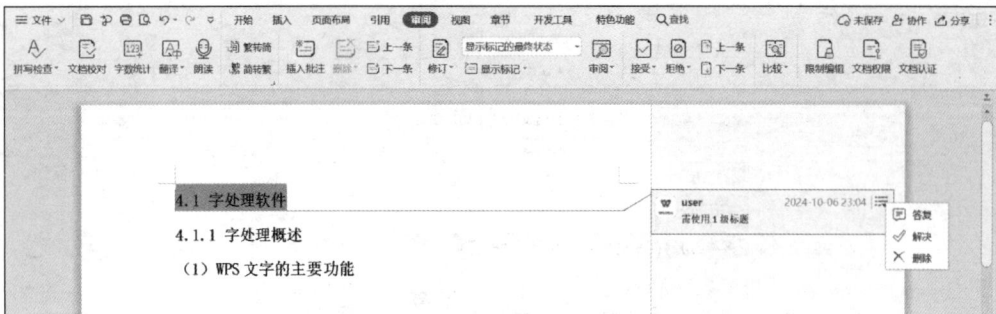

图 4.51 添加批注

2）修订文档

（1）开启"修订"模式：单击"审阅"选项卡的"修订"按钮，当按钮变成灰色代表开启了修订功能。WPS 默认以批注形式显示修订内容。

（2）显示状态：WPS 默认显示标记的最终状态，在"显示以供审阅"下拉列表框中可以更改修订标记的显示状态，包括显示标记的最终状态、最终状态、显示标记的原始状态和原始状态 4 种。

（3）修订记录：单击"审阅"选项卡的"审阅"按钮，可以打开"审阅"窗格，窗格可以垂直放置在文档窗格右侧或水平放置在文档窗格下面，审阅窗格中将记录审阅人、审阅时间和修订内容。在修订模式下，文档中所做的任何更改，如插入、删除文本或者调整格式，都将以修订的形式记录下来。该功能的一个重要应用场景是多人协同办公过程中对于同一份文档的修改能保留修改记录。

（4）接受或拒绝修订：用户在查阅修订的文档时，可以使用"接受"或"拒绝"按钮逐个接受或拒绝修订，或者接受或拒绝所有修订。

（5）自定义修订样式：单击"修订"下拉按钮，在下拉列表框中选择"修订选项"命令，打开修订选项对话框，如图 4.52 所示，用户可以自定义修订的显示样式，包括颜色、线条和批注框等，单击"确定"按钮返回文档，可以看到修改后的效果。

（6）完成所有修订工作后，取消"修订"按钮的选中状态，即可退出修订状态。

3）校对文档

（1）拼写检查：在 WPS 文字中，"拼写检查"功能默认为开启状态，当输入文本时，WPS 会自动检查拼写错误，并用红色波浪线标出可能的错误，以提高文档的专业性和准确性。用户也可以单击"审阅"选项卡的"拼写检查"按钮，打开"拼写检查"对话框，WPS 将检查文档中的拼写错误并列出所有发现的问题。

（2）文档校对：WPS 的文档校对功能是一项利用 AI 技术的工具，可以帮助用户快速修正文档中的错误，提高文档质量。单击"审阅"选项卡的"文档校对"按钮，弹出"WPS 文档校对"窗口，会显示文档字符方面的统计信息。单击"开始校对"按钮，WPS 将自动对文档进行校对，完成后在文档的右侧显示"校对栏"，其中包含了"发现错误"、"建议修改"和"勘误列表"等信息。用户根据需要可以选择"忽略错误"或"替换错误"等操作来修改文档中的错误。

（3）文档比较：WPS 的文档比较能够对比两个文档的内容，突出显示它们之间在文字等方面的差异，大大提高编辑、校对或审阅工作的效率。单击"审阅"选项卡的"比较"按钮，在弹出的下拉列表中选择"比较"命令，打开"比较文档"对话框，如图 4.53 所示，用户可以选

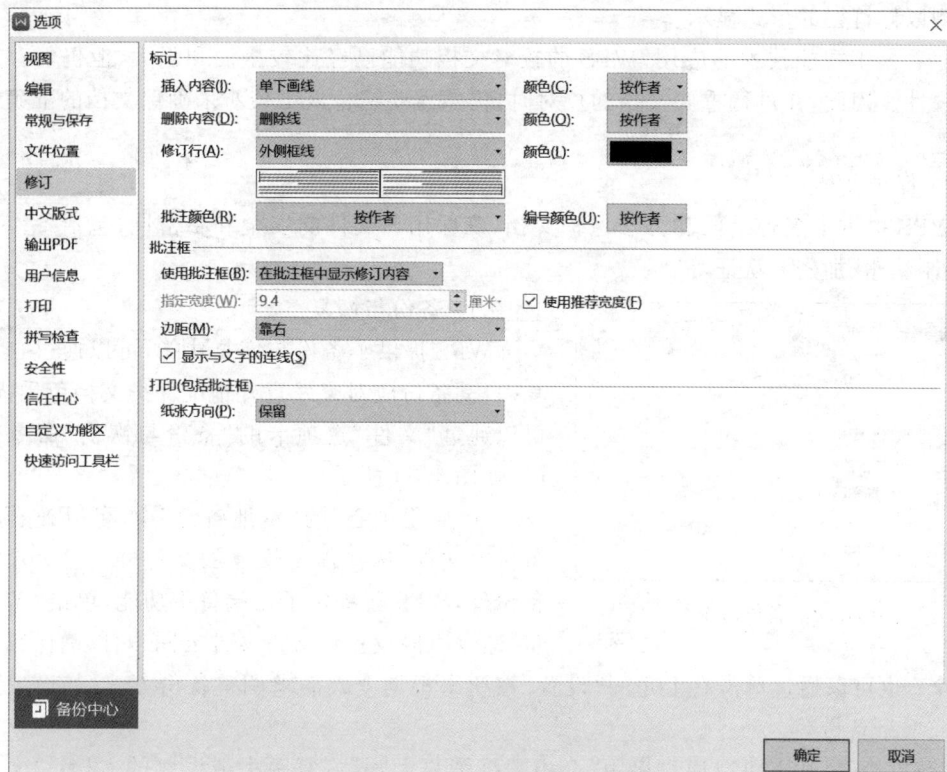

图 4.52　修订选项对话框

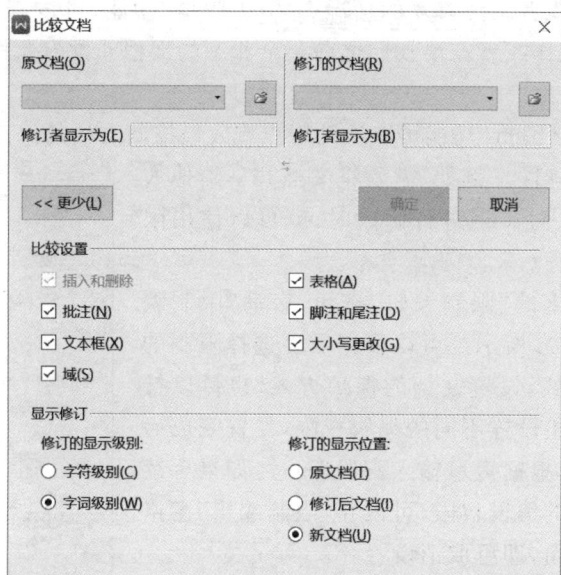

图 4.53　"比较文档"对话框

择要对比的文档,并根据需要设置对比选项。"原文档"是指想要作为比较基准的文档,"修订的文档"是指想要与之比较的文档。设置好后,单击"确定"按钮,WPS 将开始对两个文档进行比较。比较完成后,WPS 会生成一个包含比较结果的新文档,比较的结果会在新文档的右侧以修订栏的形式显示。

随着人工智能技术的应用,WPS的校对文档功能已经比较全面和强大,但仍然存在一些局限性。因此,在进行重要文档的校对时,仍然需要结合人工校对来确保文档的准确性和专业性。

4)保护文档

WPS提供了多种手段和方法保护文档,确保用户文件的安全和私密性,包括备份与恢复、限制编辑、加密与认证等。

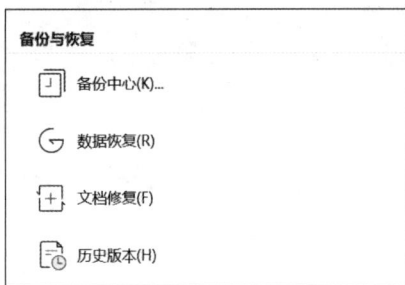

图 4.54 备份与恢复

(1)备份与恢复。

WPS提供了备份与恢复功能,可以通过自动恢复、自动备份应对突发意外情况保护文档免受损失,可以通过"文件"选项卡的"备份与恢复"命令来访问,如图4.54所示。

在"备份中心"的"本地备份"中,可以查看本地备份的文件,选择需要恢复的文件并打开;除本地备份外,WPS还提供了云端备份功能,单击"备份同步"命令可以设置将备份文件云同步,以确保数据更加安全;也可以通过单击右上角的"设置"按钮来根据个人需求调整备份方式,如设置定时备份或增量备份等。

"数据恢复"功能可以通过启用"金山数据恢复大师"恢复丢失或误删的文档;"文档修复"功能可以修复乱码或无法打开的文档,但修复概率取决于文档损坏程度,可能会出现只能修复部分文件内容或者无法修复的情况;"历史版本"功能,可以查看并恢复文档的先前版本,对于用户的误操作或者需要找回之前某个状态的文档非常有帮助。

(2)限制编辑。

WPS提供的"限制编辑"功能可以帮助用户有效地控制文档的修改和共享范围,确保文档内容的安全性和准确性。例如,需要将文档共享给他人查看,但又不希望他人对文档进行修改时,就可以使用限制编辑对文档加以保护。

单击"审阅"选项卡的"限制编辑"按钮,启动"限制编辑"任务窗格,如图4.55所示。可以根据需要选择限制的样式及允许使用的样式,设置文档的保护方式,也可以针对特定的用户或用户组设置不同的编辑权限,设置完成后单击"启动保护"按钮,根据提示输入密码即可。如果后续不再需要限制该文档的编辑权限,可以在"限制编辑"窗格中单击"停止保护"按钮,即可取消设置。

(3)加密与认证。

为文档设置密码可以防止无操作权限的人随意打开和修改文档。单击"文件"选项卡的"文档加密"命令,可以为文档选择需要的加密方式。"文档权限"功能可以设置文档为私密保护模式,只有登录指定账号的用户才能查看

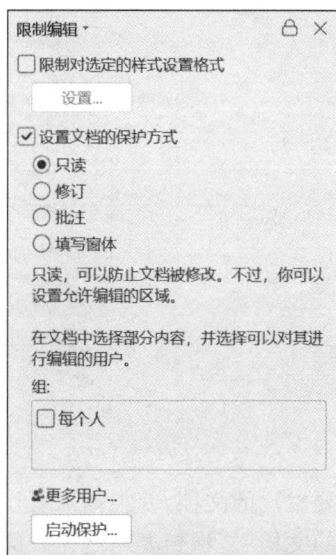

图 4.55 "限制编辑"任务窗格

或编辑文档;"密码加密"功能可以为文档设置一个打开权限密码和编辑权限密码,以保护
文档安全,如图 4.56 所示。单击"密码加密"对话框上面"高级"两个字,打开"加密类型"对
话框,可以对加密类型和密钥长度进行设置。

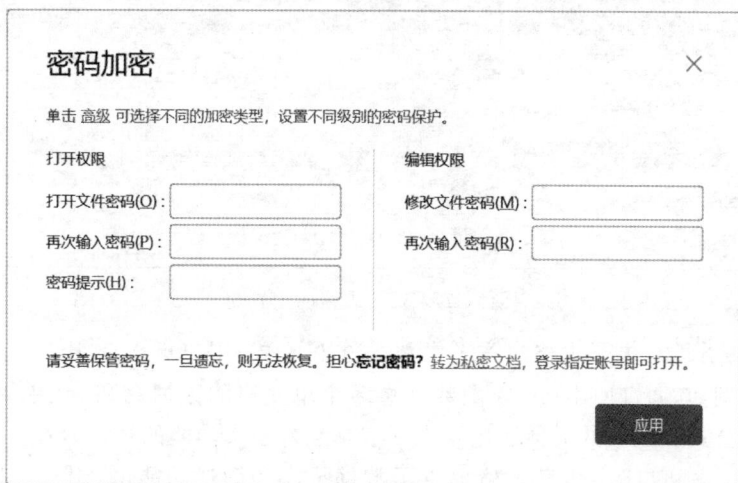

图 4.56 "密码加密"对话框

WPS 的"文档认证"功能是一种保护文档不被未授权修改并确保文档真实性的方法。
可以通过"审阅"选项卡的"文档认证"按钮启动文档认证功能,在弹出的"文档认证"对话框
中单击"开始认证"按钮。WPS 的文档认证功能使用金山数据云链技术实现,成功后可以看
到文档名称、认证时间和文件的 DNA 编号,一旦文档被修改,系统会提醒文档的原作者,有
效预防他人篡改文档并保护个人著作权。如果用户对已认证的文档做了修改,认证将失效,
需要对文档重新进行认证。

4.2 电子表格软件

4.2.1 电子表格概述

1. 电子表格的定义和用途

电子表格是一种用于管理、分析和展示数据的计算机软件。它基于行和列构成的表格
结构,能够有效地组织和处理大量数据。电子表格通常由一个或多个工作表组成,每个工作
表由无数个单元格构成,这些单元格可以存储数值、文本、日期、时间等不同类型的信息。

电子表格软件最初出现在 20 世纪 70 年代末,最早的电子表格软件之一是 VisiCalc。
如今,电子表格已经成为现代办公中不可或缺的工具,广泛应用于财务管理、数据分析、项目
管理等领域。典型的电子表格软件包括 Microsoft Excel、Google Sheets 和 WPS 表格,WPS
表格的主界面如图 4.57 所示。

2. 电子表格软件的主要功能

(1) 数据输入和编辑:电子表格软件允许用户在单元格中输入和编辑数据,支持多种
数据类型,如数字、文本、日期等。用户可以对数据进行格式化操作,如调整字体、颜色、对齐
方式等,以便于数据的阅读和展示。

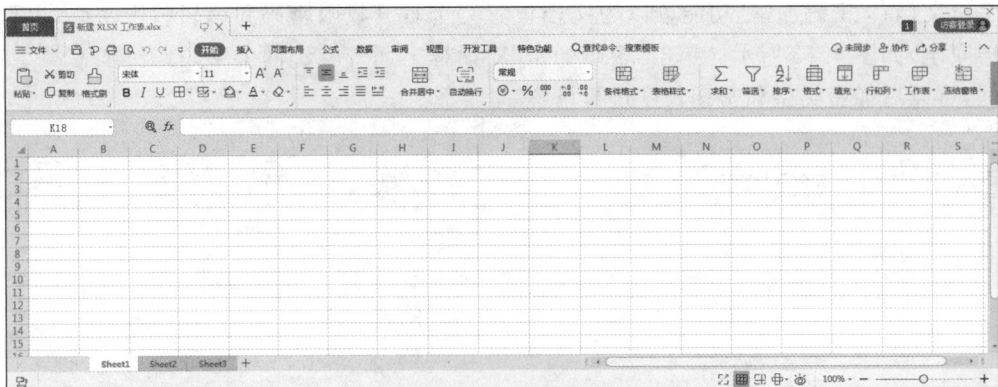

图 4.57　WPS 表格的主界面

（2）公式和函数：电子表格内置了大量公式和函数，用户可以使用它们进行自动计算和数据处理。例如，通过使用 SUM 函数计算多个单元格的数据总和，或者使用 IF 函数进行条件判断。公式和函数的灵活运用是电子表格软件强大功能的核心所在。

（3）数据排序和筛选：电子表格提供了数据排序和筛选功能，使用户可以根据特定标准对数据进行排列或过滤。例如，可以将销售数据按时间排序，或筛选出某一特定产品的销售记录，从而更高效地分析数据。

（4）数据透视表：数据透视表功能是电子表格中非常强大的数据分析工具。它可以帮助用户从大量数据中提取和总结出有用的信息，并通过拖曳的方式动态调整数据展示的视角。例如，可以通过数据透视表分析不同时间段的销售趋势或比较不同产品的销售表现。

（5）图表生成：电子表格软件提供了丰富的图表生成功能，用户可以根据数据生成各种类型的图表，如柱状图、折线图、饼图等。这些图表可以帮助用户更直观地展示数据，并用于报告和演示中。

3. 电子表格在企业管理中的应用实例

为了更好地理解电子表格在企业财务管理中的应用，下面通过一个具体实例演示如何使用电子表格制作财务报表。以下是一个简单的企业财务报表制作过程。

（1）准备数据：收集企业的财务数据，包括收入、支出、资产、负债等信息。这些数据可以通过日常的财务记录或财务系统导出，如图 4.58 所示。

（2）创建资产负债表：①表格布局。打开电子表格软件（如 WPS 表格），新建一个工作表，将表格分为"资产"和"负债与所有者权益"两部分，如图 4.59、图 4.60 所示。在"资产"部分列出企业的各项资产，如现金、应收账款、存货等；在"负债与所有者权益"部分列出应付账款、长期借款、实收资本等。②数据输入。在相应的单元格中输入各项资产和负债的金额，并使用 SUM 函数计算资产总额和负债与所有者权益总额。确保资产总额等于负债与所有者权益总额。

（3）生成利润表：①收入与支出分类。在新的工作表中创建利润表，将收入与支出分为若干类别，如主营业务收入、营业成本、管理费用等。使用 SUMIF 函数汇总各类收入与支出数据。②净利润计算。使用公式计算营业利润（主营业务收入减去营业成本），再扣除各项费用和税金，得出净利润，如图 4.61 所示。

	A	B	C	D	E
1	收入项目	金额/元		支出项目	金额/元
2	产品A销售收入	150,000		产品A成本	100,000
3	产品B销售收入	80,000		产品B成本	50,000
4	服务收入	20,000		工资	20,000
5	总收入	250,000		办公租金	10,000
6				办公设备折旧	5,000
7				广告费用	8,000
8				运输费用	2,000
9				利息支出	3,000
10				增值税	4,000
11				总支出	202,000

图 4.58 收入与支出数据

	A	B
1	资产项目	金额/元
2	流动资产	
3	现金	50,000
4	应收账款	30,000
5	存货	40,000
6	非流动资产	
7	固定资产（净值）	100,000
8	长期投资	60,000
9	资产总计	280,000

图 4.59 资产数据

	A	B
1	负债项目	金额/元
2	流动负债	
3	应付账款	20,000
4	短期借款	30,000
5	长期负债	
6	长期借款	50,000
7	所有者权益	
8	实收资本	130,000
9	未分配利润	50,000
10	负债与所有者权益总计	280,000

图 4.60 负债与所有者权益数据

	A	B
1	项目	金额/元
2	主营业务收入	250,000
3	产品A销售收入	150,000
4	产品B销售收入	80,000
5	服务收入	20,000
6	减：营业成本	150,000
7	产品A成本	100,000
8	产品B成本	50,000
9	毛利润	100,000
10	减：管理费用	35,000
11	工资	20,000
12	办公租金	10,000
13	办公设备折旧	5,000
14	减：销售费用	10,000
15	广告费用	8,000
16	运输费用	2,000
17	减：财务费用	3,000
18	利息支出	3,000
19	减：税金及附加	4,000
20	增值税	4,000
21	净利润	48,000

图 4.61 利润表

（4）使用图表展示财务数据：①图表生成。通过插入图表功能，将资产负债表中的数据可视化。例如，使用饼图展示资产的构成比例；使用折线图展示利润的变化趋势。②分析与展示。图表可以帮助财务人员更直观地分析数据趋势，并在财务报告中进行展示。通过图表，管理层可以快速了解企业的财务状况，从而做出更明智的决策，如图 4.62 所示。

金额/元

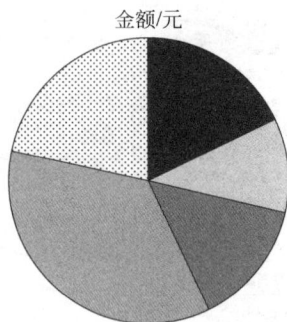

■ 现金　□ 应收账款　■ 存货　■ 固定资产（净值）　☒ 长期投资

图 4.62　资产构成表饼图

4.2.2　WPS 表格的基本操作

1. 工作簿的创建与保存

在日常办公或学习中，电子表格软件是处理数据和信息的重要工具。掌握如何创建、保存和打开工作簿，是有效使用电子表格软件的基础技能。

1）新建工作簿

在使用 WPS 表格时，可以通过以下 3 种方式新建工作簿。

（1）从软件启动界面新建。

打开 WPS 表格后，直接单击"新建"按钮，即可创建一个空白的 WPS 表格。在打开的"新建"窗口中，单击"表格"选项卡，然后选择下方的"新建空白文档"选项，即可创建一个名为"工作簿 1"的空白表格文件。另外，也可以使用"表格"选项卡中直接选择对应的模板，这种方式适用于需要特定格式或样式的场景，如财务报表、日程表等，如图 4.63 所示。

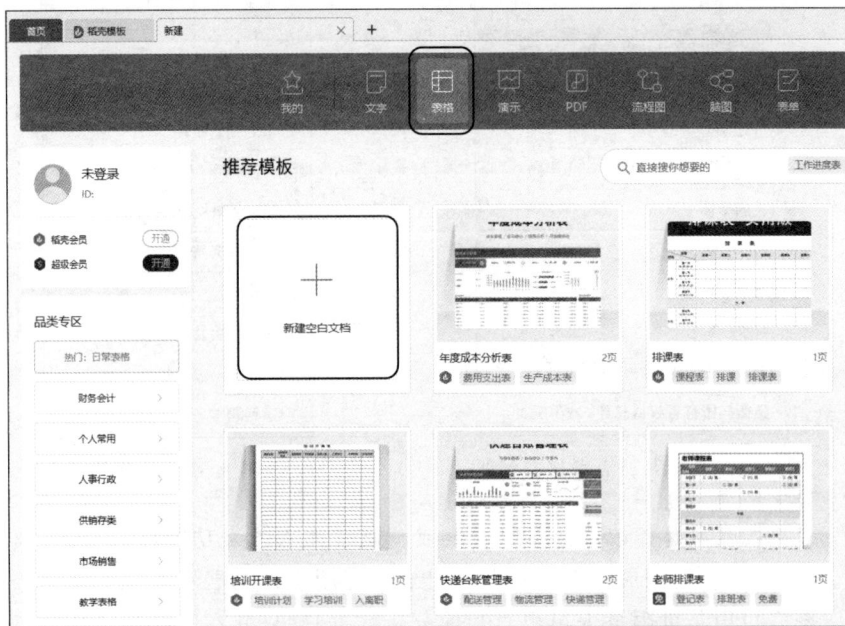

图 4.63　新建 WPS 工作簿

（2）使用快捷键新建。

在已打开的 WPS 表格界面，按 Ctrl＋N 键，即可快速新建一个工作簿。

（3）从模板创建。

WPS 表格提供了多种预设模板，可以在"文件"菜单中选择"本机上的模板"命令，打开"模板"对话框，浏览并选择适合的模板来创建工作簿，如图 4.64 所示。

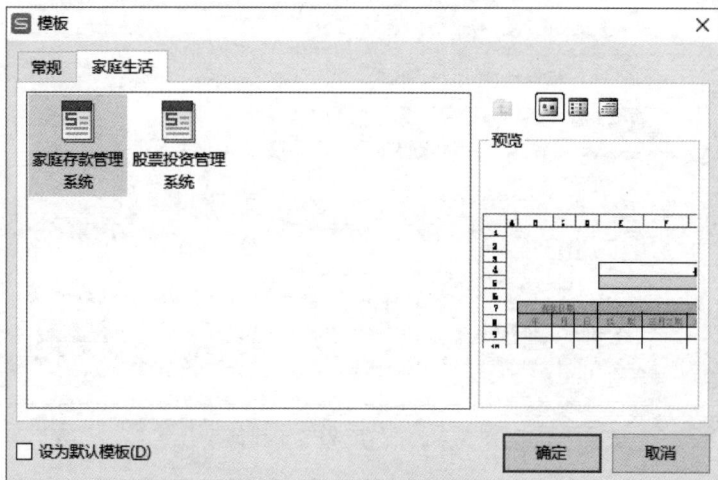

图 4.64 "模板"对话框

提示：新建工作簿后，建议用户立即保存，以防止数据丢失。

2）保存工作簿

在创建完工作簿并输入数据后，保存工作簿是至关重要的步骤。

（1）WPS 表格提供了多种保存格式，用户可以将工作簿保存为多种文件格式，常见的格式如下。

.et：WPS 表格的默认文件格式，兼容性强，适用于大多数场景。

.ett：WPS 表格的模板文件。

.pdf：将工作簿保存为 PDF 格式，便于分享和打印，确保格式不会因设备不同而改变。

.csv：适用于纯文本数据的保存，特别是在需要导入或导出数据到其他系统时。

（2）保存步骤。

单击 WPS 表格左上角的"文件"菜单，选择"另存为"命令。在弹出的"另存文件"对话框中，选择保存路径、文件名及文件类型。单击"保存"按钮完成保存，如图 4.65 所示。

（3）注意事项。

定期保存：在编辑过程中，建议定期保存工作簿，以防数据丢失。

备份重要文件：对于重要的工作簿，建议保存多个备份，或使用云存储同步文件。

格式兼容性：选择文件类型时，需考虑与其他用户或系统的兼容性，避免因为格式不兼容导致数据无法读取。

3）打开已有工作簿

WPS 表格支持多种方式打开已有的工作簿，用户可以根据需要选择适合的方式。

（1）从"文件"菜单打开。

单击 WPS 表格左上角的"文件"菜单，选择"打开"命令，打开"打开文件"对话框，浏览

图 4.65　保存 WPS 工作簿

文件位置后,选择需要打开的文件,单击"打开"按钮,如图 4.66 所示。

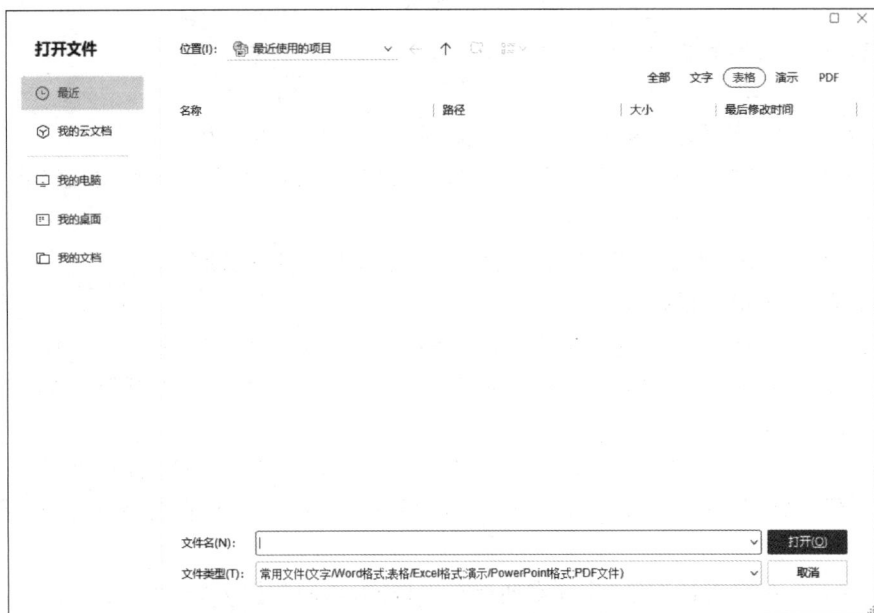

图 4.66　打开已有 WPS 工作簿

(2) 从"最近使用记录"打开。

WPS 表格会自动记录最近打开过的文件。用户可以单击"文件"菜单下的"最近使用的文件"列表,从中选择并打开之前编辑过的工作簿。

(3) 使用快捷键打开。

在 WPS 表格中,可以按 Ctrl+O 键直接调出"打开文件"对话框,选择并打开文件。

提示：打开文件时，确保文件未被其他程序占用，以避免无法打开或文件损坏的情况。

2. 工作表的管理

在 WPS 表格中，工作表的管理是基础操作的重要组成部分，用户可以通过新建、重命名、删除、移动等操作，灵活管理多张工作表。

1）新建工作表

在 WPS 表格中，每个文件默认包含至少一个工作表。用户可以根据需要新建多个工作表来存储和管理不同的数据。在底部工作表标签栏，单击最后的"＋"按钮，即可创建一个新的空白工作表。新建的工作表会按顺序命名为"Sheet 2""Sheet 3"等，用户可以对其进行重命名操作。

2）重命名工作表

为了方便识别和管理不同内容的数据，用户可以为每个工作表赋予具有意义的名称。右击要重命名的工作表标签，在弹出的快捷菜单中选择"重命名"命令。输入新的名称，然后按下 Enter 键确认。

3）移动或复制工作表

右击要移动或复制的工作表标签，在弹出的快捷菜单中选择"移动或复制工作表"命令。在弹出的对话框中，选择要移动到的目标位置，或者勾选"建立副本"复选框来复制工作表。

4）删除工作表

右击要删除的工作表标签，在弹出的快捷菜单中选择"删除工作表"命令。

5）隐藏和取消隐藏工作表

当用户不希望某些工作表直接显示时，可以将其隐藏，后续需要时再取消隐藏。右击要隐藏的工作表标签，在弹出的快捷菜单中选择"隐藏"命令。要取消隐藏，右击任意工作表标签，在弹出的快捷菜单中选择"取消隐藏"命令，然后从列表中选择要显示的工作表。

6）保护工作表

为防止他人对工作表中的数据进行未经授权的修改，用户可以为工作表设置密码保护。右击要保护的工作表标签，在弹出的快捷菜单中选择"保护工作表"命令。设置密码并勾选保护选项，如"保护单元格内容""保护格式"复选框等。

3. 单元格的输入与编辑

在电子表格中，单元格是数据输入和编辑的基本单元。掌握单元格的输入、编辑及数据操作技巧，可以帮助用户更加高效地处理和分析数据。本节将详细介绍如何输入数据、编辑已有数据，以及进行数据的复制、剪切和粘贴操作。

1）单元格与单元格区域

单元格是表格中最基本的数据存储单位，单元格是工作表中行和列交叉的部分。每个单元格通过其"列号"和"行号"的组合来唯一标识。例如，位于第一列第一行的单元格被命名为 A1，第一列第二行的单元格被命名为 A2，以此类推。

单元格区域是由多个相邻单元格组成的矩形范围，用来对批量数据进行处理。单元格区域可以用两个单元格的位置范围表示，左上角单元格和右下角单元格之间的所有单元格都属于该区域。单元格区域通过两个单元格的地址范围来标识。区域名称通常用冒号（:）连接两端的单元格地址。例如，"A1:D5"表示从 A1～D5 的矩形区域，包含了 20 个单元格，如图 4.67 所示。

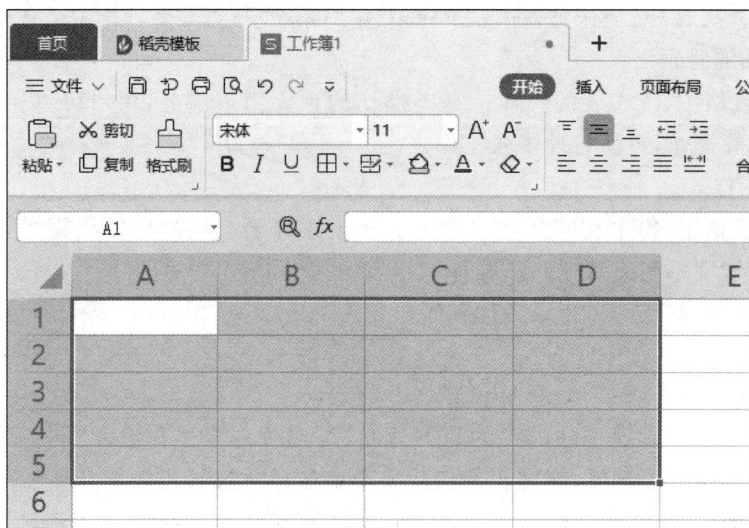

图 4.67　单元格区域 A1:D5

2) 数据类型

在 WPS 表格中,数据类型是指单元格中存储的数据类别,不同的数据类型允许用户对数据进行不同的操作和格式化,主要的数据类型包括文本、数值、日期和时间等。

文本数据:通常用于存储非数字信息,如字母、文字、符号等。这类数据不会参与数值运算,常用于标题、注释或标识符等。直接在单元格中输入文字即可,WPS 表格会自动识别为文本。

数值数据:主要数据类型包括整数、小数、货币等,用于参与数学运算或统计分析。直接在单元格中输入数字即可,WPS 表格会将其识别为数值数据。数值可以通过单元格格式设置为货币形式、百分比等,如果输入的数值带货币符号(如 \$100)或百分号(如 50%),WPS 会自动格式化为相应的格式。

日期和时间数据:用于表示某天或具体的时间点,常用于时间表、日程安排等场景。按照常见的日期和时间格式在单元格中输入。例如,日期输入 2024-10-12 或 12/10/2024;时间输入 14:30 或 2:30 PM。

WPS 会自动将符合标准格式的输入识别为日期或时间。用户可以通过"单元格格式"进一步设置日期和时间的显示方式,如 YYYY/MM/DD 或 DD-MM-YYYY 等。

3) 输入数据的方法和技巧

在 WPS 表格中,数据输入是最基本的操作,用户可以通过以下方法输入数据。

直接输入:选中需要输入数据的单元格。输入数据后,按 Enter 键或单击其他单元格,即可完成数据输入。例如,在单元格 A1 中输入"2024 年销售计划",然后按 Enter 键。

快速填充:输入数据后,选中该单元格,拖动单元格右下角的小方块(填充柄)到需要填充的区域,WPS 表格会自动填充连续的数据或模式。例如,输入"2024 年"并拖动填充柄,单元格将自动填充"2025 年""2026 年"等,如图 4.68 所示。

使用公式输入数据:在单元格中输入等号(=),接着输入公式或函数。按 Enter 键,WPS 表格将计算并显示公式的结果。例如,在单元格 B1 中输入公式"=A1*10",按 Enter 键后会自动计算 A1 单元格值的 10 倍,放在 B1 单元格中,如图 4.69 所示。

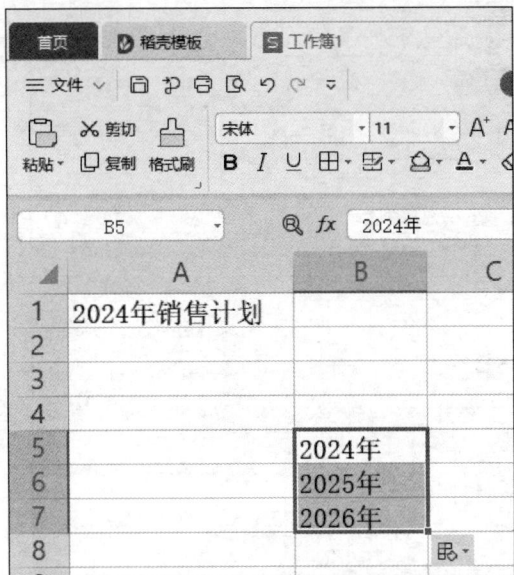

图 4.68 直接输入与快速填充数据

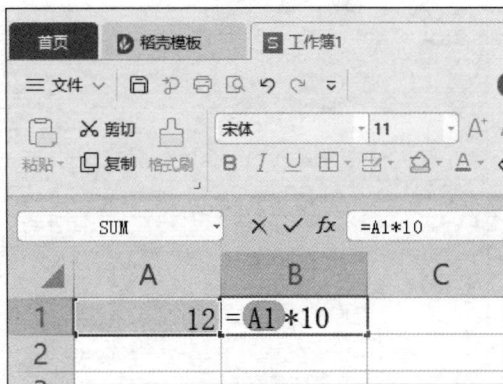

图 4.69 使用公式输入数据

使用数据验证输入：选择单元格，单击"文件"→"数据"→"有效性"命令，设置数据输入规则，如下拉列表、数值范围等。数据有效性设置功能可以帮助用户控制输入数据的类型、范围和格式，从而减少数据输入错误。

设置数据验证规则：选择需要设置数据验证规则的单元格或范围。单击"文件"→"数据"→"有效性"命令，如图 4.70 所示，打开"数据验证"对话框。

在"设置"选项卡中，选择验证条件类型，如"整数字符""小数""日期"等。输入相应的条件参数，如设定数值范围、文本长度或日期范围。在"输入信息"选项卡中，可以设置提示信息，当用户选中单元格时会显示提示内容。在"出错警告"选项卡中，设置当输入不符合验证条件时显示的错误提示信息。单击"确定"按钮，完成数据验证规则的设置。

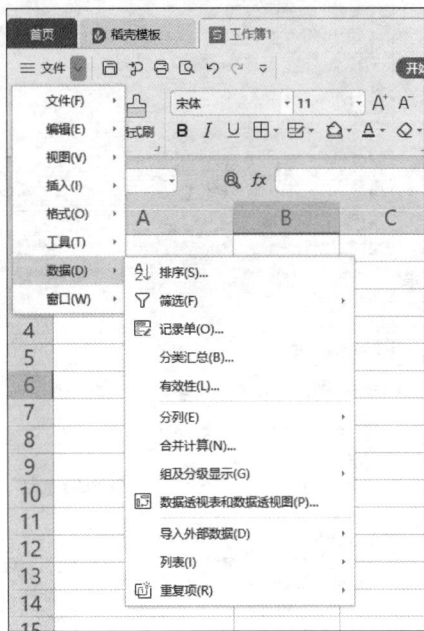

图 4.70 数据菜单

例 4.1：

在单元格 C10:C11 中设置"下拉列表框"，允许用户选择"2024 年""2025 年"等选项。在"数据有效性"对话框的"允许"下拉列表框中选择"序列"选项，然后将光标放入"来源"输入框，圈选 B5:B7 区域，单击"确定"按钮，如图 4.71 所示。

例 4.2：

设置一个单元格范围，仅允许输入 1～100 的整数，防止用户输入不符合要求的数据。在"数据有效性"对话框的"允许"下拉列表框中选择"整数"选项，"数据"下拉列表框中选择

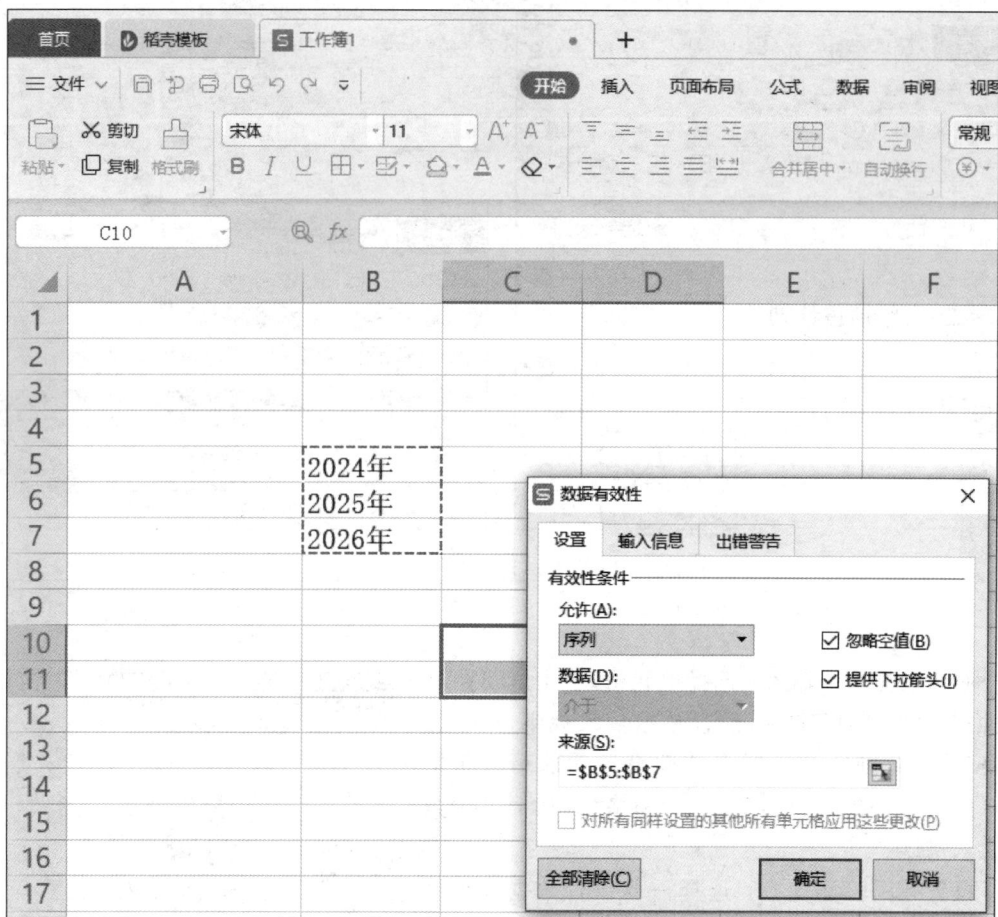

图 4.71　设置数据有效性

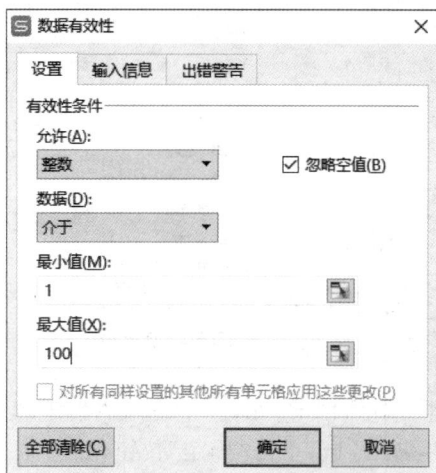

图 4.72　数据有效性对话框

"介于"选项,"最小值"输入 1,"最大值"输入 100,单击"确定"按钮,如图 4.72 所示。

4)数据的编辑和插入

在 WPS 表格中,编辑、插入和删除数据是常见操作,具体步骤如下。

编辑数据:双击需要编辑的单元格,或者选中单元格后直接开始输入。修改内容后,按 Enter 键完成编辑。

插入数据:选择要插入数据的单元格、行或列。右击选择的区域,在弹出的快捷菜单中选择"插入"命令。插入新行或新列后,输入数据。

5)数据的复制、剪切和粘贴

通过数据的复制、剪切和粘贴操作可以有效地管理和组织数据。

复制、粘贴数据:选中需要复制的单元格或区域。右击选中的区域,在弹出的快捷菜单中选择"复制"命令。移动到目标单元格右击,在弹出的快捷菜单中选择"粘贴"命令,原有数据将被覆盖(如果目标单元格已有数据)。例如,复制单元格 E1 中的数据到单元格 F1,如图 4.73 所示。

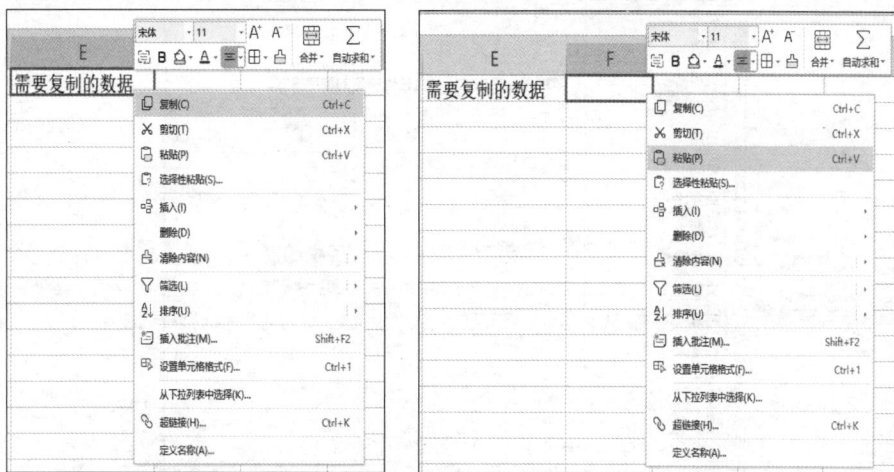

图 4.73　复制数据

剪切、粘贴数据:选中需要剪切的单元格或区域。右击选中的区域,在弹出的快捷菜单中选择"剪切"命令。移动到目标单元格右击,在弹出的快捷菜单中选择"粘贴"命令。例如,剪切单元格 G1 中的数据并粘贴到单元格 H1 中,以重新组织数据。

4. 数据的格式化与排版

在电子表格中,数据的格式化与排版不仅能使数据更加清晰易读,还能帮助用户更好地呈现和分析数据。下面将介绍如何设置单元格格式、合并单元格、设置对齐方式,以及使用自动换行和条件格式化等功能。

1) 设置单元格格式

设置单元格格式可以提升数据的可读性和视觉效果。以下是设置单元格格式的常见操作。

字体设置:选中需要设置字体的单元格或区域。单击"开始"选项卡,在"字体"组中选择所需的字体类型、大小、样式(如粗体、斜体)、颜色等。

颜色设置:选中需要设置颜色的单元格或区域。单击"开始"选项卡中的"填充颜色"图标,选择所需的背景颜色。同样,可以在"字体颜色"图标中选择文字颜色。

边框设置:选中需要设置边框的单元格或区域。单击"开始"选项卡中的"边框"图标。选择所需的边框样式,如"所有边框"、"外侧边框"或"底部边框"。

提示:上述格式设置操作也可以通过在选中的单元格处右击,在弹出的快捷菜单中选择单元格格式,在弹出的"单元格格式"对话框中设置,如图 4.74 所示。

2) 合并单元格和设置对齐方式

合并单元格和设置对齐方式有助于清晰地展示数据和标题。

合并单元格:选中需要合并的多个单元格。单击"开始"选项卡中的"合并居中"图标。选择"合并居中"或其他合并选项。

设置对齐方式:选中需要调整对齐方式的单元格或区域。在"开始"选项卡中的对齐组

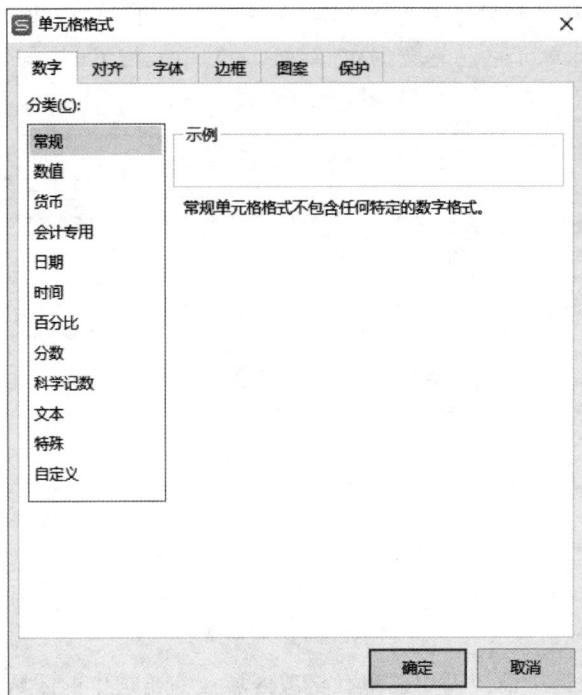

图 4.74 "单元格格式"对话框

中选择对齐方式。可以设置水平对齐(如左对齐、居中对齐、右对齐)和垂直对齐(如顶部对齐、居中对齐、底部对齐)。

3) 使用自动换行和条件格式化

自动换行和条件格式化可以进一步增强数据的展示效果和分析能力。

自动换行:选中需要自动换行的单元格或区域。在"开始"选项卡中的对齐组中勾选"自动换行"复选框。

条件格式化:选中需要应用条件格式化的单元格或区域,单击"开始"选项卡的"条件格式"按钮,在弹出的下拉列表框中设置,如图 4.75 所示;或者单击"文件"→"格式"→"条件格式"命令,弹出"条件格式规则管理器"对话框,如图 4.76 所示,选择"新建规则"选项卡,定义条件和格式,如设置单元格值超过某个阈值时背景颜色变为红色。

5. 单元格的引用

1) 相对引用

相对引用是指在公式中引用的某个单元格会随着公式被复制或粘贴到新的位置而发生变化。也就是说,引用的单元格地址相对于当前位置是变化的。表示方式是直接输入单元格地址,如 A1,在单元格 B2 中输入公式"=A1",当公式复制到 B3 时,会自动变为"=A2"。

2) 绝对引用

绝对引用是指公式中的单元格地址不会随公式的移动或复制而改变,始终固定引用某个特定的单元格。表示方式是在单元格地址前加上美元符号 $ 以锁定行或列,如 $A$1。在单元格 B2 中输入公式"=$A$1",当公式复制到 B3 时,仍然会引用"A1",即"=$A$1"不变。

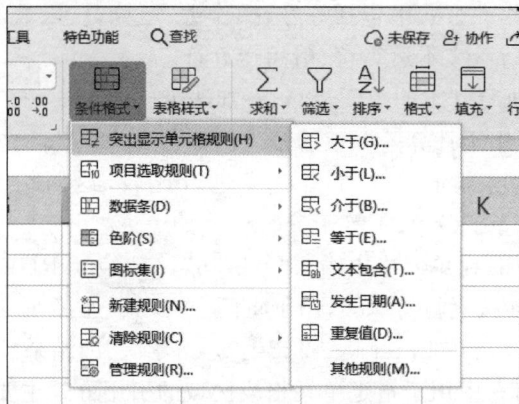

图 4.75 使用"条件格式"按钮

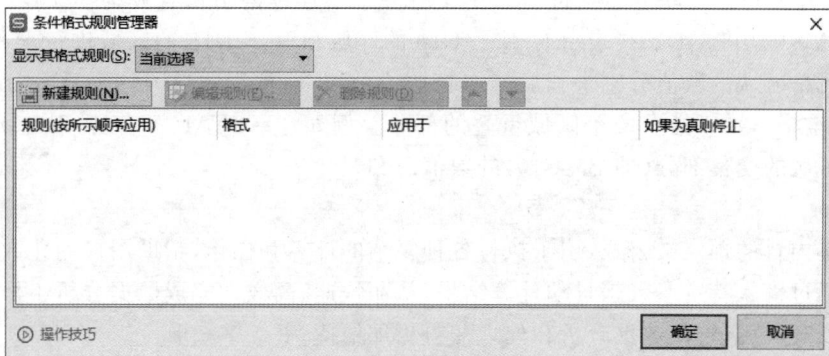

图 4.76 "条件格式规则管理器"对话框

3）混合引用

混合引用是指固定单元格的行或列中的一个，同时另一个保持相对变化。通常是固定行或列中的一个，而另一个可以随公式移动而改变。使用 $ 符号锁定行或列。例如，$A1 表示列锁定，行相对变化；A$1 表示行锁定，列相对变化。在单元格 B2 中输入公式"=$A1"，当公式复制到 B3 时，会变为"=$A2"，即列保持不变，而行随位置变化。

4）三维地址引用

三维地址引用是指跨工作表或工作簿引用单元格数据，即在同一文件的不同工作表之间或在其他工作簿中引用数据。通过这种方式可以在不同工作簿/工作表中进行数据整合和分析。三维地址引用的格式是"[工作簿名]工作表名! 单元格地址"。若工作簿名缺省，默认为引用本工作簿中的工作表。例如，Sheet1! A1 表示引用本工作簿 Sheet1 中的 A1 单元格。在工作表 Sheet2 的单元格 B2 中输入公式"=Sheet1! A1"，表示引用 Sheet1 中 A1 单元格。

6. 公式和函数的使用

在 WPS 表格中，使用公式和函数可以帮助用户高效地进行各种计算。

1）公式

公式是进行数据计算和分析的基础工具，用户可以通过公式对单元格中的数据进行各种运算。公式通常以等号(=)开头，后跟需要执行的运算或函数，通过引用单元格或直接输入数据来完成具体的操作。公式中包括等号、操作数、运算符、函数等要素。常用的运算符有算术运算符、比较运算符、文本运算符、引用运算符。

算术运算符：用于执行基本的数学运算，有加法（＋）、减法（－）、乘法（＊）、除法（/）、幂运算（^），其中幂运算用于计算一个数的幂。例如，"=A1^2"表示求解 A1 的平方。

比较运算符：用于对数值或单元格内容进行比较，返回结果是逻辑值 TRUE 或 FALSE。比较运算符有等于（＝）、不等于（＜＞）、大于（＞）、小于（＜）、大于或等于（＞＝）、小于或等于（＜＝）。例如，在单元格中输入"=2＜6"，结果为 TRUE。

文本运算符：也称连接运算符（＆），用于将两个文本串连接在一起。例如，在单元格中输入"="艺术"&"学院""后按 Enter 键，将产生"艺术学院"的结果。

引用运算符：在 WPS 中用于指定单元格或区域的引用方式主要有冒号（:）、逗号（,）和空格 3 种类型。①区域运算符（:），用于指定一个连续的区域。例如，A2:C10 表示从 A2～C10 的所有单元格。②联合运算符（,），用于将多个不连续的引用合并为一个引用。例如，"=SUM(A5:C10,B5:D15)"表示对 A5～C10 的区域和 B5～D15 的区域进行求和，求的是这两个单元格区域的数值分别求和后累加起来的总和，即重复的单元格需重复计算。③交叉运算符（空格），用于指定两个区域重叠的部分。例如，"=SUM(A5:C10 B5:D15)"求的是这两个区域的交集部分（即 B5:C10）的数值总和。

2）函数

函数是内置的预定义公式，用于执行各种复杂的计算和操作，帮助用户简化数据处理任务。函数通过输入特定参数来自动计算结果，从而快速、高效地完成数据分析工作。掌握常用的函数及其应用，将使数据分析和处理变得更加便捷。

WPS 函数是一系列预先定义的特定计算公式，用于对一个或多个参数进行计算，并返回一个或多个计算结果。这些函数可以简化复杂的计算过程，使数据处理更加高效和便捷，下面将结合实例介绍 SUM、AVERAGE、COUNT、COUNTA、COUNTIF、RANK、MAX、MIN、AND、OR、IF、LEFT、RIGHT、MID、SUMIF、VLOOKUP 等函数的应用。

根据图 4.77 所示的统计表格样式，将有关列标题及相关内容输入相应的单元格中。使用函数计算后，学生成绩表的最终形式如图 4.78 所示。

	A	B	C	D	E	F	G	H	I	J	K	L
1	姓名	性别	身份证号	计算机	英语	数学	体育	总分	平均分	名次	省份代码	出生日期
2	齐■	女	370■■■■	88								
3	苏■	男	370■■■■	95								
4	王■	男	371■■■■	54								
5	吴■	男	370■■■■	74								
6	姚■	女	371■■■■	77								
7	张■	男	372■■■■	69								
8	周■	女	370■■■■	67								

图 4.77　学生成绩表

（1）SUM 函数。

SUM 函数用于计算选定单元格中所有数值的总和，是最常用的数学函数之一。其使用格式为"=SUM(number1,number2,…)"，其中，number1,number2,…是要进行求和的数值或单元格区域。可以包含多个数值、单元格或区域。例如，在单元格 H2 中输入"=SUM(D2:G2)"，可计算 D2～G2 单元格中的所有数值之和。

提示：求和函数可以用于单一区域，也可以用于多个不连续的区域，例如"=SUM(A1:A5,C1:C5)"。确保选定的区域中仅包含数值数据，避免包含文本或空白单元格。

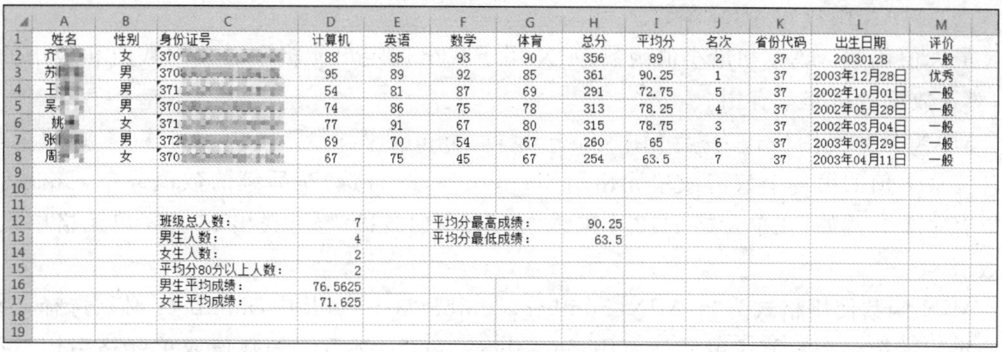

	姓名	性别	身份证号	计算机	英语	数学	体育	总分	平均分	名次	省份代码	出生日期	评价
2	齐	女	370	88	85	93	90	356	89	2	37	20030128	一般
3	苏	男	370	95	89	92	85	361	90.25	1	37	2003年12月28日	优秀
4	王	男	371	54	81	87	69	291	72.75	5	37	2002年10月01日	一般
5	吴	男	370	74	86	75	78	313	78.25	4	37	2002年05月28日	一般
6	姚	女	371	77	91	67	80	315	78.75	3	37	2002年03月04日	一般
7	张	男	372	69	70	54	67	260	65	6	37	2003年03月29日	一般
8	周	女	370	67	75	45	67	254	63.5	7	37	2003年04月11日	一般
12	班级总人数：			7		平均分最高成绩：		90.25					
13	男生人数：			4		平均分最低成绩：		63.5					
14	女生人数：			2									
15	平均分80分以上人数：			2									
16	男生平均成绩：			76.5625									
17	女生平均成绩：			71.625									

图 4.78 函数应用举例

（2）AVERAGE 函数。

AVERAGE 函数用于计算选定单元格中所有数值的平均值，常用于数据分析和报告中。其使用格式为"=AVERAGE(number1,number2,…)"，其中，number1,number2,…是要进行求平均值的数值或单元格区域。可以包含多个数值、单元格或区域。例如，在单元格 H2 中输入"=AVERAGE(D2:G2)"，可计算 D2～G2 单元格中的所有数值的平均值。

提示：平均值函数会忽略空白单元格，但会计算包含数值的单元格。

（3）COUNT 函数与 COUNTA 函数。

COUNT 函数用于统计选定区域中包含数值的单元格数量。其使用格式为"=COUNT(value1,value2,…)"。其中，value1 是要计算的第一个数值、单元格引用或范围；value2（可选）是要计算的其他数值、单元格引用或范围，可以有多个。例如，在单元格 D12 中输入"=COUNT(D2:D8)"，可计算 D2～D8 单元格中包含数值的单元格数量。

COUNTA 函数用于统计选定区域中非空单元格的数量。其使用格式为"=COUNTA(value1,value2,…)"，其中，value1 是要计算的第一个单元格、数字、文本或范围；value2（可选）是要计算的其他单元格、数字、文本或范围，可以有多个。例如，在单元格 D12 中输入"=COUNTA(D1:D8)"可计算 D1～D8 单元格中非空的单元格数量。

（4）COUNTIF 函数。

COUNTIF 函数用于计算满足特定条件的单元格数量，常用于数据分析和筛选。可以帮助用户快速统计某个范围内符合特定标准的单元格个数，其使用格式为"=COUNTIF(range,criteria)"。其中，range 是要计算的单元格范围；criteria 是用于确定哪些单元格应该被计数的条件，条件可以是数字、文本、表达式或单元格引用。例如，在单元格 D13 中输入"=COUNTIF(B2:B8,"男")"，可计算 B2:B8 区域中的男生数量。

（5）RANK 函数。

RANK 函数用于返回一个数字在一组数字中的排名，通常用于排序和比较数据。在 WPS 表格中，RANK 函数可以帮助用户了解特定值在给定数据集中的相对位置。其使用格式为"=RANK(number,ref,order)"，其中，number 为需要找到排名的数字，ref 为所有要排名的数字的单元格范围，order 用于指定排名的顺序（0 或缺省表示降序排名；1 表示升序排名）。例如，在单元格 J2 中输入"=RANK(I2,$I$2:$I$8)"，可返回单元格 I2 中的数据在 $I$2:$I$8 区域中的排名。

（6）MAX 函数和 MIN 函数。

最大值函数 MAX 和最小值函数 MIN 用于找出选定单元格中最大的数值和最小的数值，对于数据分析非常有用。

MAX 函数使用格式为"＝MAX(number1,number2,…)"，其中，number1 必须选择，为计算最大值的第一个数值或单元格引用；number2（可选）是后续的数值或单元格引用，可以有多个。例如，在单元格 H12 中输入"＝MAX(I2:I8)"，可找出 I2～I8 单元格中最大的数值。

MIN 函数使用格式为"＝MIN(number,number2,…)"，其中，number1 必须选择，为计算最小值的第一个数值或单元格引用；number2（可选）是后续的数值或单元格引用，可以有多个。例如，在单元格 H13 中输入"＝MIN(I2:I8)"，可找出 I2～I8 单元格中最小的数值。

提示：MAX 和 MIN 函数适用于任何数值数据，可以快速找到数据的极值。确保数据区域中不包含非数值数据，以避免错误结果。

（7）AND 函数和 OR 函数。

AND 函数用于检查一组条件是否同时为真。在 WPS 表格中，它通常与 IF 函数一起使用，以便在满足多个条件时返回特定的结果。其使用格式为"＝AND(logical1,logical2,…)"，其中，logical1 必须选择，为第一个要检查的条件或表达式；logical2（可选）是后续要检查的条件或表达式，可以有多个。例如，在单元格中输入"＝AND(D2>=60,E2>=60,F2>=60,G2>=60)"，可检查学生考试成绩是否全部及格。

OR 函数用于检查一组条件中是否至少有一个条件为真。在 WPS 表格中，它常用于条件判断和数据分析。其使用格式为"＝OR(logical1,logical2,…)"，其中，logical1 必须选择，为第一个要检查的条件或表达式；logical2（可选）是后续要检查的条件或表达式，可以有多个。例如，在单元格中输入"＝OR(D2<60,E2<60,F2<60,G2<60)"，可检查学生考试成绩是否有不及格成绩。

（8）IF 函数。

IF 函数用于根据条件返回不同的结果。其使用格式为"＝IF(logical_test,value_if_true,value_if_false)"，其中，logical_test 为表达式或条件，用于判断结果是否为真或假，value_if_true 代表条件判断为真时返回的值，value_if_false 代表条件判断为假时返回的值。例如，在单元格 M2 中输入"＝IF(I2>=90,"优秀","一般")"，表示若 I2 的值大于或等于 90，则单元格 M2 的值将会是"优秀"，否则将会是"一般"。

（9）取字符串子串函数 LEFT、RIGHT、MID。

LEFT 函数是 WPS 表格中用于从文本字符串的左侧提取指定数量字符的函数。它用于从字符串首部截取指定数量的字符，帮助用户快速获取所需信息。其使用格式为"＝LEFT(text,num-chars)"，其中，text 表示要从中提取字符的文本字符串或单元格；num_chars 表示要从左侧提取的字符数，如果省略此参数，则默认为 1。例如，若 C2 单元格中是身份证号，在单元格 K2 中输入"＝LEFT(C2,2)"，可将 C2 中的身份证号的省份代码提取出来。

RIGHT 函数是 WPS 表格中用于从文本字符串的右侧提取指定数量字符的函数。它用于从字符串结尾截取指定数量的字符。其使用格式为"＝RIGHT(text,num_chars)"，其中,text 表示要从中提取字符的文本字符串或单元格;num_chars 表示要从右侧提取的字符数,如果省略此参数,则默认为 1。

MID 函数是 WPS 表格中用于从文本字符串的中间提取指定数量字符的函数。它允许用户指定从字符串的某个位置开始,截取一定数量的字符,非常适合从文本中间提取子串。其使用格式为"=MID(text,start_num,num_chars)",其中,text 表示要从中提取字符的文本字符串或单元格;start_num 表示提取开始的位置,必须是大于或等于 1 的正整数;num_chars 表示要提取的字符数,必须是非负整数。例如,若 C2 单元格中是身份证号,在单元格 L2 中输入"=MID(C2,7,8)",可将 C2 单元格中的身份证号的出生年月日 20030128 字符串提取出来。如果输入的是"=MID(C2,7,4)&"年"&MID(C2,11,2)&"月"&MID(C2,13,2)&"日"",L2 将显示"2003 年 01 月 28 日"。

(10) SUMIF 函数。

SUMIF 函数用于根据指定条件对范围内的数值进行求和。其使用格式为"=SUMIF(range,criteria,sum_range)",其中,range 是要应用条件的单元格范围;criteria 用于确定哪些单元格将被求和的条件,可以是数值、表达式、单元格引用或文本;sum_range(可选)是实际进行求和的单元格范围,如果省略此参数,则对 range 中满足条件的单元格进行求和。

(11) VLOOKUP 函数。

VLOOKUP 函数用于根据查找值在数据表中返回对应的值。其使用格式为"=VLOOKUP(lookup_value,table_array,col_index_num,range_lookup)",其中,lookup_value 为要查找的值;table_array 为包含数据的表格区域;col_index_num 为所需返回值的列数,必须是正整数;range_lookup(可选)用于指定是否进行精确匹配或近似匹配,TRUE 或省略表示近似匹配,FALSE 表示精确匹配。

例如"=VLOOKUP(K1,A1:B10,2,FALSE)",表示在 A1:B10 中查找 K1 单元格的值,若能找到,返回 A1 到 B10 范围内第二列对应的值。

下面以 WPS 素材文件举第二个例子,文件中有两个数据表,"学生档案"表和"学院信息"表,如图 4.79、图 4.80 所示。

图 4.79　学生档案表

图 4.80　学院信息表

"学生档案"表中的学号字段的第 5、6 位为学院代号,每名学生需要取出这两位到"学院信息"表中查出学院名称,填入"学生档案"表中对应的单元格中,具体操作步骤如下。

① 在"学生档案"表中选择"学院"列的第一个单元格 C3,在这个单元格中输入公式。

② 取得对应学号字段的第 5、6 位,需要输入公式 =MID(A3,5,2)。

③ 将步骤②取得的结果拿到"学院信息"表中使用 VLOOKUP 函数查表;" =VLOOKUP(MID(A3,5,2),学院信息!\$A\$2:\$B\$17,2)",结果如图 4.81 所示。

④ 双击填充柄,填充剩余单元格。

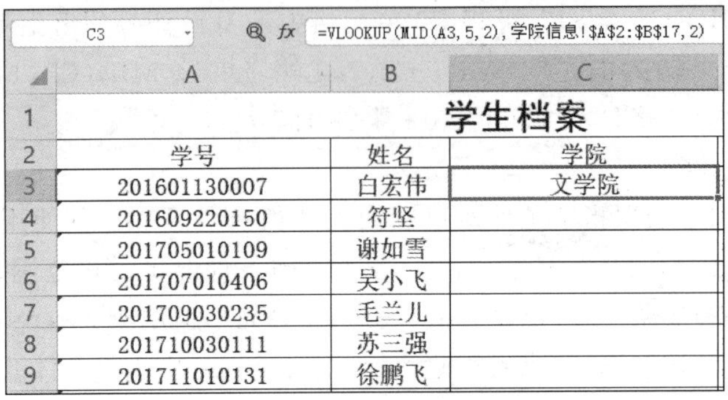

C3		fx	=VLOOKUP(MID(A3,5,2),学院信息!\$A\$2:\$B\$17,2)
	A	B	C
1			学生档案
2	学号	姓名	学院
3	201601130007	白宏伟	文学院
4	201609220150	符坚	
5	201705010109	谢如雪	
6	201707010406	吴小飞	
7	201709030235	毛兰儿	
8	201710030111	苏三强	
9	201711010131	徐鹏飞	

图 4.81　填写公式

4.2.3　数据管理

1. 数据排序与筛选

数据排序与筛选是管理和分析数据的基本操作。通过排序,可以将数据按照一定的顺序排列,使得信息更易于理解和分析;通过筛选,可以从大量数据中提取出符合特定条件的记录。本节将详细介绍如何进行数据排序和筛选,包括升序和降序排序、多条件筛选操作,以及自定义排序规则和高级筛选技巧。

1) 排序的方法

排序功能可以将数据按照指定的顺序排列,帮助用户快速找到最小或最大值,或对数据进行系统化的组织。

升序排序:选中需要排序的单元格区域或列。在"开始"选项卡中单击"排序"按钮,在弹出的下拉列表框中选择"升序"命令(通常显示为一个向上的箭头),如图 4.82 所示。数据将按照从小到大的顺序进行排序。

降序排序:选中需要排序的单元格区域或列。在"开始"选项卡中单击"排序"按钮,在弹出的下拉列表框中选择"降序"命令(通常显示为一个向下的箭头),如图 4.82 所示。数据将按照从大到小的顺序进行排序。

注意:排序操作将影响选定区域的所有数据行,确保在排序前选择正确的数据范围。对于包含标题的表格,排序前可以将标题行冻结,以避免标题被误排序。

2) 筛选的方法

筛选功能可以根据多个条件对数据进行筛选,提取符合特定要求的记录。

操作步骤:选中需要筛选的数据区域,包括标题行。在"开始"选项卡中单击"筛选"按钮,在弹出的下拉列表框中选择"筛选"命令,启用筛选功能,如图 4.83 所示。在每列的下拉列表框中选择"文本筛选"或"数值筛选"命令,输入筛选条件。单击"确定"按钮,筛选出符合条件的数据。

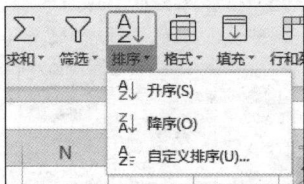

图 4.82 排序下拉列表框

图 4.83 筛选下拉列表框

注意:可以组合使用多个条件进行复杂的筛选,如同时筛选文本和数值条件。筛选结果仅显示符合条件的记录,其他记录会被隐藏,原始数据不受影响。

3) 自定义排序和高级筛选

自定义排序和高级筛选功能允许用户根据具体需求定义排序规则和筛选条件,提供更高的灵活性。

自定义排序:选中需要排序的数据区域,在"开始"选项卡中单击"排序"按钮,在弹出的下拉列表框中选择"自定义排序"命令,在弹出的"排序"对话框中选择主要关键字、排序次序(升序或降序),以及次要关键字(如有)进行排序。单击"添加条件"按钮还可以设置多个排序的关键字。单击"确定"按钮,按自定义规则进行排序,如图 4.84 所示。

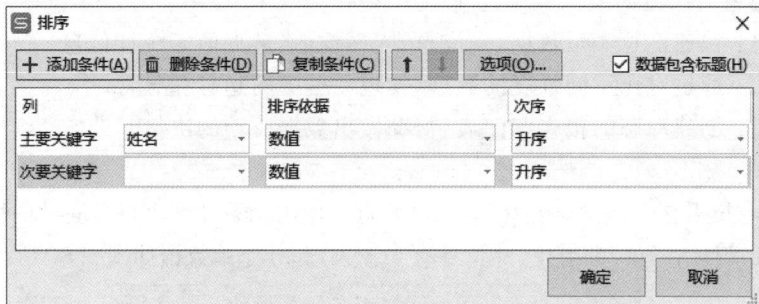

图 4.84 "排序"对话框

高级筛选:使用高级筛选功能,允许用户按照自定义的条件从数据列表中筛选出符合条件的记录。这种筛选方式比普通筛选功能更灵活,可以实现更复杂的筛选条件。如图 4.85 中的员工表格,需要筛选出工资大于 5000 且部门为"财务部"的员工。

首先设置条件区域,在工作表的空白区域中,创建一个条件区域。条件区域应该包含与数据表格相同的标题行,接下来在标题下输入筛选条件,如图 4.85 所示。

在"开始"选项卡中单击"筛选"按钮,在弹出的下拉列表框中选择"高级筛选"命令,在弹出的"高级筛选"对话框中,选择筛选"列表区域"及"条件区域",设置完成后单击"确定"按钮即可,如图 4.86 所示。

提示:在使用自定义排序和高级筛选时,确保数据区域的标题行正确无误,以免影响排序和筛选结果。高级筛选可以将筛选结果复制到另一个区域,以便进行进一步分析。

图 4.85　高级筛选示例数据

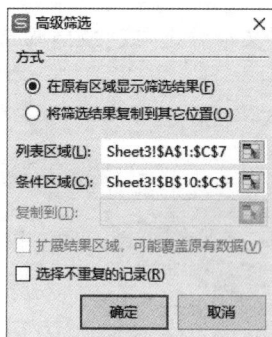

图 4.86　"高级筛选"对话框

2. 数据透视表的创建与应用

数据透视表是数据分析和汇总的重要工具,允许用户从大量数据中快速生成有意义的报告和图表。它能够以灵活的方式总结、比较和分析数据。

1) 数据透视表的基本概念和用途

数据透视表是一种动态的表格工具,可以帮助用户快速汇总、分析、探索和呈现数据。它通过拖放字段和数据来生成各种报表,能够高效地从复杂的数据集中提取关键信息。

数据透视表:一种用于汇总和分析数据的交互式表格,可以通过拖放字段来动态调整视图。

字段:数据透视表中的数据来源,包括行字段、列字段、数值字段和筛选字段。

数据透视表的用途如下。

数据汇总:快速汇总大量数据,生成总计、平均值、最大值等统计信息。

数据对比:通过对比不同维度的数据,发现数据中的趋势和异常。

数据分析:创建动态的报告和图表,帮助做出数据驱动的决策。

例 4.3:

在 WPS 表格素材文件的"学生档案"表中,首先使用函数计算出每名同学的性别。然后使用数据透视表,统计各省份的男生、女生各有多少人,部分原始数据如图 4.87 所示。

图 4.87　学生档案数据

2）创建数据透视表的步骤

创建数据透视表的过程包括选择数据源、生成透视表，以及设置和调整透视表的字段。下面以素材文件为例，详细的操作步骤说明如下。

（1）选择"籍贯""性别"两列数据作为数据源，在"插入"选项卡中选择"数据透视表"按钮，弹出"创建数据透视表"对话框，在对话框下部选择好放置数据透视表的位置后，单击"确定"按钮，如图 4.88 所示。

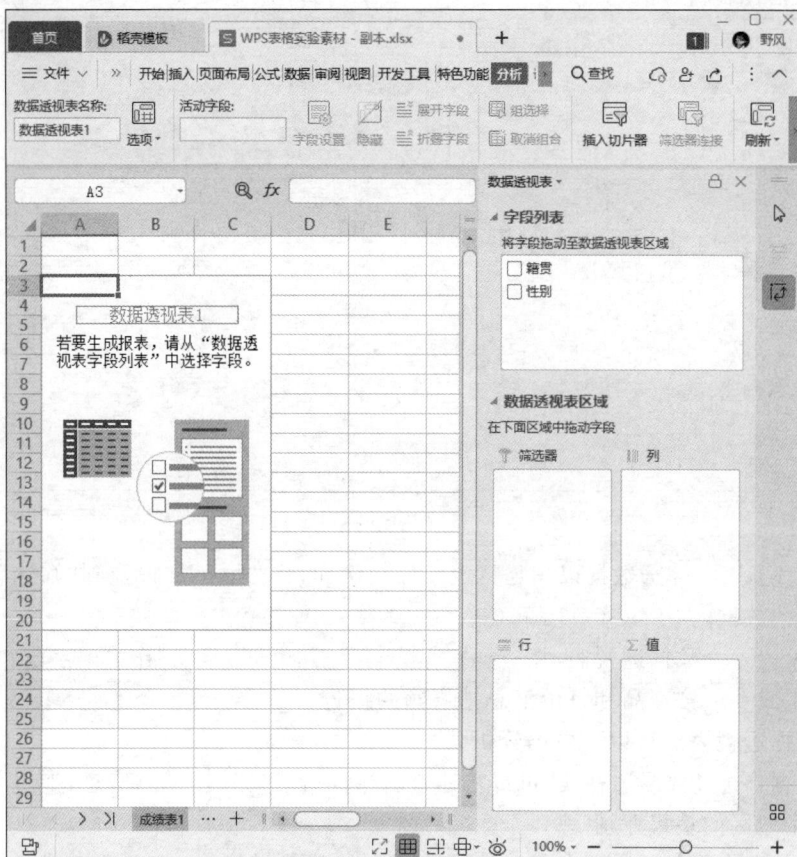

图 4.88　数据透视表字段设置

（2）在图 4.88 新生成的数据透视表中，将"籍贯"字段拖入"行"区域，将"性别"字段拖入"列"区域，再将"性别"字段拖入"值"区域，用性别的计数作为显示数值，生成的数据透视表如图 4.89 所示。

设置数据透视表字段和进行数据分析是数据透视表的核心功能。通过灵活配置字段，用户可以对数据进行深入分析和汇总。数据透视表字段包括下面 4 种。

行字段：用于定义数据透视表的行标签。例如，在商品销售数据表中将"产品"字段拖到"行"区域，按产品类型显示数据。

列字段：用于定义数据透视表的列标签。例如，将"销售日期"字段拖到"列"区域，按月份显示数据。

值字段：用于定义需要汇总的数据。例如，将"销售额"字段拖到"值"区域，计算总销售额。

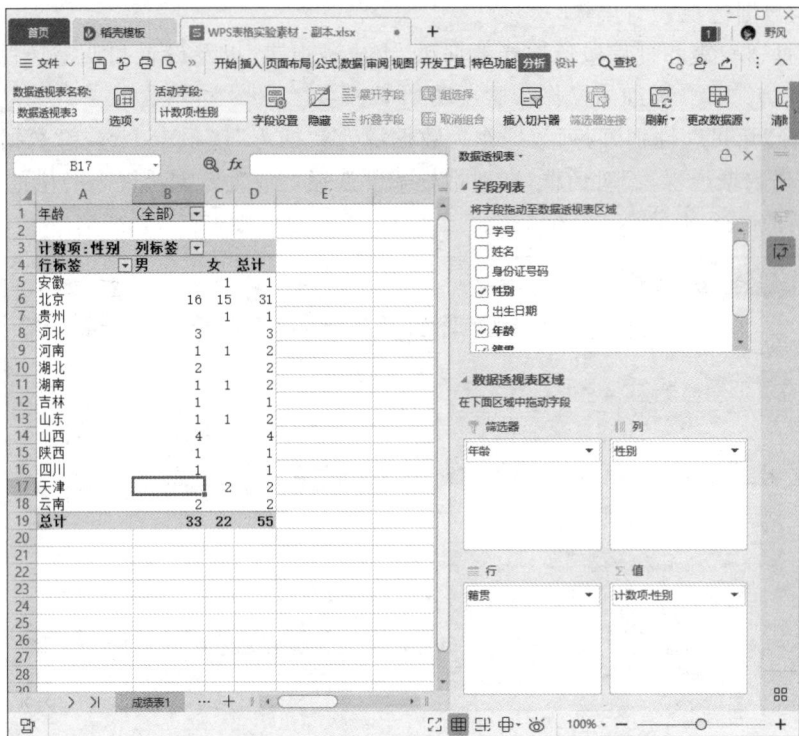

图 4.89　设置完成的数据透视表

筛选字段：用于筛选数据以满足特定条件。例如，将"地区"字段拖到"筛选"区域，只查看特定地区的数据。

例如，设置一个数据透视表，将"产品"作为行字段，"销售日期"作为列字段，"销售额"作为值字段，生成一个按产品和月份汇总销售额的报告。

使用数据透视表进行以下数据分析。

汇总数据：通过数据透视表，可以快速查看不同维度的数据汇总信息，如每个产品的总销售额、每个地区的销售业绩。

分析趋势：使用数据透视表可以识别数据中的趋势和模式，如通过将销售额按月份汇总，分析季节性销售变化。

筛选和钻取：使用筛选和钻取功能，深入分析特定数据。例如，筛选出销售额超过某个阈值的记录，进一步分析这些高销售额的原因。例如，分析每月的销售趋势，发现某些月份销售额异常高或低，并进一步探讨可能的原因。

注意：确保数据源中的数据格式一致，以便生成准确的数据透视表结果。数据透视表是动态的，可以通过拖放字段和调整设置，实时查看数据的不同视图和分析结果。

3．数据保护

在数据管理中，数据保护是确保数据准确性和安全性的关键，用于防止未经授权的访问和修改，保障数据的完整性和机密性。

1）数据和工作表的保护

数据保护功能可以防止数据被无意或恶意修改。工作表保护则可以控制用户对工作表的访问权限。

数据保护：选择需要保护的单元格或范围右击，在弹出的快捷菜单中选择"设置单元格格式"命令。在弹出的"单元格格式"对话框的"保护"选项卡中，勾选"锁定"复选框，以锁定单元格，如图 4.90 所示。

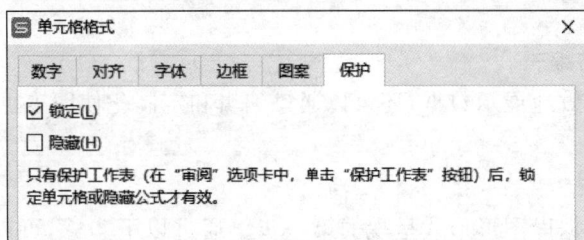

图 4.90 "单元格格式"对话框的"保护"选项卡

单击"审阅"选项卡中的"保护工作表"按钮，打开"保护工作表"对话框。输入密码（可选），以增强保护措施。选择需要启用的保护选项，如允许用户选定锁定单元格、插入行列等，单击"确定"按钮，完成数据保护设置，如图 4.91 所示。例如，对一个财务报表进行保护，锁定所有单元格并设置密码，以防止用户修改数据。

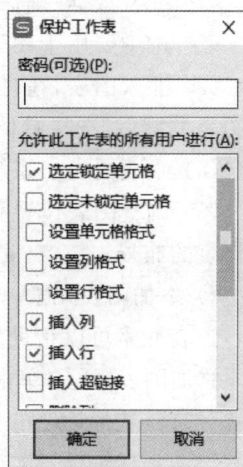

提示：确保密码保管妥当，以防止遗忘密码导致数据无法访问。在保护工作表时，考虑哪些功能需要保留给用户使用，例如插入行、列或筛选数据。

2）工作簿的加密

加密工作簿可以进一步增强数据的安全性，防止未经授权的访问。

图 4.91 "保护工作表"对话框

打开需要加密的工作簿，单击"文件"→"文档加密"命令。在弹出的"密码加密"对话框中输入密码，并确认密码。单击"应用"按钮，完成工作簿的加密设置，如图 4.92 所示。例如，对一个包含敏感财务数据的工作簿进行加密，以确保只有授权用户能够打开和查看。

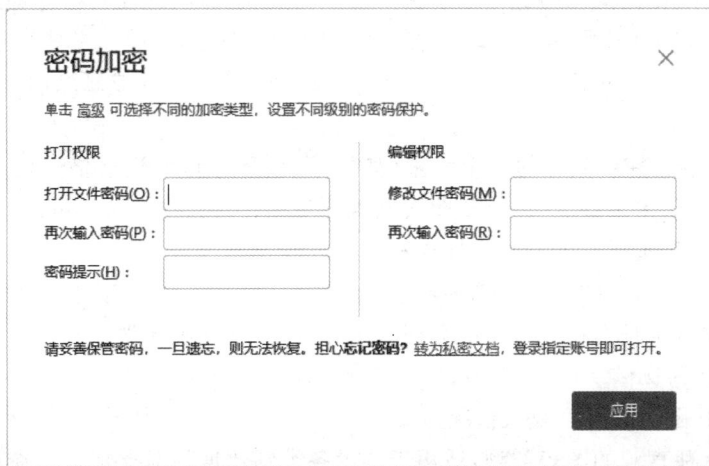

图 4.92 "密码加密"对话框

提示：密码设置应复杂且安全，确保将加密密码安全存储，以防止无法访问加密的数据。

4.2.4　图表

1. 图表的创建与编辑

图表不仅能够有效地展示数据，还可以通过编辑和定制化使图表更加清晰、具备视觉吸引力。

1）创建基本图表

创建图表是将数据以图形形式呈现的第一步。通过以下步骤，可以在工作表中快速创建所需的图表。

（1）准备数据，确保数据已整理好，并且包括类别和数值。

（2）选中要用于图表的数据区域，包括标签和数值。

（3）插入图表，在"插入"选项卡中选择图表类型（如柱状图、饼图、折线图等）。单击所选图表类型后，选择具体的图表样式（如簇状柱状图、二维饼图等）。

（4）生成图表。系统会根据选中的数据自动生成图表，并将图表插入工作表中。

（5）调整图表位置和大小。拖动图表的边框或角点，调整图表的大小和位置，使其适应工作表的布局。

2）添加图表元素

图表元素可以帮助解释图表内容，使其更具可读性和专业性。

添加图表标题：单击图表，选择"图表工具"中的"设计"选项卡。单击"添加元素"→"图表标题"选项，选择标题的位置（如上方、居中）。输入图表标题，描述图表的主要内容。

添加坐标轴标签：在"添加元素"中选择"轴标题"选项。选择要添加标签的坐标轴（如水平轴、垂直轴）。输入轴标题，描述坐标轴表示的数据类型。

添加图例：在"添加元素"中选择"图例"选项。选择图例的位置（如上方、右侧、下方）。图例将自动显示图表中各数据系列的名称。

3）编辑图表数据范围和格式

编辑图表的数据范围和格式可以确保图表准确反映数据，并使其符合特定的呈现要求。

编辑数据范围：单击图表，选择"图表工具"中的"设计"选项卡。单击"选择数据"按钮，在弹出的"选择数据源"对话框中调整数据范围。可以添加、修改或删除图表中的数据系列和类别。

格式化图表：选择图表中的各个元素（如柱子、线条、扇形）进行格式化。使用"图表工具"中的"格式"选项卡中的工具，调整图表元素的颜色、边框、填充等。可以通过"图表工具"中的"设计"选项卡，选择不同的图表样式和颜色方案。

更新图表：在数据源更新后，图表将自动更新。如果图表没有更新，可以手动刷新图表。检查图表的显示是否符合最新的数据要求，确保数据准确无误。

2. 制作图表实例

1）利用柱状图展示月度收入情况

柱状图是一种直观的图表类型，适用于展示各类别数据的对比情况。在企业财务中，柱状图可以有效地展示月度收入情况，使不同月份的收入水平一目了然。

（1）准备数据，如图 4.93 所示。

（2）插入柱状图。

选择数据区域，单击"插入"选项卡，选择"柱状图"→"簇状柱状图"选项，结果如图 4.94 所示。

	A	B
1	月份	收入 /万元
2	1月	80
3	2月	75
4	3月	90
5	4月	85
6	5月	100
7	6月	95
8	7月	110
9	8月	105
10	9月	120
11	10月	130
12	11月	115
13	12月	140

图 4.93　企业收入数据示例

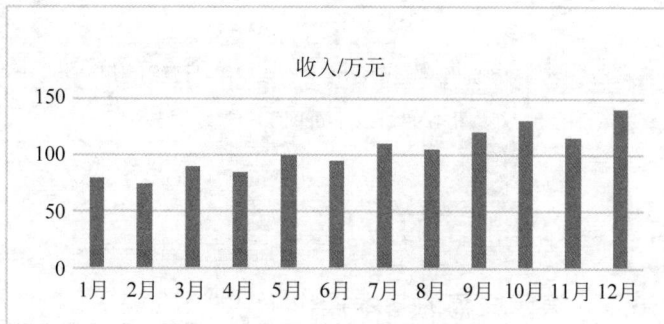

图 4.94　簇状柱状图

（3）美化图表。

添加图表标题，例如"2024 年月度收入情况"。设置坐标轴标签，x 轴为"月份"，y 轴为"收入/万元"，调整柱子颜色和图表样式以提高可读性，如图 4.95 所示。

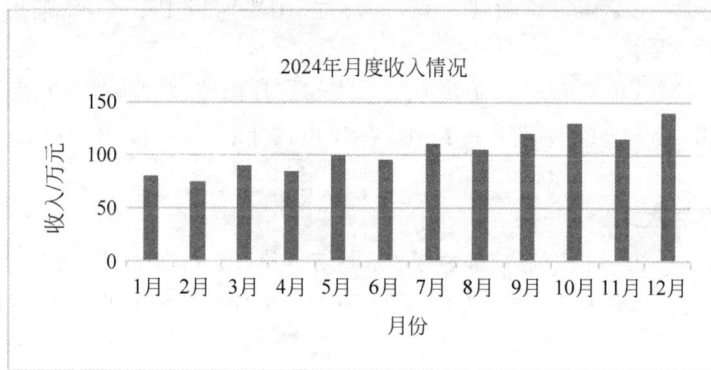

图 4.95　调整后的效果

2）利用饼图展示费用分布情况

饼图适用于展示一个整体的组成部分及各部分的比例关系。在财务管理中，饼图可以帮助展示企业费用的分布情况，使不同费用类别的占比清晰可见。

（1）准备数据，如图 4.96 所示

（2）插入饼图。

	A	B
1	费用类别	金额 /万元
2	人工成本	500
3	材料费用	300
4	运营费用	200
5	行政费用	100
6	营销费用	150

图 4.96　企业费用的分布情况示例

选择数据区域，单击"插入"选项卡，选择"饼图"→"二维饼图"选项，结果如图 4.97 所示。

（3）美化图表。

添加图表标题，例如"企业费用分布情况"。添加图例和数据标签，显示每个类别的费用百分比；调整饼图的颜色，以突出各费用类别的不同。结果如图 4.98 所示。

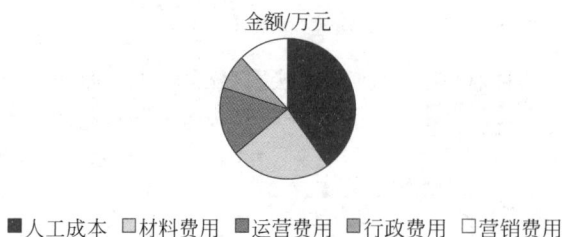

金额/万元

图 4.97　二维饼图

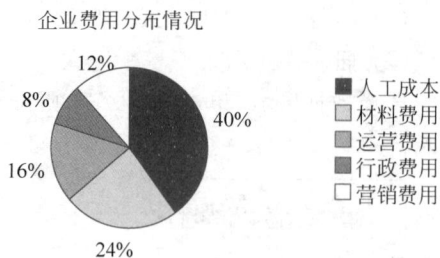

企业费用分布情况

图 4.98　调整后的效果

4.3　WPS 演示的应用

4.3.1　演示文稿的基本操作

幻灯片是演示文稿的重要组成部分,因此编辑幻灯片是编辑演示文稿的重点操作。

1. 新建幻灯片

在新建空白演示文稿时,一般在"幻灯片"浏览窗格中默认只有一张标题幻灯片,通常需要用户手动新建其他幻灯片。新建幻灯片的方法主要有以下两种。

(1)在"幻灯片"浏览窗格中新建。在"幻灯片"浏览窗格中右击,在弹出的快捷菜单中选择"新建幻灯片"命令。

(2)通过"开始"选项卡新建。在普通视图或幻灯片浏览视图中选择一张幻灯片,在"开始"选项卡中单击"新建幻灯片"下拉按钮,在弹出的下拉列表框中选择一种幻灯片版式即可。

2. 更换幻灯片版式

新建的演示文稿第一张幻灯片通常是"标题幻灯片"版式,如果想要修改幻灯片的版式,可以在选中幻灯片后,单击"开始"选项卡的"版式"按钮,在弹出的下拉列表框中提供了11 种 office 主题的幻灯片版式,如图 4.99 所示,选中其中一种即可更换成新的版式。

3. 插入幻灯片对象

在幻灯片中插入形状、文本框、图片、艺术字、智能图形、表格、媒体文件等对象,会使演示文稿具有美观性和设计感。

1)插入文本对象

文本是幻灯片的基本要素之一,合理地组织文本可以使幻灯片清楚地描述信息。在幻灯片中输入文本有以下两种常见的方法。

(1)利用占位符输入文本。通常,在幻灯片上添加文本的最简易的方式是直接将文本输入幻灯片的任何占位符中。例如,在"标题幻灯片"版式的幻灯片上具有"空白演示"和"封面副标题"占位符,单击之后即可输入文本。

(2)利用文本框输入文本。如果要在占位符以外的地方输入文本,可以先在幻灯片中插入文本框,再向文本框中输入文本。切换到"插入"选项卡,单击"文本框"下拉按钮,在弹出的下拉列表框中单击"横向文本框"或"竖向文本框"命令。鼠标指针变成"＋"形状,直接单击幻灯片或者拖动鼠标左键在幻灯片上绘制文本框,即可开始输入文本,如图 4.100

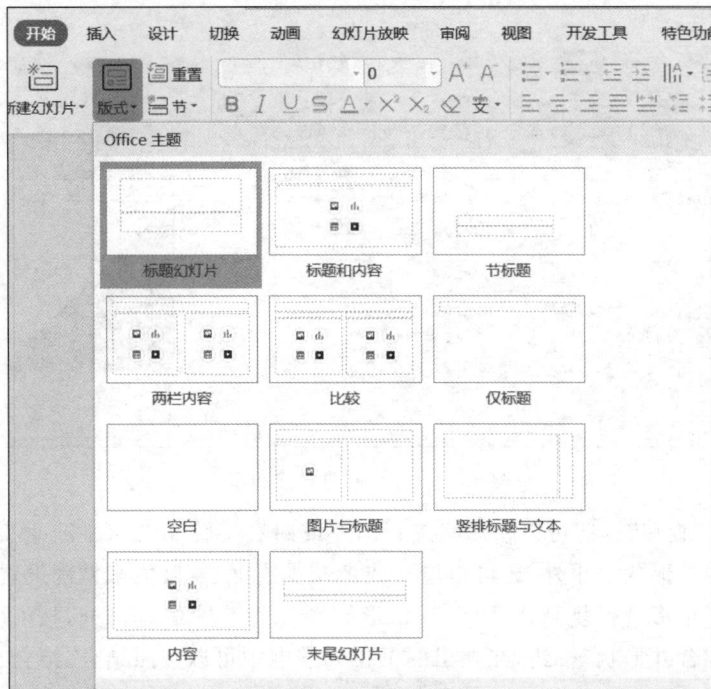

图 4.99　幻灯片版式

所示。

　　同时在选项卡区域会新增"文本工具"选项卡,通过该选项卡可以对文本格式进行进一步设置。

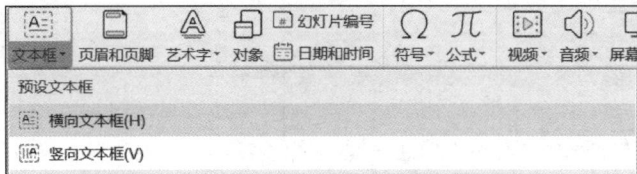

图 4.100　添加文本框

　　2)插入形状对象

　　在制作演示文稿时,形状是比较常用的元素之一,它既可以用来表达演示文稿的重点内容,又能美化幻灯片,其具体操作如下。

　　单击"插入"选项卡中的"形状"按钮,在弹出的下拉列表框中提供了9种预设形状,分别是线条、矩形、基本形状、箭头汇总、公式形状、流程图、星与旗帜、标注和动作按钮。

　　以插入并编辑"直角三角形"为例,单击"基本形状"→"直角三角形"命令,鼠标会变成"+"形状,拖动鼠标左键在幻灯片上绘制出适当大小的直角三角形(若是绘制"正直角三角形",可同时按住 Ctrl 键),如图 4.101 所示。

　　此时,在"特色功能"选项卡的后面会新增"绘图工具"和"文本工具"两个选项卡。在"绘图工具"选项卡中,可以通过"编辑形状"按钮更改形状、编辑顶点;利用"填充"和"轮廓"按钮,可以更换形状的填充颜色和轮廓颜色;在"形状效果"下拉列表框中,可以为形状增加阴影、倒影、发光、柔化边缘、三维旋转等特殊效果;通过"对齐"下拉列表框调整形状在幻灯片

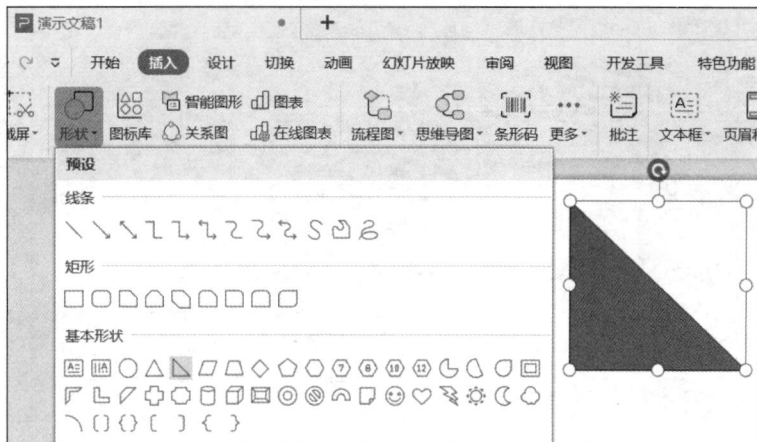

图 4.101　绘制"直角三角形"

上的位置；使用"旋转"按钮可以将形状进行向左或向右旋转 90°、水平或垂直翻转；除了可以借助控制点调整形状大小外，还可以增加或者减少高度、宽度值来精确设置形状大小。

选中直角三角形进行复制，将两个三角形按图 4.102 中位置排列，按 Ctrl 键同时选择两个形状，单击"合并形状"按钮，在弹出的下拉列表框中可以按照结合、组合、拆分、相交、剪除的方式重新设计不规则形状。当单击"相交"命令后，会保留两个形状重叠的部分作为新的形状，效果如图 4.102 所示。

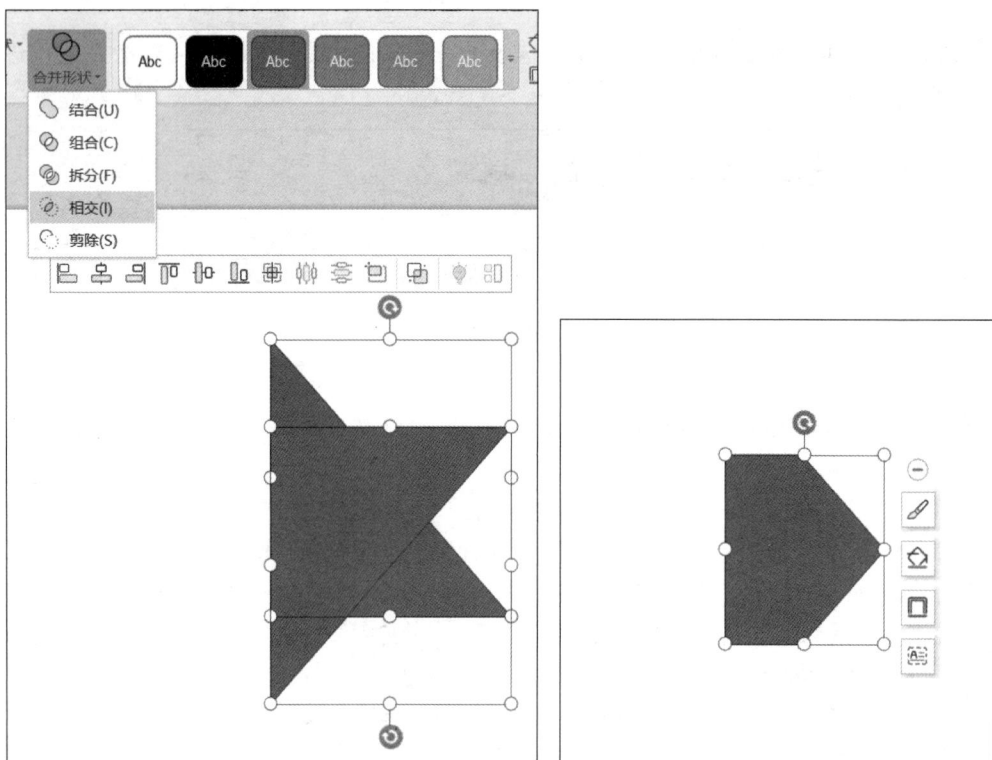

图 4.102　合并形状

右击新形状,在弹出的快捷菜单中选择"编辑文字"命令,在形状上可以直接输入文本,同时可以利用"文本工具"选项卡的功能设置文本的格式。

如果幻灯片上存在多个独立的形状,为了便于对它们统一进行操作,在选中这些形状的前提下,单击"组合"按钮,在弹出的下拉列表框中选择"组合"命令,可以将它们组合成一个新的图形,效果如图 4.103 所示。完成统一设置后,可以在下拉列表框中选择"取消组合"命令,将它们恢复为独立形状。

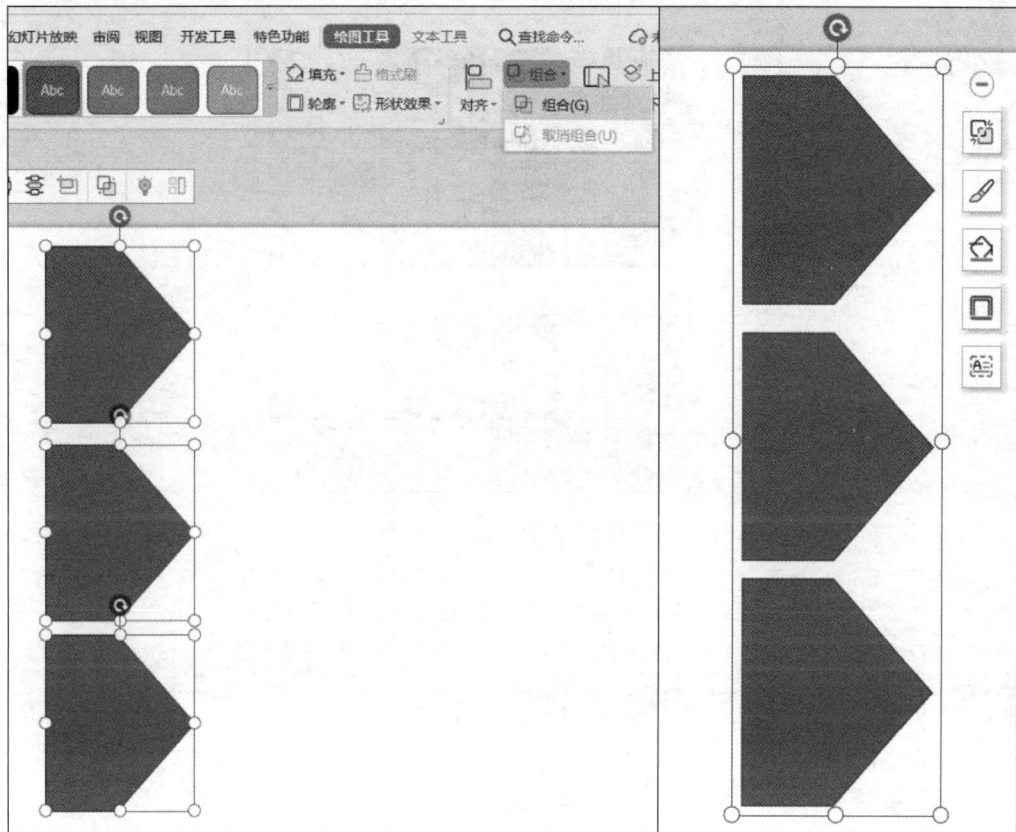

图 4.103　组合形状

3) 插入图片对象

在制作演示文稿时,图片是演示文稿重要的部分。在幻灯片中插入图片,具体操作如下。

单击"插入"选项卡的"图片"按钮,在弹出的下拉列表框中提供了 3 种添加图片的方式,如图 4.104 所示。

(1) 插入本地图片。在下拉列表框中单击"本地图片"按钮,打开"输入图片"对话框,根据图片保存的位置将计算机上的图片文件添加到幻灯片中。

(2) 分页插图。分页插图可以快速实现批量添加图片的过程。单击"分页插图"按钮,打开"分页插入图片"对话框,在计算机上找到想要批量添加的图片全部选中,单击"打开"按钮,可以在创建多张新幻灯片的同时为每张幻灯片都插入一张图片,如图 4.105 所示。

(3) 插入手机图片。WPS 还支持插入手机图片的功能,单击"手机传图"按钮,打开"插

图 4.104　图片的添加方式

图 4.105　"分页插入图片"对话框

入手机图片"对话框。用手机微信扫描二维码连接手机,在手机中选择图片后,对话框会显示图片预览图标,双击图片预览图标可将其插入幻灯片中。

　　4) 插入表格对象

　　在演示文稿中,可直接向幻灯片中插入表格,也可在带有表格占位符版式的幻灯片中插入表格。

（1）在带表格版式的幻灯片中插入表格。以"标题与内容"版式的幻灯片为例，单击"单击此处添加文本"占位符中的"插入表格"按钮，弹出"插入表格"对话框，如图 4.106 所示，输入列数和行数，单击"确定"按钮即可插入。

（2）直接插入表格。选定要插入表格的幻灯片，打开"插入"选项卡，单击"表格"下拉按钮，在弹出的下拉列表框中有 3 种插入表格的方法，如图 4.107 所示。

① 虚拟表格。拖动鼠标左键在虚拟表格上面选中行和列，会在幻灯片中自动生成表格。

② "插入表格"按钮。单击"插入表格"按钮会打开图 4.106 中的"插入表格"对话框，输入行数和列数，单击"确定"按钮即可。

③ "插入内容型表格"选项。在"插入内容型表格"的滚动列表框中提供了预设格式和内容的表格，单击其中一种即可添加表格，用户只需要输入内容。

图 4.106　"插入表格"对话框

插入表格以后，在选项卡区域会新增"表格工具"和"表格样式"选项卡。通过"表格工具"选项卡的功能按钮可以对表格的行、列、单元格、文本的格式进行设置和修改，借助"表格样式"可以对表格的边框、填充、颜色进行设计和调整。

5）插入图表对象

有时使用图表比文字能更直观地描述数据，而且它可以详细地表达数据的变化信息，帮助用户分析数据。如果幻灯片的内容涉及大量数据，就可以利用图表直观明了地表示数据的特点。

单击"插入"选项卡的"图表"按钮，会弹出"插入图表"对话框，如图 4.108 所示。左侧选项卡展示了各种常见的图表类型，选择其中一种图表，单击"插入"按钮，会在幻灯片中自动插入图表，并新增"图表工具"选项卡。

单击"编辑数据"按钮，会自动启动 WPS 表格应用程序。在该电子表格中输入相应数

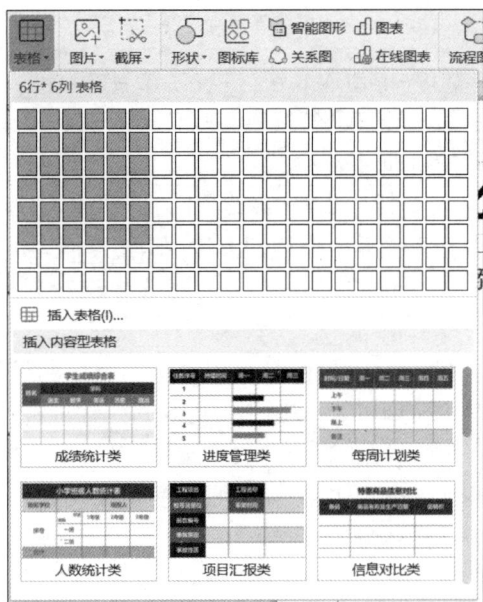

图 4.107 添加表格

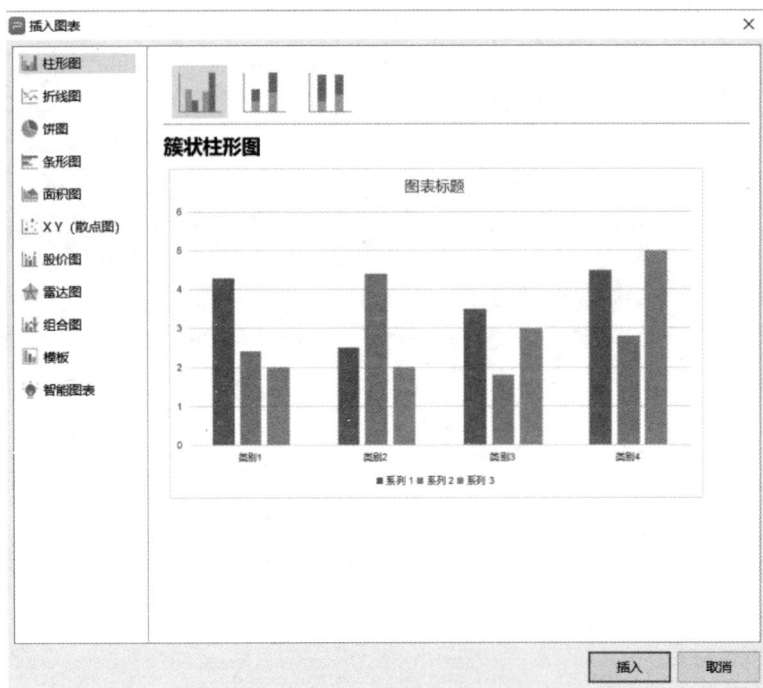

图 4.108 "插入图表"对话框

据,即可把根据这些数据生成的图表插入幻灯片中,如图 4.109 所示。

另外,利用"图表工具"选项卡还可以为表格添加元素,调整表格的布局、颜色,更改表格类型,设置表格的样式等。

6)插入智能图形对象

为了描述事情发生的流程,事物之间的关系等,有时需要在幻灯片中使用一些组织结构

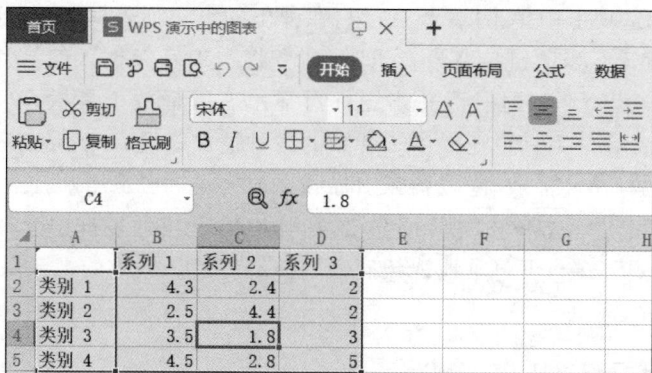

图 4.109　数据编辑

图、流程图,WPS 演示提供的智能图形功能可以快速插入流程图等智能图形,以提高工作效率。

　　单击"插入"选项卡中的"智能图形"按钮,打开"选择智能图形"对话框,左侧选项卡可以看到智能图形的类型。在"列表"选项卡的列表框中选择"堆叠列表",如图 4.110 所示。

　　接下来可以在插入的智能图形中输入文字,此时在选项卡区域会新增"设计"和"格式"选项卡,可以为智能图形增加或删除项目、升级或降级项目、更改项目的颜色和布局、设置文本和项目的大小等。

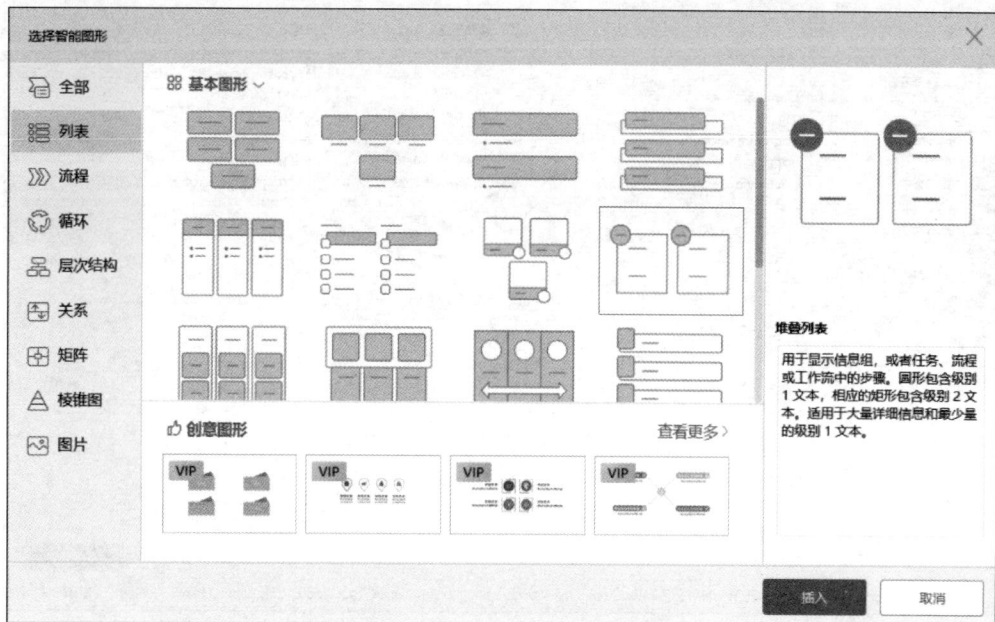

图 4.110　"选择智能图形"选项卡

7) 插入艺术字、音视频对象

　　除了组成幻灯片的基本对象外,还可以在幻灯片中添加艺术字、音频、视频等多媒体对象。

　　(1) 打开"插入"选项卡,单击"艺术字"下拉按钮,在弹出的下拉列表框中选定预设样式的艺术字即可插入;艺术字的样式可以通过"文本工具"选项卡的各种功能进行修改。

（2）在"插入"选项卡中单击"音频"按钮,在弹出的下拉列表框中可选择"嵌入音频""链接到音频""嵌入背景音乐""链接背景音乐"等命令将本地音频插入幻灯片。将音频插入幻灯片后,幻灯片中会显示音频图标,单击图标可显示音频播放工具栏,单击工具栏中的"播放"按钮即可播放音频。工具栏还提供了音频的各种播放设置,如音量、淡入淡出效果、播放开始方式、跨页播放/循环播放、隐藏音频图标和播放完返回开头等。

（3）在"插入"选项卡中单击"视频"按钮,在弹出的下拉列表框中选择"嵌入本地视频"或"链接到本地视频"命令,可将本地视频插入当前幻灯片。嵌入的视频保存在演示文档中,链接的视频保存在视频原位置。

4.3.2 设置幻灯片外观

为幻灯片应用不同的设计方案,可以增强演示文稿的表现力。WPS演示提供大量的内置方案可供选择,必要时还可以自己设计背景颜色、字体搭配及其他展示效果。

1. 应用设计方案

在"设计"选项卡中单击"更多设计"按钮,在弹出的下拉列表框中可以看到多种在线设计方案,在其中选择一种主题即可;也可以单击"导入模板"按钮,在打开的"应用设计模板"对话框中找到自定义主题进行应用,如图4.111所示。

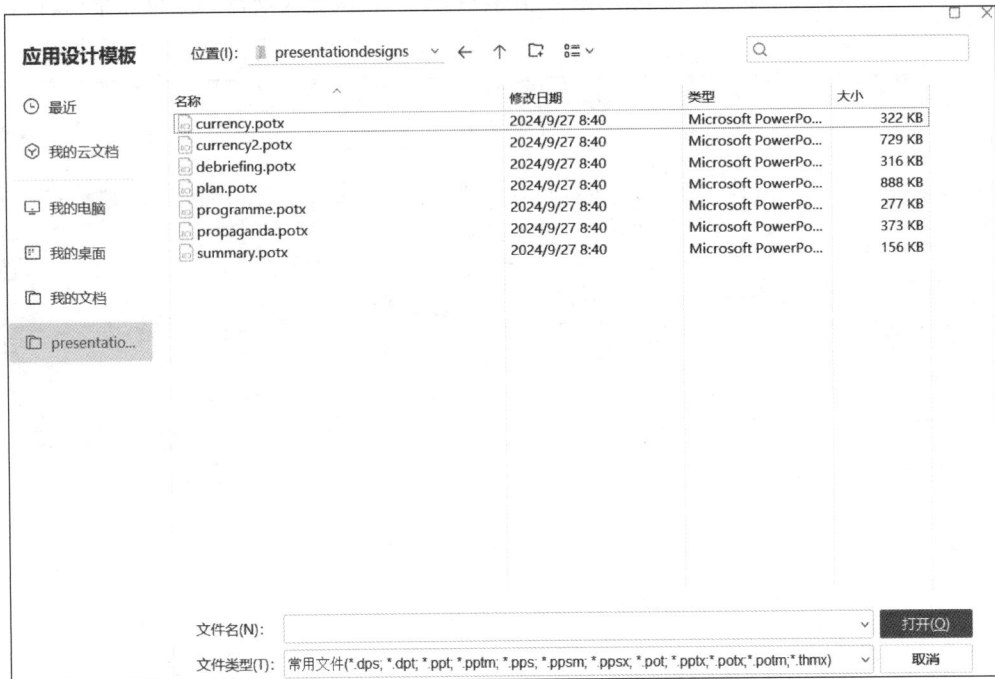

图 4.111　在线设计方案

2. 幻灯片背景设置

在演示文稿中,没有应用设计方案的幻灯片背景默认是白色的,为了增加演示文稿的色彩,丰富幻灯片的视觉效果,可以为幻灯片设置背景颜色,其具体操作如下。

单击"设计"选项卡中的"背景"按钮,打开"对象属性"任务窗格,在"填充"栏中有4种选项,分别是纯色填充、渐变填充、图片或纹理填充、图案填充等。

（1）单击"纯色填充"选项，在颜色列表中可以直接应用主题颜色和标准色，也可以单击"更多颜色"选项打开"颜色"对话框，在"自定义"选项卡中分别设置红色、绿色、蓝色的具体数值，拖动"透明度"滑块可以重新调整颜色。

如果想将颜色应用到所有幻灯片，可以直接单击"全部应用"按钮。

（2）单击"渐变填充"选项，可以设置渐变样式，如线性、射线、矩形、路径，调整渐变的角度，通过增加或删除渐变光圈来改变不同位置的颜色，并增加渐变光圈的颜色、位置、透明度和亮度，适合用于更加复杂的颜色搭配。

（3）单击"图片或纹理填充"选项，在"图片填充"下拉列表框中可以选择"本地文件""剪贴板""在线文件"命令，将下载的本地图片和线上图片作为幻灯片的背景；在"纹理填充"下拉列表框中也可以选择软件提供的 24 种预设图片，通过"放置方式"来选择图片在幻灯片上平铺或拉伸，调整水平方向和垂直方向上的偏移量、缩放比例、对齐方式、镜像类型可以设置图片的效果和在幻灯片上的位置，如图 4.112 所示。

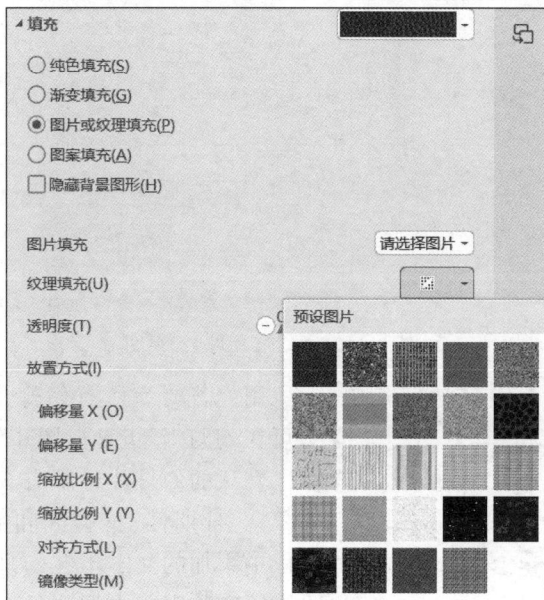

图 4.112　图片或纹理填充

（4）单击"图案填充"选项，在下方的列表框中提供了很多类型的图案，并且允许分别设置前景图案的颜色与背景颜色。如果使用的幻灯片模板上自带背景，也可以通过"隐藏背景图形"选项使原有背景消失。

3. 幻灯片母版设计

幻灯片母版用于定义演示文稿中标题幻灯片及正文幻灯片的布局样式，如统一的标志、背景、占位符格式和各级标题文本的格式等。设计幻灯片母版实际上就是在母版视图下设置文本格式、项目符号、配色方案、页眉页脚等，并将其应用到全部幻灯片中。

幻灯片母版中包括母版幻灯片、标题幻灯片和版式幻灯片 3 个类型。

（1）母版幻灯片：默认为第 1 张幻灯片，可称为通用幻灯片，在其中设置的效果将应用到下方的所有幻灯片中。

（2）标题幻灯片：默认为第 2 张幻灯片，用于设置演示文稿中标题幻灯片的布局、结构、格式等。

（3）版式幻灯片：版式幻灯片的设置只对该版式的幻灯片有效,如设置"标题和内容"幻灯片,则只对"标题和内容"版式的幻灯片起作用。

打开"设计"选项卡,单击"编辑模板"按钮,或者打开"视图"选项卡,单击"幻灯片母版"按钮,这两种方式都可以进入"幻灯片母版"视图,如图 4.113 所示,同时屏幕上显示"幻灯片母版"选项卡。

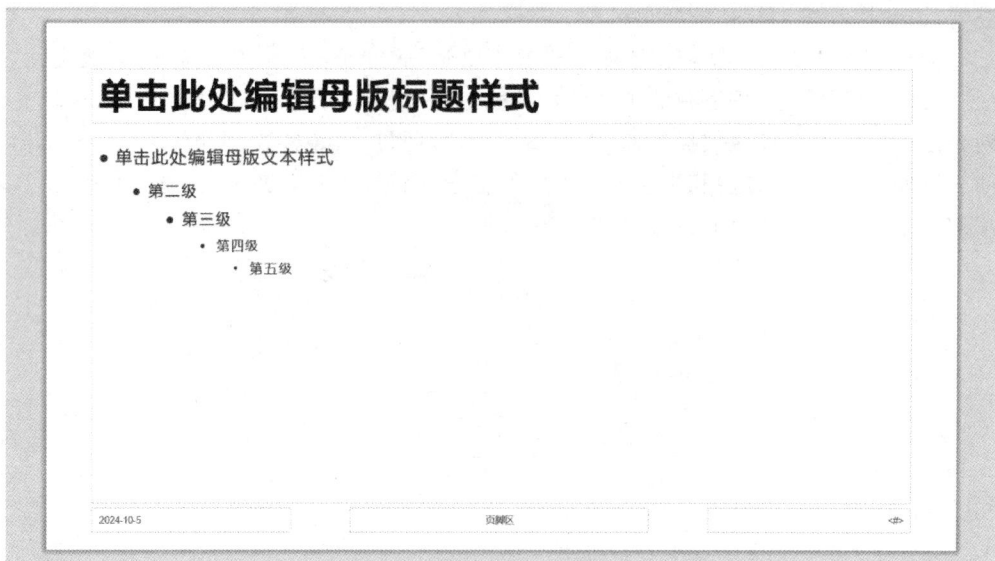

图 4.113　"幻灯片母版"视图

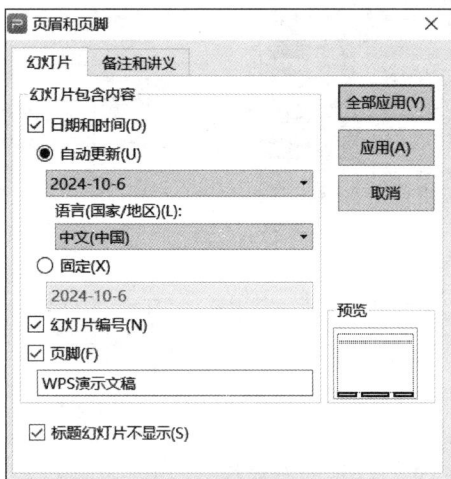

图 4.114　"页眉和页脚"对话框

用户若要为所有幻灯片应用统一的背景,那么可在幻灯片母版视图中进行相应的设置和修改。默认的幻灯片母版有 5 个占位符,即标题区、对象区、日期区、页脚区和数字区。在标题区、对象区中添加的文本不在幻灯片中显示,在日期区、页脚区和数字区中添加的文本会给基于此母版的所有幻灯片添加这些文本。

以设置页脚为例,选择母版幻灯片,单击"插入"选项卡中的"页眉和页脚"按钮。打开"页眉和页脚"对话框,在"幻灯片"选项卡的"幻灯片包含内容"栏中选中"日期和时间""幻灯片编号""页脚"复选框,在"页脚"复选框下方的文本框中输入相关文本,然后选中"标题幻灯片不显示"复选框,最后单击"全部应用"按钮,如图 4.114 所示。

全部修改完成后单击"幻灯片母版"选项卡中的"关闭"按钮退出。

4.3.3　动画效果和动作设置

为了使幻灯片放映时引人注目,更具视觉效果,在 WPS 演示文稿中可以给幻灯片本身,以及幻灯片中的文本、图形、图表及其他对象添加动画效果、超链接和声音。

1. 动画设置

用户可以利用动画设置,为幻灯片内的文本、图片、艺术字、智能图形、形状等对象设置动画效果,使幻灯片的播放更具吸引力。

对象的动画效果分为进入、强调、退出和动作路径 4 种类型:进入动画指对象出现在幻灯片中的过程动画效果,强调动画指对象出现后在幻灯片中的显示动画效果,退出动画指对象从幻灯片中消失的过程动画效果,动作路径指对象按指定轨迹运动的动画效果。

1) 添加单个动画

选中需要设置动画的对象,切换到"动画"选项卡,单击"动画样式"右边的下拉按钮,如图 4.115 所示,在弹出的下拉列表框中单击所需要的动画样式就可以为对象添加该动画,此时幻灯片会自动展示动画预览。

如果当前没有符合要求的动画,单击"更多选项"下拉按钮则可展开每种动画的列表以供选择。

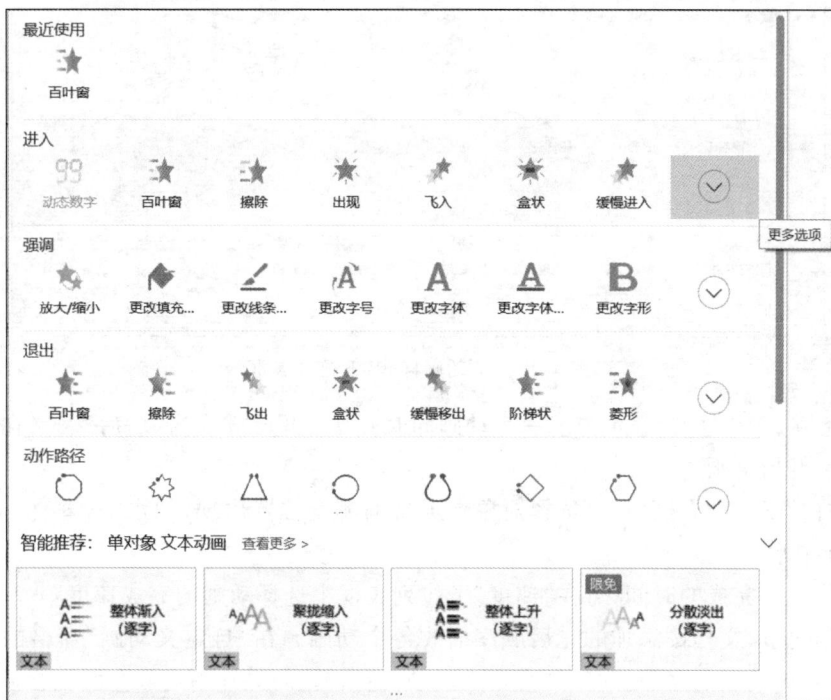

图 4.115 "动画样式"下拉列表框

2) 为一个对象添加多个动画

选中需要设置动画的对象,在"动画"选项卡中单击"自定义动画"按钮,弹出"自定义动画"窗格。单击"添加效果"下拉按钮,打开"动画样式"的下拉列表框,如图 4.116 所示,在其中选择任意一种动画效果进行添加。单击下方"播放"按钮,即可重复预览动画。

3) 动画效果的设置

在"自定义动画"窗格中,可以对动画效果进行更加详细的设置。

在"开始"下拉列表框中,可选择动画的开始方式。开始方式为"单击时"表示单击开始

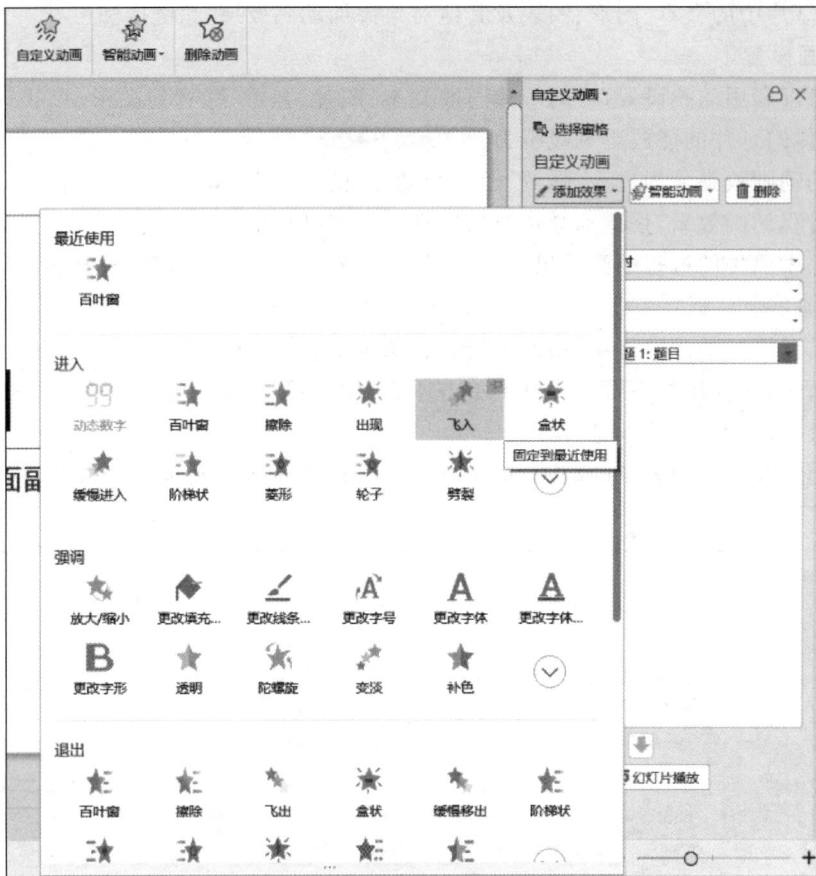

图 4.116 "动画样式"下拉列表框

动画；开始方式为"之前"表示与上一个动画同时开始；开始方式为"之后"表示在上一个动画结束之后开始动画。

在"方向"下拉列表框中，可选择对象在屏幕的哪个位置出现，如水平、垂直、自左侧、自右侧、自顶部等。

速度指动画完成的时间，可在"速度"下拉列表框中选择动画的完成速度。

默认情况下，文档按添加的先后顺序播放各个动画。在"自定义动画"窗格的顺序列表中，可看到各个动画的序号。打开"自定义动画"窗格时，幻灯片中对象左侧也会显示动画的序号。动画的序号越小，越先播放。在"自定义动画"窗格的顺序列表中可单击选中动画，然后单击列表下方"向上"或"向下"按钮调整动画的先后顺序；也可在列表中上下拖动动画来调整顺序，如图 4.117 所示。

除此之外，在动画对应的下拉列表框中，单击"动画效果"按钮可以打开"百叶窗"对话框，在"效果"选项卡也可以对其方向、声音、动画播放后、动画文本等进行设置，如图 4.118(a) 所示。

在"计时"选项卡中可对动画的时间进行详细设置：延迟是指动画开始前的延时秒数；速度是指动画将要运行的持续时间，如图 4.118(b) 所示。

在"自定义动画"窗格的顺序列表中，单击对象，然后单击"删除"按钮，可删除动画效果。

或者右击顺序列表中的对象,然后在弹出的快捷菜单中选择"删除"命令来删除动画效果。

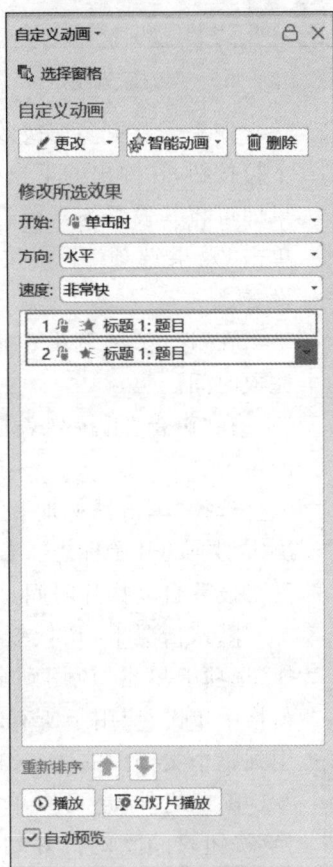

图 4.117 效果选项

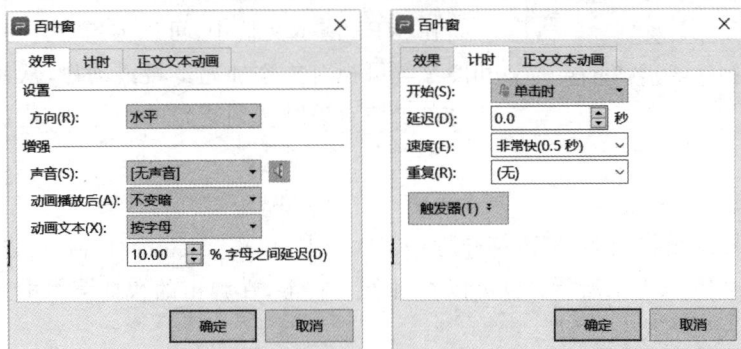

| (a)"效果"选项卡 | (b)"计时"选项卡 |

图 4.118 "百叶窗"对话框

2. 幻灯片切换

切换效果是指幻灯片放映时切换幻灯片的特殊效果。

在幻灯片浏览视图或普通视图中,选择要添加切换效果的幻灯片,如果要选中多张幻灯片可以按住 Ctrl 键进行选择。在"切换"选项卡中可设置幻灯片切换效果,如图 4.119 所示。

图 4.119 "切换"选项卡

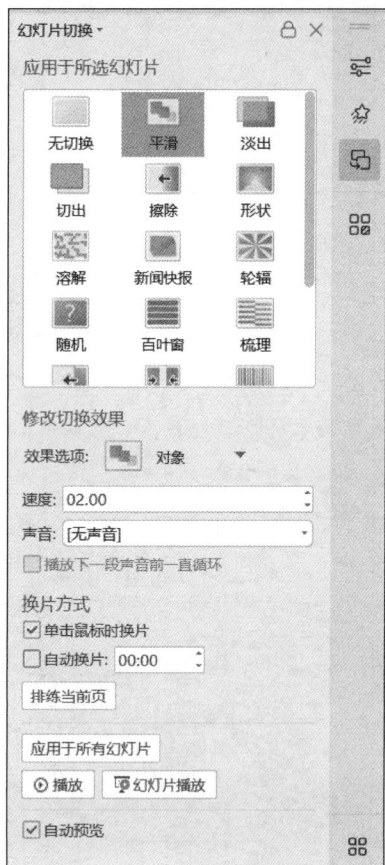

图 4.120 "幻灯片切换"窗格

如果需要更多切换效果,可以单击列表框右下角的下拉按钮,在弹出的下拉列表框中单击所需要的切换效果即可将其设置为当前幻灯片的切换效果。并且,可以单击"效果选项"下拉按钮对切换效果进行更详细的设置。

在"速度"微调框中输入时间参数可以决定切换的完成时间。

在"声音"下拉列表框中可以选择切换发生时伴随的声音。

选择"单击鼠标时换片"或"自动换片"复选框可以决定切换的开始标志。若选中了"自动换片"复选框,则需要设置自动换片时间。

默认情况下,切换效果应用于当前幻灯片。在"切换"选项卡单击"应用到全部"按钮,或在"幻灯片切换"窗格中单击"应用于所有幻灯片"按钮,可将切换效果应用到整个文档中的所有幻灯片。

除此之外,还可以单击右侧工具栏中的"幻灯片切换"按钮,打开"幻灯片切换"窗格。在该窗格中也可以对幻灯片的切换效果进行进一步设置,如图 4.120 所示。

3. 超链接和动作设置

在 WPS 演示文稿中,可以为幻灯片中的文本、图形和图片等可视对象添加超链接或动作,从而在幻灯片放映时单击该对象跳转到指定的幻灯片,增加演示文稿的交互性。

1)超链接

先选中要插入超链接的对象,打开"插入"选项卡,单击"超链接"按钮,可以打开"插入超链接"对话框,如图 4.121 所示;也可以在对象上右击,在弹出的快捷菜单中选择"超链接"命令,打开"插入超链接"对话框。

在左侧的"链接到"列表中选择链接的目标,即可为对象添加跳转到该目标的超链接。

(1)原有文件或网页:超链接到本文档以外的文件或某个网页。

(2)本文档中的位置:超链接到"请选择文档中的位置"列表框中所选定的幻灯片。

(3)电子邮件地址:超链接到某个邮箱地址,如 supportteacher@163.com 等。

超链接对象有默认的超链接颜色、已访问超链接颜色和下画线,若是想修改超链接的样式,可以单击"插入超链接"对话框左下角的"超链接颜色"按钮,打开"超链接颜色"对话框重新选择。

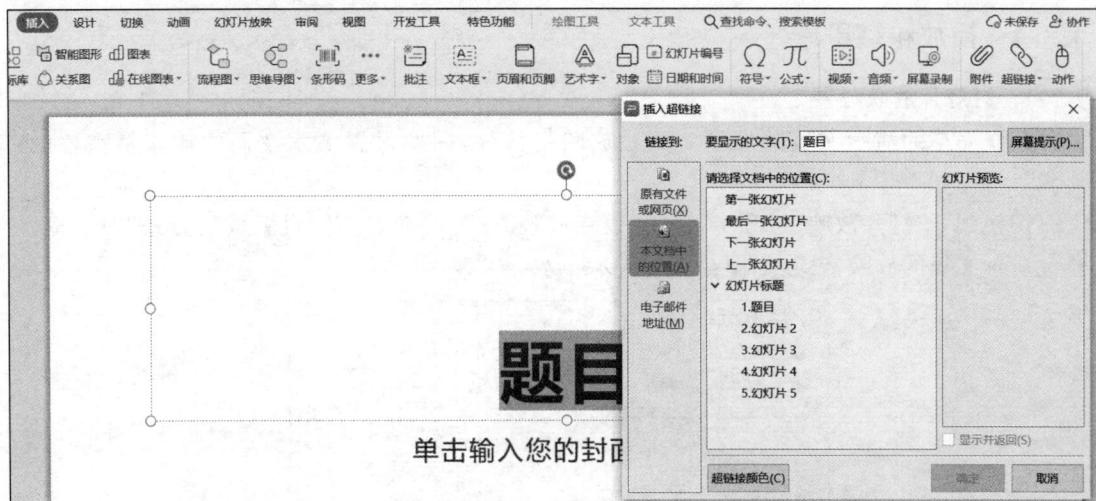

图 4.121 "插入超链接"对话框

当用户对设置的超链接不满意时,可以通过编辑、删除超链接来修改或更新。选中超链接对象右击,在弹出的快捷菜单中选择"超链接"的级联菜单中的"编辑超链接""取消超链接"等命令进行编辑和删除。

2) 动作设置

动作是由鼠标操作决定的另一种链接形式。

先选中要设置动作的对象,在"插入"选项卡单击"动作"按钮,可以打开"动作设置"对话框,在其中设置单击鼠标时的动作,然后单击"确定"按钮关闭对话框,如图 4.122 所示。

或者选择要插入动作按钮的幻灯片,打开"插入"选项卡,单击"形状"下拉按钮,在弹出的下拉列表框中单击"动作按钮"的图形,如图 4.123 所示。这时鼠标变为"+"形状,拖动鼠标画出动作按钮,也会弹出如图 4.122 所示的"动作设置"对话框,其余的操作相同。

图 4.122 "动作设置"对话框

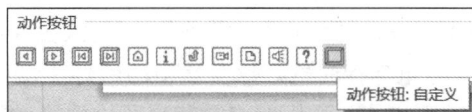

图 4.123 动作按钮

4.3.4 播放和打印

1. 幻灯片放映设置

制作完毕的演示文稿的展示方式是放映幻灯片,因此设置演示文稿的放映是重要的步骤。

切换到"幻灯片放映"选项卡,单击"设置放映方式"按钮,打开"设置放映方式"对话框,修改演示文稿的放映格式,如图4.124所示。

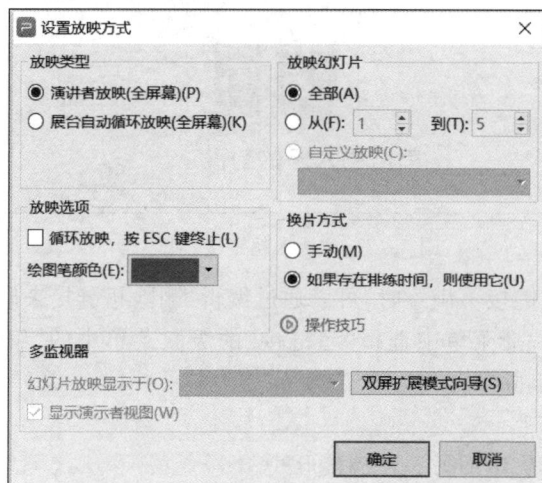

图 4.124 "设置放映方式"对话框

(1) 设置放映类型。在"设置放映方式"对话框的"放映类型"框中,可以选中"演讲者放映(全屏幕)"或"展台自动循环放映(全屏幕)"单选按钮。"演讲者放映(全屏幕)"为默认放映类型,由演讲者手动播放幻灯片;"展台自动循环放映(全屏幕)"为自动播放,演讲者不能手动切换幻灯片。

在"放映幻灯片"框中可设置播放哪些幻灯片,默认为播放全部幻灯片,也可设置播放的幻灯片页码,或者按自定义放映序列播放。

以自定义放映为例,自定义的放映序列可包含演示文稿中的部分或全部幻灯片,幻灯片的播放顺序可以按需要排列。

(2) 单击"幻灯片放映"选项卡的"自定义放映"按钮,可打开"自定义放映"对话框,单击"新建"按钮可打开"定义自定义放映"对话框,自左边选择部分幻灯片添加到右侧自定义放映的幻灯片列表,单击"确定"按钮后创建放映序列,如图4.125所示。

此时,在对话框的"自定义放映"列表中会列出已定义的放映序列,选中序列后单击"编辑"按钮修改放映序列。单击"删除"按钮可删除选中的放映序列。单击"复制"按钮可复制选中的放映序列。

(3) 单击"幻灯片放映"选项卡的"从头开始"按钮,或按F5键,可从第1张幻灯片开始放映。将鼠标指向幻灯片窗格中的幻灯片,单击状态栏的"放映"按钮、"从当前开始"按钮或按Shift+F5键,可从当前幻灯片开始放映,如图4.126所示。

演示文稿播放完后,会自动退出放映状态,返回WPS演示普通视图的编辑状态。如果希望在演示文稿放映过程中停止播放,有以下两种方法。

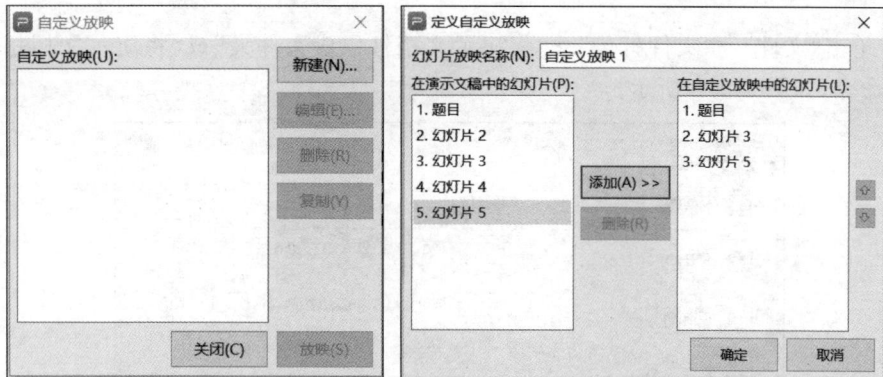

图 4.125 "自定义放映"对话框和"定义自定义放映"对话框

图 4.126 放映方式

① 在幻灯片放映过程中右击,在弹出的快捷菜单中选择"结束放映"命令。

② 如果幻灯片的放映方式设置为"循环放映",则可按 Esc 键退出放映。

(4) 使用排练计时。排练计时可记录每张幻灯片的放映时间。

单击"幻灯片放映"选项卡的"排练计时"按钮或单击"排练计时"下拉按钮,在弹出的下拉列表框中选择"排练全部"命令,可从第 1 张幻灯片开始排练全部幻灯片,在弹出的下拉列表框中选择"排练当前页"命令,则只排练当前幻灯片。

在幻灯片结束放映时,会显示"WPS 演示"对话框,提示是否保留新的幻灯片排练时间,如图 4.127 所示。单击"是"按钮可保存排练时间。

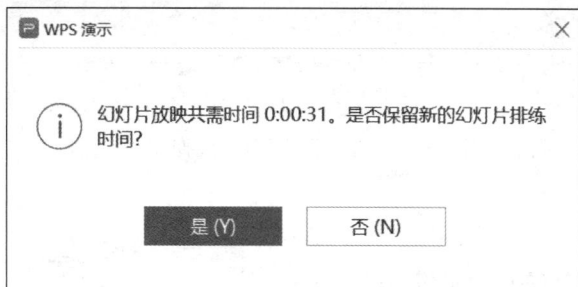

图 4.127 "WPS 演示"对话框

2. 演示文稿的输出和打印

演示文稿制作完成后,为了在没有安装 WPS 软件的环境能够播放,WPS 演示提供了多种方案。

1) 打包演示文稿

打包演示文稿就是把演示文稿打包成一个文件夹,把整个文件夹转移到其他没有安装 WPS 软件的计算机上也能被打开。按照下列步骤可通过文件打包在另一台计算机上进行幻灯片放映。具体操作步骤如下。

(1) 打开要打包的演示文稿,如果正在处理尚未保存的新演示文稿,先保存该演示文稿。

（2）单击"文件"→"文件打包"→"将演示文档打包成文件夹"或"将演示文档打包成压缩文件"命令，如图 4.128 所示。

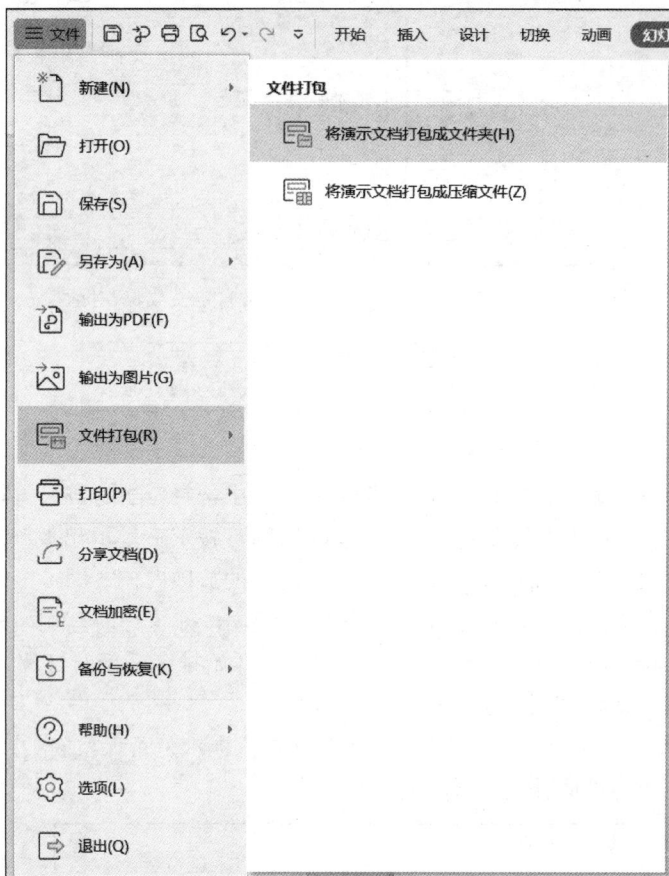

图 4.128　文件打包菜单

（3）打开"演示文件打包"对话框，单击"确定"按钮，弹出"已完成打包"对话框，如图 4.129 所示。

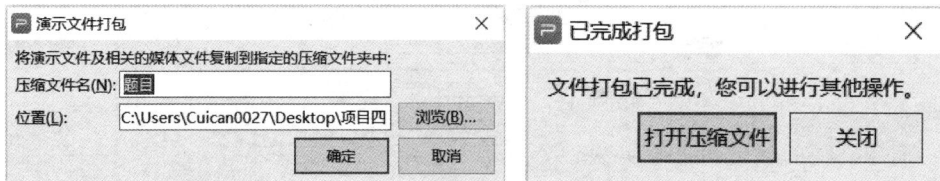

图 4.129　"演示文件打包"对话框和"已完成打包"对话框

2）打印演示文稿

在打印演示文稿之前，应先进行幻灯片大小设置工作。

幻灯片大小设置。打开"设计"选项卡，单击"幻灯片大小"→"自定义大小"命令，弹出"页面设置"对话框，如图 4.130 所示。在该对话框中，可设置幻灯片大小，分别针对幻灯片、备注、讲义和大纲设置打印方向，单击"确定"按钮，设置完毕。

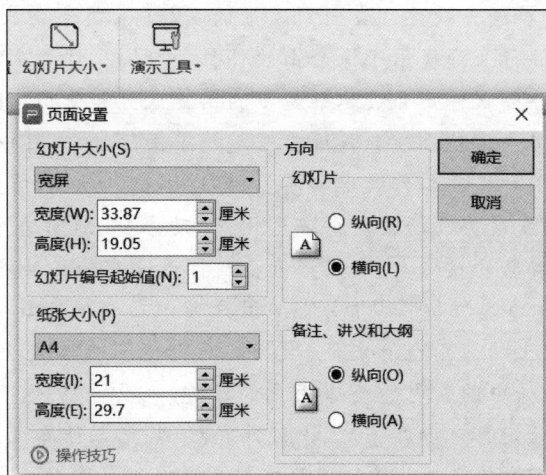

图 4.130 "页面设置"对话框

小结

WPS 办公软件是中国金山软件公司(简称金山公司)开发的一款办公软件套装,主要包括 WPS 文字、WPS 表格和 WPS 演示 3 个模块,功能丰富实用,可以满足用户在学习和办公场合的各种需求。

本章首先详细介绍了 WPS 文字的使用方法,包括文字的基本操作、版面设计、表格的制作和处理、图文混排、模板与样式的使用等内容;然后对 WPS 表格的基本操作进行了介绍,如编辑数据与设置格式的方法,公式和函数的使用,图表的制作与美化,数据的排序、筛选与分类汇总等内容;最后介绍了 WPS 演示文稿的制作、动画设计、母版制作和使用、演示文稿放映和导出等内容。文中详细介绍了 3 个模块的操作和常用文档的完整制作过程,读者可以跟随教材学习和操作。

📖 思政阅读材料

中国办公软件的发展

软件是新一代信息技术的核心和灵魂。改革开放 40 年来,我国软件和信息服务业从无到有,从小到大,其发展史就是一部波澜壮阔的创新史。办公软件作为重要的基础软件之一,见证了我国改革开放以来软件行业的发展历程。

在 20 世纪 80 年代,国内办公软件开始起步。1989 年,WPS 的问世标志着中国软件产业的一个重要里程碑,填补了中文办公软件的空白,成为国内办公软件的先驱。20 世纪 90 年代,随着微软公司的微软 Microsoft Office 的进入,国内办公软件面临巨大挑战。WPS 在与微软的兼容问题和市场竞争中遭遇困境,但依然坚持自主研发和创新。

为鼓励软件行业的发展,国家有关部门先后颁布了一系列优惠政策,营造了行业发展的优良政策环境,基础办公软件作为软件的基础部分也从中受益,快速走上了产业化、规模化的发展道路。2001 年,我国修订了著作权法,公布了《计算机软件保护条例》,加强打击盗版侵权的力度,同时推动了从操作系统到应用软件的整体规划,特别是针对办公软件,国家在政务采购中开始积极支持国产软件。在国家政策的支持下,软件企业的核心技术自主创新能力不断提升,国内软件行业涌现出了像金山软件、永中科技、红旗贰仟、中标普华等优秀的软件厂商,他们开发的办公软件产品被越来越多的用户认可和使用。随着技术的不断进步,国产办公软件在功能、用户体验上逐渐接近甚至超越了国际水平,可以很好地满足用户日常办公学习的需求,帮助用户提高工作效率和质量,实现办公自动化、智能化。

随着移动互联网的发展办公场景变得多元化,移动办公、随时办公、快捷办公的需求增加,移动化成为办公人群新的核心需求,国产办公软件迅速布局移动端,并结合云计算技术,提供了更加稳定和高效的远程协作功能,使得用户可以在任何地点、任何时间进行高效办公。云计算在办公软件上的应用也使文件、数据的存储变得更加安全。2011 年 WPS 推出 WPS 移动版,赢得了包括中国在内的全球用户的欢迎。此后,WPS 移动版不断发展,与桌面平台版本深度融合,让用户可以在手机、平板计算机、笔记本计算机间随意切换使用,随时随地进行办公,这是 WPS 在移动办公领域具有里程碑意义的事件。

近年来,人工智能技术的发展又为办公软件带来了新的变革,国产办公软件开始集成 AI 技术。2023 年 7 月 6 日,世界人工智能大会期间,金山办公正式推出了基于大语言模型的智能办公助手 WPS AI,能够从内容创作(AIGC)、智慧助手(Copilot)和知识洞察(Insight)3 方面为用户提供帮助。未来人工智能将深度融入办公软件的各个功能,实现更智能的文档创作、内容理解、数据分析等,大大提高办公效率和决策的科学性,能够理解并预测用户需求,提供个性化的办公体验,同时确保数据安全和高效的团队协作。

习题 4

一、单项选择题

1. 小王计划邀请 30 家客户参加答谢会,并为客户发送邀请函。快速制作 30 份邀请函的最优操作方法是_____。

    A. 发动同事帮忙制作邀请函,每个人写几份

    B. 利用 WPS 文字的邮件合并功能自动生成

    C. 先制作好一份邀请函,然后复印 30 份,在每份上添加客户名称

    D. 先在 WPS 文字中制作一份邀请函,通过复制、粘贴功能生成 30 份,然后分别添加客户名称

2. 在 WPS 文字文档中,不可直接操作的是_____。

    A. 插入视频   B. 插入 WPS 表格图表

    C. 插入智能图形   D. 屏幕截图

3. 某公司需要统计各类商品的全年销量冠军。在 WPS 表格中,最优的操作方法是_____。

    A. 在销量表中直接找到每类商品的销量冠军,并用特殊的颜色标记

    B. 分别对每类商品的销量进行排序,将销量冠军用特殊的颜色标记

    C. 通过自动筛选功能,分别找出每类商品的销量冠军,并用特殊的颜色标记

    D. 通过设置条件格式,分别标出每类商品的销量冠军

4. WPS 表格中,要想把 A1 和 B1 单元格,A2 和 B2 单元格,A3 和 B3 单元格合并为

3 个单元格,最快捷的操作方法是_____。

      A. 使用合并单元格命令　　　　　　B. 使用合并居中命令

      C. 使用多行合并命令　　　　　　　D. 使用按行合并命令

  5. 在播放演示文稿时,希望幻灯片上的文字、图片以多种动画方式出现,可以通过_____来实现。

      A. 自定义动画　　　　B. 页面设置　　　　C. 超链接　　　　　D. 幻灯片放映

  6. 在 WPS 演示中,若要为一张图片添加超链接,链接到该文档的第 8 张幻灯片,则执行超链接命令后,应先选择_____操作。

      A. 链接到原有文件或网页　　　　　B. 链接到新建文档

      C. 链接到本文档中的位置　　　　　D. 链接到电子邮件地址

  二、判断题

  1. 设置文字的字体、字号和颜色要从段落工具栏中找到对应的按钮。　　　　　　(　　)

  2. 把一篇文章中的"地球"全部替换为"我们的地球",需要在"替换"选项卡"查找内容"文本框中输入"地球",在"替换为"文本框中输入"我们的地球",单击"全部替换"按钮。

                                                        (　　)

  3. Average(A1:B4)是指求 A1 和 B4 单元格的平均值。　　　　　　　　　(　　)

  4. WPS 表格的筛选是把符合条件的记录保留,不符合条件的记录删除。　　　(　　)

  5. WPS 演示中,插入的声音文件只能播放一次。　　　　　　　　　　　(　　)

  6. WPS 演示中,使用模板可以为幻灯片设置统一的外观样式。　　　　　　(　　)

  三、填空题

  1. 对于已经命名的文档,为防止突然掉电丢失新输入的信息,应经常执行_____操作。

  2. 在 WPS 文字中,更改文字方向应找_____选项卡。

  3. 在进行自动分类汇总之前,必须对数据进行_____。

  4. 在 WPS 表格中,进行绝对地址引用时,在行号和列号前要加_____符号。

  5. 可以在 WPS 演示同一窗口显示多张幻灯片,并在幻灯片下方显示编号的视图是_____。

  6. 如要终止幻灯片的放映,返回编辑状态可直接按_____键。

  四、简答题

  1. 在 WPS 文字中插入图片除默认的版式是"嵌入型"外,还有哪些版式?

  2. 在 WPS 表格中,使用什么功能可以将数据可视化呈现?

  3. 什么是演示文稿的母版?使用母版有什么作用?

第5章 计算机网络基础与应用

本章学习目标

- 了解计算机网络的发展历程。
- 掌握计算机网络的定义、功能及分类。
- 理解 OSI 参考模型及 TCP/IP。
- 理解 Internet 含义及发展阶段。
- 掌握 IP 地址的基本概念及分类。
- 了解常用的 Internet 服务。
- 熟练掌握无线路由器的使用。

本章首先介绍计算机网络的定义、发展历程及主要功能,从硬件和软件两方面对计算机网络的组成进行阐述,并描述常见的计算机网络分类及依据;其次针对全球最大的计算机网络 Internet,从其发展历程、接入技术及各类服务等方面进行介绍;最后结合实际应用介绍无线网络特别是无线局域网的相关知识及无线路由器的使用方法。

5.1 计算机网络基础

计算机网络是地理位置分散的、具有独立功能的多台计算机及其外部设备,利用通信设备和传输介质互相连接,在相应的网络软件及通信协议的管理和协调下,以实现数据通信和资源共享的计算机系统,如图 5.1 所示。其中,计算机技术和通信技术是计算机网络中的两大核心技术,二者的迅速发展及相互渗透,形成了计算机网络技术。因此,计算机网络是计算机技术与通信技术相结合,实现远程信息处理并达到资源共享的系统。

图 5.1 计算机网络示意图

5.1.1 计算机网络概述

1. 计算机网络的发展历程

计算机网络是计算机技术与通信技术相结合的产物。起初,计算机以单机模式被广泛使用,然而随着计算机的不断发展,人们已不再局限于单机模式,而是将一个个计算机连接在一起,形成一个计算机网络。这样多台计算机连接后就可以实现信息共享,同时物理位置较远的计算机之间也可以即时传递信息。具体而言,计算机网络的发展大致经历了以下4个阶段。

1) 面向终端的计算机网络

20 世纪 50 年代初,美国麻省理工学院林肯实验室为美国空军设计被称为 SAGE 的半自动化地面防空系统,它用通信线路将远程雷达与测量控制设备连接到同一台 IBM 中央计算机上,由计算机进行集中的信息处理,再将处理好的数据通过通信线路送回到各自的终端设备,进而实现分布的防空信息能够集中处理与控制,这就是当今世界首次尝试将计算机技术与通信技术结合到一起。后来,20 世纪 60 年代初,美国航空公司的飞机订票系统(即 SABRE)又一次尝试通过一台中央计算机连接了遍布美国全境的 2000 多台终端设备,从而实现了分时多用户和集中控制处理,以计算机为中心的联机系统就这样产生了。

面向终端的计算机网络特点:以单个主机为中心,面向终端设备的星状网络结构。系统中除了中央计算机具有独立的数据处理功能外,系统中所连接的终端设备均无独立处理数据的功能。存在问题:主机负荷重,线路利用率低。

2) 计算机通信网络

20 世纪 60 年代中期,在美苏冷战期间,美国国防高级研究计划局(Defense Advanced Research Projects Agency,DARPA)提出要研制一种崭新的网络来对付来自苏联的核攻击威胁。于是,1969 年美国国防高级研究计划局资助建立了一个名为 ARPANET(即阿帕网)的网络,该网络当时只有 4 个节点,以电话线路作为主干通信网,把位于洛杉矶的加利福尼亚大学,位于圣芭芭拉的加利福尼亚大学、斯坦福大学,以及位于盐湖城的犹他大学的计算机主机连接起来,这个 ARPANET 就是 Internet 最早的雏形,标志着计算机网络的发展进入了第二代。通信双方都是具有自主处理能力的计算机,而不是终端机,同时网络功能以资源共享为主,而不是以数据通信为主。

此后,ARPANET 的规模不断扩大,到了 20 世纪 70 年代后期,网络节点超过 60 个,主机 100 多台,连通了美国东部和西部的许多大学和研究机构,而且通过通信卫星与夏威夷和欧洲地区的计算机网络互联。由此,ARPANET 成为现代计算机网络诞生的标志,第一个真正意义上的计算机网络诞生。

计算机通信网络特点:采用分组交换技术的计算机网络,网络中的通信双方都是具有自主处理能力的计算机,功能以资源共享为主。存在问题:网络对用户不是透明的。

3) 开放式标准化网络

为了促进网络产品的开发,各大计算机公司纷纷制定自己的网络技术标准。例如,IBM公司首先于 1974 年推出系统网络体系结构(System Network Architecture,SNA),1975 年,DEC 公司提出数字网络体系结构(Digital Network Architecture,DNA),1976 年,UNIVAC公司也宣布了分布式通信体系结构(Distributed Communication Architecture,DCA)。有了网络体系结构,使得一个公司所生产的各种机器和网络设备可以非常容易地被连接起来。但是由于各个公司的网络体系结构是各不相同的,所以不同公司之间的网络不能互联互通。随着社会的发展,需要各种不同体系结构的网络互联,但是由于不同体系的网络很难互联。

　　针对上述情况,国际标准化组织(International Standard Organization,ISO)于 1977 年设立专门的机构研究解决上述问题,不久后提出了一个使各种计算机设备能够互连的标准框架——开放式系统互连参考模型(Open System Interconnection/Reference Model,OSI/RM),简称 OSI。OSI 共 7 层,1984 年正式发布了 OSI,各层的协议被批准为国际标准,给网络的发展提供了一个可共同遵守的规则,使各厂家设备、协议达到全网互联,计算机网络的发展走上了标准化的道路。

　　开放式标准化网络特点:网络体系结构的形成和网络协议的标准化,建立全网统一的通信规则,使计算机网络对用户提供透明服务。

　　4) 面向全球互联的高速计算机网络

　　20 世纪 90 年代初至今都属于第四代计算机网络,自 OSI 参考模型推出后,计算机网络一直沿着标准化的方向发展,而网络标准化的最大体现就是 Internet(因特网)的飞速发展。Internet 的建立将分散在世界各地的计算机和各种网络连接起来,形成了覆盖世界的大网络。随着信息高速公路计划的提出和实施,它将当今世界带入了以网络为核心的信息时代,并成为世界上最大的国际性计算机互联网,计算机的发展已经完全与网络融为一体,计算机网络已经真正进入社会各行各业,为社会各行各业所采用,影响着人们工作生活的各方面。

　　面向全球互联的计算机网络特点:综合化、高速化、智能化和全球化。早期计算机网络是把许多计算机连接在一起。而在第四代互联网(internet)则把许多网络通过路由器等网络设备连接在一起,构成一个覆盖范围更大的计算机网络,即互联网是多个网络的互联。

　　2. 计算机网络的组成

　　按照计算机网络的功能,计算机网络可以划分为通信子网和资源子网两部分,如图 5.2 所示。其中,通信子网是由节点处理机和通信链路组成的一个独立的数据通信系统,提供计算机网络的通信功能。资源子网由主机、终端控制器和终端组成,提供访问网络和处理数据的能力。资源子网中主机负责本地或全网的数据处理,提供各种软硬件资源和网络服务。终端控制器用于把一组终端连入通信子网,并负责控制终端信息的接收和发送。

　　此外,全球最大的计算机网络 Internet 虽然其结构复杂,覆盖全球,但从工作方式上来看,可以分为边缘部分和核心部分两大块。其中,边缘部分是用户直接使用的,由所有连接在 Internet 上的主机组成,也称端系统,主要用于网络访问和资源共享;而核心部分则是由大量网络和连接这些网络的路由器等网络连接设备组成,是 Internet 中最复杂的部分,用于为边缘部分提供连通性和数据交换服务。

　　3. 计算机网络的功能

　　通过计算机网络的发展历程可以看出,计算机网络的功能主要体现在以下 4 方面。

　　(1)资源共享。资源共享是计算机网络的目的,也是计算机网络最核心的功能。可以使网络中各单位的资源互通有无、分工协作,大大提高了系统资源的利用率。共享的资源包括硬件资源、软件资源和数据资源。

　　(2)数据通信。数据传输是计算机网络最基本的功能,是实现其他功能的基础。数据通信主要指完成网络中各个节点之间的通信,包括各个计算机之间、计算机与网络连接设备之间以及各个网络连接设备之间的通信。

　　(3)分布式数据处理。分布式处理是指将分散在各个计算机系统中的资源进行集中控制与管理,从而将复杂的问题交给多个计算机分别同时进行处理,在均衡使用网络资源的同

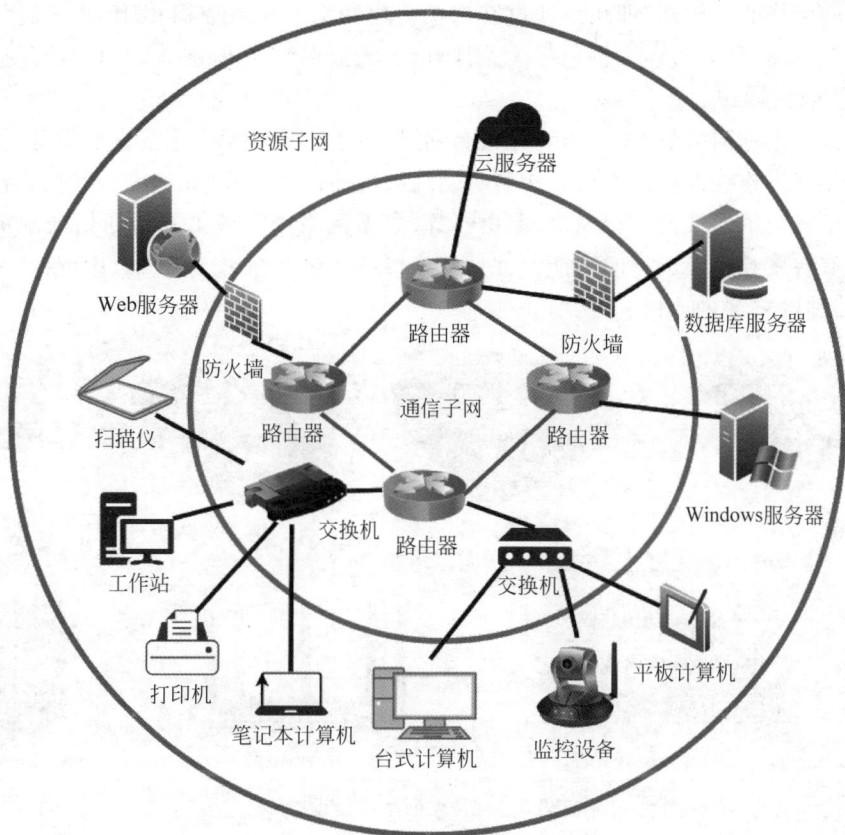

图 5.2　计算机网络的功能组成

时,提高工作效率。

（4）提高系统可靠性。在计算机网络系统中,可以通过结构化和模块化设计将大的、复杂的任务分别交给几台计算机处理,用多台计算机提供冗余,以使其可靠性大大提高。当某台计算机发生故障,不至于影响整个系统中其他计算机的正常工作,使被损坏的数据和信息得到恢复。

5.1.2　计算机网络系统

计算机网络系统由硬件系统和软件系统组成。其中,硬件系统包括主体设备（主机）、连接设备（网络节点）和传输介质（通信链路）三大部分;软件系统包括网络操作系统和应用软件等,网络中的各种协议也以软件形式表现出来。

1. 硬件系统

1）主体设备

计算机网络硬件中的主体设备——主机,也称计算机系统,担负数据处理工作,进行信息的采集、存储和加工处理等具体任务,无关计算机的规模,大型机、小型机、微型机均可。根据其具体功能可进一步分为服务器（中心站）和客户机（工作站）两类。其中,服务器是指提供网络服务和共享资源的主机,其性能通常优于客户机,一般是大型机、小型机等。根据所提供服务的不同,可进一步分为文件服务器、Web 服务器、邮件服务器等。客户机通常是指用户访问网络的工作站,即用户通过客户机使用网络。与服务器相比,客户机配置低、性能指标要求不高,常见的客户机包括个人计算机、笔记本计算机、手机、平板计算机等。

2)连接设备

连接设备也称网络节点,作为计算机与网络的接口,负责网络中信息的发送、鉴别、接收和转发等功能。连接设备的性能直接影响网络的传输性能指标,如速率、延时、丢包率、稳定性等。在局域网中通常使用交换机、路由器等,大型网络中一般由一台通信处理机来担当,还具有存储转发和路径选择的功能。常见的连接设备包括网卡、集线器、中继器、网桥、交换机、路由器和网关等,如图 5.3 所示。

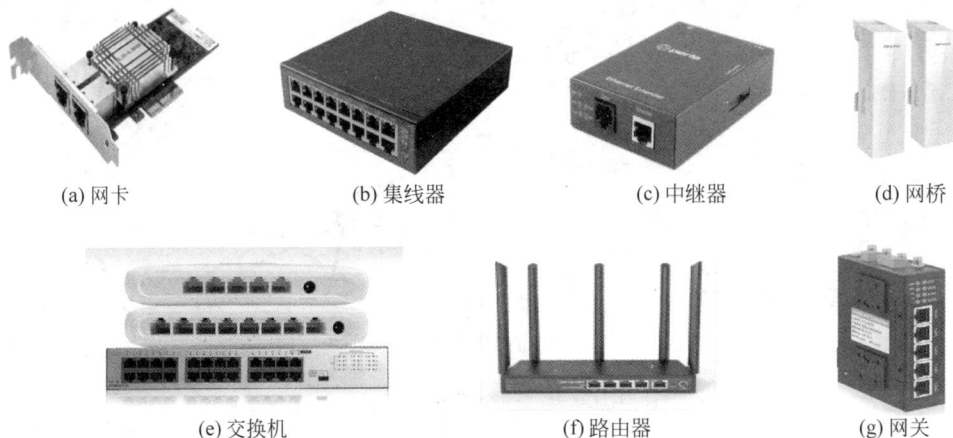

(a) 网卡   (b) 集线器   (c) 中继器   (d) 网桥

(e) 交换机   (f) 路由器   (g) 网关

图 5.3　常见网络连接设备

(1) 网卡。

网卡(Network Interface Controller,NIC)也称网络适配器,是计算机连接到网络的核心硬件设备,是计算机与网络之间进行数据交换的桥梁。如图 5.3 所示,网卡一般插在机器内部的总线槽上,也可以集成在主板上,都有唯一固定的 MAC 地址。网卡接口类型有连接同轴电缆的 BNC 接口和连接双绞线的 RJ45 接口。

网卡作为主机连接网络的节点,负责把主机要向网络传输的数据按照一定的格式转换为网络设备可处理的数据形式,通过网线传送到网络。同时,接收网络传来的数据,并把数据转换为主机可识别和处理的格式,通过计算机总线传输给主机。作为一种物理层和数据链路层的设备,网卡提供网络通信的基础,承担数据缓冲、介质访问控制、主机数据的编解码等功能,减轻主机 CPU 负担。现代网卡通常支持全双工通信,能够同时进行数据的发送和接收,并支持 IPX/SPX、NetBEUI 和 TCP/IP 等多种网络标准和协议。日常使用中,可通过定期更新驱动程序,保持网卡的兼容性。

(2) 集线器。

集线器(Hub)是连接多台计算机或其他设备的连接设备。它是计算机网络发展早期的重要设备,只包含物理层协议,主要提供信号放大和中转的功能,工作在物理层,采用广播式群发。一个集线器上往往有 4 个、8 个或更多的端口,端口彼此相互独立,所有连接在集线器上的主机都共用一条传输通道,共享带宽,各个主机的带宽由对应端口平均分配。

集线器的工作原理相对简单,当端口收到数据时,集线器就会将这个信号放大,然后广播到除接收端口之外的所有其他端口。这种广播方式导致集线器网络中的所有设备都在一个冲突域内,无法隔离冲突域,易造成网络风暴。由于所有连接设备都能收到数据,安全性较差、效率低。当多个设备同时发送数据时,也会发生冲突,需要通过 CSMA/CD(载波侦听多路访问/冲突检测)机制来解决。

(3) 中继器。

中继器是一种用于接收、放大和重新发送信号,以克服信号在传输过程中的衰减问题,进而延长网络传输距离的设备。与集线器类似,中继器也工作在物理层,本质上看可以认为是一个放大器,承担信号的放大和传送任务,增加信号的有效传输距离。中继器通常只有两个端口,可以连接相同或不同的物理媒介。当信号通过传输媒介传输时,会因为各种因素,如电阻、干扰等,而逐渐衰减,中继器接收到该衰减信号后,会对其进行放大和整形,然后重新发送。其处理过程不对信号所携带的信息内容更改,只是增大了信号的强度和质量,即通过简单的信号处理来扩展网络的物理范围。

在计算机网络发展的早期,中继器在扩展以太网范围方面发挥了重要作用。它允许网络超过单一网段的限制,连接更远距离的网络设备。用中继器可以连接两个局域网或延伸一个局域网,它连起来的仍是一个网络,与集线器处于同一协议层次。然而,中继器存在不能隔离冲突域、不能连接不同的网络协议、级联使用时存在延迟累积问题、无法过滤或处理数据等不足,随着计算机网络的发展,其被更先进的设备所取代。在一些旧的网络系统中,中继器仍在使用,以便维持现有的网络结构。此外,一些需要长距离传输,但不需要复杂网络功能的工业环境中,中继器仍不失为一个简单有效的解决方案。

(4) 网桥。

网桥是一种工作在数据链路层的桥接器,用于连接两个局域网的一种存储/转发设备。主要功能包括过滤通信量、扩大物理范围、增加局域网上的工作站的最大数目、提高可靠性等。作为早期的两端口二层网络设备,网桥可将一个大的虚拟局域网(Virtual Local Area Network,VLAN)分割为多个网段,或者将两个以上的局域网(Local Area Network,LAN)互联为一个逻辑 LAN,使得 LAN 上的所有用户都可以访问服务器。

网桥通过接收、存储、地址过滤与转发的方式实现互联网络之间的通信。它可以将一个大的网络划分为多个小的冲突域,每个冲突域都有独立的带宽,从而提高网络的性能和可靠性。网桥的工作过程包括接收帧、检查帧和转发帧 3 部分。首先,网桥接收来自一个局域网的数据帧。其次,检查数据帧的目的地址,如果目的地址属于另一个局域网,网桥就将数据帧转发到该局域网;如果目的地址属于同一个局域网,网桥就丢弃该数据帧。网桥通过地址表记录每个局域网中设备的 MAC 地址和对应的端口信息,以便快速转发数据帧。

网桥能够隔离冲突域,提高网络的带宽利用率和性能。它还可以扩大网络的物理范围,增加局域网上的工作站的最大数目。此外,网桥还可以实现不同物理层网络和传输率网络的互联。但是,网桥在转发数据帧之前需要先进行存储和查找站表,增加了网络时延。当网络负荷较重时,可能因网桥缓冲区的存储空间不够而导致帧丢失。此外,当所连接设备数量较多时会产生较大的广播风暴。

网桥主要用于实现局域网之间的互联。在早期的网络环境中,网桥是连接不同局域网的主要设备之一。然而,随着交换机技术的发展和应用,网桥逐渐被拥有更多端口和功能的交换机所替代。但在某些特定场景下,如连接两个小型局域网时,网桥仍然具有一定的应用价值。

（5）交换机。

交换机是现代计算机网络中最常用的连接设备之一，它工作在数据链路层，能够根据MAC地址进行数据包的转发，将数据包转发到目标设备，完成信息交换功能，大大提高了网络的效率和性能。交换机的主要功能包括物理编址、错误校验、帧序列以及流控制。通过为每个端口相连的设备建立独立的电信号通路，避免了共享式网络的带宽争用问题，提高了网络性能。以太网交换机是最常见的交换机类型，此外还有电话语音交换机、光纤交换机等。

交换机的工作原理可以分为3个步骤：学习、转发和过滤。首先，交换机通过学习过程识别网络中设备的MAC地址，并建立地址表。在学习过程中，交换机监听网络中的数据包，并记录数据包的源MAC地址和端口号。其次，在转发过程中，交换机根据目标MAC地址查找地址表，确定数据包应该从哪个端口转发。如果地址表中没有目标MAC地址的记录，交换机会将数据包广播到所有端口。最后，过滤过程可以防止重复的数据包到达目标设备，提高网络的效率。

交换机提供了大量的端口，支持高速的数据传输和通信，避免了共享网络的带宽争用问题，提高了网络性能。交换机还可以实现网络分段，通过MAC地址表过滤不必要的网络流量，提高安全性。现代交换机还具备对VLAN的支持、链路汇聚等功能，部分甚至集成了防火墙的功能。交换机虽然提高了网络性能，但在某些情况下，如广播风暴发生时，仍然可能导致网络拥塞。此外，交换机本身并不具备路由功能，不能实现跨网络的数据包转发。

交换机广泛应用于局域网、城域网（Metropolitan Area Network，MAN）、广域网（Wide Area Network，WAN）等不同类型的网络。在局域网中，交换机可以连接计算机、终端和其他设备，提供高速的数据传输和通信。在城域网和广域网中，交换机可以作为汇聚层设备，将多个接入层交换机的流量汇聚到核心层交换机。此外，交换机还可以用于构建虚拟专用网（Virtual Private Network，VPN）、防火墙等网络安全设备。

（6）路由器。

路由器是一种工作在网络层的网络连接设备，主要用于在网络中转发数据包，将数据从一个网络传输到另一个网络。作为构建现代网络的关键设备之一，路由器是互联网和企业网络的核心组件。路由器的主要功能包括路由选择和数据传输。路由选择是指路由器根据路由表选择最佳的路径，将数据包传输到目标地址。数据传输是指路由器将数据包从一个网络传输到另一个网络。路由器还具有网络隔离、安全检测、负载均衡、网络监控和流量分析等功能。

路由器的工作原理可以概括为两个基本过程：路由选择和数据传输。首先，路由器从网络上接收到一个数据包。其次，路由器从数据包中识别出目标地址，并根据路由表选择最佳的路径。最后，路由器将数据包传输到下一站路由器或目标设备。路由表是路由器的核心组件之一，它存储了网络地址和最佳路径之间的映射关系。路由表是根据路由协议生成的，常见的路由协议包括RIP、OSPF和BGP等。

路由器能够实现跨网络的数据包转发，支持大规模的网络和复杂的网络拓扑结构。路由器还具有网络隔离、安全检测、负载均衡、网络监控和流量分析等功能，提高了网络的安全性、可靠性和性能。与交换机等连接设备相比，路由器的配置和管理相对复杂，需要专业的网络知识和技能。此外，路由器的价格相对较高，对于小型网络来说可能成本较高。

目前,路由器广泛应用于互联网和企业网络中。企业可以使用路由器将本地网络连接到互联网,实现企业与客户、合作伙伴等的数据交换。路由器可以通过网络隔离实现安全隔离,防止网络攻击和恶意软件传播。此外,路由器还可以实现负载均衡,将数据包传输到多个网络,以提高网络性能和可靠性。

(7) 网关。

网关是现代通信技术中不可或缺的一部分,它充当着互联网、局域网等不同网络之间的桥梁,使得不同网络之间的通信变得更加便捷、高效。网关可以将一个网络的协议格式转换为另一个网络可识别的协议格式,实现不同网络之间的数据传输。网关的主要功能包括协议转换、路由选择、安全检测、数据过滤等。网关需要具备转换不同协议格式的能力,支持数据缓存、分组、组装、再传输等功能,以保证数据的快速、稳定传输。此外,网关还能实现路由选择、防火墙、入侵检测等网络安全功能,保障网络安全。

网关的工作原理是将一个协议格式的数据包接收进来,在进行数据格式转换后再转发到另一个网络中。网关一般放置在网络边缘,与不同网络相连。当一个数据包在源网络中发送时,将首先被发送到网关。网关会对数据包进行协议格式的解析,然后再构建适合目的网络的协议格式,发送到目的网络中。

网关能够实现不同网络之间的无缝连接和数据传输,提高了网络的灵活性和可扩展性。网关还具有强大的安全性能,如防火墙、入侵检测等,保障了网络的安全。但网关的配置和管理相对复杂,需要专业的网络知识和技能。网关的价格与其他设备相比更高,相应网络成本较高。在某些特定场景下,如两个网络协议完全兼容时,可能不需要网关进行协议转换。

网关广泛应用于不同网络之间的连接和通信。例如,家庭路由器就是一种网关设备,它将家庭内部的设备与公网进行连接。企业内部的不同子网之间需要通信时,也可以使用网关设备来实现。此外,在跨地域的数据传输和通信中,网关也发挥着重要作用。

交换机、网桥、路由器和网关是现代计算机网络中不可或缺的连接设备。它们各自具有独特的功能和工作原理,在不同的网络场景中发挥着重要作用。交换机提供了高速的数据传输和通信能力;网桥主要用于实现局域网之间的互联;路由器实现了跨网络的数据包转发和安全隔离;网关则充当着不同网络之间的桥梁,使得不同网络之间的通信变得更加便捷、高效。这些设备共同构成了现代计算机网络的基础设施,支撑着各种网络应用和服务的发展。

3) 传输介质

传输介质是指连接各个网络设备和节点之间的通信信道(桥梁),是网络中进行数据收发的物理通道,也是信道传递的载体。负责数据的物理传输的这些介质,可以分为有线传输介质和无线传输介质两大类。常见的有线传输介质包括双绞线、同轴电缆和光纤等,如图 5.4 所示。常见的无线介质则包括无线电波、微波、红外线、卫星通信、蓝牙等。每类传输介质在传输距离、抗干扰性等性能指标上有所差异,根据自身的特点在相应场景进行应用。

(1) 有线传输介质。

① 双绞线。

双绞线是最常见的有线传输介质之一,由多根细线组成,通常是将两根绝缘导线绞合在一起以减少电磁干扰。根据单位长度上绞合次数的不同,把双绞线分为不同的规格。绞合次数越高,则抗干扰能力越强。根据双绞线外是否有屏蔽层,双绞线可分为非屏蔽双绞线

(a) 双绞线   (b) 同轴电缆   (c) 光纤

图 5.4　常见网络有线传输介质

(Unshielded Twisted Pair,UTP)和屏蔽双绞线(Shielded Twisted Pair,STP)。UTP 没有金属屏蔽层,价格相对便宜,而 STP 在 UTP 的基础上增加了金属屏蔽层,以提高抗干扰能力。

根据双绞线的类别不同,传输率也有所不同,常见的有超五类线(Cat5e)、六类线(Cat6)等,传输率可达 1～10Gb/s。通常而言,双绞线的传输距离不超过 100m,对于更远距离的传输,需要加入中继器或交换机等设备。双绞线具有价格适中、安装简单、维护方便的优点,由于其传输距离较短,一般用于家庭网络、办公网络等短距离传输的局域网内。

② 同轴电缆。

同轴电缆由内外两层导体构成,包括内导体铜芯和外导体屏蔽层,中间夹着绝缘层以及最外层的塑料保护外层。借助屏蔽层的作用,同轴电缆具有很好的抗干扰能力。根据直径的不同,可分为粗缆和细缆。粗缆适用于长距离传输,而细缆成本相对较低。

同轴电缆的抗干扰能力强,能有效抵抗电磁干扰。因此,传输距离远,适用于长距离通信。传输率也可达到几百兆比特每秒至几吉比特每秒级别。但其安装和维护复杂,成本较高。多用于有线电视网络、城域网和宽带的接入等。

③ 光纤。

光纤是一种利用光的全反射原理(当光从光密介质射向光疏介质时,只要入射角超过某一角度,折射光完全消失,只剩下反射光线的现象)进行数据传输的传输介质。光纤通常由玻璃或塑料纤维组成,传输率高,传输距离远。

按传输模式可分为单模光纤和多模光纤。与单模光纤相比,多模光纤芯径较大,存在多种入射角度,光线以波浪形式传输,多种频率共存,其光源可选用较为便宜的发光二极管。而单模光纤比多模光纤的衰减更小,无中继传输距离更远,但其光源通常是较为昂贵的半导体激光器。

由于采用光传输信号,不受电磁干扰,与其他有线传输介质相比,光纤具有带宽高、传输损耗小、抗干扰能力强、传输距离远、传输率高、体积小、重量轻等优点。特别适用于长距离数据传输、高速网络、数据中心之间的连接等。但其连接需要专用设备,安装和维护复杂。

(2) 无线传输介质。

① 无线电波。

无线电波是一种通过空气传播的电磁波,频率范围很广,从低频到高频不等,按波长和频率可分为超长波、长波、中波、短波和超短波等波段。在无线通信中,无线电波是主要的传输介质。根据调制方式和频率不同,传输率有所不同,一般在几兆比特每秒至几吉比特每秒。不同波段的无线电波具有不同的传播方式和应用领域。其中,长波主要用于导航,引导舰船和飞机按预定线路航行,同时也有一部分用于高质量的调频广播;中波主要用于广播、导航和通信等方面；短波可以沿地面以地波方式传播，也可通过电离层反射以天波方式传播；超短波指波长为 1～10m 的无线电波。

无线电波通信无需物理连接，灵活性强。但其信号强度易受距离衰减和障碍物干扰的影响，传输率相对有线传输较低，传输距离有限，根据环境状况，从几米到几万米不等。适用于移动通信网络、无线局域网（Wireless Local Area Network，WLAN）、广播、电视信号传输等。

② 微波。

微波是较低频率的电磁波，通常在几兆赫兹到几吉赫兹，波长在 1mm～1m。微波通信利用微波在直线视线范围内进行数据传输，可以被地面或者空中的接收设备接收。由于微波是沿直线传播，而地球表面是一个曲面，因此，易受障碍物阻挡，传输距离有限，通常在 50km 左右。为能够进行远距离通信，需设立相应的中继器进行信号的放大转发，如很多高山上可以看到一些电视转播塔，维护成本较高，且通信的隐蔽性和保密性差。

微波通信具有较大的通信信道容量，传速率高，适用于移动电话、无线电视等数据传输领域。特别是远距离通信，微波通信比电缆通信成本小、可靠性高。

③ 红外线。

红外线是一种电磁波，频率高于可见光但低于微波。红外线传输利用红外光信号进行数据传输。通常以红外二极管或红外激光器作为发射源，以光电二极管作为接收设备。与微波相比，实现较为简单，无需复杂的微波调制，设备也相对便宜。但其传输距离短，不能透射不透明物，传输率较低。适用于近距离、低传输率的数据通信场景，如红外线遥控器等。

④ 卫星通信。

卫星通信是航天技术与电子技术相结合的重要技术，发展于 19 世纪 60 年代，利用空间轨道中运行的地球同步卫星作为中继站，地球站作为终端站，实现两个或多个地址站之间的远距离、大容量通信。由于信号需要经过卫星转发，卫星通信具有一定的传输时延。

卫星通信的覆盖范围广，部署灵活，通信可靠，不受地理环境条件限制等优点，可实现全球范围内的通信。例如，我国自行研制的北斗卫星导航系统，可在全球范围内全天候、全天时为各类用户提供高精度、高可靠定位、导航、授时服务，并且具备短报文通信能力。

⑤ 蓝牙。

蓝牙作为一种短距离无线通信技术，具备低功耗的特点，主要用于设备之间的数据传输和设备互连。如日常手机、计算机与蓝牙耳机、无线音箱等设备之间的连接。

计算机网络中的传输介质各有其特点和适用场景。在选择传输介质时，需要根据实际需求、成本、性能等因素综合考虑。有线传输介质适用于对稳定性和抗干扰能力要求较高的场景，如企业网络和长距离通信；而无线传输介质则适用于移动设备之间的快速通信以及临时构建的网络。

2. 软件系统

在计算机网络中，软件系统扮演着至关重要的角色，它们不仅支撑着网络的基本运作，还促进了信息的高效传输与应用。网络软件系统包括网络操作系统、网络管理软件、网络应用软件、网络安全软件等，只有正确合理地选择相应的软件，才能够相互配合，完成所要求的网络功能。

1）网络操作系统

网络操作系统（Network Operating System，NOS）是计算机网络软件系统的核心，它是建立在独立的操作系统之上,专门用于管理和控制网络资源的软件系统。网络操作系统不仅具备单机操作系统的基本功能,如内存管理、CPU 管理、输入输出管理、文件管理等,还扩展了一系列网络特有的服务和管理功能,以面向计算机网络用户提供各种网络服务。与其他操作系统相比,网络操作系统侧重于优化网络活动相关的特性,如通过网络管理相关的共享文件、软件应用和外部设备等资源,稳定性和安全性相对更好。

网络操作系统的主要功能包括以下 4 方面。

(1)网络通信管理:网络操作系统负责实现网络节点间的数据传输,确保数据包的正确发送和接收。

(2)网络远程管理:支持用户远程访问和操作网络资源,如远程文件访问、远程打印等。

(3)网络资源共享:管理网络中的各种共享资源,如磁盘空间、打印机等,确保资源高效利用。

(4)安全管理:提供网络安全策略的实施和监控,保护网络资源免受非法访问和攻击。

2)网络管理软件

网络管理软件是用于配置、监控和管理网络系统的工具。它可以帮助网络管理员轻松地管理网络设备、配置网络参数、监控网络状态、诊断网络故障等。

常见的网络管理软件包括以下 3 种。

(1)SolarWinds:一款功能强大的网络管理软件套件,支持多种网络设备的管理和监控。

(2)PRTG:一款易于使用的网络监控软件,提供实时网络性能监控和报警功能。

(3)Nagios:一款开源的网络监控和报警系统,支持多种监控插件和扩展功能。

网络管理软件的主要功能如下。

(1)网络配置:提供图形化界面或命令行接口,允许管理员配置网络设备的参数和设置。

(2)性能监控:实时收集和分析网络设备的性能数据,如吞吐量、延迟、丢包率等,帮助管理员了解网络运行状况。

(3)故障排查:提供故障检测和诊断工具,帮助管理员快速定位和解决网络问题。

(4)安全审计:记录网络访问和操作日志,提供安全审计功能,确保网络安全合规性。

3)网络应用软件

网络应用软件是指运行在计算机网络上,为用户提供各种网络服务和功能的软件。它们涵盖了浏览器、电子邮件客户端、即时通信软件、云存储服务、社交媒体平台、在线支付平台、在线教育平台、在线娱乐平台、在线办公软件等多个领域。如谷歌浏览器、火狐浏览器、微软 Edge 等,用于访问互联网并展示网页内容。微软 Outlook、苹果 Mail、谷歌 Gmail 等,用于发送和接收电子邮件。微信、QQ、Skype 等,允许用户通过网络实时地与其他用户进行文字、语音和视频交流。百度云、腾讯微云、阿里云等,提供文件和数据在云端的存储、共享和备份服务。微博、抖音、小红书等,允许用户分享信息、交流和互动。

随着云计算、大数据、人工智能等技术的不断发展,网络应用软件将呈现更加智能化、个性化和集成化的趋势。未来,网络应用软件将更加注重用户体验和数据安全,为用户提供更加丰富、便捷的网络服务。

4）网络安全软件

网络安全软件用于保护计算机和网络免受恶意软件和网络攻击的威胁。其通过实施各种安全措施和策略，确保网络系统的安全稳定运行，主要包括防火墙、入侵检测系统、加密技术等。

常见的网络安全软件包括360安全卫士、腾讯电脑管家、火绒安全、卡巴斯基等。其中，360安全卫士是一款功能全面的网络安全软件，提供防火墙、病毒查杀、系统修复等多种安全功能。腾讯电脑管家是腾讯公司开发的网络安全软件，集杀毒、管理、加速于一体，提供全方位的安全保护。此外，卡巴斯基安全软件也提供强大的病毒查杀和防护功能。

计算机网络的硬件系统和软件系统是密切且相互依存的。它们共同构成了完整的计算机网络系统，发挥不同的作用，但又相互协作以实现网络通信的功能。硬件系统提供物理基础设施，如网卡、交换机、路由器等；而软件系统提供协议实现、网络管理和应用支持。二者相互结合才能实现完整的网络功能。硬件系统的性能（如带宽、处理能力）直接影响网络的整体性能，而软件系统的效率（如协议实现、算法优化）则决定了如何充分利用硬件资源。硬件设备如交换机、路由器等需要相应的软件系统来配置和管理，以实现高级功能，如VLAN、路由选择、安全策略等。硬件系统的更新通常需要相应的软件支持，如新的驱动程序或固件更新。同时，软件系统的升级也需要考虑与现有硬件的兼容性。

网络问题的诊断和解决通常需要同时考虑硬件和软件两方面，因为问题可能出现在任何一个环节或二者的交互中。计算机网络中硬件系统和软件系统是紧密集成的整体，它们共同工作以提供可靠、高效的网络通信服务。

5.1.3 计算机网络的分类

从不同角度出发，计算机网络可以依据不同的标准进行分类。计算机网络的常见分类方式包括以下4种。

1. 按拓扑结构分类

拓扑（Topology）图是网络设计和管理中的一种图示工具，用于展示网络中各个设备（如交换机、路由器、防火墙等）及其连接关系，帮助理解网络结构和数据流向，是网络规划、故障排查和性能优化的重要参考。拓扑图就像是一张网络的"地图"，通过图形化的展示，网络管理员可以更直观地了解网络的整体结构，识别网络中的设备和它们相互连接的关系。

当网络出现问题时，拓扑图可以帮助快速定位故障点。在进行网络升级或扩展时，拓扑图有助于制定合理的规划方案。此外，拓扑图也是进行网络安全评估的重要参考依据。简言之，网络拓扑结构是指网络中通信线路（链路）和节点相互连接所构成的几何形式。其中，节点包括计算机、交换机或路由器等设备。按照拓扑结构的不同，可以将网络分为总线网络、环状网络、星状网络、网状网络和树状网络等，如图5.5所示。通过理解不同类型拓扑图的特点和用途，可以更好地根据实际需求选择合适的网络拓扑结构，以满足性能、可靠性和管理的要求。

1）总线拓扑

总线拓扑（Bus Topology）网络中，采用单一信道作为传输介质，所有节点都连接到一个单一连续的物理线路（总线）上。数据通过这一条总线传输到所有节点，每个节点都通过专门的连接器接到总线，如图5.5（a）所示。

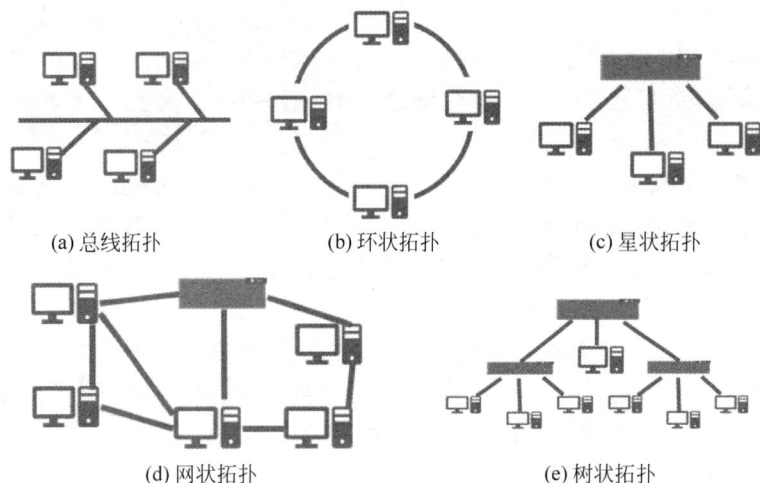

图 5.5 常见网络拓扑结构示意图

  每个节点发送的数据都沿着总线向两个方向扩散,并且能够被连接在总线上的所有节点接收。各节点在接收数据时进行地址检查,看是否与自身的地址相符,相符则接收数据,反之丢弃。因此,总线拓扑网络的一个重要特征是可以在网络中广播信息,也称广播网。

  总线拓扑网络的主要优点包括成本低、布线安装简单、入网灵活。只需要一条主干线缆,线缆和连接设备数量较少,节点扩张方便灵活,单个节点故障不会影响其他节点通信,可靠性高。总线拓扑网络的主要缺点包括故障排查困难、总线负载能力低、扩展受限等。一旦主干电缆出现故障,就会造成节点之间的隔离,整个网络都会受到影响;增加节点或扩展网络可能导致性能下降和发送冲突的问题。因此,总线拓扑网络适用于小型网络或低带宽需求的环境,常见的有 Ethernet、ARCNet 和 Token Bus 等。

  2) 环状拓扑

  在环状拓扑(Ring Topology)网络中,每个节点都与两个其他节点相连,连接网络中各节点的线路形成了一个封闭的环,如图 5.5(b)所示。在该类网络中,数据必须沿着环路的节点单向传输,即每个节点都转发数据,直到数据到达目标节点。数据发送过程中,各节点识别数据中的目的地址,如与本节点的地址一致,则数据被接收;否则,将其传送给下一个节点。数据环绕一周后,由发送节点将其从环上删除。为避免数据冲突,环状拓扑网络通常使用令牌传递方式,也称令牌环网。

  环状拓扑网络具有数据传输稳定、最大传输时延固定、传输机制简单、易于安装和监控等优点。由于每个节点都参与数据的发送,因此环状拓扑网络中每个节点都有相同的负载,能实现负载均衡。然而,环状拓扑网络中任何一个节点或连接的故障都会影响整个网络的通信,除非使用双环设计。此外,节点的增加和删除不方便,增加新节点需要断开网络环路,影响网络的稳定性。环状拓扑网络中的网卡等通信部件比较昂贵且管理复杂,其抗干扰能力比较强,主要用于工厂环境、数据中心等大型网络场景中,以满足高稳定性、高带宽的需求。

  3) 星状拓扑

  在星状拓扑(Star Topology)网络中存在一个节点作为中心节点,所有其他节点都直接与中心节点相连,所有的数据都通过中心节点转发,如图 5.5(c)所示。常见的中心节点包括集线器和交换机等,其中集线器的主要功能是对接收到的信号进行再生整形放大,进而扩大网络的传输距离。

星状拓扑网络属于集中控制型网络,中心节点对整个网络的通信进行集中式控制管理,各节点间的通信都要通过中心节点。即每个要发送数据的节点都需要将数据先发送到中心节点,再由中心节点负责将数据送到目的节点。

星状拓扑网络具有便于集中管理、方便扩展和故障排查的优点。只要中心节点正常,网络基本不受影响,单个设备故障不会影响其他设备;在网络中添加新节点时,只需将其连接到中心节点即可。然而,星状拓扑网络存在高度依赖中心节点、线缆成本高的缺点。由于所有通信都需经过中心节点,一旦中心节点出现故障,会导致整个网络瘫痪,中心节点是整个网络的瓶颈,必须具有高可靠性。同时,所有节点都需与中心节点相连接,进而需要较多的线缆来连接所有设备。因此,星状网络通常适用于小型企业网络、办公室网络或校园网等。

4）网状拓扑

网状拓扑(Mesh Topology)网络采用无规则的连接方式,每个节点都有一条或多条链路与其他节点相连,每个节点可以与任何节点相连,形成一个网状结构,如图 5.5(d)所示。

网状拓扑结构的主要优点是可靠性高、扩展性好、容错能力强。由于节点之间的路径较多,相应的碰撞问题、阻塞问题大大减少,数据的传送路径可以通过动态优化选择,多条路径确保数据能够绕过故障节点,不会因某个局部网络故障影响整个网络正常工作,添加新设备也不会影响现有网络。然而,网状拓扑网络也具有网络管理复杂、经济成本高等缺点。各节点的布线和配置复杂,需要大量的线缆和端口,管理成本高,路由选择、网络管理等技术也相对复杂。因此,网状拓扑网络主要用于关键任务和高可靠性需求的环境,如数据中心和广域网核心网络中。由于节点之间路径较多,因此局部故障不会影响整个网络的正常工作,具有较高的可靠性。

5）树状拓扑

树状拓扑(Tree Topology)网络是星状拓扑网络的扩展,当局域网的规模比较大,中心节点连接到多个子中心节点,每个子中心节点再连接到多个设备,即将原来用单独链路直接连接的节点通过多级处理主机进行分级连接,如图 5.5(e)所示。

当网络覆盖单位存在行政或业务隶属关系时,通常采用树状拓扑网络,便于进行层次化管理。在该网络中存在主干通信线路和分支通信线路,计算机和网络设备之间的连接存在分级关系。尽管其存在布线复杂(需要较多的布线工作)、中心节点依赖强,特别是根节点的故障会影响整个网络等缺点,但树状拓扑网络具有分层结构、扩展性强的优点,便于网络的管理和维护,对网络故障的定位较为容易,添加新的分支进行扩展方便。因此,树状拓扑网络适用于大型企业或校园网等需要进行层次化管理的网络环境。

2. 按覆盖范围分类

根据通信距离,即计算机网络的分布和覆盖的地理范围,可将计算机网络由近及远划分为局域网(LAN)、城域网(MAN)、广域网(WAN)等。

(1)局域网:局域网是一种在小区域内、局部的地理范围(如一个学校、工厂和单位内)使用的,由一个房间、一层楼或一座建筑物内的多台计算机、外部设备等组成的网络。其网络覆盖范围通常从几百米到几千米,属于一个单位或部门组建的小范围网。局域网的传输距离有限,但建设成本低、传输率高、可靠性高。此外,可通过数据通信线路或专用数据线路,与其他局域网连接,构成一个大范围的网络。

(2) 城域网:城域网是作用范围在广域网与局域网之间的网络,往往在一个城市内使用,其网络覆盖范围通常可延伸到整个城市,常使用与局域网相似的技术,采用通信光纤将同一城市不同地点的多个局域网联通形成大型城市网络,传输媒介主要是光缆,传输率通常在 100Mb/s 以上。能够在局域网内资源共享的基础上,进一步实现局域网之间的资源共享。

(3) 广域网:广域网又称远程网,涉及长距离的通信,其覆盖范围最广,一般从几万米到几千万米,可以是一个国家或多个国家,甚至整个世界。由于广域网地理上的距离可以超过 100 万米,所以信息衰减非常严重,这种网络一般要租用专线,通过接口信息处理协议和线路连接,构成网状结构,以此解决寻径问题。由于其覆盖范围广,传输率相对较低,因此传输误码率相对较高。目前,世界上最大的广域网是因特网(Internet),它将世界各地的广域网、局域网等数万个网络互联,形成了一个最大的网络,实现全球范围内的数据通信和资源共享。

3. 按传输介质分类

按节点连接所使用的传输介质不同,可将网络划分为有线网和无线网。

(1) 有线网是采用同轴电缆、双绞线、光纤或电话线作为传输介质进行连接的计算机网络。其中,双绞线和同轴电缆作为常见的联网方式,价格相对便宜,安装较为方便,但易受干扰,传输距离较短,灵活性较差,移动性受限。主要应用于办公室局域网或家庭宽带网络。光纤网采用光导纤维作为传输介质,其传输距离长,抗干扰性强,带宽大,传输率高,可达数千兆比特每秒,不会受到电子监听设备的监听,是高安全性网络的理想选择,多用于城市骨干网、长距离通信、高速互联网的接入等,但其安装成本较高、安装和维护需要专业技术。

(2) 无线网主要以无线电波、红外线等电磁波作为载体来传输数据。与有线网相比,其联网方式灵活性高,部署方便,支持移动性;但受环境影响较大,安全性相对较低,传输速度不如有线网络稳定。常见有 Wi-Fi 网络、移动通信网络等。此外,无线网也包括利用通信卫星作为中继站传输数据的网络。由于通过卫星进行数据通信,其覆盖范围广,适用于偏远地区,如远程通信、航海通信、应急通信等;但网络延迟较高,受天气影响较大,且成本高。

4. 按使用性质分类

按照网络使用性质进行分类,计算机网络可以分为公用网(Public Network)和专用网(Private Network)。这两种网络在用途、管理、安全性和访问权限等方面存在显著差异。

(1) 公用网,也称公共网络,是面向社会公众开放的网络系统,任何用户都可以通过适当的方式接入和使用公用网。通常由电信部门或其他提供通信服务的机构组建,属于经营性网络。公用网具有开放性、覆盖广、服务多样化、协议标准化、资源共享等特点。可以跨越地理边界,遵循公共的网络协议和标准,确保互操作性。网络资源被多个用户共享,提供如电子邮件、网页浏览等各种通用的网络服务。公用网最典型的例子是 Internet,它是全球最大的公用网。公用网也面临安全风险、隐私保护、网络拥塞、服务质量等一些挑战。由于其开放性,公用网更容易受到网络攻击和数据泄露的威胁,用户隐私保护成为重要议题。此外,可能出现网络拥堵,难以为所有用户提供一致的高质量服务,影响用户体验。

(2) 专用网,也称内部网络,是为特定组织或用户群体设计和使用的封闭网络系统,通常不对外提供服务。常见的专用网包括企业内部网络、政府机构网络、电力系统网络、军事通信网络等。专用网最主要的特征是封闭性,仅允许授权用户访问,对外部用户严格限制。采用更严格的安全措施,如防火墙、加密通信等技术,更好地保护敏感数据和重要信息,具有高安全性。其提供的服务和功能是根据用户的特定需求而专门设计和配置的,网络管理者可以根据需求更灵活地分配网络资源,调整网络配置,确保关键应用的性能。然而,专用网也存在建设和维护成本较高、扩展性不强、与外部网络互通性受限等一些局限性。

随着网络技术的发展,公用网和专用网的界限正在逐渐模糊,呈现融合趋势。许多组织采用混合网络策略,将公用网和专用网的优势结合起来。虚拟专用网络技术的应用,使专用网可以通过在公用网上构建安全的专用通道,实现安全连接。既保证了安全性,又利用了公用网的广泛覆盖。此外,越来越多企业也利用公有云构建自己的专用网环境,实现了灵活性和安全性的平衡。这种趋势反映了现代网络架构向着更加灵活、安全和高效的方向发展。

5.1.4 网络协议与体系结构

在计算机网络的相关概念中,网络协议与网络体系结构是两个最基本、最核心的概念,其抽象性较强,理解掌握其基本内容,有助于加深对计算机网络的认识。

1. 网络协议

计算机网络是一个非常复杂的系统,网络中的两个主机进行通信必须有一条传送数据的通道,但这远远不够,至少还有以下几项工作需要完成。例如,怎样识别要接收数据的计算机,如何保证要发送的数据不出错,当通信出现意外故障时采取何种措施恢复通信,以及不同操作系统、硬件架构的计算机之间由于信息表示格式不一致,如何实现二者之间的数据正确发送和接收等。网络协议能够使不同硬件、操作系统或应用软件之间进行有效的通信。

网络协议是网络实体之间交换信息时必须遵守的规则或约定的集合。在计算机网络中,网络协议是确保不同计算机之间能够顺利通信的基础。作为一组规则的集合,网络协议定义了网络中实体之间如何交换信息。这些规则不仅涵盖了数据传输的格式、顺序和速度,还规定了错误检测与纠正、流量控制等关键机制。网络协议的制定旨在实现不同系统间的互操作性,确保数据能够准确、高效地在网络中传输和交换。在计算机网络中,通信双方要做到有条不紊地交换数据,就必须遵守事先约定好的规则,协调一致地完成通信过程。

网络协议主要包含以下 3 个基本要素组成。

(1) 语法:定义用户数据和控制信息的结构或格式。例如,超文本传送协议(Hypertext Transfer Protocol,HTTP)规定了请求和响应消息的格式,包括起始行、头部字段和消息体等部分。

(2) 语义:解释数据或控制信息的具体含义,即需要发出何种控制信息,以及完成的动作与做出的响应。例如,HTTP 中,状态码 200 OK 表示请求已成功,而 404 Not Found 则表示请求的资源未找到。

(3) 时序:也称同步,是对事件实现顺序的详细说明。例如,传输控制协议(Transmission Control Protocol,TCP)通过三次握手建立连接,确保通信双方都已准备好进行数据传输,通过四次握手断开连接。

由于计算机网络通信是一个复杂的过程,从发送端计算机数据的处理,通信链路上数据的流转,到目的地计算机数据的正确接收。此外,还涉及网卡、集线器、网桥、交换机、路由器、网关等多种不同的设备。因此,计算机网络协议并不是单个协议,而是一套复杂的协议集。尽管各个协议的具体功能有所不同,但核心目标在于实现网络中数据的可靠传输、错误检测与纠正、流量控制等。

网络协议通常采用分层设计,每层负责特定的功能。例如,当打开浏览器在地址栏输入学校网址访问学校官网时,背后起作用的应用层协议就包括域名服务(Domain Name Service,DNS)协议和 HTTP 等。其中 DNS 协议将所输入的便于记忆的域名转换为计算机能够理解的 IP 地址,使得不需要记住复杂的数字地址就能够顺利访问目标网站;而 HTTP 定义了客户端(浏览器)和服务器之间请求和响应的标准,确保能正确地获取网页内容。在这个过程还涉及传输层的 TCP、网络层的 IP 和链路层的相关协议。TCP 通过序列号、确认号和重传机制确保数据的可靠传输;互联网协议(internet Protocol,IP)则负责将数据包从源地址路由到目的地址,实现不同网络之间的互联。通过这些协议的协同工作,得以享受到便捷、高效的网络服务,无论是在线学习、资料检索、还是社交沟通,都离不开这些协议的支持。

计算机网络协议的分层设计,一方面,可以促进标准化发展,其通常由国际组织制定,确保全球范围内的一致性。分层后可精确定义每层所提供的服务及所需要的条件保障。相应的公司可根据自身优势,提供具备某一或某几个协议层次功能的产品,为计算机网络提供多样化软硬件产品的选择。另一方面,各层所提供的服务功能相对独立,某一层不需要知道它的下一层是如何实现的,仅需要知道该层所提供的服务及接口。因此,能够将一个难以处理的复杂问题分解为若干容易处理的小问题,降低系统设计的复杂度。同时,协议的分层设计还能够保障协议的可扩展性。只要在保证相邻层之间的接口不变、不影响现有功能的情况下,就可以使用最新的技术对某一协议层进行改进,也可为其添加新的功能特性,而且不影响其他层的工作,有助于技术的更新、迭代。

计算机网络体系结构是指用于组织和设计计算机网络的一种概念模型,是计算机网络所划分的层次结构模型与各层相应协议的集合。通过将复杂的网络通信过程分解为多个层次,每个层次负责特定的功能,实现了计算机网络通信的标准化和模块化。目前,主要有两种广泛使用的网络体系结构模型:OSI 参考模型和 TCP/IP 模型。

2. OSI 参考模型

开放系统互连(OSI)参考模型(简称 OSI)是国际标准化组织(ISO)在 1984 年提出的网络体系结构标准。其中,开放表示非独家垄断,只要遵循 OSI 标准,一个系统就可以和其他遵循这一标准的任一系统进行通信。在此之前,世界上第一个网络体系结构是由 IBM 公司于 1974 年提出的系统网络体系结构(SNA),后续其他组织机构也纷纷提出各自的网络体系结构。虽然这些网络体系结构都采用了分层的思想,但各自划分的层次及功能有差异,难以实现网络互联。

OSI 提供了一个网络分层结构及各层功能的统一标准,它将网络通信过程划分为 7 层,每层负责不同的功能。从低到高依次为物理层、数据链路层、网络层、传输层、会话层、表示层和应用层,如图 5.6 所示。分层设计不仅简化了复杂的通信过程,使各层协议更容易替换和扩展,还使不同厂商生产的计算机和网络设备可以互相通信。

物理层(Physical Layer):作为 OSI 的最底层,负责物理介质上比特流的传输。计算机网络的传输介质种类繁多,通信方式也存在多种方式,物理层的主要作用就是尽可能屏蔽这些差异,使其上一层不必考虑具体的传输介质和通信方式。物理层主要定义数据在传输介

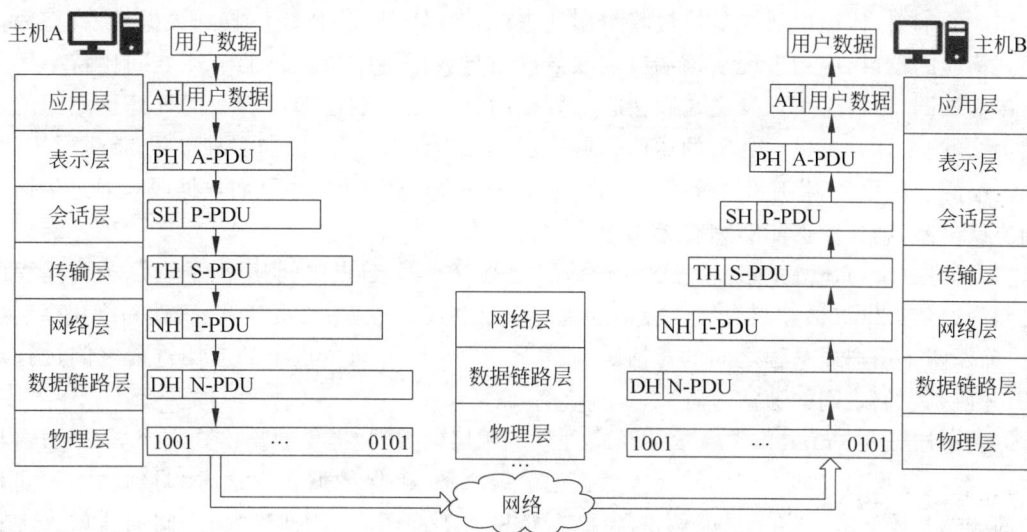

图 5.6　OSI 参考模型

质上的传输方式,以及电缆、光纤等传输媒介的机械特性、电气特性、功能特性、过程特性等,如在接口电缆的各条线上出现的电压的范围、某条线上出现的某一电平的意义、不同功能的各种可能时间的出现顺序等。物理层可以理解为一条高速公路,计算机网络通信的信道,负责数据的物理传输。

数据链路层(Data Link Layer):链路就是从一个节点到相邻节点的一段物理线路,中间没有其他交换节点。通信时数据要经过这样的多条链路才能到达目的地,即若干条链路组成了发送方到接收方之间的路径。数据链路层工作在物理层之上,负责相邻节点之间传递数据帧。它将网络层传递来的数据包添加首部和尾部组成有序的数据帧,并从接收到的无差错帧中提取出数据包交给网络层。该层利用 MAC 地址识别不同的网络设备,通过错误检测和纠正、流量控制和数据帧同步等功能,确保数据帧能够准确无误地传输到目的设备。可以把它想象成高速公路上的车辆,负责将数据包(即货物)从一个节点(城市)运送到下一个节点。

网络层(Network Layer):负责在网络中的不同节点之间传输数据包。该层定义了网络层地址(IP 地址),以实现不同网络之间的互联。网络层的主要功能包括逻辑地址寻址、路由选择和流量控制,通过路由选择算法将数据包从源节点传输到目的节点。网络层提供的是尽最大努力交付的数据传输服务,不能保证数据的可靠传输。在网络层,传的数据单位是数据包,路由器是核心设备,负责根据路由表转发数据包。网络层就像是高速公路上的导航系统,两台计算机之间通信中间可能经过多个节点和链路,也可能要经过多个通信子网络,而网络层主要负责完成通信路线的规划,即路由选择,确保数据包能够按照正确的路线到达目的地。

传输层(Transport Layer):传输层的主要任务就是为上层应用提供可靠的端到端通信服务,包括数据分段、重组和流量控制等。一台计算机可以同时运行多个网络应用进程,如浏览器、微信、安全外壳(Secure Shell,SSH)等,不同的应用程序对应不同的端口,每个端口用一个称为端口号的正数表示,如 22 端口对应 SSH、80 端口对应 HTTP。传输层利用端口号区分不同的应用进程,实现复用和分用功能。当应用进程要发送数据时,就把数据发送到其相应的端口,传输层从该端口接收数据并进行后续处理;当传输层收到数据后,就把数据送到相应的端口,应用进程从该端口读取数据。与数据链路层提供的节点之间比特率无差错传输不同,传输层负责发送端和接收端数据的无差错传输。即前者面向计算机之间的通信,后者侧重计算机进程之间的通信。传输层就像是快递服务,面向多种进程,提供通用的、端到端的通信服务,将应用层要发送的数据报文分割成较小的单元(如数据段),通过传输控制协议机制,确保数据能够完整无误地送达接收方。

会话层(Session Layer):工作在传输层之上,在两个节点之间建立端连接,为应用程序之间的通信提供对话控制机制。会话层管理登录和注销过程,负责建立、管理和终止会话连接,确保两个用户或进程之间的对话顺利进行。它允许不同主机上的应用进程之间进行对话,并协调它们之间的通信过程。

表示层(Presentation Layer):负责处理应用层的数据,提供数据格式交换、数据加密与解密、数据压缩与终端类型的转换等数据编解码服务,确保数据在发送方和接收方、不同系统间能够正确解释。表示层就像是翻译官,负责将不同语言(数据格式)之间的通信进行转换和解释。例如,JPEG 和 PNG 是表示层常用的图像编码协议,它们允许图像数据在不同系统间传输和显示。

应用层(Application Layer):作为 OSI 的最顶层,应用层直接向用户提供各种网络服务和应用程序接口,是用户与网络之间的桥梁。常见的应用层协议有 HTTP、FTP、SMTP、POP3 等。HTTP 用于 Web 数据传输,FTP 用于文件传输,SMTP 和 POP3 则用于电子邮件的发送和接收。

OSI 为网络体系结构与协调发展提供了一种国际标准。它清晰地定义了网络通信过程中各层的功能和职责,有助于不同厂商开发的网络设备之间的互操作性。虽然 OSI 在理论上很完善,但由于其复杂性,在实际应用中,完全遵循 OSI 的网络系统并不多见。尽管如此,OSI 的思想对网络技术的发展仍然产生了深远影响。

3. TCP/IP 模型

TCP/IP(Transmission Control Protocol/internet Protocol)即传输控制协议/网际协议,最初由美国国防部高级研究计划局(DARPA)在 20 世纪 70 年代开发,旨在实现不同计算机网络之间的互联通。作为互联网的基础协议,TCP/IP 并非单一协议,而是由多个协议共同组成的一个通信协议族。随着时间的推移,TCP/IP 逐渐成为全球互联网的标准通信协议,也被称为事实上的国际标准。TCP/IP 采用了一种简洁的分层结构,将网络协议划分为网络接口层、网络层、传输层和应用层 4 层(或者 5 层,将网络接口层细分为物理层和数据链路层)。

网络接口层:对应 OSI 的物理层与数据链路层,定义了数据传输的电气、机械、功能和过程标准,以及设备之间物理连接的特性。负责将 IP 数据包封装成适合在特定物理网络上传输的帧格式,并处理数据的实际传输。常见的物理层协议有 Ethernet、RS-232 等、数据链路层协议有 SDLC、HDLC、PPP 等。

网络层:对应 OSI 的网络层,负责在网络中的不同节点之间传输数据包。通过 IP 实现网络互联和路由选择,允许网间的报文根据目的地址通过路由器传递至另一个网络。常见的网络层协议有 ICMP、ARP、IP、IGMP 等。

传输层:对应 OSI 的传输层。传输层处理数据分段、重组和流量控制,负责为上层应用提供端到端的通信服务。常见的传输层协议包括 TCP 和 UDP。其中,TCP 传送的数据单位称为 TCP 报文段,UDP 传送的数据单位称为 UDP 用户数据报。TCP 通过三次握手建立连接,并采用序列号、确认号和重传机制确保数据的可靠传输;UDP 则提供无连接的数据报服务,具有较低的延迟和较小的数据包头部开销。

应用层:对应 OSI 的应用层、表示层和会话层。应用层直接向用户提供各种网络服务和应用程序接口。常见的应用层协议有 HTTP、FTP、SMTP、POP3 等。这些协议共同构成了互联网丰富多彩的应用生态。

尽管 TCP/IP 和 OSI 在层次划分上有所不同,但它们都采用分层结构,每层都负责特定的功能,并通过层间接口与相邻层进行交互,尽管层级数量不同,但两种模型的功能层有对应关系,如表 5.1 所示。这种分层结构为网络通信提供了一个标准化的框架,使得不同层次可以独立开发和优化,提高了网络设计的灵活性和可扩展性,也使得不同厂商的网络设备和软件能够互相兼容和通信。

表 5.1 TCP/IP 与 OSI 关系对比

TCP/IP	OSI	主 要 功 能	常 见 协 议
应用层	应用层	面向用户,提供网络服务接口	HTTP、FTP、SMTP、POP3、SSH、DNS
	表示层	完成数据格式转换、压缩及加解密	
	会话层	负责进程间会话的建立、管理和维护	
传输层	传输层	确保可靠的端到端数据传输	TCP、UDP
网络层	网络层	完成数据通信的寻址及路由选择	ICMP、ARP、IP
网络接口层	数据链路层	相邻节点间无差错的数据帧收发	PPP、Ethernet CSMA/CD
	物理层	屏蔽底层细节建立通信的物理连接	

OSI 是一个纯粹的概念模型,由国际标准化组织制定,将网络通信划分为 7 层。TCP/IP 则是基于实际应用开发的,是应用较为广泛的网络协议集合,它将网络通信划分为 4 层。TCP/IP 以其简洁的分层结构、广泛的兼容性和强大的功能著称,可以在 OSI 的框架下工作,支持多种网络类型和拓扑结构,能够跨不同的操作系统和硬件平台实现互操作性,使得全球范围内的计算机能够相互通信和共享资源。总体而言,OSI 提供了一个全面的理论框架,而 TCP/IP 则是实际应用中广泛使用的标准。尽管有些差异,但二者都为理解和实现网络通信提供了重要指导。

计算机网络体系结构是计算机网络技术的重要组成部分,网络协议、OSI 和 TCP/IP 共同构成了网络通信的基石。通过深入理解这些概念和技术原理可以更好地设计和维护计算机网络系统,推动信息技术的发展和应用。

5.2 Internet 基础

因特网(Internet)作为人类历史发展中的一个标志性成就,无疑是科技革新与社会进步的重要标志。它通过其独特的优势,有效地打破了地理空间的限制,实现了全球范围内人群的高效连接。全球分布的服务器系统,承载着庞大的信息数据库,无论是深入的学术研究资料还是日常生活的小技巧,都能在短时间内为用户所获取。此外,Internet 还深刻改变了消费模式,电子商务平台的兴起使得商品和服务的选择更加多样化且易于获得。消费者可以在家中舒适的环境中,通过简单的网络操作完成购物过程,所选商品随后将被快速配送至指定地点。这种购物方式不仅有效节约了时间与成本,同时也提供了更加个性化与便捷的服务体验。

5.2.1 Internet 的发展

1. Internet 的含义

Internet 是全球范围内由多个相互连接的计算机网络构成的庞大系统。基于 TCP/IP 的通信标准,Internet 实现了全球各地计算机网络的紧密互联,构建了一个广泛覆盖的信息交换网络体系。

该网络不仅提供了多样化的应用服务,而且由于其大规模的网络覆盖与广泛的应用领域,已成为支撑全球信息传播的关键基础设施。Internet 可以被形象地比喻为一个由无数条互联道路组成的复杂交通网络,这些"数字道路"连接了从个人计算机到高性能工作站乃至大型服务器等多种终端设备,同时也跨越地理界限,将政府网络、企业局域网、教育机构网络等不同类型和规模的网络紧密相连。在这个由 TCP/IP 构建的虚拟空间中,数据包作为信息载体,犹如高速公路上快速移动的车辆,在不同的网络节点间高效传输,最终到达目的地。这种高度互联的网络结构,构成了一个几乎无处不在的信息交流平台,支持着世界各地用户之间的即时沟通与资源共享。

值得注意的是,Internet 并非是任何一个特定机构或个人的专有资产,而是全人类共同创造并享有的科技成果。随着现代通信技术和信息技术的不断进步,Internet 已经成为一种高效、便捷且用途广泛的信息传播媒介,对促进全球经济一体化和社会信息化进程发挥了不可替代的作用。

Internet 采用了一种分层结构模型,由物理网、协议、应用软件和信息 4 层组成。每层都承担着特定的功能,共同协作以实现高效的信息传输。

1)物理网

物理网是 Internet 实现通信的基础,它类似于现实生活中的交通网络,如一个巨大的蜘蛛网般覆盖全球,并不断延伸和加密。物理网由各种硬件设备组成,包括计算机、服务器、路由器、交换机、电缆、光纤等。这些设备相互连接,形成了一个庞大的网络,使得数据能够在不同地点的设备之间传输。

2)协议

在 Internet 上传输的信息至少遵循 3 个主要协议:网际协议、传输协议和应用程序协议。

网际协议(IP)负责将信息发送到指定的接收机。它为每个设备分配一个唯一的 IP 地址,通过这个地址来确定数据的传输目的地。

传输协议(TCP)负责管理被传送信息的完整性。它确保数据在传输过程中不会丢失或损坏,并且能够按照正确的顺序到达接收端。

传统的 Internet Web 应用还是以面向连接 TCP 为主,更加关注数据的完整性和可靠性。而对更加关注实时性、能容忍少量数据丢包的应用,则会采用面向连接的 UDP。

应用程序协议众多,如 SMTP、Telnet、FTP 和 HTTP 等。每个应用程序都有自己的协议,这些协议负责将网络传输的信息转换成用户能够识别的信息,使得用户能够在应用程序中进行各种操作,如发送电子邮件、远程登录、文件传输、浏览网页等。

3) 应用软件

在实际应用中,用户通过一个个具体的应用软件与 Internet 进行交互。每个应用程序的使用代表着获取 Internet 提供的某种网络服务。例如,通过万维网(World Wide Web,WWW)浏览器可以访问 Internet 上的 Web 服务器,享受图文并茂的网页信息;使用电子邮件客户端可以发送和接收电子邮件;使用文件传输软件可以从远程服务器下载文件或上传文件到服务器等。

4) 信息

信息是 Internet 的核心价值所在,涉及实际的信息内容及其表示方式。在网络世界中,信息就像货物在交通网络中一样,建设物理网(修建公路)、制定协议(交通规则)和使用各种各样的应用软件(交通工具)的目的都是传输信息(运送货物)。Internet 上的信息种类繁多,包括文本、图像、音频、视频、数据等,这些信息存储在各种服务器和数据库中,用户可以通过网络访问和获取这些信息,以满足自己的需求。

这种分层设计不仅简化了 Internet 的复杂性,提高了系统的灵活性和可扩展性,还促进了不同技术组件之间的兼容性和互操作性,是 Internet 能够持续发展和广泛应用的重要基础。

2. Internet 的发展

1) Internet 的起源与早期发展

1969 年,ARPANET 首次成功连接了四所美国大学的主机,该网络采用了先进的分组交换技术,即将数据分解为小块(即数据包),通过多个路径独立传输至目的地,然后再重新组装。这种技术显著提高了网络的可靠性和灵活性,为后续的网络发展奠定了基础。

随着技术的不断进步,ARPANET 逐渐扩大,吸引了更多的大学和科研机构加入。1974 年,TCP/IP 的推出成为 Internet 发展历程中的关键转折点。TCP/IP 定义了一套全面的网络通信规范,确保了不同网络之间的互联互通。其开放性和标准化的特性,使得 Internet 的应用范围迅速从军事和科研领域扩展到更广泛的社会公众。

进入 20 世纪 80 年代,美国国家科学基金会(National Science Foundation,NSF)推出了 NSFNET 项目,进一步推动了互联网的发展。NSFNET 利用 TCP/IP,连接了全美各地的超级计算机中心,形成了当时 Internet 的主干网络。这一举措极大地促进了 Internet 的普及与开放,使得大学、研究机构乃至普通民众都能够方便地接入,享受其带来的便利。

2) Internet 的商业化与普及

20 世纪 90 年代,Internet 开始向商业化方向转变。其中,WWW 的出现和普及是这一过程中的重要里程碑。WWW 通过 HTTP 将文本、图片、音频、视频等多种媒体形式有机结合,极大地丰富了网络内容的表现形式,促进了信息的广泛传播。随着个人计算机的普及和 Internet 接入成本的降低,越来越多的家庭用户能够方便地接入 Internet,享受电子邮件、即时通信、在线游戏等多样化应用带来的便利。同时,许多企业也开始利用互联网开展电子商务、在线广告、远程办公等业务,推动了互联网经济的快速发展。

3) 技术创新与未来发展趋势

近年来,网络技术持续创新,云计算(Cloud Computing)、大数据(Big Data)、物联网(Internet of Things,IoT)、人工智能(Artificial Intelligence,AI)等新兴技术的兴起,为

Internet 的发展注入了新的活力。云计算技术允许用户通过 Internet 按需访问强大的计算资源和存储服务,降低了企业和个人使用高端 IT 设施的成本门槛。大数据分析技术帮助企业和组织从海量数据中挖掘有价值的信息,辅助决策制定。物联网通过将物理设备连接至 Internet,实现了设备间的智能交互与自动化管理。人工智能技术的应用,则为用户提供更加个性化和智能化的服务体验,如智能搜索、语音助手、图像识别等。

3. Internet 在中国的发展

1)Internet 在中国的起步阶段(20 世纪 90 年代)

中国 Internet 的发展历程体现了从无到有、从小到大的转变。自 1986 年起,中国开始探索 Internet 技术的研究与应用。初期,Internet 主要服务于科研和教育目的,仅限于少数科研机构和高等教育机构中的电子邮件服务。1994 年,中国实现了与国际 Internet 的全功能连接,标志着中国正式加入全球 Internet 大家庭。随后,中国陆续启动了多个 Internet 项目,包括公用计算机互联网、中国教育和科研计算机网等,Internet 开始渗透到普通民众的生活中,并在全国范围内快速扩展,开启了中国 Internet 发展的新篇章。

以下是我国四大主干网络的基本情况。

(1)公用计算机互联网(ChinaNet)。

ChinaNet 是由中国电信运营的基于 Internet 技术的公用计算机网络,作为中国主要的网络之一,通过高速数据专线在国内各节点之间建立了连接,并配备了国际专线,构成了中国 Internet 的关键基础设施。ChinaNet 提供多样化的 Internet 接入服务,如宽带和拨号接入,覆盖全国各区域,为政府、企业和个人用户提供高效稳定的网络连接。此外,ChinaNet 支持多种 Internet 应用,包括但不限于网页浏览、电子邮件、文件传输和远程登录,同时也为电子商务、在线教育和远程医疗等新兴领域提供了技术平台。随着技术的不断演进,ChinaNet 持续优化升级,致力于满足用户对更高速度和更高质量网络服务的需求。

(2)中国教育和科研计算机网(CERNet)。

CERNet 是一个由国家资助、教育部管理、多所高等学府共同参与建设和运维的全国性学术网络。该网络旨在建立一个覆盖全国主要高等教育机构和科研单位的高速网络,以提供先进的信息技术支持。经过多年的建设与发展,CERNet 已经成为中国教育信息化不可或缺的组成部分,对于人才培养、科学研究及学术交流产生了深远的影响。CERNet 的网络架构分为主干网、区域网和校园网 3 个层级,分别负责全国范围的数据传输、地区间的资源共享以及校内用户的网络接入。CERNet 不仅提供了稳定的网络连接,还支持多种应用服务,促进了教育资源的共享与科研合作,对于培养创新型人才、推动科技进步具有重要意义。

(3)中国科技网(CSTNet)。

CSTNet 旨在为中国科技界打造一个高效、稳定且安全的信息交流平台,以促进科技信息的共享与传播,加速科技创新的步伐。该网络由中国科学院主管,具体建设和运营管理由中国科学院计算机网络信息中心负责。CSTNet 的网络架构分为核心层、汇聚层和接入层,各层之间协同工作,确保了高效的数据传输和路由转发。CSTNet 凭借先进的网络技术和设备,实现了与国内外其他网络的互联互通,为全球范围内的信息交换和资源共享提供了可能。

(4)国家公用经济信息通信网(金桥信息网:ChinaGBN)。

建立在金桥工程之上的金桥网,是支持多项"金"字头工程项目(如金关、金税、金卡等)

的信息通信平台,同时也是中国经济社会信息化的重要基础设施之一。金桥网依托卫星通信和地面光纤传输网络相结合的方式,构建了一个天地一体化的网络体系,旨在为国家宏观经济管理和决策提供信息支持,同时也面向企业和公众提供经济信息服务。金桥网以其高速、高可靠性及安全性著称,对于推动经济发展、加速信息化进程及保障国家信息安全等方面发挥了关键作用。

2)Internet 在中国的初步普及阶段(2000—2010 年)

进入 21 世纪后,随着宽带网络的普及、技术成本的降低及 Internet 应用的日益丰富,中国网民数量呈现爆发式增长,从 2000 年的数百万网民到 2010 年突破数亿网民,Internet 开始从少数专业人士和科研人员的工具逐渐普及到普通大众。这一转型不仅标志着信息技术在中国社会中的渗透程度加深,也反映了信息化对社会经济结构产生的深远影响。

在此期间,新浪、搜狐、网易等门户网站迅速崛起,成为中国 Internet 发展的重要标志。这些平台通过整合新闻资讯、电子邮件、搜索引擎、论坛等多种服务,成为用户获取信息和参与网络社交的关键入口。门户网站的成功运营不仅促进了信息传播效率的提升,也为早期 Internet 商业模式的探索提供了宝贵经验。

2003 年,淘宝网的成立标志着中国电子商务进入了快速发展阶段。随后,京东、当当等电商平台相继涌现,共同推动了中国电商市场的繁荣。电子商务的兴起不仅改变了传统的商业销售模式,为消费者提供了更加便捷、多样化的购物选择,同时也为中小企业开辟了新的市场机遇。尽管初期电子商务的交易规模相对有限,但其展现出的巨大发展潜力不容忽视。伴随电子商务的成长,物流配送、在线支付等相关配套产业也开始逐步成熟,形成了一个完整的电商生态系统。

此外,以 QQ 为代表的即时通信软件在这一时期得到了广泛应用,成为中国网民进行网络社交的核心工具之一。即时通信软件不仅改变了人们的沟通方式,还促进了网络社区的形成与发展,进一步推动了电子商务、网络营销等行业的发展。

3)Internet 在中国的高速发展阶段(2010 年至今)

自党的十八大以来,中国 Internet 发展进入了全新的阶段,国家大力推进网络强国战略和数字中国建设。在技术创新领域,中国在 5G 通信、人工智能、大数据分析和物联网等前沿科技上取得了显著进展,为 Internet 的进一步发展提供了强有力的技术支撑。

在应用层面,中国互联网企业不断创新,推出了众多新产品和服务。例如,移动支付的广泛应用极大地简化了支付流程,促进了无现金社会的形成;共享单车模式有效缓解了城市交通的最后一公里问题,促进了绿色出行方式的发展;在线直播平台的兴起,极大地丰富了人们的休闲娱乐生活。这些创新不仅在国内受到了热烈欢迎,而且在国际上也产生了重要影响,引领了全球 Internet 应用的新趋势。

与此同时,Internet 与传统行业的深度融合,为数字经济的发展注入了强大动力。通过实施"互联网＋"战略,将信息技术与制造业、农业、服务业等多个领域紧密结合,推动了产业的转型升级。在制造业,工业互联网的应用提高了生产的智能化水平,增强了企业的市场竞争力;在农业领域,物联网技术的应用使农业生产更加精准高效;在服务业,互联网与旅游、金融、物流等行业的结合,为消费者提供了更加便捷的服务体验。这一系列变革,不仅促进了中国经济结构的优化调整,也加速了中国经济向高质量发展的转型。

4. Internet 的应用

Internet 作为一种全球性的信息网络,其应用范围广泛且深入,几乎渗透到了社会生活的每个角落。它不仅改变了个人的生活方式,也在商业、教育和公共服务等多个领域中扮演着至关重要的角色。

(1) 个人使用。支持网页浏览、电子邮件收发、即时通信、视频流媒体播放、在线游戏等多种娱乐和社交活动。

(2) 商业应用。助力企业实现办公自动化、电子商务交易、远程协作会议、高效的数据交换等功能,有助于提升工作效率和市场竞争力。

(3) 教育领域。为在线学习和远程教育提供平台,帮助学生获得丰富的教育资源,消除地理障碍。

(4) 公共服务。在医疗健康方面,可实现远程诊疗和医疗信息的共享,改善了医疗服务的可达性和质量;在智慧城市构建中,连接智能家居系统、智能交通管理和工业物联网等,促进了城市管理的智能化。

5.2.2　Internet 的接入技术

Internet 的接入技术是指用于连接终端用户(包括个人用户和商业实体)与因特网服务提供方(the Internet Service Provider,ISP,如电信运营商或有线电视公司)的数据通信系统。这项技术是实现全球范围内信息共享与通信交流的核心,它不仅使人们能够不受时间和地点的限制,获取和分享信息,而且还促进了经济、文化、教育等多领域的繁荣与发展。此外,Internet 接入技术还是现代社会发展数字化转型的基石,为诸如云计算、大数据、物联网等新兴技术的应用提供了必要的基础设施支持。Internet 接入技术的实现通常涉及以下5 个关键步骤。

(1) 物理连接。首先,需通过有线(如光纤、同轴电缆)或无线(如 Wi-Fi、蜂窝网络)方式将用户终端与接入点(如路由器、交换机、基站等)相连。

(2) 信号传输。在此基础上,采用特定的通信协议(最常见的是 TCP/IP)将用户产生的数据包转换为可在传输媒介上传输的信号形式,这些媒介包括但不限于电缆、光纤和无线电波。

(3) 网络寻址。为了确保数据包能准确无误地送达目标位置,接入技术必须为每个用户终端分配一个唯一的 IP 地址,并运用路由选择算法来决定最佳的数据传输路径。

(4) 连接建立。用户终端与 Internet 上的目标服务器之间建立连接,这是进行后续数据交换的前提条件。

(5) 数据传输。一旦连接成功建立,用户终端便可通过此通道发送或接收数据,从而实现各种 Internet 应用功能。

根据传输媒介的不同,Internet 接入技术主要可以划分为两大类别:有线接入技术和无线接入技术。

有线接入技术包括拨号接入(Dialup Access)、数字用户线(Digital Subscriber Line,DSL)接入、光纤接入(Fiber Access)、以太网接入(Ethernet Access)等,这类技术通常提供更高的带宽和更稳定的连接质量。

无线接入技术涵盖 Wi-Fi、蜂窝数据网络、蓝牙、卫星通信等,其特点是部署灵活、覆盖范围广,尤其适用于移动设备和偏远地区的 Internet 接入需求。

1. 有线接入技术

有线接入技术是指通过物理线缆将用户设备与网络连接,实现数据传输的技术手段。这些物理线缆包括电话线、同轴电缆、双绞线和光纤等,每种线缆都有其独特的特性和适用场景,为用户提供了多样化的接入选择。以下是 4 种常见的有线接入技术。

1) 拨号接入

拨号接入是一种利用公用电话交换网(Public Switched Telephone Network,PSTN)提供 Internet 服务的接入方式,也是最早的 Internet 接入方式之一。用户通过电话线和调制解调器(Modem)连接到 Internet 服务提供方(ISP)的远程接入服务器(Remote Access Server,RAS)。在发送端,调制解调器将计算机中的数字信号转换成能够在电话线上传输的模拟信号;在接收端,再将接收到的模拟信号转换回数字信号。这种方式使得用户能够通过电话线实现与 ISP 的连接,进而接入 Internet。

拨号接入的优点在于安装简单、成本低廉,但其下行速率较低(通常不超过 56Kb/s),且可靠性不高。随着宽带技术的发展,拨号接入已逐渐被其他方式取代,但在一些偏远地区或临时应急情况下仍可能被使用。对于网络速度要求不高的用户,或者在没有其他接入方式可选时,拨号接入可以作为备用方案。

2) 数字用户线接入

数字用户线接入是一种基于普通电话线的宽带接入技术。它利用电话线路中未使用的高频频段,通过不同的调制方式实现数据传输和语音通信并行,互不干扰。常见的 DSL 技术包括非对称数字用户线(Asymmetric Digital Subscriber Line,ADSL)和超高速数字用户线(Very high-bit-rate Digital Subscriber Line,VDSL)等。

ADSL 是目前应用最广泛的 DSL 技术之一。其下行速率(从 ISP 到用户)一般为 1～8Mb/s,上行速率(从用户到 ISP)为 512Kb/s～1Mb/s,具体速率取决于用户与 ISP 机房的距离以及线路质量等因素。ADSL 采用先进的频分复用技术,将数据信号和电话音频信号分别调制在不同的频段上,使得用户在上网的同时可以进行电话通话,二者互不干扰。ADSL 技术具备高速传输能力,能够满足用户浏览网页、观看视频、下载文件等需求,同时提供独享带宽,确保网络使用的稳定性和流畅性。此外,ADSL 具有较高的安全可靠性,适用于小型商户的日常经营需求,如便利店、咖啡店等。

VDSL 是一种速度更快的 DSL 技术,下行速率最高可达 52Mb/s,上行速率最高可达 16Mb/s。相比 ADSL,VDSL 的传输率显著提升,能够满足用户对高清视频流、在线游戏、大型文件下载等高带宽应用的需求。VDSL 主要用于短距离的高速接入,一般在 1km 以内传输效果较好,适合在小区内或办公楼等相对较小的区域范围内提供高速宽带服务。例如,在一个多层办公楼内,运营商可以通过 VDSL 技术为每个办公室提供高速 Internet 接入,满足企业员工日常办公对网络的需求。

3) 光纤接入

光纤接入是指终端用户通过光纤连接到局端设备,实现高速、大容量的数据传输。光纤接入技术以其传输容量大、传输质量好、损耗小、中继距离长等优点,在宽带网络中占据重要地位。根据光纤深入用户的程度不同,光纤接入可以分为多种类型。

(1) 光纤到大楼(Fiber To The Building,FTTB):光纤接入建筑物的某层或某个区域,再通过其他方式(如双绞线)接入最终用户。

(2) 光纤到驻地/光纤到户(Fiber To The Premises/Fiber To The Home,FTTP/FTTH):将光缆直接接入家庭或企业用户,提供最高质量的光纤接入服务。

(3) 光纤到办公室(Fiber To The Office,FTTO):将光纤接入办公区域,满足企业用户对高速网络的需求。

(4) 光纤到路边(Fiber To The Curb,FTTC):光纤接入路边的光交接箱,再通过其他方式(如双绞线)接入用户家中。

光纤接入技术适用于对网络速度和稳定性要求较高的企业、学校、科研机构等。例如,现在很多新建小区都采用光纤接入的方式,让居民能够享受到快速的网络体验,无论是观看4K 甚至 8K 高清视频,还是进行多人视频通话,都能流畅进行。

4) 以太网接入

以太网接入是指将以太网技术与综合布线相结合,作为公共电信网的接入网,直接向用户提供基于 IP 的多种业务传送信道。它借用了传统以太网技术的帧结构和接口,采用异步工作方式,适于处理 IP 突发数据流。

以太网接入技术主要通过以下两种形式实现。

(1) 纯以太网接入。用户自己有一个 IP 地址,设置掩码和网关,通过网关所在的子网连接到 Internet 中。

(2) 以太网 VLAN 分段业务。VLAN 可以动态地把一些不同的节点绑定到一个网络中,增强网络管理的灵活性和安全性。

以太网接入技术作为一种成熟且广泛应用的宽带接入技术,具有诸多优点和应用前景。随着工业 4.0 的推进,智能工厂越来越依赖网络连接来实现自动化生产、设备监控和数据采集。以太网接入可以将工厂内的各种设备,如机器人、传感器、控制器等连接到网络中,实现设备之间的实时通信和协同工作。例如,在汽车制造工厂中,以太网接入可以实现生产线的自动化控制,提高生产效率和产品质量。

2. 无线接入技术

无线接入技术是指通过无线信号将用户设备连接到 Internet 或其他网络的技术手段。它利用无线电波作为传输媒介,无须铺设物理线缆,使得用户能够在一定范围内灵活地接入网络。无线接入技术涵盖了多种不同的标准和协议,适用于不同的场景和应用需求。以下是 4 种常见的无线接入技术。

1) Wi-Fi

Wi-Fi(Wireless Fidelity)是一种基于 IEEE 802.11 系列标准的高频无线局域网技术。它通过无线接入点(Wireless Access Point,WAP)将有线网络信号转换为无线信号,供支持Wi-Fi 的设备连接上网。Wi-Fi 允许电子设备在没有物理连接的情况下进行高速数据传输,通常在开放性的许可频段内运行,如 2.4GHz 和 5GHz。

Wi-Fi 设备在一定范围内搜索可用的 WAP,并与信号最强的 WAP 建立连接。连接建立后,设备可以通过 WAP 访问 Internet。Wi-Fi 覆盖范围内自由移动,无须担心线缆的束缚,并且可以提供较高的数据传输速度,满足用户浏览网页、观看视频、下载文件等需求。家庭中各种智能设备(如手机、平板计算机、智能电视、智能音箱等)都可以通过 Wi-Fi 接入Internet,实现智能家居的控制和多媒体内容的共享。例如,用户可以通过手机上的 App 远程控制家里的灯光、空调、窗帘等设备,同时还可以在智能电视上观看在线视频、玩游戏等。

2）蜂窝数据网络

蜂窝数据网络是一种移动通信网络技术,将服务区域划分为若干相邻的小区,形状类似蜂窝,因此得名。每个小区都由一个基站提供服务,基站负责与小区内的移动设备进行通信。

蜂窝数据网络的主要特点是可以实现频率复用,即在不同的小区中使用相同的频率进行通信,从而提高了频谱利用率。这是因为小区之间的距离足够远,使得同一频率的信号在相邻小区之间不会产生明显的干扰。在蜂窝数据网络中,移动设备通过与基站进行无线通信来接入网络。当移动设备在小区之间移动时,它会自动切换到信号更强的基站,以保持连续通信。这种切换过程通常是无缝的,用户几乎感觉不到。

蜂窝数据网络的发展经历了多个阶段,从最初的模拟通信到现在的数字通信,技术不断升级。目前,广泛使用的蜂窝数据网络技术包括 2G、3G、4G 和 5G 等。

2G 网络主要提供语音通信和低速数据传输服务,如短信和彩信;3G 网络在 2G 网络的基础上增加了对高速数据传输的支持,使得用户可以浏览网页、使用电子邮件和下载一些小型文件;4G 网络进一步提高了数据传输速度,能够支持高清视频流媒体、在线游戏等对带宽要求较高的应用;5G 网络具有更高的速度、更低的延迟和更大的连接容量,为物联网、智能驾驶、虚拟现实等新兴技术的发展提供了有力支持。

3）蓝牙

蓝牙是一种短距离无线通信技术,允许设备在短距离范围内进行数据传输和连接到 Internet。大多数现代设备都支持蓝牙功能,使得蓝牙接入具有广泛的兼容性。蓝牙通常适用于在 10m 左右的范围内进行设备间的通信,并且蓝牙设备的功耗相对较低,适用于电池供电的移动设备。

在 Internet 接入方面,蓝牙可以通过与其他设备（如手机、平板计算机、笔记本计算机等）建立连接,然后利用这些设备的网络连接（如 Wi-Fi 或蜂窝数据网络）来实现间接接入 Internet。例如,蓝牙音箱可以通过与手机配对,使用手机的网络来播放来自 Internet 的音乐。此外,蓝牙还可以用于构建个人局域网,在这个局域网内,设备可以相互通信和共享数据。虽然蓝牙本身的传输速度和距离有限,但它在某些特定场景下,如智能家居、可穿戴设备等领域,发挥着重要的作用。

4）卫星通信

卫星通信主要依赖于卫星的宽带 IP 多媒体广播技术,该技术能够解决 Internet 带宽的瓶颈问题,尤其是在地理条件复杂或传统通信设施难以覆盖的地区。卫星通信具有覆盖面广、传输距离远、不受地理条件限制等优点,在自然灾害、突发事件等情况下,地面通信网络可能会遭到破坏,卫星通信可以作为应急通信手段,为救援人员、受灾群众提供 Internet 接入服务,方便救援指挥和信息传递。例如,在地震、洪水等灾害发生后,卫星通信可以快速建立通信链路,保障救援工作顺利进行。

卫星通信常采用非对称的传输方式,即上行速率较低,主要用于发送用户请求;下行速率较高,主要用于传输大量的数据信息。支持标准的 TCP/IP,以及 WWW、E-mail、NewsGroup、Telnet 等多种互联网应用协议,能够满足用户多样化的网络需求。卫星系统具有天然的广播优势,能够以非常低廉的价格实现广大区域内大数据量的分发。卫星通信接入 Internet 的所有传输数据都实现了数据加密标准（Data Encryption Standard,DES）,确保了数据传输的安全性。它不仅能够解决传统通信方式难以覆盖地区的 Internet 接入问题，还能够为用户提供高速、稳定、安全的网络体验。

5.2.3 IP 地址及域名系统

1. IP 地址的概念

在现实世界的通信中，精确的地址对于信件和包裹的成功投递至关重要。同样，在数字网络中，为了确保数据包能够准确无误地到达目的地，每台计算机、路由器以及其他联网设备都必须拥有一个独一无二的标识符，即 IP 地址（Internet Protocol Address）。IP 地址是一种逻辑地址，它在网络层面上标识了 Internet 上的每个节点，从而支持数据包在源地址与目的地址之间的有效传输。IP 地址分为 IPv4 和 IPv6 两种类型。

1）IPv4 地址

现有的网络是在 IPv4 的基础上运行的。IPv4 地址（以下简称 IP 地址）是基于 32 位二进制数的标准地址格式，它为网络中的每台设备提供了唯一的身份识别。无论是在局域网还是广域网环境中，任何希望接入 Internet 的设备都必须拥有一个独特的 IP 地址，以便于与其他网络节点进行通信。IP 地址通常采用点分十进制形式表示，即 4 个 0～255 的十进制数字，以"."分隔。例如，二进制数

$$01110000.01010111.01000001.00111100$$

将其转换成十进制数，对应的 IP 地址为 112.87.65.60。

IP 地址结构上被划分为网络部分和主机部分，这一设计旨在实现对网络架构的有效管理。网络部分定义了设备所属的具体网络，而主机部分则标识了该网络内部的特定设备。根据这一原理，IP 地址可以被抽象地表达为一个二元组：<网络号，主机号>。这样的设计允许数据包根据其目的地的网络部分和主机部分被准确地路由至正确的接收方。

为了适应不同的网络规模需求，IP 地址被进一步细分为 5 类：A、B、C、D 和 E。A 类地址适用于大型网络，B 类地址适合中等规模的网络，C 类地址主要用于小型网络，D 类地址专门用于多播通信，E 类地址预留以备未来之需。每类地址都有其特定的前缀模式，这些模式不仅有助于确定地址的类别，还影响着可分配给网络和主机的数量。例如，A 类地址的第一个 8 位组以 0 开头，这意味着 A 类地址的网络部分占用了第一个 8 位组，而主机部分则占据了剩余的 24 位，如图 5.7 所示。

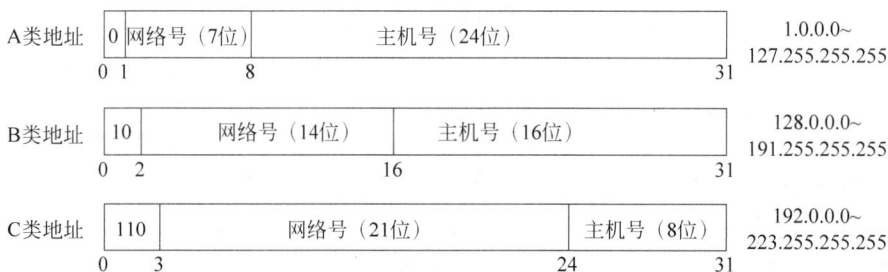

图 5.7 IP 地址编码示意图

值得注意的是，某些特殊的 IPv4 地址段具有特定用途。例如，全 0 的主机部分通常用来表示整个网络本身，而全 1 的主机部分则用于本地网络广播。此外，还有一些地址段被预留为私有地址空间，这些地址可以在私有网络中自由使用而不必担心与公网地址冲突。

A 类地址的前 8 位用于标识网络号,其余 24 位用于标识主机号,最高位固定为 0。所以,A 类地址所能表示的网络数范围为 0～127,但需要注意的是,数字 0 和 127 并不作为主机的 IP 地址。其中,数值 0 被视为预留地址,用于指代本地网络,而非特定主机;而数值 127 则被专门预留用于环回测试,例如,127.0.0.1 通常作为本机循环接口的标准地址。因此,A 类地址实际上可用的网络只有 126 个,范围为 1.0.0.0～126.255.255.255。A 类 IP 地址通常用于大型网络。

B 类地址的前 16 位用于标识网络号,其余 16 位用于标识主机号,最高两位固定为 10。B 类地址范围为 128.0.0.0～191.255.255.255。B 类地址结构适用于中等规模的网络配置,如区域性的网络管理机构或企业内部网络。

C 类地址的网络标识占据前 24 位,主机标识仅占最后 8 位,且最高 3 位固定为 110。这导致 C 类地址的适用范围为 192.0.0.0～223.255.255.255。由于其主机数量限制较小,C 类地址尤其适合小型网络部署,如教育机构的内部网络。

综上所述,通过分析 IP 地址的第一组十进制数值,即可准确判断出地址所属的类别,这一过程在实际网络规划与管理中具有重要意义。表 5.2 提供了详细的分类指南,便于快速识别不同类型的 IP 地址。

表 5.2　A、B、C 类地址

类　　型	第一段数字范围	包含主机台数
A	1～126	16 777 214
B	128～191	65 534
C	192～223	254

IP 地址池总计包含 2^{32} 个地址,即大约 42.9 亿个唯一标识符。然而,随着 Internet 技术的快速发展与全球连网设备数量的显著增长,IPv4 地址资源日益稀缺,成为制约 Internet 扩展的关键因素之一。在 Internet 初期,IP 地址的分配工作主要由因特网编号分配机构(Internet Assigned Numbers Authority,IANA)统一协调并实施。具体流程:IANA 首先将大范围的地址块分配给五大区域因特网注册管理机构(Regional Internet Registries,RIRs),包括但不限于亚太网络信息中心(Asia-Pacific Network Information Centre,APNIC)、欧洲 IP 网络协调中心(RIPE Network Coordination Centre,RIPE NCC)等。随后,这些 RIRs 依据各自区域内的需求,继续向下一级分配,直至 ISP 层面。ISP 再根据终端用户的特定需求,如企业或个人,分配相应的 IP 地址,确保其能够顺利接入 Internet 并实现数据交换。

然而,在地址分配过程中,存在着一定的非最优分配及历史遗留问题,这些问题直接导致 IP 地址资源的浪费。例如,某些组织可能基于未来扩张的预期或是出于安全考虑,预先申请了远超实际所需数量的 IP 地址,而实际上并未充分利用这些资源。这种现象不仅限制了新入网设备获取独立 IP 地址的可能性,也加速了 IP 地址池的枯竭速度,进而促使业界积极探索新的解决方案,如 IPv6 协议的推广与应用,以应对即将到来的地址短缺挑战。

2) IPv6 地址

IPv6,即 Internet Protocol version 6,是为应对 IPv4 地址耗尽问题而设计的下一代 Internet 协议。IPv6 采用了 128 位地址长度,理论上能够提供约 3.4×10^{38} 个唯一地址,极大地扩展了网络地址空间,满足了日益增长的互连设备数量的需求。IPv6 地址格式为冒号分隔的十六进制数，共包含 8 组 16 位数字，如示例地址 2001:0db8:85a3:0000:0000:8a2e:0370:7334。

IPv6 相对于 IPv4 具有多方面的优势，这些优势主要体现在以下 6 方面。

(1) 扩展的地址空间：通过 128 位地址长度的设计，IPv6 解决了 IPv4 地址资源有限的问题，能够为更多的设备分配唯一的网络地址，适应了 Internet 的快速发展。

(2) 提高的网络性能和效率：IPv6 支持大于 64KB 的数据包大小，优化了数据传输效率。此外，通过简化报文头部结构和改进的分段机制，IPv6 提高了数据包的处理速度和转发效率，从而增强了网络的整体性能。

(3) 强化的安全特性：IPv6 包括内置的 IPsec(Internet Protocol Security)支持，这提供了更强的网络安全性。IPsec 可以用于数据加密和身份验证，以保护通信的机密性和完整性。

(4) 优化的移动性和即插即用能力：IPv6 包括内置的支持移动设备的功能，使得移动设备可以更容易地切换网络，而无须更改 IP 地址，从而提高了设备的可用性。IPv6 引入了 SLAAC(Stateless Address Autoconfiguration)机制，允许设备自动获取 IPv6 地址，减少了网络管理员的配置工作，实现了即插即用。

(5) 改良的多播功能：相较于 IPv4，IPv6 的多播功能更加灵活，支持定义多播范围和区分永久性与临时性地址，有利于多播服务的有效实施。

(6) 增强的服务质量(Quality of Service,QoS)支持：IPv6 提供了更精细的流量控制选项，有助于网络管理员优化数据包的传输优先级，保障关键应用的服务质量。

尽管 IPv6 技术已经成熟并存在多年，其在全球范围内的广泛应用仍面临挑战。然而，随着 IPv4 地址资源的逐渐枯竭，向 IPv6 过渡成为必然趋势。目前，许多国家和地区正积极推广 IPv6 的部署，以促进 Internet 的可持续发展。

2. 子网掩码

在计算机网络架构中，子网掩码(Subnet Mask)是一个不可或缺的概念，它与 IP 地址紧密关联，共同承担着网络划分和管理的核心职责。子网掩码可被视为网络世界的"标尺"，通过其精准划分不同规模的网络区域，实现网络资源的合理配置和高效利用。具体来说，子网掩码是一个 32 位的二进制数，与 IP 地址具有相同的位数，主要用于区分 IP 地址中的网络部分和主机部分。为了便于人们的理解和配置，子网掩码通常采用点分十进制表示法。

在标准的 IP 地址分配体系中，子网掩码的主要功能之一是作为判断两台计算机是否处于同一子网络的关键依据。其实现方式是通过将两台计算机的 IP 地址与子网掩码进行按位逻辑与(AND)运算。如果运算后的结果完全一致，则表明这两台计算机位于同一子网内。例如，假设有一台计算机的 IP 地址为 192.168.1.100，子网掩码为 255.255.255.0，对其进行逻辑与运算(将 IP 地址和子网掩码的每位进行与运算，即只有当两个位都为 1 时，结果才为 1)后，得到的网络地址为 192.168.1.0。该网络地址定义了该 IP 地址所属的网络范围，而主机地址则可通过从完整 IP 地址中减去网络地址来确定。在此例中，主机地址为 0.0.0.100，即 IP 地址的最后一字节。明确网络地址和主机地址对于确保网络通信的准确性至关重要。当一设备准备向另一设备发送数据时，必须先确认目标设备的网络地址。若目标设备与发送方位于同一网络，数据包可直接在同一网络内传输；反之，若目标设备位于不同网络，则需通过路由器将数据包转发至目标网络。子网掩码的恰当设定与运用，确保了设备能够准确辨识网络地址和主机地址,从而保障了网络通信的顺畅进行。

在基于分类的 IP 地址体系中,子网掩码是预设的,不允许用户自定义子网划分。例如,在 A 类地址中,前 8 位固定用于表示网络部分,而剩余的 24 位可供自由分配给主机。然而,在非分类的 IP 地址体系中,子网掩码的设置更为灵活,允许对主机地址部分进行进一步细分,从而实现更细粒度的网络管理。这种灵活性不仅提高了 IP 地址资源的使用效率,也为网络设计者提供了更大的操作空间,以适应多样化的网络需求。

子网掩码采用点分十进制表示法,其结构设计用于区分 IP 地址中的网络部分与主机部分。具体而言,在子网掩码中,1 代表网络部分,0 代表主机部分。基于此原则,不同类别的 IP 地址具有相应的默认子网掩码。

(1) A 类地址的默认子网掩码为 255.0.0.0,表明前 8 位(即第一个 8 位组)用于标识网络,剩余 24 位用于标识主机。

(2) B 类地址的默认子网掩码为 255.255.0.0,表明前 16 位(即前两个 8 位组)用于标识网络,后 16 位用于标识主机。

(3) C 类地址的默认子网掩码为 255.255.255.0,表明前 24 位(即前三个 8 位组)用于标识网络,最后 8 位用于标识主机。

在上述点分十进制表示中,每个数字实际上映射了子网掩码的一个 8 位二进制字段。例如,255 在二进制下等同于 8 个连续的 1(即 11111111),而 0 则对应 8 个连续的 0(即 00000000)。以 255.255.255.0 为例,该子网掩码的完整二进制形式为 11111111. 11111111.11111111.00000000,清晰地展示了前 24 位用于标识网络,最后 8 位用于标识主机的规则。这种机制确保了 IP 地址的有效解析,使得数据包能够准确无误地从源端传输到目标端。通过子网掩码的应用,网络管理员还可以进一步细分网络,提高 IP 地址资源的利用效率。

3. Internet 域名系统

1) 域名概述

域名是在 Internet 上用于识别和定位特定资源(如网站、服务器等)的一种人类可读的地址形式。它充当了数字 IP 地址的友好替代品,使用户能够更加便捷地访问网络资源,而无须记忆复杂的数字序列。例如,通过输入 www.example.com,用户即可轻松访问目标网站,而无须知晓其背后的 IP 地址。

(1) 顶级域名。

顶级域名(Top-Level Domain,TLD)位于域名体系结构的最高层级,主要分为两大类:通用顶级域名(Generic TLD,gTLD)和国家/地区代码顶级域名(Country Code TLD,ccTLDs)。

① 通用顶级域名:此类域名旨在全球范围内应用,涵盖多种组织类型,包括但不限于商业实体(.com)、网络服务提供商(.net)、非营利组织(.org)、政府机关(.gov)以及教育机构(.edu)。例如,域名 www.google.com 中的.com 部分即为通用顶级域名,表明 Google 属于商业性质的企业。

② 国家/地区代码顶级域名:此类域名用于标识特定的国家或地区,如中国(.cn)、美国(.us)、日本(.jp)等。它们主要服务于各自国家或地区的网络资源。例如,www.sina.com.cn 中的.cn 部分指明新浪是中国注册并运营的网站。

（2）二级域名。

二级域名位于顶级域名的左侧，通常由用户根据自身需求向相关注册机构申请注册。它有助于标识具体的组织、企业或个人，从而反映网站的品牌、名称或业务特性。以 www.example.com 为例，其中的 example 即为二级域名，代表了该网站的独特身份。

（3）三级域名。

三级域名是在二级域名基础上的进一步细分，主要用于内部组织结构的划分或特定服务的指示。例如，www.example.com 中的 www 即为三级域名，常用于指向网站的主页面。

此外，还有一些特殊的域名类型，如子域名、泛域名等。

子域名：子域名是在二级或三级域名之下创建的，用于细化网站的各个部分或功能区。例如，mail.example.com 中的 mail 子域名可能指向邮件服务，而 blog.example.com 中的 blog 子域名则可能指向博客平台。

泛域名：是指使用通配符（＊）来匹配所有子域名的域名。例如，＊.example.com 可以匹配 www.example.com、blog.example.com 等所有以 example.com 为后缀的域名。

2）域名系统

Internet 域名系统（Domain Name System，DNS）是一种分布式数据库系统，负责将人类友好的域名转换为机器可识别的 IP 地址。域名通常按照从右至左的顺序排列，依次为顶级域名、二级域名、三级域名等。其基本格式如下：

计算机名.［机构名.］［网络名.］顶级域名

这里，从右到左分别代表了国家或地区名称、网络类别、组织名称以及具体的主机名称。DNS 不仅简化了网络资源的访问过程，还促进了全球网络信息的高效管理和交换。

域名系统作为 Internet 的核心基础设施之一，承担着将易于人类记忆的主机名（即域名）转换为计算机可以直接处理的 IP 地址的重要任务。这一过程类似于现实世界中的电话簿，使用户能够通过简单的文本字符串（如 www.example.com）而非复杂的数字序列（如 192.168.11.100）来访问网络资源。即使目标服务器的 IP 地址因技术维护、迁移等因素发生变化，只要域名保持不变，用户依然能够通过相同的域名访问到所需的服务，而无须关注底层的技术细节。

5.2.4　Internet 的基本服务

1. 社交媒体

社交媒体是指依托于 Internet 平台的一系列在线服务和应用程序，其核心功能在于让用户能够创建个人资料、分享各种内容（包括但不限于文本、图像、视频等），并与他人进行交流互动，构建社交网络。社交媒体颠覆了传统媒体单向信息传递的模式，转而强调用户间的双向沟通和积极参与，从而为用户提供了一个开放、互动的虚拟社交环境。社交媒体的应用范围广泛，可用于信息的传播与获取、社交互动与人际关系的维护、商业营销与品牌形象的推广、社会舆论的形成与公共事务的参与等多方面。目前，较为流行的社交媒体形式包括但不限于社交软件、微信、微博、抖音、小红书等社交网络平台。

2. 流媒体

流媒体技术是指将连续的媒体数据经过压缩处理后，通过网络分段传输，以达到即时播放效果的技术手段。这项技术革新了传统的媒体消费模式——必须先下载完整文件才能开始播放,而是实现了"边下载边播放"的用户体验,大大缩短了用户等待的时间,提升了观看或收听的便捷性。例如,在线视频观看过程中,视频数据会随着播放的进行不断从服务器端传输至客户端,用户无须等待整个视频文件下载完成即可开始观看。腾讯视频、爱奇艺、YouTube 等流媒体服务平台,为用户提供了丰富的影视内容,包括电影、电视剧、综艺节目及短视频等。除此之外,流媒体技术同样适用于游戏直播、体育赛事直播、新闻直播等领域。在这种场景下,直播者或内容提供方会将现场的音视频信号实时编码压缩并通过网络传输,观众则可以即时观看直播内容,并通过发送弹幕、点赞、评论等方式与主播或其他观众进行互动。

3. 电子商务和电子支付

电子商务是一种利用信息技术手段,围绕商品和服务交换开展的商务活动。它涵盖了通过 Internet、企业内部网络和增值网络进行的电子交易及其相关服务。电子商务的核心在于将传统商业活动的各个环节实现电子化、网络化和信息化,从而使得买卖双方能够在没有面对面接触的情况下完成各类商贸活动,包括但不限于消费者的在线购物、企业间的电子交易以及在线支付等。电子商务的主要模式包括企业对企业(Business to Business,B2B)、企业对用户(Business to Customer,B2C)、用户对用户(Customer to Customer,C2C)和线上线下商务(Online to Offline,O2O)。

B2B 电子商务模式是指企业之间通过 Internet 进行产品、服务及信息的交换和交易,如阿里巴巴。在这种模式下,交易双方均为企业,其交易规模通常较大,交易过程相对复杂。它具有交易频率相对较低,但每笔交易金额较大;交易关系较为稳定,合作周期较长等特点。

B2C 电子商务模式是企业通过 Internet 直接向用户销售商品和服务,如天猫、京东。此模式下,交易频率高,流程简单,消费者仅需在平台上选择商品、完成支付,随后等待商品配送即可。

C2C 电子商务模式是指用户之间通过 Internet 进行个人物品的交易,如二手交易平台闲鱼。这类模式的交易主体为个人,规模小且分散,价格灵活,买家可与卖家协商定价。

O2O 电子商务模式是结合线上营销与线下服务的一种商业模式,如美团、饿了么。O2O 模式强调线上线下互动,通过线上平台吸引顾客并提供预订、支付等服务,同时确保线下服务质量,提升用户体验。

电子支付则是指通过安全的电子手段,在消费者、商家和金融机构之间传输支付信息,以实现货币支付或资金转移的过程。电子支付系统是电子商务的重要组成部分,它简化了支付流程,提高了交易效率,保障了交易的安全性。

4. 网盘的应用

网盘,即网络硬盘,是一种基于 Internet 的数据存储服务,允许用户通过网络上传文件至服务器进行存储,并能从任何有网络连接的地方访问和管理这些文件。网盘为用户提供了灵活的存储解决方案,既适合个人用户存储和备份日常文件,也适用团队协作,支持文件共享、编辑等功能,有效促进远程工作和项目合作。

5. 搜索功能

搜索是 Internet 用户获取信息的基本途径之一,通过搜索引擎输入关键词或查询语句,可以高效地查找网页、文档、图片、视频等信息资源。搜索引擎的工作原理是通过索引

Internet 上的内容,根据用户的查询请求返回最相关的搜索结果。随着人工智能技术的进步,搜索引擎正变得更加智能,不仅能理解用户的自然语言查询,还能根据用户的搜索历史和行为偏好提供个性化服务,极大地提升了搜索的准确性和用户体验。

6. 电子邮件服务

电子邮件服务是 Internet 上最早且最基础的通信方式之一,主要用于个人与个人、个人与组织以及组织与组织之间的信息交流。电子邮件系统由邮件客户端软件、邮件服务器和通信协议构成,通过这些组件实现邮件的发送、接收和管理。电子邮件地址的标准格式为"用户名@电子邮件服务器域名",例如,zhangsan@qq.com,其中,zhangsan 为用户名,qq.com 为电子邮件服务器的域名。电子邮件因其快捷、成本低廉、易于操作等优点,成为现代社会不可或缺的沟通工具。

5.3 无线网络

5.3.1 无线网络基础知识

1. 无线网络的定义

无线网络(Wireless Network)是一种利用无线通信技术进行数据传输和信息交换的计算机网络,不依赖于物理介质(如电缆连接)。无线网络通过无线电波、红外线等方式传输数据,使得设备在一定范围内可以自由移动而不会失去连接。无线网络具有灵活性、易于部署、扩展性强和成本效益高的特点。它允许设备(如智能手机、笔记本计算机和平板计算机等)在家中、办公场所或公共区域内方便地接入网络。无线网络按应用场景和覆盖范围主要分为无线个人域网(WPAN),如蓝牙、红外通信;无线局域网(WLAN),如 Wi-Fi;无线城域网(WMAN),如 WiMAX;以及无线广域网(WWAN),如蜂窝网络(3G、4G、5G)。这些网络类型满足了不同需求,从短距离的个人设备连接到广域的跨城市、国家的通信。

2. 无线网络的基本组成

无线网络的基本组成包括无线客户端设备、无线接入点、无线路由器,以及相关的网络基础设施。如图 5.8 所示。每个部分在无线网络中扮演不同的角色,共同实现了无线数据传输和通信。

| 无线客户端设备 | 无线接入点 | 无线路由器 | 交换机H3C |

图 5.8　无线网络的基本组成设备

1) 无线客户端设备

无线客户端设备是无线网络的重要组成部分,指通过无线通信技术连接到网络的终端设备。常见的无线客户端设备包括智能手机、平板计算机、笔记本计算机,以及日益普及的智能家居设备,如智能音箱、智能门锁和可穿戴设备等。这些设备通常内置无线网卡或通过外接无线网卡来实现无线连接,利用 Wi-Fi、蓝牙、蜂窝网络(如 4G、5G)等技术进行数据的接收和发送。无线客户端设备能够随时随地访问网络资源,满足用户对互联网、文件服务器、打印机等资源的需求。

在无线网络的架构中,客户端设备不仅是数据的终端接收方,也是信息的发出者。通过无线网络,这些设备能够与其他网络组件,如无线接入点和路由器建立连接,形成一个完整的网络通信链路。无线客户端设备的便携性和移动性,使得用户能够灵活地进行办公、学习和娱乐等活动,同时也推动了物联网的发展,使得智能家居、智慧城市等应用场景成为可能。这些设备与无线基础设施的紧密结合,构成了现代无线网络系统的基础,使得人们的生活方式与工作方式都发生了深刻的变革。

2) 无线接入点

无线接入点(WAP)是无线网络中的核心组成部分,主要功能是将无线客户端设备与有线网络连接。作为无线和有线网络之间的桥梁,WAP 通过无线电波在特定频段(如2.4GHz 或 5GHz)进行数据的发送和接收,进而为无线客户端设备提供网络接入服务。用户通过 WAP 可以方便地访问互联网、公司内部网络等网络资源,而无须依赖传统的有线连接方式。WAP 通常通过有线方式连接到交换机或路由器,从而将无线设备引导到有线网络中,实现数据的双向传输。

在无线网络的实际部署中,WAP 的数量和位置对整个网络的覆盖范围和性能起着决定性作用。一个 WAP 可以支持多个无线客户端设备同时连接,然而,其性能会受到硬件配置、信号强度和网络带宽的影响。环境因素如墙壁、天花板以及其他障碍物都会对无线信号产生干扰,从而影响信号质量和网络速度。为了克服这些限制,通常在大面积的场所(如办公楼、校园、商场等)需要部署多个 WAP,形成一个覆盖广泛的无线网络。在这种情况下,漫游(Roaming)技术能够确保用户在不同 WAP 覆盖区域之间移动时,依然能够保持稳定的网络连接。此外,信道优化技术也用于减少 WAP 之间的干扰,确保每个 WAP 都能提供最佳的性能和传输效率。通过合理的 WAP 部署与配置,无线网络能够实现广泛的覆盖和高效的连接,满足多种应用场景的需求。

3) 无线路由器

无线路由器是一种功能集成化的网络设备,结合了无线接入点和路由器的双重作用,广泛应用于家庭、小型办公室及其他小型网络环境中。作为无线接入点,路由器可以通过 Wi-Fi 技术连接多个无线客户端设备,如智能手机、平板计算机、笔记本计算机等,提供稳定的无线网络接入。而作为路由器,它能够管理数据包的传输路径,确保网络中的设备能够有效地与外部网络(如互联网)通信。无线路由器不仅可以通过有线方式连接到外部网络,还能通过其无线功能为局域网内的设备提供连接。

无线路由器还具备多项管理和安全功能,确保网络的正常运行和数据的安全性。通过其内置的动态主机配置协议(Dynamic Host Configuration Protocol,DHCP),路由器可以自动为网络中的设备分配 IP 地址,简化了设备的网络配置过程。同时,网络地址转换(Network Address Translation,NAT)功能能够隐藏内部网络设备的真实 IP 地址,提供额外的隐私和安全层。此外,路由器通常自带基本的防火墙功能,可以阻止未经授权的访问。用户可以通过路由器的网页管理界面进行配置,设置服务集标识符(Service Set Identifier,SSID)、密码以及安全协议(如 WPA3)等,确保网络的安全性。许多无线路由器还支持高级功能,如访客网络的设置、家长控制、带宽管理、以及虚拟专用网连接,以满足不同用户的个性化需求。这些功能使得无线路由器不仅提供了灵活的网络连接方案,还提升了网络的安全性和管理便捷性。

4）其他网络基础设施

除了无线客户端设备、无线接入点和无线路由器,完整的无线网络还需要相关的网络基础设施,如交换机、网关和服务器。交换机用于连接多个无线接入点和有线设备,确保高效的数据传输和网络管理。网关通常连接到 ISP,充当本地网络与 Internet 之间的接口。服务器则提供各种网络服务,如 DNS、DHCP 和身份验证等,支持无线网络的正常运行和管理。通过这些组成部分的协同工作,无线网络能够提供灵活、便捷且高效的网络连接,满足现代生活和工作中的多样化需求。

5.3.2　无线局域网

1. 无线局域网的定义与类型

1）无线局域网概述

无线局域网(WLAN)是一种利用无线通信技术在局部区域内实现设备互连和资源共享的网络形式。WLAN 不需要传统的有线连接,通过无线电波在一定范围内传输数据,使得设备能够灵活地接入网络。WLAN 技术广泛应用于家庭、企业、学校和公共场所,极大地提升了网络的灵活性和便利性。

无线局域网的核心组成部分是无线接入点和无线客户端设备。无线接入点通过无线电波在 2.4GHz 或 5GHz 频段发送和接收数据,形成一个覆盖区域,称为服务集(Service Set)。无线客户端设备如智能手机、平板计算机、笔记本计算机等,通过内置的无线网卡与无线接入点进行通信,从而接入网络。无线局域网使用的主要协议是 IEEE 802.11 系列标准,包括 Wi-Fi 4(802.11n)、Wi-Fi 5(802.11ac)、Wi-Fi 6(802.11ax)等,这些标准不断演进,提供更高的传输速度和更好的网络性能。

无线局域网具有多种优势。首先,它提供了极大的灵活性和移动性,用户可以在无线信号覆盖范围内自由移动而不中断网络连接。其次,无线局域网的安装和部署相对简单,不需要铺设大量的网络线缆,降低了网络建设的成本和时间。此外,无线局域网能够支持多种设备接入,适应现代办公和生活中多设备同时在线的需求。

2）无线局域网的分类

无线局域网根据其应用场景和规模的不同,可以分为多种类型。主要包括家庭无线局域网、企业无线局域网、公共无线局域网和校园无线局域网等。每种类型的无线局域网都有其特定的需求和特点。

(1) 家庭无线局域网。

家庭无线局域网是最常见的无线网络形式,主要用于家庭环境中。家庭无线局域网通常由一个无线路由器组成,负责将互联网连接扩展到家庭内的各种无线设备,如智能手机、平板计算机、笔记本计算机、智能家居设备等。家庭无线局域网的特点是设备数量相对较少,覆盖范围通常是一个家庭或公寓的内部区域。为了保证网络的稳定性和安全性,家庭无线局域网一般使用 Wi-Fi 标准,如 Wi-Fi 4(802.11n)、Wi-Fi 5(802.11ac)和 Wi-Fi 6(802.11ax),并通过加密技术(如 WPA2 或 WPA3)保护网络安全。

(2) 企业无线局域网。

企业无线局域网广泛应用于各类办公环境,包括小型企业到大型企业。与家庭无线局域网不同,企业无线局域网需要支持更高的设备密度和更广的覆盖范围。企业无线局域网通常由多个无线接入点组成,这些无线接入点通过有线网络连接到企业的核心交换机或无线路由器。企业无线局域网的特点包括高并发连接、高性能要求和网络安全性。企业通常使用 Wi-Fi 5 或 Wi-Fi 6 标准,以支持高速数据传输和多用户并发访问。同时,企业无线局域网还配备无线控制器,用于集中管理无线接入点、优化网络性能和实施安全策略。

(3) 公共无线局域网。

公共无线局域网在公共场所提供互联网接入服务,如咖啡馆、商场、机场、酒店等。公共无线局域网的主要特点是对大量用户的支持和开放性。为了应对高密度的用户连接和提供稳定的服务,公共无线局域网通常部署多个无线接入点,并使用负载均衡技术来分配网络流量。由于公共无线局域网涉及众多用户,安全性是一个重要考虑因素,通常采用加密和认证机制来保护用户的数据安全。此外,公共无线局域网还可能提供访问限制和流量管理,以确保网络资源的公平分配和性能优化。

(4) 校园无线局域网。

校园无线局域网应用于学校,支持师生的教学和学习活动。校园无线局域网需要覆盖整个校园,包括教室、实验室、图书馆、宿舍等区域。与家庭和企业无线局域网类似,校园无线局域网由多个无线接入点组成,并通过中央控制系统进行管理。校园无线局域网需要支持大量的设备连接和高带宽需求,同时提供安全的网络访问和管理功能。通常,校园无线局域网会采用更高级的无线标准,如 Wi-Fi 6,来满足教学和研究活动对高速和高稳定性的要求。某大学无线局域网分布如图 5.9 所示。

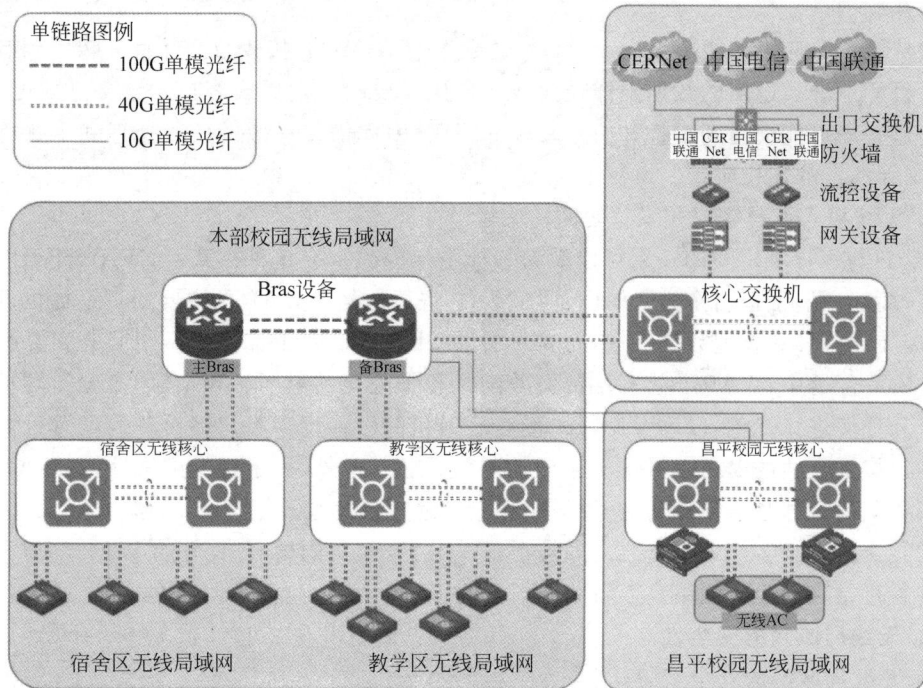

图 5.9　某大学无线局域网分布图

无线局域网的分类涵盖了从家庭到企业、公共场所和校园的多种应用场景。每种类型的无线局域网根据其需求和规模的不同,具有不同的技术要求和配置方案,以实现高效、稳定的网络服务。

2. 无线局域网的架构与部署

在无线局域网中,无线接入点和客户端设备之间的关系是网络架构的核心。无线接入点和客户端之间的交互方式直接影响到网络的性能、覆盖范围和用户体验。

1) 无线接入点

无线接入点(WAP)是 WLAN 架构中的关键组件,负责提供无线信号覆盖,并将无线通信转换为有线网络连接。WAP 通常连接到网络交换机或无线路由器,通过有线接口将无线网络与有线网络系统连接。它们负责处理客户端设备的无线信号,提供网络访问权限,并管理无线网络的流量。

WAP 通过无线电波广播网络信号,使得附近的客户端设备能够探测到信号并连接到无线网络。一个 WAP 的覆盖范围受物理环境的影响,如墙壁、家具和其他障碍物。为了扩大网络覆盖范围和提高网络容量,通常会部署多个 WAP,并通过无线信号或有线方式进行连接。这种多 WAP 部署模式通常称为无线网络的"蜂窝"架构,每个 WAP 称为一个蜂窝区域。

2) 客户端设备

客户端设备是指连接到 WLAN 的各种终端,如智能手机、笔记本计算机、平板计算机和无线打印机等。这些设备通过无线网络适配器与 WAP 建立连接。客户端设备会扫描可用的无线网络,并选择一个 WAP 进行连接。连接后,客户端设备将通过该 WAP 访问网络资源和互联网。

客户端设备通过无线电波向 WAP 发送数据请求,WAP 接收数据并将其转发到有线网络上的目标地址。返回的数据同样通过 WAP 从有线网络发送回客户端设备。WAP 在数据传输过程中可能会遇到干扰和信号衰减等问题,因此需要有效的信号处理和干扰管理策略,以确保稳定的连接质量。

3) 无线接入点与客户端设备之间的关系

WAP 与客户端之间的关系可以视为一种主从模式。在这种模式下,WAP 充当网络的主控点,而客户端设备则作为从属设备与 WAP 进行通信。WAP 的主要职责是提供网络访问、管理无线信号和处理数据流量,而客户端设备则依赖 WAP 来获得网络服务和资源。

在实际部署中,WAP 与客户端的有效配置和管理至关重要。WAP 的布置需要根据实际需求和环境进行优化,以确保良好的覆盖范围和信号强度。客户端设备的配置也需要确保正确连接到合适的 WAP,并配置正确的网络设置。此外,为了提升网络性能,WAP 通常会配备负载均衡和频谱管理功能,以优化客户端的连接体验。

无线接入点与客户端设备之间的关系是 WLAN 架构的核心,良好的 WAP 部署和客户端设备管理是确保无线网络高效、稳定运行的基础。

3. 无线局域网的安全性

1) 无线局域网的安全威胁

无线局域网因其便捷性和灵活性,广泛应用于家庭、企业和公共场所。然而,WLAN 的无线性质也带来了多种安全威胁,这些威胁可能导致数据窃取、非法接入和其他安全问题。了解这些安全威胁有助于采取有效的防护措施,保障无线网络的安全性。

(1) 数据窃取。

数据窃取(Data Voyeur)是无线网络面临的主要安全威胁之一。由于无线信号可以被空气中的任何设备接收,攻击者可能会利用嗅探工具捕获传输中的数据包。如果网络中的数据传输未加密,攻击者可以轻易解读这些数据,从而窃取敏感信息,如个人身份信息、银行账户信息或企业机密。即使是加密的网络,弱加密或过时的加密标准也可能被破解,从而威胁到数据的安全性。

(2) 非法接入。

非法接入(Unauthorized Access)指未经授权的用户或设备连接到无线网络。这种情况可能发生在网络安全设置不严密的情况下,攻击者可以通过猜测或破解弱密码获得网络访问权限。一旦成功接入,攻击者可以利用网络资源进行非法活动,如监听网络流量、实施中间人攻击或发起网络攻击。此外,非法接入还可能导致网络带宽的滥用和网络性能的下降,影响正常用户的使用体验。

(3) 中间人攻击。

中间人攻击(Man-in-the-Middle Attack)是另一种常见的无线网络安全威胁。在这种攻击中,攻击者伪装成合法的无线接入点或网络节点,拦截和修改在网络上传输的数据。攻击者可以利用这一技术进行数据窃取、篡改数据或注入恶意代码。中间人攻击通常发生在未加密的无线网络中,使得攻击者能够读取和操控传输中的信息。

(4) 网络干扰与拒绝服务攻击。

无线网络的信号容易受到干扰,即网络干扰(Network Interference),可能导致网络性能下降或中断。干扰源可能是其他无线设备、物理障碍物或恶意攻击。拒绝服务(Denial of Service,DoS)攻击通过大量无用的流量占用网络带宽,导致合法用户无法访问网络服务。这类攻击通常通过发送大量数据包或伪造无线接入点进行,使网络瘫痪或性能显著下降。

(5) 恶意软件与僵尸网络。

无线网络也可能成为恶意软件(Malware)传播的渠道。攻击者可以通过无线网络传播病毒、木马或间谍软件,感染连接到网络的设备。这些恶意软件可以窃取用户信息、破坏系统文件或将感染的设备纳入僵尸网络,用于发起进一步的网络攻击。僵尸网络(Botnet)由大量受控设备组成,用于执行大规模攻击或其他恶意活动。

2) 无线局域网的安全措施

为了确保无线局域网的安全性,采取有效的安全措施至关重要。这些措施可以防止未经授权的访问、数据窃取和网络攻击。以下是 8 种常见的无线局域网安全措施及其特点。

(1) WPA/WPA2 加密。

Wi-Fi 保护接入(Wi-Fi Protected Access,WPA)和 WPA2 是无线网络中最常用的加密协议,用于保护无线通信的安全。WPA 使用时限密钥完整性协议(Temporal Key Integrity Protocol,TKIP)加密数据,而 WPA2 则引入了更强的高级加密标准(Advanced Encryption Standard,AES)加密算法。WPA2 提供更高的安全性,防止数据窃取和篡改。

WPA:最初的 WPA 标准采用 TKIP 加密,解决了有线等效保密(Wired Equivalent Privacy,WEP)加密技术的安全问题。尽管比 WEP 更安全,但 WPA 已经过时,不再满足当前的安全需求。

WPA2:作为 WPA 的增强版,WPA2 使用 AES 加密算法,提供了更强的数据保护。它引入了基于计数器模式密码块链接消息认证码协议(Counter Mode with Cipher Block Chaining Message Authentication Code Protocol,CCMP),显著提升了网络的安全性。WPA2 适用于家庭和企业环境,并在许多现代无线设备中得到广泛支持。

(2)WPA3。

WPA3 是最新的无线网络安全标准,进一步提升了 WPA2 的安全性。它引入了 SAE (Simultaneous Authentication of Equals)协议,增强了密码保护,即使在使用弱密码的情况下也能防止密码破解。此外,WPA3 改进了公开网络的加密保护,提供了更高的安全保障。

(3)MAC 地址过滤。

介质访问控制(Medium Access Control,MAC)地址过滤是一种基于设备硬件地址的网络访问控制方法。网络管理员可以在无线接入点上配置一个允许或拒绝特定 MAC 地址的列表。只有在白名单上的设备可以连接到网络,这种方法能够有效防止未经授权的设备接入。

虽然 MAC 地址过滤可以提高网络的安全性,但它并不是绝对安全的,因为 MAC 地址可以被伪造。它应作为其他安全措施的补充,而不是唯一的防护手段。

(4)隐藏 SSID。

SSID 是无线网络的名称。隐藏 SSID 意味着无线网络不会广播其名称,从而减少了被发现的机会。虽然隐藏 SSID 不能完全防止被攻击者扫描和发现网络,但它可以使网络不那么显眼,从而减少自动扫描工具的发现概率。

(5)强密码策略。

使用强密码是保护无线网络的基本措施之一。密码应至少包含 8 个字符,包括大小写字母、数字和特殊字符。避免使用易于猜测的密码,如 123456 或 password。强密码能够有效防止暴力破解和字典攻击,提高网络的安全性。

(6)定期固件更新。

无线接入点和路由器的固件更新是维护网络安全的重要措施。制造商会定期发布更新以修补已知漏洞和改进安全性。管理员应定期检查并安装这些更新,以确保网络设备保持最新的安全状态。

(7)网络监控与入侵检测。

部署网络监控工具和入侵检测系统(Intrusion Detection System,IDS)可以实时监测无线网络中的异常活动。通过分析网络流量和行为模式,这些工具可以检测到潜在的攻击或异常,及时采取措施保护网络安全。

(8)强制使用 VPN。

在公共无线网络中,强制使用 VPN 可以增强数据传输的安全性。VPN 通过加密用户与网络之间的通信,防止数据在传输过程中被窃取或篡改。

通过实施这些安全措施,可以显著提升无线局域网的安全性,保护网络免受各种威胁和攻击,从而为用户提供一个稳定、安全的无线网络环境。

小结

本章对计算机网络的定义、发展历程、主要功能、系统组成及网络分类进行了详细介绍,结合具体应用对常见的各类计算机网络做了阐述,并重点针对网络协议、OSI 及 TCP/IP 进行描述。同时,以全球最大的计算机网络 Internet 为例,从其发展历程、常见的接入技术、IP 地址、域名系统及各类服务等方面进行了系统阐述。最后,针对无线网络,重点就其网络组成、工作原理及其安全性等展开介绍。

📖 思政阅读材料

案例一:从黑客攻击阴影到互联网治理新格局

2014 年 1 月 24 日下午三点,大量国内网站域名解析不正常,许多访问的请求被跳转到一个无响应的美国 IP 地址。全国将近三分之二的 DNS 服务器处于瘫痪状态,包括百度,新浪微博等网站都暂时无法访问,预计受影响的网站超过几十万个。经查网络故障是全球 DNS 根解析出现故障导致,该事件很有可能是黑客攻击行为。

2016 年中国主导雪人计划,在与现有 IPv4 根服务器体系架构充分兼容的基础上,在全球 16 个国家完成 25 台 IPv6 根服务器架设,事实上形成了 13 台原有根加 25 台 IPv6 根的新格局。中国部署了其中的 4 台,这打破了中国过去没有根服务器的困境,巩固了国家的网络主权和信息安全。也改变了美国在全球互联网治理中一家独大的现状,让更多的国家都参与到全球互联网治理中。2019 年 6 月 28 日,互联网域名系统国家工程研究中心(ZNDS)推出首款搭载龙芯芯片的域名服务器——红枫系统,这款服务器在软硬件上均实现了国产化,并从技术上突破了全球 13 个根服务器的数量限制,对于我国维护网络安全具有重要的意义。

当前网络空间已成为与海、陆、空等重要的人类生活的新领域,网络安全也成为国家安全的重要组成部分,并与政治、经济、社会甚至每个人的人身安全紧密联系在一起。维护网络安全不仅是国家、企业的责任,也需要每位网民共同参与。大学生作为网络使用最为频繁的重要群体,应提高网络安全意识和防护技能,遵守网络空间的法律法规,做一个合格的网络公民。

案例二:华为的 5G 崛起之路

在 21 世纪 10 年代,中国科技企业在全球科技领域的崛起引人瞩目,而华为公司作为其中的领军者,经历了许多挑战与磨难。这个故事不仅展现了 5G 技术的突破,还深刻体现了国家力量与个人奋斗的结合,激励着无数年轻人。

21 世纪 10 年代初,全球正处于 4G 网络的高速发展阶段,5G 尚在概念探索之中。当时,世界各大科技巨头纷纷布局 5G 技术,尤其是美国和欧洲国家的企业占据了技术研发的主导地位。然而,华为公司作为中国企业,怀抱着对科技的追求和民族复兴的梦想,决定勇敢进军 5G 领域。

华为公司创始人任正非曾公开表示:“我们要在 5G 时代,让中国掌握更多的话语权。”这不仅是企业发展的目标,更是为国家崛起贡献科技力量的愿景。在全球竞争异常激烈的背景下,华为公司 5G 研发团队不分昼夜地攻克一个又一个难题,逐步突破技术壁垒。

随着华为公司 5G 技术的不断成熟,华为公司成为全球 5G 网络设备领域的领军企业,掌握了全球范围内超过 20% 的 5G 标准必要专利。然而,2018 年开始,华为公司遭遇了国际上的打压,尤其是美国发起了对华为公司的禁令,导致华为公司无法使用一些重要的技术和零部件。

面对这一严峻形势,华为公司并未退缩,而是更加坚定了自力更生的决心。在中国政府的支持和全国人民的关注下,华为公司通过自主研发和技术创新,逐步摆脱对外技术依赖,建立了自己的供应链体系。这一过程中,华为公司 5G 研发团队更是埋头苦干,最终推出了全球领先的 5G 商用网络设备,成为全球多个国家 5G 网络建设的合作伙伴。

华为公司的故事,不仅是一个企业发展的传奇,更是无数科研人员和工程师无私奉献、勇于挑战自我、不断突破的缩影。这个故事告诉我们,唯有坚持创新与拼搏,才能在全球舞台上获得尊重和话语权。华为公司的 5G 之路是一条艰难而光辉的路,正因为有这样的企业和个人在背后默默付出,中国才能在全球科技竞争中占据一席之地。新时代的青年,应该把个人梦想与国家发展紧密结合起来,投身于科技创新,勇敢追梦,为中华民族的伟大复兴贡献自己的智慧与力量。

习题 5

一、单项选择题

1. 以下_____最准确地描述了计算机网络的定义。

    A. 计算机网络是连接多台计算机的系统,用于共享资源和信息

    B. 计算机网络是一种硬件设备,用于连接互联网

    C. 计算机网络是一种软件,用于管理计算机之间的通信

    D. 计算机网络是一种通信协议,用于确保数据安全

2. 以下_____不是计算机网络的主要功能。

    A. 数据通信   B. 资源共享   C. 实时天气预测   D. 分布式处理

3. 计算机网络的分类中,以下_____是按照覆盖范围划分的。

    A. 局域网、城域网、广域网   B. 有线网、无线网

    C. 专用网、公用网   D. 客户端/服务器网络、对等网络

4. 计算机网络的 OSI 参考模型中,_____负责数据的加密和解密。

    A. 网络层   B. 传输层   C. 表示层   D. 应用层

5. IPv4 地址由_____位二进制数组成。

    A. 16   B. 32   C. 64   D. 128

6. 以下_____顶级域名通常用于商业机构。

    A. .com   B. .net   C. .org   D. .gov

7. 局域网中一台主机的 IP 地址为 192.168.1.23,子网掩码为 255.255.255.0,以下表述错误的是_____。

    A. 此局域网中可正常上网的最多为 512 台主机

    B. 这是一个 IPv4 格式的地址

    C. 此局域网中其他主机 IP 地址一般为 192.168.1. *

    D. 此 IP 地址是由 32 位二进制数组成的,但用点分十进制表示

8. 以下用于发送电子邮件的协议是_____。

    A. SMTP   B. OP3   C. IMAP   D. HTTP

9. 无线路由器在家庭网络中扮演着重要角色。以下关于无线路由器功能的描述,

_____是不正确的。

    A. 提供无线接入点功能,允许多个设备通过 Wi-Fi 连接

    B. 管理数据包的传输路径,实现内部网络与外部网络的通信

    C. 通过 DHCP 自动为网络设备分配 IP 地址

    D. 直接连接到 ISP,无须其他设备作为中介

10. 关于无线接入点的作用,错误的是_____。

    A. 将无线客户端设备与有线网络连接

    B. 通过无线电波在特定频段进行数据的发送和接收

    C. 为无线客户端设备提供互联网访问服务

    D. 自动为网络中的所有设备分配 IP 地址

11. 关于无线网络的特点,描述不正确的是_____。

    A. 利用无线电波进行数据传输

    B. 具有较高的灵活性和移动性

    C. 通常比有线网络提供更高的带宽

    D. 覆盖范围可通过添加无线接入点扩展

二、判断题

1. 计算机网络中,集线器工作在数据链路层,具有数据转发和过滤功能。 (   )

2. 在计算机网络中,路由器工作在网络层,可以根据 IP 地址进行数据包的路由选择。

  (   )

3. OSI 参考模型和 TCP/IP 是完全相同的两套网络体系结构。 (   )

4. HTTP 属于 OSI 参考模型中的应用层协议。 (   )

5. 同一个 IP 地址可以有若干不同的域名,但每个域名只能有一个 IP 地址与之对应。

  (   )

6. 光纤的信号传播利用了光的全反射原理。 (   )

7. 目前大量使用的 IP 地址中,A 类地址的每个网络的主机个数最多。 (   )

8. 公共场所利用无线路由器上网,IP 地址分配方法一般采用动态分配的方式。

  (   )

9. Wi-Fi 7 相比 Wi-Fi 6 的主要优势仅在于传输率的提升。 (   )

10. 6G 网络将实现地面无线与卫星通信的集成,从而实现全球无缝覆盖。 (   )

三、填空题

1. 计算机网络的硬件系统主要包括计算机设备、通信设备和_____。

2. OSI 参考模型从下到上分为七层,分别是物理层、数据链路层、网络层、传输层、会话层、_____和应用层。

3. TCP/IP 中,_____协议负责将应用层数据分成较小的段,并添加必要的头部信息以便传输。

4. 计算机网络的_____是指网络中各实体间的连接形式,常见的有总线状、星状、环状等。

5. 中国教育和科研计算机网的英文简称是_____。

6. 子网掩码用于将 IP 地址划分为_____和主机地址两部分。

7. 在网络性能方面，_____网络通常提供更高的带宽和更低的延迟，适合需要大数据传输和高实时性的应用，如高清视频流、在线游戏和大规模数据中心。

8. IEEE 802.11ax 标准，也称为_____，在 2.4GHz 和 5GHz 频段上工作，支持最高 9.6Gb/s 的数据传输率。

9. 发布于 2009 年的 IEEE 802.11n 标准引入了_____技术和空间复用，使得信号质量和网络效率大大提高。它可以通过多条无线链路同时传输数据，显著改善了网络的稳定性和覆盖范围。

四、简答题

1. 简述计算机网络的定义及其主要功能。

2. 解释 OSI 参考模型和 TCP/IP 的区别与联系。

3. 列举至少 3 种常见的 Internet 接入技术，并简要介绍其特点。

4. 简述 IP 地址的分类及特点。

5. 简述无线网络在安全性方面的特点及相应的安全措施。

第 6 章　网络空间安全

本章学习目标
- 掌握计算机病毒知识。
- 了解电子数据司法鉴定分类与应用。
- 掌握防火墙工作原理。
- 掌握密码技术。

本章首先向读者介绍网络空间安全的要素及面临的主要威胁,随后介绍计算机病毒、防火墙及入侵检测系统、密码技术,接下来介绍电子数据取证与鉴定概念、技术内容和原则。

6.1　网络空间安全概述

6.1.1　网络空间安全的要素

网络空间安全是指保护网络空间中的系统、设备、数据以及用户,免受各种形式的威胁、攻击、破坏、未经授权的访问和滥用的能力。网络空间安全是一个综合性的领域,旨在构建一个安全、可信、可靠的网络环境,以保障国家安全、社会稳定、经济发展和个人隐私安全。

网络空间安全的要素主要包括以下 5 方面。

1. 机密性

机密性也称保密性,是指信息不泄露给非授权用户、实体或过程,或供其利用的特性,即防止信息泄露给非授权个人或实体,信息只为授权用户使用的特性。机密性是一种主要强调有用信息只被授权对象使用的要素。

2. 完整性

完整性包括数据完整性和系统完整性。数据完整性是网络信息(数据)未经授权不能进行改变的特性,即信息在存储或传输过程中保持不被偶然或蓄意地删除、修改、伪造、乱序、重放、插入等破坏和丢失的特性。数据完整性是一种面向信息的安全性,它要求保持信息的原样,即信息的正确生成、正确存储和正确传输。

系统完整性是指确保系统在未受损的方式下执行预期的功能,避免对系统进行有意或无意的非授权操作。

3. 可用性

可用性是指网络信息可被授权实体访问并按需求使用的特性。网络信息服务在需要时,允许授权用户或实体使用;或者是网络部分受损或需要降级使用时,仍能为授权用户提供有效服务的特性。可用性确保用户能够随时获取所需的信息和服务,对于维持网络系统的正常运行至关重要。

4. 可控性

可控性是人们对信息的传播路径、范围及内容所具有的控制能力,即不允许不良内容通过公共网络进行传输,使信息在合法用户的有效掌控之中。

5. 可审查性

可审查性是指对出现的网络安全问题能够提供调查的依据和手段。

当发生网络安全事件时,需要能够追溯到事件的源头、了解事件的经过,以便进行后续的处理和改进。通过记录日志、保存证据等手段,可以为网络安全事件的调查提供有力的支持。

6.1.2 网络空间安全的主要威胁

网络空间安全的框架可以大致分为设备层安全、系统层安全、数据层安全和应用层安全4部分,图6.1简单表示了该框架的主要部分。网络空间安全面临的威胁日益复杂和严峻,威胁包含4方面:设备层威胁、系统层威胁、数据层威胁、应用层威胁。

图 6.1 网络空间安全框架

1. 设备层威胁

设备层安全主要包括网络空间中信息系统设备所需要获得的物理安全、环境安全、设备安全等与物理设备相关的安全保障。

以下是一些设备层威胁的例子。

(1) 生物黑客通过皮下植入射频识别(Radio Frequency Identification,RFID)芯片,只需触摸他人手机就能入侵该手机,甚至能轻易打开门和汽车。

(2) 在军事方面,硬件木马带来的作用与威胁不容小视。海湾战争中,敌人通过激活打印机芯片的硬件木马,导致对方防空系统突然瘫痪。

(3) 2007年叙利亚预警雷达整个系统安全失效,究其原因,竟是通用处理器后门被激活。

以上这些安全事件,皆因为设备层存在的安全威胁,即使没有网络,计算机也会向外辐射电磁波,通过截获电磁波就可以分析出数据,依然导致设备层安全问题。

2. 系统层威胁

系统层安全,主要包括网络空间中信息系统自身所需要获得的网络安全、计算机安全、软件安全、操作系统安全、数据库安全等与系统运行相关的安全保障。

系统层威胁的代表之一就是结构查询语言(Structure Query Language,SQL)注入。SQL注入指的是由于Web应用程序对使用者输入数据的合法性判断不够严谨,从而让黑客可以借由在查询语句的末尾使用特定的SQL语句,把带特殊作用的SQL命令插入Web

应用程序的查询字符串中,达到欺骗数据库服务器,进行各种非法查询的目的,进而获取各种用户数据信息。SQL 注入在当前仍然是传统而有效的网络攻击方法。

常见的系统层威胁还包括一些恶意代码,如特洛伊木马、计算机病毒等。

特洛伊木马是黑客经常会使用的一种作为攻击工具的非法程序,一般情况下,它们会伪装成一些合法的程序,悄悄地植入用户的系统,从而很难被用户或安全软件发现,达到隐藏在系统中用以完成未授权功能的目的。木马会自动启动和运行,又具有极强的隐蔽性,因此木马常常会在被害者浑然不知的情况下进行远程控制,然后肆意窃取用户的隐秘信息。

计算机病毒是一组能够自我复制的计算机指令,一般通过网络和电子邮件复制和传播,插入计算机的程序中,进而令计算机无法正常运行或者直接破坏计算机内部的文件,威胁用户的系统安全。

3. 数据层威胁

数据层安全侧重于网络空间数据安全性、完整性、不可否认性等与信息安全自身相关方面的安全研究,这些都涉及网络空间数据处理的过程,其研究的应用领域已涉及大数据、云计算、云存储等新兴互联网应用领域。

数据层威胁案例很多,诸如以下一些数据层威胁的例子。

(1)黑客会通过伪装一些大型餐厅、车站候客厅、商业广场等提供的免费公共 Wi-Fi 引诱"蹭网"者连接。如果用户连接了这种黑客伪装的免费公共 Wi-Fi,并在网站上进行了数据通信,那么黑客就会截获用户的数据通信信息,其中就有可能涉及用户名、密码、照片、购物信息、聊天内容,甚至是通讯录等数据,这将导致用户私密信息泄露。

(2)黑客喜欢以防范安全意识较差的儿童作为入侵对象,进而对家庭实施勒索、窃取信息等行为。据英国广播公司(British Broadcasting Corporation,BBC)报道,德国全面禁售儿童智能手表,原因正是其存在严重的安全隐患,手表所处的位置可以被黑客完全掌握,儿童日常行程也能被黑客完整获取。不止如此,黑客甚至可以得知儿童及智能手表周围的各种声音,从而窃取大量的受害者私密信息。

(3)蓝牙协议中的漏洞同样也存在着不小的安全隐患。有一种黑客利用蓝牙漏洞进行攻击,即 BlueBorne。这种攻击手法对具有蓝牙功能的使用 Android、iOS、Windows 或者Linux 等操作系统的各种设备,通过无线方式利用蓝牙协议进行入侵,攻击手法简单到只需目标设备的蓝牙处于开启状态即可,无须配对。蓝牙漏洞可以让黑客无视蓝牙版本完全控制设备和数据,使得黑客得以渗透企业内部网络获取数据,感染相邻终端传播恶意软件,或进行中间人攻击。

4. 应用层威胁

应用层安全侧重于与信息系统应用相关联的安全研究,主要包括支付安全、物联网安全、内容安全、控制安全等。

应用层威胁在日常生活中也很常见,以下是一些应用层威胁的例子。

(1)黑客群发短信、邮件,并且里面包含虚假网站的链接。黑客先冒充官方号码发送短信或邮件,并在其中尽可能地模仿官方的口吻,骗取用户信任,如果用户一不留神,没有注意网址的域名而打开链接,就会进入和官网表面设计非常相似的虚假网站链接,从而面临信息泄露的风险。

(2)有些黑客会设置跟银行官网网址与域名高度相似的钓鱼网站,一旦用户不慎进入钓鱼网站,钓鱼网站就会诱导用户输入登录账号和密码,用户如果没注意到该网站不是官网,并输入了账号密码,那么黑客就会获得这些用户的隐私数据,从而试图从用户的账户中转账,获取用户钱财。

(3) 有些黑客通过对手机充电桩植入非法程序,当用户使用该充电桩进行充电时,诱导其打开 USB 调试模式,而后攻击者就可以通过 ADB(Android Debug Bridge)协议向用户手机植入病毒,甚至可以利用一些系统漏洞直接对用户手机进行入侵,从而获得管理员权限。当木马得以成功安装后,黑客就可以获取手机内所有用户的私密信息,用户的手机屏幕在黑客眼前一览无余。黑客可以在盗取用户信息后,再进行后续诈骗或者拦截验证码直接窃取网银资金。

6.2 计算机病毒

6.2.1 计算机病毒的原理与特点

1. 计算机病毒的定义

病毒并不是一个新概念,在人类生存环境中存在大量生物病毒。提起病毒,很容易将其与传染、复制、破坏性及其对人体健康的影响联系在一起。与生物学病毒相似,计算机病毒成了影响信息安全的重大挑战。

计算机病毒的概念在 1983 年由 Fred Cohen 首次提出,他认为,计算机病毒是一个能感染其他程序的程序,它靠篡改其他程序,并把自身的副本嵌入其他程序而实现病毒的感染。

著名信息安全预测专家 Ed Skoudis 则认为,计算机病毒是一种能自我复制的代码,通过将自身嵌入其他程序进行感染,而感染过程需要人工干预才能完成。

《计算机信息系统安全保护条例》中明确定义:计算机病毒,是指编制者在计算机程序中插入的破坏计算机功能或破坏数据,影响计算机使用并且能够自我复制的一组计算机指令或者程序代码。

计算机病毒与生物学"病毒"不同,计算机病毒不是天然存在的,是人利用计算机软件和硬件所固有的脆弱性编制的一组指令集或程序代码。它能潜伏在计算机的存储介质(或程序)里,条件满足时被激活,通过修改其他程序的方法将自己的副本或者可能演化的形式放入其他程序中,从而感染其他程序,对计算机资源进行破坏。

2. 计算机病毒的传播机理

病毒自身传播的工作目的就是复制和隐藏自己。病毒能够被传播的前提条件是当计算机开启后病毒至少被执行一次,并且具有合适的宿主对象(传播对象)。

1) 传播对象

病毒的传播对象通常为可执行程序,具体到计算机中就是可执行文件、引导程序、BIOS和宏。传播对象可以是移动磁盘或硬盘引导区、硬盘系统分配表扇区、可执行文件、命令文件、覆盖文件等。病毒的传播对象既是本次攻击的宿主,又是以后传播的起点。

2) 传播过程

计算机病毒的传播过程和医学中病毒的传播过程是相似的。病毒首先通过宿主的正常程序潜入计算机,借助宿主正常程序对自己进行复制。如果计算机执行已被感染的宿主程序时,那么病毒将截获计算机的控制权,宿主程序主要有操作系统、应用程序和命令程序 3

种。当已感染的程序被执行时,病毒将获得运行控制权且优先运行,然后找到新的传播对象并将病毒复制。

3）传播途径

计算机病毒的传播首先要有病毒的载体,病毒通过载体进行传播。病毒是软件程序,是具有自我复制功能的计算机指令代码,编制计算机病毒的计算机是该病毒的第一个传染载体。由这台计算机作为传染源,该病毒通过各种渠道传播。计算机病毒的传染途径主要有以下两种。

（1）可移动介质。

这种渠道是通过可移动式存储设备使病毒进行传播。可移动式存储设备包括软盘、U盘、可移动式硬盘等。在这些可移动式存储设备中,软盘在早期计算机网络还不太普及时是计算机之间传递文件使用最广泛的存储介质之一,因此软盘也成为当时计算机病毒的主要寄生地。

（2）计算机网络。

人们通过计算机网络传递文件、电子邮件。计算机病毒可以附着在正常文件中,当用户从网络另一端得到一个被感染的程序并在其计算机上未加任何防护措施的情况下运行时,病毒就通过强大的互联网肆意蔓延开,在很短的时间内有可能感染整个计算机网络。病毒通过计算机网络传播的主要方式有：E-mail、Web 服务器、文件共享等。

- E-mail。一些蠕虫病毒会利用漏洞隐藏于 E-mail 中,与此同时,向其他的系统用户发送一个副本来进行病毒的传播。
- Web 服务器。网络中计算机之间的信息交互是依靠 Web 服务器来进行的,有些病毒会攻击 Web 服务器。例如,ASP(Active Server Pages)木马,利用网站的 ASP 上传功能或数据库备份恢复功能,上传 ASP 木马文件,获取 WEBSHELL 权限,进而控制服务器；SQL 注入病毒,通过向 Web 应用程序的输入字段（如搜索框、登录表单）插入或"注入"恶意的 SQL 命令,欺骗服务器执行非法的数据库操作。
- 文件共享。Windows 自身可以通过设置,允许其他用户读取系统中的文件,这样就会导致安全性急剧降低。在默认情况下,系统仅允许已授权的用户读取系统中的所有文件。如果被恶意用户发现系统允许其他人读写系统文件,系统中就可能被植入带病毒的文件,再借由文件传输过程完成新一轮的病毒传播。

3. 计算机病毒的特点

1）传染性

计算机病毒具有自我复制的能力,它们可以通过各种途径（如网络、可移动介质等）传播到其他计算机系统中。一旦感染,病毒会迅速扩散,对多个系统造成威胁。传染性是病毒的基本特征。

2）寄生性

计算机病毒必须寄生在其他可执行的程序中才能存在和感染其他文件。它们会将自己的代码插入宿主程序中,并利用宿主程序的执行来传播和破坏。

3）破坏性

计算机病毒的破坏性主要体现在两方面：一是占用系统资源,影响系统正常运行；二是干扰或破坏系统的运行,破坏或删除程序、数据文件。

4）潜伏性

计算机病毒程序进入系统后一般不会立即被激活,首先隐藏在系统中,当条件(特定的日期、时间、操作系统)满足时才激活,从而破坏系统的运行。潜伏性越好,病毒在系统中的存在时间就会越长,病毒的传染范围就会越大。

5）可触发性

病毒如果没有被激活,它就像其他没执行的程序一样,不起任何作用,没有传染性,也不具有杀伤力。病毒具有预定的触发条件,这些条件可能是日期、时间、操作系统、文件类型或某些特定数据等。病毒程序运行时,触发机制检查预定条件是否满足:如果满足,启动感染和破坏动作,使病毒进行感染或攻击;如果不满足,病毒则继续潜伏。

6）隐蔽性

计算机病毒通常不是独立存在的,而是隐藏在其他可执行的程序中。这使得用户很难直接发现它们的存在,直到它们开始发作并造成损害。

6.2.2 计算机病毒的类型

计算机病毒的类型繁多,根据不同的分类标准,可以划分为多种类型。以下是一些常见的计算机病毒类型及其特点。

1. 按照寄生方式分类

引导型病毒:通过感染硬盘的引导扇区,进而感染硬盘和硬盘中的主引导记录。当硬盘被感染后,计算机会感染每个插入的设备。

文件型病毒:通过操作系统的文件进行传播和感染,通常隐藏在系统的存储器内,感染文件的扩展名可能包括 EXE、COM、DLL、SYS、BIN、DOC 等。文件型病毒又可分为源码型病毒、嵌入型病毒和外壳型病毒。

混合型病毒:同时拥有引导型病毒和文件型病毒的特征,既可感染引导区也可感染可执行文件,传染性更强,清除难度也更大。

2. 按照病毒特性和行为分类

(1)系统病毒:指那些专门感染计算机操作系统,并利用系统资源进行复制、传播、破坏活动的恶意软件。这些病毒能够影响计算机的正常运行,甚至导致系统崩溃、数据丢失等严重后果。如 CIH 病毒,可以感染 Windows 操作系统的 EXE 和 DLL 文件,并通过这些文件进行传播。

(2)蠕虫病毒:是一种可以自我复制的代码,它通过网络传播,通常无须人为干预就能自动传播。这种病毒在入侵并完全控制一台计算机后,会将其作为宿主,进而扫描并感染其他计算机,形成一个不断扩散的网络。如冲击波、小邮差等,通过网络或系统漏洞进行传播,很多蠕虫病毒会向外发送带毒邮件或阻塞网络。

(3)木马病毒与黑客病毒:木马病毒(前缀 Trojan)通过网络或系统漏洞进入用户系统并隐藏,泄露用户信息;黑客病毒(前缀 Hack)则具有可视界面,能远程控制用户计算机。二者常成对出现,趋向于整合。

(4)脚本病毒:是利用脚本语言(如 VBScript、JavaScript 等)编写的恶意代码,这些代码通过执行特定的恶意操作来感染计算机系统或网络,如红色代码。

(5)宏病毒:是一种特殊的计算机病毒,它主要利用文档处理软件(如 Microsoft

Word、Excel 等）的宏语言功能,在文档中插入恶意的宏代码,从而感染计算机系统。宏病毒实际上是脚本病毒的一种,通过 Office 文档的宏命令执行恶意行为。

（6）后门病毒:是一种计算机恶意程序,它会给系统设置一个后门,使得攻击者能够在未经授权的情况下远程访问受感染的计算机。

（7）破坏性程序病毒:具有诱惑性图标,诱导用户单击后直接对计算机产生破坏。

（8）玩笑病毒:也称恶作剧病毒,其前缀是 Joke,具有诱惑性图标但不对系统造成破坏。当用户不经意间单击了这些病毒文件时,它们会执行一系列看似破坏性的操作,如弹出恐怖的画面、发出怪异的声音或显示虚假的警告信息等,以此来吓唬用户。实际上,这些操作并不会对用户的计算机系统造成真正的破坏,它们的主要目的是制造恐慌和恶作剧。

（9）捆绑机病毒:捆绑机病毒是病毒作者使用特定的捆绑程序,将病毒与一些常用应用程序（如 QQ、IE 等）捆绑起来,形成看似正常的文件,用户运行应用程序时病毒也随之运行。

3. 其他新型病毒

（1）勒索病毒:主要功能是感染用户的计算机或其他设备,并对用户的数据进行加密或限制访问,以此作为敲诈手段来要求支付赎金以换取解密密钥。勒索病毒通过不同的传播途径（如网络钓鱼、恶意软件捆绑等）进入受害者的计算机系统。一旦安装并运行,它会立即开始搜索和识别有价值的文件,如文档、图片、数据库备份等。

（2）二维码病毒:通过二维码技术传播的恶意软件或病毒,它们可以隐藏在打折促销、广告、软件下载链接等二维码中。二维码本身不会携带病毒,但可以被用来作为恶意链接或恶意软件的入口。用户扫描二维码后,可能会跳转到恶意网站、下载恶意软件或执行恶意代码,从而导致设备感染病毒。

（3）挖矿木马:利用受害者设备的计算能力进行加密货币挖矿的恶意软件。挖矿木马通常通过网络攻击、恶意链接、钓鱼邮件等方式进入受害者的计算机系统。一旦成功入侵,它会在系统中植入恶意代码,并开始利用受感染计算机的 CPU 和 GPU 资源进行复杂的计算,以获取加密货币奖励。这会导致受感染计算机的性能下降,甚至损坏硬件。

（4）内存马:是一种高度隐蔽和危险的恶意软件,它利用计算机系统中的内存漏洞,将恶意代码注入目标机器的内存中,并利用该代码执行各种攻击操作。不依赖于文件存储,不会在磁盘上留下明显的文件痕迹,很难通过传统的扫描方式发现,具有更高隐蔽性和持久性,难以检测。

（5）键盘监听病毒:键盘监听病毒是一种能够记录用户键盘输入的恶意软件。它在用户不知情的情况下,监控并记录用户在键盘上输入的所有信息,包括密码、信用卡号、个人信息等敏感数据。

6.2.3　计算机病毒的预防

计算机病毒的预防是确保计算机系统和数据安全的重要措施。计算机病毒防治工作的关键是做好预防工作,首先在思想上给予足够的重视,采取"预防为主,防治结合"的方针;其次是尽可能切断病毒的传播途径。预防计算机病毒主要应从管理和技术方面进行。

1. 从管理方面

从管理方面预防计算机病毒,一般应注意以下 7 点。

（1）专人负责管理计算机。

（2）不随便使用外来软件，对外来软件必须先检查、后使用。

（3）不使用非原始的系统盘引导系统。

（4）对游戏程序要严格控制。

（5）对系统盘、工具盘等进行写保护。

（6）定期对系统中的重要数据进行备份。

（7）定期对磁盘进行检测，以便及时发现病毒、清除病毒。

2．从技术方面

从技术方面预防病毒，主要有硬件保护和软件预防两种方法。

（1）任何计算机病毒对系统的入侵都是利用 RAM 提供的自由空间及操作系统所提供的相应中断功能来达到传染目的，可以通过增加硬件设备来保护系统。目前，硬件保护级别较高的手段是使用防病毒卡，通过将病毒防护程序固化在硬件上，实现对病毒的检测和防护。该卡插在主板的 I/O 插槽上，在计算机系统的整个运行过程中监视系统的异常状态。它既能监视内存中的常驻程序，又可以阻止对外存储器的异常写操作，最终实现预防计算机病毒的目的。

（2）软件预防通常是在计算机系统中安装计算机病毒疫苗程序，计算机病毒疫苗程序能够监视系统的运行，当发现某些病毒入侵时能够防止或禁止病毒入侵，或在发现非法操作时能够及时警告用户或直接拒绝这种操作。

另外，从管理方面预防病毒，在一定程度上能够预防和抑制病毒的传播和降低其危害性，但因限制较多，会给用户使用计算机带来不便。因而在实际应用时，要采用一种在管理方面、技术方面及安全性方面都相对合理的折中方案，以使计算机系统资源相对安全并得到充分共享。

6.2.4　计算机病毒的清除

一旦计算机感染病毒，就要立马清除。计算机病毒的清除有以下 3 种方法。

1．给系统打补丁

操作系统的安全漏洞成为病毒的一大攻击口，所以经常对操作系统进行自动更新可以及时安装补丁程序，更新安装补丁可以阻止黑客或某些恶意程序利用已知的安全漏洞对操作系统进行攻击。

很多计算机病毒都是利用操作系统的漏洞进行感染和传播的。用户可以在系统正常的情况下，登录微软公司的 Windows 网站进行有选择地更新。设置 Windows 10 操作系统的自动更新，如图 6.2 所示，可以单击计算机桌面左下角"开始"→"设置"→"更新和安全"选项，进入"更新和安全"对话框，然后在该对话框进行更新检查。

2．更新或升级杀毒软件及防火墙

正版的杀毒软件及防火墙都提供了在线升级的功能，如 360 安全卫士和 360 杀毒软件，用户可将病毒库（包括程序）升级到最新版本，然后进行病毒搜查。常用的杀毒软件有多种，具有各自独特的功能和特点。

（1）360 安全卫士：由奇虎 360 公司推出，功能强大、高效防护且人性化。它具备查杀木马、清理插件、修复漏洞、电脑体检、电脑救援、隐私保护、电脑专家等功能。

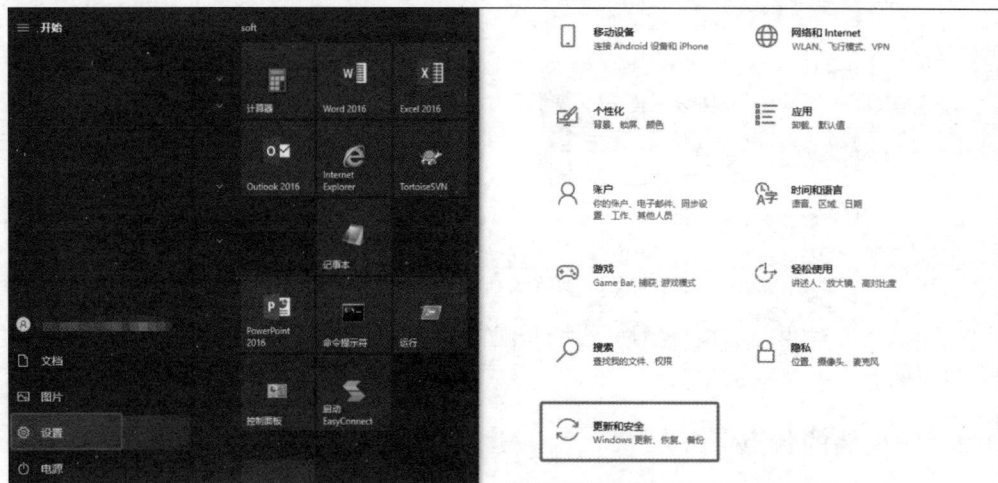

图 6.2 设备 Windows 10 操作系统的自动更新

（2）腾讯电脑管家：腾讯公司推出的免费电脑安全防护软件。它不仅包含病毒查杀和清理系统等功能，还具备工具箱，内含众多小应用帮助用户管理和维护电脑。

（3）卡巴斯基反病毒软件：在计算机安全领域享有盛誉，提供全球最快和最受信任的反病毒和反间谍软件保护。

（4）诺顿杀毒软件：由赛门铁克公司研发，能有效防御黑客、病毒、木马、间谍软件和蠕虫等攻击。诺顿杀毒软件具有先进的智能病毒分析技术，能够侦测并清除已知和未知的病毒，为用户提供不间断的病毒和间谍软件防护。

（5）金山安全套装：内含新毒霸"悟空"和金山卫士，是一款功能强大的国产免费杀毒软件。它采用全新革命性的杀毒体系，能够快速、轻巧地保护用户计算机安全，深受用户信赖。

（6）小红伞（Avira Free Antivirus）：德国著名的杀毒软件，自带防火墙和网络更新功能。它能够检测并移除超过 60 万种病毒，体积小巧但功能强大，多次获得全球顶尖评测机构的测试认可。

3. 访问杀毒软件网站

各杀毒软件网站提供了许多病毒查杀工具，用户可免费下载。

6.3 防火墙与入侵检测系统

6.3.1 防火墙概述

防火墙是指由计算机软件和硬件组合而成，在一个受保护的内网和外网之间执行访问控制策略的一个或一组系统。防火墙的本质是内外部网络之间的界面，根据系统管理员设置的访问控制规则，对数据流进行过滤。防火墙在网络中的位置如图 6.3 所示。

防火墙将内部网络与外部网络在一定程度上加以隔离，防止外部用户非法使用内部网络的资源，保护内部网络的设备不被破坏，防止内部网络的敏感数据被窃取。防火墙默认内部网络可信，外部网络不可信，所有来自互联网的传输信息或从内部网络发出的信息都必须

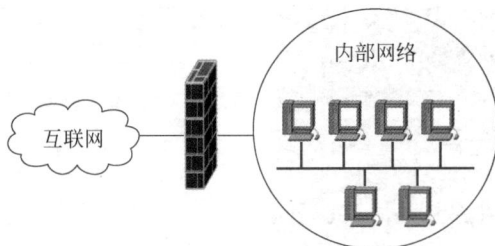

图 6.3 防火墙在网络中的位置

经过防火墙,接受防火墙的检查。防火墙只允许授权的数据通过,并且防火墙本身也必须能够防止被渗透。

6.3.2 防火墙的特点

1. 防火墙的优点

(1) 防火墙能够强化安全策略。因为互联网上每天都有无数人在收集信息、交换信息,不可避免地会出现个别品德不良的人或违反规则的人,防火墙是为了防止不良现象发生的"交通警察",它执行站点的安全策略,仅容许符合规则的请求通过。

(2) 防火墙能有效地记录互联网上的活动。因为所有进出信息都必须通过防火墙,所以防火墙非常适用于收集关于系统、网络使用和误用的信息,能记录被保护的网络和外部网络之间交换的信息。

(3) 防火墙限制暴露用户点。防火墙能够用来隔开网络中的一个网段与另一个网段,从而能够防止影响一个网段的问题通过整个网络传播。

(4) 防火墙是一个安全策略的检查站。所有进出的信息都必须通过防火墙,防火墙便成为安全问题的检查站,将可疑的访问拒于门外。

2. 防火墙的缺点

(1) 防火墙不能防范恶意的内部用户。防火墙可以禁止内部用户经过网络连接发送敏感信息,但用户可以将数据复制到可移动介质上,放在公文包中带出去。如果入侵者已经在防火墙内部,防火墙无法发挥作用。

(2) 防火墙不能防范不通过它的连接。防火墙能够有效地防止通过它传输的信息,但不能防止不通过它而传输的信息。

(3) 防火墙不能防备全部威胁。防火墙被用来防备已知的威胁。一个好的防火墙设计方案,可以防备多种安全威胁,但防火墙不能自动防御所有的威胁。

(4) 防火墙不能防范病毒。虽然许多防火墙扫描所有通过的信息,以决定是否允许它通过内部网络,但扫描是针对源地址、目标地址和端口号的,而不扫描数据的确切内容。由于黑客可以将病毒隐藏在合法的程序或数据中,因此防火墙无法防止病毒的传染和扩散。

6.3.3 防火墙的分类

防火墙技术不断发展,可以按照不同的标准对防火墙进行类型划分。

1. 以软硬件形式作为划分标准

如果以软硬件形式作为划分标准,防火墙可以分为软件防火墙、硬件防火墙和芯片级防火墙。

1) 软件防火墙

软件防火墙运行在特定主机上,和其他的软件产品一样需要在主机上安装并进行配置以后才能够使用。软件防火墙的安装和配置相对灵活。用户可以根据自己的需求在不同的操作系统上安装软件防火墙,并且可以方便地调整访问控制规则。软件防火墙的安全性在一定程度上依赖于它所安装的操作系统。如果操作系统本身存在安全漏洞,那么软件防火墙也可能受到影响。例如,当操作系统被恶意软件入侵,软件防火墙的规则可能会被篡改,从而失去对网络流量的有效控制。

2) 硬件防火墙

硬件防火墙是一种专用的网络安全设备。硬件防火墙专为处理大量网络流量而设计。它具有强大的处理器和充足的内存,可以在不影响网络速度的情况下,快速处理多个网络连接和数据包。硬件防火墙的成本和维护费用较高,而且硬件防火墙的配置相对复杂,需要专业的技术人员进行安装和设置。

3) 芯片级防火墙

芯片级防火墙是一种基于专用芯片技术构建的防火墙。芯片级防火墙的主要功能通过芯片硬件电路来实现,而不是主要依赖软件代码在通用处理器上运行。芯片级防火墙的性能优势非常明显,在处理网络流量时速度更快、效率更高,并且具有更高的可靠性,但是通常价格也较高。

2. 以防火墙的技术原理作为划分标准

如果以防火墙监控的网络协议层次作为划分标准,防火墙可以分为包过滤防火墙和应用网关防火墙。

1) 包过滤防火墙

包过滤(Packet Filtering)防火墙工作在 TCP/IP 体系结构的网络层和传输层,根据数据包的源地址、目的地址、端口号和协议类型等标志确定是否允许数据包通过。包过滤防火墙通常是具有包过滤功能的路由器,因此也常被称为筛选路由器(Screening Router)。具有包过滤功能的路由器,可以在网络接口设置过滤规则。数据包进出路由器时,路由器依据在数据包出入方向配置的规则处理数据包。如果允许数据包发送,则数据包将依据路由表进行转发;如果拒绝数据包发送,则数据包将被直接丢弃。

2) 应用网关防火墙

应用网关(Application Gateway)防火墙也称应用层防火墙,是一种工作在应用层的网络安全设备。应用网关防火墙以代理服务器(Proxy Server)技术为基础。代理服务器在内部网络主机与外部网络主机之间进行信息交换,对内部网络用户和外部网络服务器都完全透明。代理服务器作为中间环节,使得应用网关防火墙能够更方便地实现精细的访问控制。它可以在转发请求之前,对每个请求进行详细检查,包括用户身份验证、请求内容检查等。

3. 以防火墙的组成结构作为划分标准

如果以防火墙的组成结构作为划分标准,防火墙可以分为单一主机防火墙、路由器集成防火墙和分布式防火墙。

1) 单一主机防火墙

单一主机防火墙是一种安装在单台计算机上的防火墙,能够提供非常有针对性的安全保护。用户可以方便地在计算机上安装、配置和调整防火墙规则。单一主机防火墙运行在计算机上,会占用一定的系统资源,如 CPU 时间和内存。如果计算机本身配置较低,可能会影响计算机的性能。

2)路由器集成防火墙

路由器集成防火墙是指将防火墙功能整合到路由器设备中的一种网络设备。路由器集成防火墙首先要完成基本的路由功能。它通过维护路由表来确定数据包的传输路径。在进行路由操作的同时,它会运用防火墙功能对数据包进行检查,包括包过滤、状态检测等多种方式。

3)分布式防火墙

分布式防火墙是一种新型的防火墙体系结构,不像传统防火墙那样集中部署在网络边界,而是分布在网络的各个节点,包括主机、服务器、网络设备等。在主机层面,分布式防火墙通过在主机操作系统内核中嵌入安全模块来实现防护。这个安全模块能够监控主机上应用程序的网络活动,检查数据包的合法性,数据包必须经过防火墙检查以后才会提交给操作系统。

4. 以防火墙的应用部署位置作为划分标准

如果以防火墙的应用部署位置作为划分标准,防火墙可以分为边界防火墙、个人防火墙和混合式防火墙。

1)边界防火墙

边界防火墙是最传统的防火墙类型,位于内外部网络的边界,所起的作用是对内外部网络实施隔离,保护内部网络。边界防火墙主要侧重于防范外部攻击,对于来自内部网络的威胁(如内部员工的恶意操作、内部网络中被感染的计算机发起的攻击等)防护能力相对较弱。

2)个人防火墙

个人防火墙指的是一种安装在用户计算机上的应用程序,其作用类似分组过滤路由器,对用户计算机的网络通信行为进行监控。个人防火墙只保护单台计算机。在用户计算机进行网络通信时,个人防火墙执行预设的分组过滤规则,拒绝或允许网络通信。

3)混合式防火墙

混合式防火墙是一种结合了多种防火墙技术的安全设备或软件系统。它整合了包过滤、状态检测、应用网关(代理服务器)等不同防火墙技术的优势,以提供更全面、高效的网络安全防护。混合式防火墙既对内外部网络之间通信进行过滤,又对网络内部各主机间的通信进行过滤。

6.3.4 防火墙体系结构

防火墙体系结构包括屏蔽路由器结构、双宿主机结构、屏蔽主机结构和屏蔽子网结构 4 种。不同防火墙的体系结构对硬件设备的要求和安全防护效果存在较大的差异。

1. 屏蔽路由器结构

屏蔽路由器结构,也称过滤路由器结构,属于包过滤防火墙。屏蔽路由器结构的基本特点是在内部网络和互联网之间配置一台具备包过滤功能的路由器,并由该路由器执行包过滤操作,其拓扑结构如图 6.4 所示。包过滤防火墙是内外部网络通信的唯一渠道,内外部网络之间的所有通信都必须经由包过滤防火墙检查。

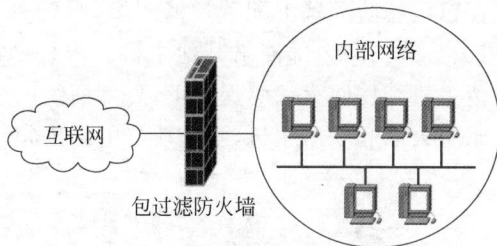

图 6.4 屏蔽路由器结构

屏蔽路由器结构具有硬件成本低、结构简单、易于部署的优点。要确保防护体系的功能充分发挥,包过滤防火墙是首要的保护对象,要避免其被攻击者控制。由于包过滤防火墙通常在路由器上实现,而路由器对外提供的网络服务数量很少,因此,包过滤防火墙的防护相对于一般主机的防护而言,易于实施。

屏蔽路由器结构作为最简单的一种防火墙结构,完全依赖核心组件包过滤防火墙,一旦包过滤防火墙工作异常则防火墙失效。若核心组件包过滤防火墙配置不当,将导致恶意流量通过,对内部网络安全构成威胁,而正常流量被屏蔽。若包过滤防火墙被攻击者控制,攻击者能够随意修改防火墙的过滤规则,进而直接访问内部网络主机。此外,包过滤防火墙的日志记录功能较弱,无法进行用户身份认证,网络管理员难以判断内部网络是否正在遭受攻击或已经被入侵。

2. 双宿主机结构

双宿主机结构的核心是一台位于两个网络之间的双宿主机,双宿主机属于堡垒主机,其结构如图 6.5 所示。双宿主机结构利用一台具有两块网卡的主机做防火墙,主机的两块网卡分别与受保护的内部网络和存在安全威胁的外部网络相连。

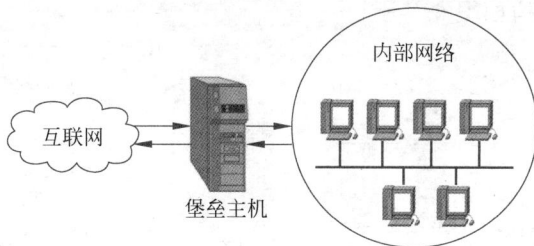

图 6.5 双宿主机结构

堡垒主机允许外部网络主机访问,向外部网络提供一些网络服务,它一般充当应用代理,提供代理服务器的功能。内外部网络主机无法直接通信,所有的通信数据经由堡垒主机转发,堡垒主机可以监视内外部网络之间的所有通信,因而双宿主机的日志记录有助于网络管理员审计网络的安全性。

双宿主机结构的主要缺点在于这种体系结构的核心防护点是堡垒主机,一旦堡垒主机被攻击者成功控制,并被配置为在内外部网络之间转发数据包,那么外部网络主机将可以直接访问内部网络,防火墙的防护功能完全丧失。

3. 屏蔽主机结构

屏蔽主机结构是屏蔽路由器和双宿主机两种结构的有机组合,其结构如图 6.6 所示。屏蔽主机结构在内部网络中设置一台堡垒主机,并利用具有包过滤功能的防火墙将堡垒主机与外部网络相连。通常在包过滤防火墙上配置过滤规则,限定外部网络主机只能直接访问内部网络的堡垒主机,无法直接访问内部网络其他主机。内外部网络之间的通信都经由堡垒主机转发。在基于屏蔽主机结构防火墙的保护下,外部网络的攻击者要攻击内部网络,攻击数据包需要穿越包过滤防火墙和堡垒主机,实施攻击的难度很大。

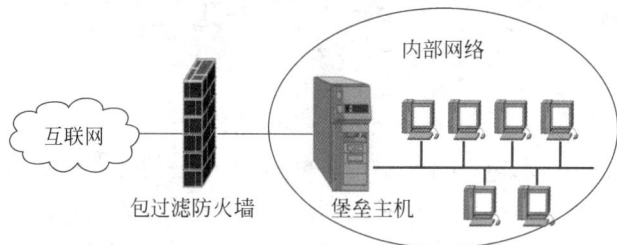

图 6.6　屏蔽主机结构

屏蔽主机结构也存在一些缺陷。首先,堡垒主机的安全性非常关键。虽然包过滤防火墙可以对其进行一些防护,但是如果堡垒主机本身存在漏洞,被攻击者控制,攻击者可以利用堡垒主机直接访问内部网络主机。其次,包过滤防火墙也必须保证安全。在屏蔽主机结构中,包过滤防火墙限制内外部网络之间的通信都经由堡垒主机。一旦包过滤防火墙被攻击者掌控,攻击者的攻击数据包就可以绕过堡垒主机威胁内部网络安全。

4. 屏蔽子网结构

屏蔽子网结构在外部网络和内部网络之间建立一个独立的子网,并用两台包过滤防火墙将子网中的主机与内外部网络分隔。内部网络主机和外部网络主机均可以对被隔离的子网进行访问,但是禁止内外部网络主机穿越子网直接通信。在被隔离的子网中,除包过滤防火墙之外至少包含一台堡垒主机,该堡垒主机作为应用网关防火墙,在内外部网络之间转发通信数据。屏蔽子网结构如图 6.7 所示。

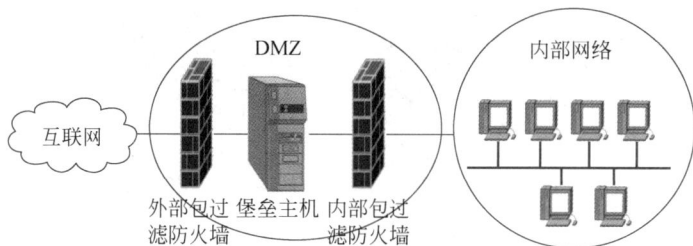

图 6.7　屏蔽子网结构

屏蔽子网结构中被隔离的子网被称为非军事区(Demilitarized Zone,DMZ),也称中立区。DMZ 被用作内外部网络之间的缓冲区,实现内外部网络的隔离。一些需要对外部网络提供服务的主机,如 Web 服务器、邮件服务器,通常被放置在 DMZ 中。

对于这种屏蔽子网结构,黑客要侵入内部网络,必须攻破外部包过滤防火墙,设法侵入DMZ 的堡垒主机。由于内部网络中主机之间的通信不经过 DMZ,因此,即使黑客侵入堡垒主机,也无法获取内部网络主机间的敏感通信数据。黑客只有控制内部包过滤防火墙,才能进入内部网络实施破坏。屏蔽子网结构增加了外部网络攻击者实施攻击的难度,安全性高。其主要缺点是管理和配置较为复杂,只有在两台包过滤防火墙和一台堡垒主机都配置完善的条件下,才能充分发挥安全防护作用。

6.3.5 防火墙的部署方式

防火墙有多种部署方式,常见的有透明模式、网关模式和网络地址转换(Network Address Translation,NAT)模式等。

1. 透明模式

透明模式,也称桥接模式或透明桥接模式。当防火墙处于透明模式时,防火墙只过滤通过的数据包,但不会修改数据包包头中的任何信息,防火墙对于用户来说是透明的。透明模式的优点包括无须改变原有网络规划和配置;当对网络进行扩容时也无须重新规划网络地址。其不足之处在于灵活性不足,也无法实现更多的功能,如路由、网络地址转换等。

2. 网关模式

网关模式,也称路由模式。当防火墙工作在网关模式时,其所有网络接口都处于不同的子网中。防火墙不仅要过滤通过的数据包,还需要根据数据包中的 IP 地址执行路由功能。网关模式适用于内外部网络不在同一网段的情况,防火墙一般部署在内部网络,设置网关地址实现路由器的功能,为不同网段进行路由转发。网关模式相比透明模式具备更高的安全性,在进行访问控制的同时实现了安全隔离,具备了一定的机密性。

3. NAT 模式

在 NAT 模式下,防火墙不仅要对通过的数据包进行安全检查,还需执行网络地址转换功能。NAT 模式对内部网络的 IP 地址进行地址翻译,使用防火墙的 IP 地址替换内部网络的源地址向外部网络发送数据;当外部网络的响应数据流量返回到防火墙后,防火墙再将目的地址替换为内部网络的源地址。NAT 模式使用网络地址转换功能可确保外部网络不能直接看到内部网络的 IP 地址,进一步增强了对内部网络的安全防护。同时,在 NAT 模式的网络中,内部网络可以使用私有地址,进而解决 IP 地址数量不足的问题。与透明模式和网关模式相比,NAT 模式可以适用于所有网络环境,为被保护网络提供的安全保障能力也最强。

6.3.6 入侵检测系统

入侵检测系统(Intrusion Detection System,IDS)是指能够完成入侵检测功能的计算机软硬件系统。它通过对计算机网络或计算机系统中若干关键点收集信息并对其进行分析,从中发现网络或系统中是否有违反安全策略的行为和遭到攻击的迹象。

入侵检测是一种能够积极主动地对网络进行保护的方法。由于攻击行为可以从外部网络发起,也可以从内部网络发起,还包括合法内部人员由于失误操作导致的虚假攻击,入侵检测会针对以上 3 方面进行分析。入侵检测能够及时发现潜在的入侵行为,在攻击造成严重损害之前发出警报,让网络管理员有时间采取措施,如隔离受感染的主机、阻断攻击流量等。

1. 入侵检测系统的分类

根据不同的标准,入侵检测系统有不同的分类方法,若以检测对象为标准,主要分为基于主机的入侵检测系统、基于应用的入侵检测系统和基于网络的入侵检测系统。

1) 基于主机的入侵检测系统

基于主机的入侵检测系统(Host-based Intrusion Detection System,HIDS)通常安装在运行关键应用的主机上,主要是对该主机的网络实时连接以及系统审计日志进行智能分析和判断,为主机系统提供安全保护。

基于主机的入侵检测系统针对特定主机进行检测,能够深入了解主机的运行情况,对主机上的入侵行为进行精准的检测。其主要问题是必须与主机上运行的操作系统紧密结合,对操作系统有很强的依赖性。此外,入侵检测系统安装在被保护主机上会占用主机系统的资源,在一定程度上会降低系统的性能。

2) 基于应用的入侵检测系统

基于应用的入侵检测系统(Application-based Intrusion Detection System,AIDS)以应用数据作为信息源。此类入侵检测系统深入应用内部,对应用的运行过程、数据交互和用户操作等行为进行监控和分析,能够更准确地识别针对特定应用的各种攻击手段。它可以深入理解应用程序的逻辑和协议,对利用应用漏洞的攻击有更高的检测精度。

基于应用的入侵检测系统需要对不同的应用程序和协议有深入的了解和专门的检测规则配置。对于新出现的应用程序或应用层协议的更新,如果没有及时更新检测规则,就可能无法有效地检测到针对这些新应用或新协议的攻击。

3) 基于网络的入侵检测系统

基于网络的入侵检测系统(Network-based Intrusion Detection System,NIDS)是一种部署在网络中,用于监控网络流量以发现潜在入侵行为的安全系统。它能够实时观察网络中的数据流动情况,对经过的网络数据包进行捕获、分析和检测,同时可以结合一些网络设备的网络信息统计数据,发现可疑的网络攻击行为。

基于网络的入侵检测系统具有隐蔽性好、对被保护系统影响小等优点,同时也存在粒度粗、难以处理加密数据等方面的缺陷。如果网络流量经过加密,基于网络的入侵检测系统只能看到加密后的数据包,无法对数据包的内容进行分析。这就可能导致一些利用加密通道进行的攻击无法被检测到。

2. 入侵检测系统工作流程

入侵检测系统的工作流程通常分为 4 个步骤,即信息收集、信息分析、信息存储和攻击响应。

1) 信息收集

信息收集的内容包括系统、网络、数据及用户活动的状态和行为。入侵检测系统利用的信息一般来自系统日志、目录以及文件中的异常改变、程序执行中的异常行为及物理形式的入侵信息等。由于入侵检测系统很大程度上依赖于收集信息的可靠性和正确性,因此这一步非常重要。

2) 信息分析

(1) 统计分析方法。

统计分析方法使用统计学的方法来学习和监测用户系统的行为。统计异常检测方法通过收集和分析用户或系统行为的各种数据,建立正常行为的统计模型。每个模式保存记录主体当前行为,并定时地将新的正常的行为数据加入模式中,通过比较当前的行为与已存储的正常模式来判断异常行为,从而检测出入侵攻击。统计分析方法不依赖于特定的入侵特征,而是基于正常行为的统计规律,因此能够检测到多种类型的异常行为,包括已知和未知的入侵方式。如何确定合适的阈值是统计方法所面临的棘手问题。如果阈值选择不恰当,就会导致系统出现大量的误报或漏报。

（2）基于数据挖掘技术的分析方法。

在入侵检测中，数据挖掘技术通过对网络和系统中的海量数据（如网络流量数据、系统日志、用户行为数据等）进行分析，挖掘出正常和异常行为的模式，以此来检测潜在的入侵行为。数据挖掘技术能够自动从大量数据中发现潜在的行为模式，不需要预先定义复杂的规则。这对于应对不断变化的网络攻击方式和复杂的系统行为非常有利，能够发现一些传统方法难以察觉的新型入侵模式。

（3）基于机器学习的异常检测方法。

在入侵检测中利用机器学习算法，如决策树、支持向量机、神经网络等，对大量的标注数据（正常行为和入侵行为数据）进行训练，学习数据中的特征和模式，从而自动识别网络流量或系统行为中的恶意行为。使用神经网络检测入侵的系统中，将每个事件所产生的数据通过特征选择，量化为一个向量作为神经网络的输入数据，用标注好的正常数据和入侵数据训练神经网络，使其能够对新的输入数据进行分类判断，识别是否为入侵行为。基于机器学习的异常检测方法的优点是能够自动学习和适应数据中的复杂模式，对未知攻击有一定的检测能力，可处理大规模的数据。此类方法的缺点是对训练数据的质量和数量要求高，若数据存在偏差或不足，可能导致模型性能不佳；模型的解释性较差，难以理解其决策过程；计算资源消耗较大，训练和检测速度可能较慢。

3）信息存储

当入侵检测系统捕获到攻击发生时，为了便于系统管理人员对攻击信息进行查看和对攻击行为进行分析，还需要将入侵检测系统收集到的信息进行保存，这些数据通常存储到用户指定的日志文件或特定的数据库中。

4）攻击响应

对攻击信息进行分析并确定攻击类型后，入侵检测系统会根据用户的设置，对攻击行为进行相应的处理，如发出警报、给系统管理员发邮件等方式提醒用户；或者利用自动装置直接进行处理，如切断连接、过滤攻击者的 IP 地址等，从而使系统能够较早地避开或阻断攻击。

6.4 密码技术

密码技术是保障网络与信息安全的核心和支撑性技术，与信息机密性、数据完整性、身份鉴别等信息安全问题息息相关。密码学是研究密码技术的学科，它包含两个分支，即密码编码学和密码分析学。前者研究把明文变换成没有密钥就很难解读的密文的方法，后者旨在研究分析破译密码。

6.4.1 密码技术的发展历史

密码学（Cryptology）是一个既古老又新兴的学科，密码学一词源自希腊文 kryptós 及 lógos，直译即为隐藏及讯息之意。

密码学是一门拥有几千年历史的学科。密码学的发展分为古典密码学和现代密码学两个阶段。

1. 古典密码学

古典密码学主要依靠人工计算和机械装置,利用简单的密码算法实现文字信息的加密和解密,安全性不高。直到 20 世纪,密码学都被认为是一种艺术。不论是构造新的密码,还是破解已有的密码,都依赖于创造性和个人技巧,缺少对密码的清晰的定义和理论支撑。

大约在公元前 700 年,古希腊军队用一种叫作 Scytale 的圆木棍来进行保密通信。其使用方法:把长带子状羊皮纸缠绕在圆木棍上,然后在上面写字;解下羊皮纸后,上面只有杂乱无章的字符,只有再次以同样的方式缠绕到同样粗细的棍子上,才能看出所写的内容。这种 Scytale 圆木棍也许是人类最早使用的文字加密解密工具,据说主要是古希腊城邦中的斯巴达人(Sparta)在使用它,所以又被叫作斯巴达棒,如图 6.8 所示。

有记载的最古老的加密方法是凯撒密码。凯撒通过移动 3 个位置的字母进行加密:a 被 d 替换,b 被 e 替换,以此类推,在字母表的最后,字母折返回来,即 x 被 a 替换,y 被 b 替换,z 被 c 替换,如图 6.9 所示。举例来说,消息 information technology,去掉空格,将被加密成为:lqirupdwlrqwhfkqrorjb,加密后的消息变得不可读。

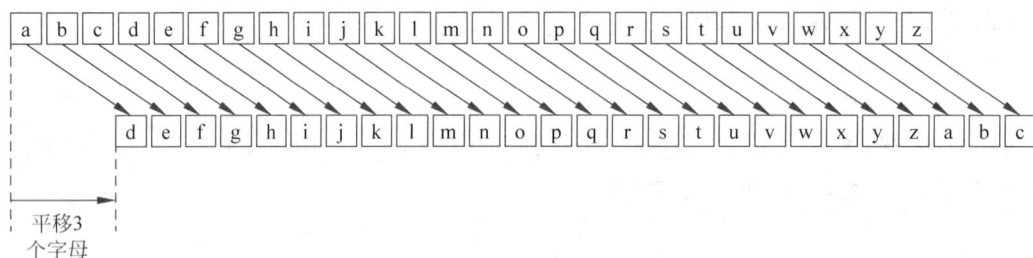

图 6.8 斯巴达棒

图 6.9 凯撒密码

2. 现代密码学

现代密码学的建立主要是依据数学、信息论等密码基础原理。1949 年,美国数学家、信息论的创始人克劳德·香农发表了一篇名为《保密系统的通信理论》的论文,将信息论引入密码学,给出了历史上关于密码安全性的第一个定义——完善保密性,提出了混淆和扩散两大设计原则,为密码学的发展奠定了理论基础,从此密码学从艺术进化成为一门科学。

6.4.2 密码学的基本概念

密码学或密码技术中的密码指的是对信息进行安全保护的方法和技术,并非登录网站时使用的密码。2019 年 10 月 26 日,第十三届全国人民代表大会常务委员会第十四次会议通过颁布的《密码法》对"密码"的定义是,本法所称密码是指采用特定变换的方法对信息等进行加密保护、安全认证的技术、产品和服务。

一个典型的保密通信系统如图 6.10 所示。

图 6.10 典型的保密通信系统

采用密码技术可以保护需要发送的消息,使未授权者不能获取信息。发送方要发送的消息称为明文,记作 m,对明文进行变换,使得非指定消息阅读者无法从中获得任何信息,变换后的消息 c 称为密文,将明文变为密文的过程称为加密,这个过程往往是通过一个固定的规则或加密算法 E_k 进行,其中 k 是加密算法依赖的一个秘密参数,称作密钥。接收方利用密钥 k 和相应的解密算法 D_k 将密文 c 转换为明文 m,这个过程称为解密。

加密过程可表示为

$$E_k(m) = c$$

解密过程可表示为

$$D_k(c) = m$$

密文在传输过程中可能被攻击者截获,攻击者从密文中直接获得明文中的信息称为密码分析或密码破解。对于一个安全的保密通信系统中,敌手应该无法直接从密文中获取任何有用信息。

密码技术几乎渗透到信息系统安全工程的各个领域,为存储和传输的信息提供如下安全保护服务。

(1) 保密性:只允许特定用户访问特定信息,非授权用户无法看到或理解相应的信息。

(2) 数据完整性:确保数据在存储和传输过程中不发生未经授权的修改。

(3) 鉴别:对身份的鉴别和对数据源的鉴别。

(4) 不可抵赖性:阻止用户否认既有的消息或行为。

6.4.3 对称密码

以密钥为标准可将密码系统分为对称密码体制(也称单钥密码体制)和非对称密码体制(也称公钥密码体制)。

1. 对称密码简介

在对称密码体制下,加密密钥与解密密钥相同,或从加密密钥可以很容易地推导出解密密钥,此时,密钥 k 需经过安全信道由发送方传给接收方。一个典型的单钥保密通信系统如图 6.11 所示。

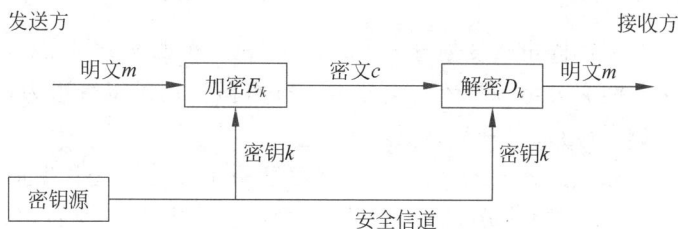

图 6.11 典型的单钥保密通信系统

对称密码体制的优点是加密、解密速度快。对称密码体制的主要缺点如下:①密码体制的安全性依赖于密钥的安全,如果密钥泄露,则此密码系统便被攻破;②随着网络规模的扩大,若全部使用同一密钥则泄密风险加大;③随着网络规模的扩大,若每对用户使用不同密钥则密钥管理代价剧增。

对称密码系统按照处理方式可分为序列密码和分组密码。

1）序列密码

序列密码常被称为流密码,其工作原理是将明文消息以比特为单位逐位加密。与明文对应,密钥也是以比特为单位参与加密运算。为了保证安全,序列密码需要使用长密钥,密钥还必须具有较强的灵活性,保证其能够加密任意长度的明文。但是长密钥的保存和管理非常困难。研究人员针对此问题,提出了密钥序列产生算法,只需要输入一个非常短的种子密钥,通过设定的算法即可以产生长的密钥序列,在加密和解密过程中使用。序列密码的工作原理如图 6.12 所示。

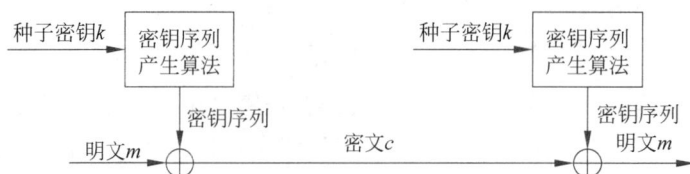

图 6.12　序列密码的工作原理

序列密码中的加解密采用的都是异或计算。异或计算具有操作简单、计算速度快等优点。这些特点能够满足序列密码对于加密操作的要求。举例来看,采用序列密码给一段很长的明文进行加密,由于加密操作以比特为单位,如果计算复杂,加密操作将消耗很长时间。异或计算由于简单、快速,可以降低加密的计算开销,同时也可以为加密节省计算时间。

在序列密码中,密钥序列产生算法最为关键。密钥序列产生算法生成的密钥序列必须具有伪随机性。伪随机主要体现在两方面:首先,密钥序列是不可预测的,这将使得攻击者难以破解密文。其次,密钥序列具有一定的可控性。加解密双方使用相同的种子密钥,可以产生完全相同的密钥序列。倘若密钥序列完全随机,则意味着密钥序列产生算法的结果完全不可控,在这种情况下,将无法通过解密恢复明文。此外,加解密双方还必须保持密钥序列的精确同步,这是通过解密恢复明文的重要条件。

序列密码的优点在于安全程度高,明文中每个比特位的加密独立进行,与明文的其他部分无关。此外,序列密码的加密速度快,实时性好。其最大缺点是密钥序列必须严格同步,为了确保该要求的满足往往要付出较高的代价。

2）分组密码

分组密码是将明文以固定长度划分为多组,加密时每个明文分组在相同密钥的控制下,通过加密运算产生与明文分组等长的密文分组。解密操作也是以分组为单位,每个密文分组在相同密钥的控制下,通过解密运算恢复明文。

分组密码的工作原理如图 6.13 所示。明文信息 m 在加密前将依据加密算法规定的大小进行分组,划分为长度相同的分组。分组大小通常是 64 比特的整数倍,例如,64 比特和128 比特都是常见的分组大小。如果明文的最后一块不满一个分组,将使用填充位补足。

图 6.13　分组密码的工作原理

图 6.13 中的明文分组 m_1 通过密钥 k 加密,由 m_1 加密产生的密文分组 c_1 与 m_1 长度

相同。执行解密运算时使用的解密密钥 k 与加密密钥相同,在密钥 k 的控制下将密文分组 c_1 恢复为明文分组 m_1。

分组密码不像序列密码一样需要密钥同步,适应性很强,是目前使用非常广泛的一种现代密码系统。

2. 典型的对称密码算法

1) DES 算法

1973 年 5 月,美国国家标准局(National Bureau of Standards,NBS)发布了对数据加密标准算法的征集公告,公开征求一种标准算法,用于对计算机数据在传输和存储期间进行加密保护。1977 年 2 月,美国国家标准局正式采用 IBM 公司的霍斯特·菲斯特尔提出的被称为 Lucfer 的密码算法作为美国数据加密标准,用于保护非密级的计算机数据。

DES 是分组加密算法,其分组长度为 64 比特,即 DES 的加密对象(明文)是长度为 64 比特的比特串。DES 的密钥长度是 64 比特,但参与加密过程的有效位是 56 比特(其他 8 比特是校验位)。该算法只使用了标准的算术和逻辑运算,如代替、置换、异或、循环移动等,实现了混淆与扩散等现代加密基本技术的组合。

目前,破译者通过遍历 DES 的 56 比特密钥进行"暴力攻击"将其攻破,所以,现在可以说 DES 已经不再安全了。

设计者对 DES 算法进行各种变形以增强密钥强度。典型的如三重 DES 算法,通过使用 3 个密钥分 3 轮对明文进行 DES 加密、解密的工作方式拓展了密钥强度。

2) AES 算法

1997 年 9 月,美国国家标准与技术研究院(National Institute of Standards and Technology,NIST)发起了征集高级加密算法的通告,面向全球的组织和个人征集 AES,开创了一个全公开的密码标准征集模式。1998 年 8 月,15 个候选的 AES 算法被正式公布,接受全世界各机构和个人的攻击和评论。2001 年 10 月,比利时学者琼·戴门和文森特·里杰门提交的 Rijndael 算法最终获胜,成为新一代数据加密标准——AES。

AES 的分组长度(明文)为 128 比特,密钥长度可以是 128 比特、192 比特或 256 比特。AES 采用了简单明了的层次结构,基本加密过程包含 3 层:代换层、线性混合层和密钥加入层。128 比特长度密钥的 AES 进行加密时加密过程需迭代 10 轮。

6.4.4 非对称密码

1. 非对称密码简介

1976 年斯坦福大学的迪菲(W. Diffie)和赫尔曼(M. E. Hellman)开创性地提出了公钥密码体制的思想。在一个公钥密码体制中,加密密钥与解密密钥不再相同,利用加密密钥推导出解密密钥是一个难解问题,是实际不可能的。在这样的密码体制下,接收方只要公开其加密密钥 e 而保密解密密钥 d,任何人可通过公开获取的加密密钥利用加密算法向接收方传送秘密信息。公钥密码体制也称非对称密码体制。一个典型的公钥保密通信系统如图 6.14 所示。

公钥密码系统与对称密码系统相比,主要存在两方面的优点:首先,可以解决对称密码系统密钥分发困难的问题。在通信过程中采用公钥密码系统,通信双方为了实现保密通信,不需要事先通过秘密的信道或者复杂的协议约定密钥。公钥可以通过公开渠道获得,只要保证用户的私钥不泄露即可。其次,公钥密码系统的密钥管理简单。如果 N 个用户相互之间进行保密通信,每个用户只需保护好自己的私钥,而无须为其他密钥的保密问题担心。公钥密码系统的主要缺点是加密操作和解密操作的速度比对称密码系统慢很多。因此,在实际应用中两种密码系统常常结合使用。

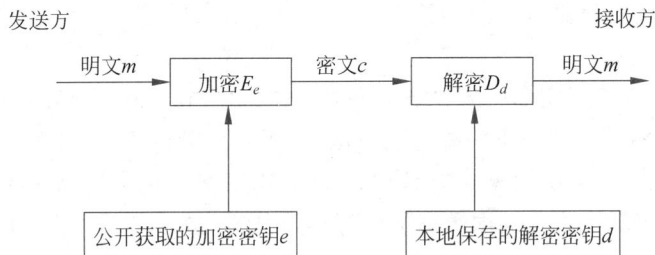

图 6.14 典型的公钥保密通信系统

2. 典型的非对称密码算法

1) RSA 算法

1977 年,RSA 算法是由 Rivest、Shamir 和 Adelman 提出的第一个非对称密码体制,现被称为 RSA 算法。RSA 算法名称来源于三位创造者姓名的首字母。RSA 算法的安全性基于数论中的一个结论:将两个大素数相乘求乘积容易,由乘积倒推两个素数因子非常困难。RSA 算法的构造是基于数学上的欧拉定理。

2) RSA 算法的局限性

RSA 算法被用于密钥管理、身份认证、数字签名等许多方面。但是,从 RSA 算法的工作原理公式中可以看到,RSA 涉及高次幂运算,加密、解密、密钥生成的运算量都很大。所以,RSA 算法的运行速度并不是很理想:用软件实现时,运行速度大约能达到 DES 算法的 1/100;用硬件实现时,大约能达到 DES 算法的 1/1500。RSA 理论上是完善的、先进的,但其复杂、低速的特性决定了 RSA 算法无法替代对称密码体制。

6.4.5 哈希算法

1. 哈希算法介绍

哈希算法(Hash Algorithm),也称散列算法,是一种将任意长度的数据映射为固定长度的哈希值(或称为散列值、消息摘要)的函数。哈希算法把各种不同长度的数据变成统一长度的摘要。例如,对于一个文本文件、一张图片或者一段视频等不同类型的数据,哈希算法都可以将它们转换为一个固定长度的哈希值。哈希算法的过程是单向的,即从输入数据很容易计算出哈希值,但从哈希值几乎不可能反推出原始数据。

2. 典型的哈希算法

1) MD5 哈希算法

MD5 是由国际著名密码学家、麻省理工学院的 Rivest 教授于 1991 年设计的。MD5 以 512 比特分组来处理输入的信息,且每一分组又被划分为 16 个 32 比特子分组,经过了一系列的处理后,算法的输出由 4 个 32 比特分组组成,将这 4 个 32 比特分组级联后将生成一个 128 比特哈希值。

随着密码学的发展,人们发现 MD5 存在安全漏洞。攻击者可以通过构造特殊的输入数据,使得它们产生相同的哈希值(称为碰撞),所以现在 MD5 已经不适合用于安全要求较高的场景。

2) SHA 系列哈希算法

SHA-1 是 160 比特的哈希算法,它在很长一段时间内是比较可靠的。但后来也发现了其存在一定的安全风险,被逐渐淘汰。目前,SHA-256 是应用比较广泛的一种,它生成 256 比特的哈希值,具有更高的安全性。SHA-3 是新一代的哈希算法,它的设计更加安全,能够抵抗已知的各种攻击。

6.4.6 数字签名

1. 数字签名简介

数字签名是指使用密码算法对待发的数据进行加密处理,生成一段信息,附加在原文后面一起发送;或是对数据所做的密码变换,这种变换允许数据的接收方用以确认数据的来源和数据的完整性,防止别人进行伪造,是对电子形式的消息进行签名的一种方法。这段信息类似现实生活中的签名或印章,接收方对其验证后能判断原文真伪。

完善的数字签名体制必须满足以下 5 个条件。

(1) 签名不可伪造。签名是签名者对消息内容认同的证明,其他人无法对签名进行伪造。接收方不能伪造对消息的签名。

(2) 签名不可抵赖。签名者对消息实施签名后,不能否认自己的签名行为。发送方事后不能抵赖对消息的签名。

(3) 消息签名后不可改变。在签名者对消息签名之后,其他人不能再修改消息内容。

(4) 签名不可重复使用。可以采用增加时间标记或者序号标记的方式,防止签名被攻击者重复使用。

(5) 签名易于验证。接收方能够核实发送方对消息的签名。

一个签名体制一般包含签名算法和验证算法两部分。签名算法用于签名者对消息施加签名,验证算法用于验证签名的真伪。

2. 数字签名的应用场景

(1) 电子商务:在电子商务中,数字签名用于确保交易的安全性和合法性。它保护电子支付和电子合同的安全,确保数据的完整性和交易的合法性。使用数字签名的电子合同具有与纸质合同相同的法律效力,并且处理速度更快,成本更低。

(2) 银行和金融机构:数字签名用于验证银行和金融机构之间的电子交易的完整性和真实性,保护客户隐私。它还可以验证客户的身份,确保交易的安全性和合法性。

(3) 文件传输和存储:数字签名确保文件在传输和存储过程中的完整性和真实性,防止文件被篡改或未经授权的访问。

(4) 电子政务:在电子政务中,数字签名有助于提高政府服务的效率和透明度。它用于验证政府文件的真实性和完整性,增强公众对政府服务的信任。

3. 典型的数字签名算法

典型的数字签名算法有基于 RSA 密码系统的数字签名算法、基于 ElGamal 密码系统的数字签名算法和基于椭圆曲线密码系统的数字签名算法等。

6.4.7 国产密码算法

国家商用密码算法简称国密算法,已经形成了一系列标准,多个具有核心密码功能的算法已经走向世界成为 ISO/IEC 系列国际标准。目前,应用比较广泛的国密算法有 SM1、SM2、SM3、SM4、SM9、ZUC 共 6 种算法。SM1 是对称算法,不公开具体算法细节,只以专用算法芯片的方式提供应用。

2012 年 3 月,国家密码管理局(State Cryptography Administration,SCA)正式将 SM2、SM3、SM4、ZUC 算法列为行业标准。基于椭圆曲线的公钥密码算法 SM2,支持签名、加密、密钥协商。SM2 数字签名算法于 2017 年 11 月成为 ISO/IEC 国际标准。SM3 是一个哈希算法,输出长度是 256 比特。2018 年 10 月,SM3 算法正式成为 ISO/IEC 国际标准。SM4 是一个对称密码算法。祖冲之(ZUC)算法是序列密码算法,包括机密性算法和完整性算法。2020 年 4 月,ZUC 算法正式成为 ISO/IEC 国际标准。ZUC 于 2011 年 9 月成为新一代宽带无线移动通信系统(LTE)国际标准,是第一个成为国际标准的国密算法,用于实现新一代宽带无线移动通信系统的无线信道加密和完整性保护。

SM9 是基于标识的密码算法,包括数字签名、密钥交换、密钥封装和公钥加密算法。2017 年 11 月,SM9 数字签名算法正式成为 ISO/IEC 国际标准;2021 年 2 月,SM9 加密算法正式成为 ISO/IEC 国际标准。

6.4.8 密码分析

密码分析俗称密码破译,是指接收方在不知道解密密钥和通信者所采用的加密算法的细节条件下,对密文进行分析,试图获取机密信息、研究分析解密规律的科学。

1. 传统密码分析方法

根据攻击者对明文、密文等信息的掌握情况,密码分析可以划分为 4 种类型。

1)唯密文攻击

唯密文攻击(Ciphertext-Only Attack),指攻击者手中除了截获的密文外,没有其他任何辅助信息。唯密文攻击是最常见的一种密码分析类型,也是难度最高的一种。

2)已知明文攻击

已知明文攻击(Known-Plaintext Attack),指攻击者除了掌握密文外,还掌握了部分明文和密文的对应关系。举例来看,如果是遵从通信协议的对话,由于协议中使用固定的关键字,如 login、password 等,通过分析可以确定这些关键字对应的密文。如果传输的是法律文件、单位通知等类型的公文,由于大部分公文有固定的格式和一些约定的文字。在截获的公文较多的情况下,可以推测出一些文字和词组对应的密文。

3)选择明文攻击

选择明文攻击(Chosen-Plaintext Attack),指攻击者知道加密算法,同时能够选择明文并得到相应明文所对应的密文,是比较常见的一种密码分析类型。举例来看,攻击者截获了有价值的密文,并获取了加密使用设备,向设备中输入任意明文可以得到对应的密文,以此为基础,攻击者尝试对有价值的密文进行破解。选择明文攻击常常用于破解采用公开密码系统加密的信息内容。

4）选择密文攻击

选择密文攻击(Chosen-Ciphertext Attack)，指攻击者知道加密算法，同时可以选择密文并得到对应的明文。采用选择密文攻击这种攻击方式，攻击者的攻击目标通常是加密所使用的密钥。基于公开密钥密码系统的数字签名，容易受到这种类型的攻击。从密码的分析途径看，在密码分析过程中可以采用穷举攻击法、统计分析法和数学分析法 3 种方法。

2. 密码旁路分析

现实世界中，密码算法的实现总需要基于一个物理平台，即密码芯片。由于芯片的物理特性会产生额外的信息泄露，如密码算法在执行时无意泄露的执行时间、功率消耗、电磁辐射、Cache 访问特征和声音等信息，或攻击者通过主动干扰等手段获取的中间状态比特或故障输出信息等，这些泄露的信息同密码的中间运算及中间状态数据存在一定的相关性，从而为密码分析提供了更多的信息，利用这些泄露的信息就有可能分析出密钥，这种分析方法称为旁路分析。密码旁路分析中的攻击者除了可在公开信道上截获消息，还可观测加解密端的旁路泄露，然后结合密码算法的设计细节进行密钥分析，避开了分析复杂的密码算法本身，使得一些传统分析方法无法破解的密钥成为可能。

近几年来，密码旁路分析技术发展较快，出现了多种旁路分析方法。根据旁路泄露信息类型的不同，可分为计时分析、探针分析、故障分析、功耗分析、电磁分析、Cache 分析、声音分析；根据旁路分析方法的不同，可分为简单旁路分析、差分旁路分析、相关旁路分析、模板旁路分析、随机模型旁路分析、互信息旁路分析、Cache 旁路分析、差分故障分析、故障灵敏度分析、旁路立方体分析、代数旁路分析和代数故障分析等。

6.5 电子数据取证与鉴定

6.5.1 电子数据的概念

电子数据是指在信息系统中产生的、存储于计算机或相关设备中的、以数字化形式存在的数据。虽然电子数据最终以数字化形式存在，但其信息呈现方式多种多样。常见的电子数据如下：通过网页、微信、微博、朋友圈、网盘等网络平台发布的数据信息；手机短信、电子邮件、即时通信、通信群组等网络应用服务的通信信息；用户注册信息、身份认证信息、电子交易记录、通信记录、登录日志等信息；文档、图片、音视频、数字证书、计算机程序等电子文件。

电子数据客观上表现为以数字化形式存储、处理、传输的信息。日常生活中，人们很少用电子数据来称呼这些数字化信息，通常它更多的是一个法律术语。在法律领域中，电子数据是指以电子形式存在并能用以证明案件事实的数据信息。但是在很长一段时期，电子数据不是法定证据种类。早期执法机关不能将其直接作为证据使用，而需要转换为其他的法定证据种类间接使用。电子数据也曾经有不同的称谓，例如，网络安全保卫部门称为电子证据，刑事侦查部门称为电子物证等。名称和概念的不统一，增加了理解的复杂度，不利于法律的实施。2012 年修订的《刑事诉讼法》为适应刑事诉讼的实践需要，规定了证据的 8 种类型：物证、书证、证人证言、被害人陈述、犯罪嫌疑人、被告人供述和辩解、鉴定意见、勘验、检查、辨认、侦查实验等笔录、视听资料、电子数据。首次将电子数据增设为法定的证据类型。

《刑事诉讼法》的这一改变，进一步丰富了证据的外延，有利于规范司法实务部门对电子数据的提取和应用，更好地证明案件事实。之后，《民事诉讼法》《行政诉讼法》都将电子数据列为证据类型。

《刑事诉讼法》虽然将电子数据首次纳入法定证据种类之一,却并没有进一步明确电子数据证据的概念、证明规则、证明力的认定标准等基础和关键问题,电子数据证据的可采性和证明力认定这两大根本性难题在当时法律层面没有得到解决。直到 2016 年,最高人民法院、最高人民检察院和公安部联合印发了《关于办理刑事案件收集提取和审查判断电子数据若干问题的规定》,明确规定:电子数据是案件发生过程中形成的,以数字化形式存储、处理、传输的,能够证明案件事实的数据。这一定义清晰地阐述了电子数据证据的本质就是二进制数据,而文本、视频、音频、图像等只不过是电子数据证据的不同表现形式,这样定义电子数据证据有利于认识其本质。

6.5.2 电子数据取证与鉴定的概念

从法律的角度,电子数据取证通常是指经过资格认定的专业人员基于计算机科学原理和技术,接受当事人的委托,按照法律规定的程序,对电子设备中存储的电子数据进行发现、固定、提取、分析、检验、记录和展示的过程。从技术的角度,可以将电子数据取证看作网络空间安全领域的一个全新分支,是对现有网络安全体系的有力补充。

提到电子数据取证,不得不提司法实践中的另一个重要术语,即电子数据鉴定。电子数据鉴定是指鉴定人运用计算机科学理论和技术或者物理学原理和相关知识,对诉讼活动中涉及的电子数据进行提取、固定和恢复,并提供鉴定意见,以取得最具证明力的电子证据作为认定事实依据的活动。

电子数据取证与电子数据鉴定是两个密切相关但又有所区别的概念,它们在法律实践、信息技术应用以及司法流程中扮演着重要角色。

电子数据取证与电子数据鉴定相互联系。

(1) 目的相同。二者都是为了在司法程序中获取、保全、分析和认定电子数据证据,以支持案件的审理和判决。

(2) 技术基础相似。二者都依赖于计算机科学、信息技术和法学等多学科的知识和技术手段。

(3) 相互依存。电子数据取证是电子数据鉴定的基础,没有有效的电子数据取证,司法鉴定就无从谈起,而司法鉴定则是对取证结果的进一步验证和认定,确保电子数据证据的真实性和可靠性。

电子数据取证与电子数据鉴定有所区别。

(1) 主体不同。电子数据取证主要由执法人员或专业取证技术人员进行,他们负责在案件发生或调查过程中收集、固定和提取电子数据证据。这里的执法人员包括公安执法人员、市场监管行政执法人员等;专业取证人员包括企业中具有丰富取证经验的工程技术人员,包括但不限于电子数据取证分析师、计算机取证专家、网络安全分析师等。而电子数据鉴定则是由具有司法鉴定资质的机构中依法取得鉴定人职业资格证书和鉴定人执业证书的鉴定人进行,他们根据法律程序和技术标准,对电子数据证据进行检验、分析和认定,并出具司法鉴定意见书。

(2) 性质不同。电子数据取证更多是一种技术活动,侧重于电子数据的收集、固定和提取过程。电子数据鉴定则是一种法律活动,具有更强的法律性和权威性,其鉴定结果往往直接作为案件审理的重要依据。

（3）程序和标准不同。电子数据取证虽然需要遵循一定的技术规范和程序，但相对较为灵活，主要依据案件的具体情况和需要来进行。电子数据鉴定则必须严格遵守法律程序和技术标准，遵循合法、独立、监督等原则，确保鉴定过程的合法性和鉴定结果的准确性，保证鉴定活动的公正性和权威性。

（4）结果不同。电子数据取证的结果通常是电子数据证据本身或围绕证据的完整性、关联性、合法性等支撑性结论，这些证据需要经过进一步的审查和分析才能用于案件审理。电子数据鉴定的结果是司法鉴定意见书，该意见书对电子数据证据的真实性、完整性和相关性等进行了全面的检验和认定，并直接作为案件审理的重要依据。司法鉴定意见书具有法律效力，对案件的判决结果具有重要影响。

电子数据取证和电子数据鉴定广泛应用于案件侦查、起诉和审判等环节中。

在侦查环节，公安人员需要电子数据进行取证，该过程大致分为两个阶段：一是电子数据证据的收集提取阶段；二是电子数据证据的分析解读阶段。在前一阶段，公安机关的主要任务是发现、固定、提取并保存各类证据；在后一阶段公安机关的主要任务是分析、解读已收集的证据。在公安人员进行电子数据取证的上述两个阶段，都可能碰到自身难以解决的专门性问题。刑事诉讼法明确规定，为了查明案情，需要解决案件中某些专门性问题的时候，应当指派、聘请有专门知识的人进行鉴定。基于此公安机关在侦查取证阶段可以启动两类电子数据鉴定：一类是以收集提取证据为目的的司法鉴定，旨在解决侦查人员收集提取证据过程中遇到的专门性问题，可称为发现型鉴定；另一类是以分析解读、判断识别证据为目的的司法鉴定，如证据的真实性、功能性、相似性等，重在解决侦查人员分析解读证据过程中面临的专门性问题，可称为分析型鉴定。

在起诉环节，如果公安机关侦查获得的电子数据证据已经足够充分，能够证明案件事实经人民检察院审查符合法定要求的，可以作为证据使用。但是公安机关在侦查过程中收集的证据，如果涉及需要专业技术鉴定或者检验的，人民检察院为了查明案情，根据案件的具体情况和法律规定可以进行鉴定。鉴定由人民检察院有鉴定资格的人员进行。必要时，也可以聘请其他有鉴定资格的人员进行。

在审判环节，针对提供的电子数据的真实性和关联性等问题，当事人可以向法院提出申请进行电子数据鉴定。当事人未申请鉴定，人民法院对专门性问题认为需要鉴定的，应当委托具备资格的鉴定人进行鉴定。

总之电子数据取证与电子数据鉴定在司法实践中各有侧重，但又相互依存、相互补充。它们共同构成了电子数据证据在司法程序中的完整链条，为案件的公正审理提供了有力的支持。

6.5.3 电子数据取证与鉴定的技术内容

电子数据取证与鉴定都涉及对电子数据的获取、保存、分析等相关的法律和技术问题。虽然取证和鉴定的主体有所不同（取证主要由执法人员完成，而鉴定则由独立的第三方进行），但它们在技术操作上具有很高的相似性。

1. 数据内容分析

数据内容分析是一种将看似杂乱无章或难以理解的二进制数据转换为可读的、有意义的信息内容的过程。由于二进制数据解释依赖于上下文和解释规则，不同的应用程序、文件格式或编码标准可能导致相同二进制数据被解释为完全不同的信息内容。只有找出数据内容不可读的原因，并采取相应的数据解释方法才能正确还原原始信息内容。

常见的数据内容不可读原因及分析方法主要有以下 3 方面。

1）加密信息分析

原因：涉案用户为保护数据隐私和安全，对文件或数据进行了加密操作。

分析方法：分析加密算法的类型、密钥长度等特征，尝试破解或解密数据。涉及密码学知识、暴力破解、字典攻击等多种手段。

2）口令破解

原因：用户对设备设置了密码以保护数据访问权限，取证过程中对方不配合提供密码等。

分析方法：使用密码破解工具或技术，如字典攻击、暴力破解、彩虹表等，尝试恢复密码。

3）隐藏数据发现

原因：数据可能被故意隐藏或伪装，以逃避检测或审查。

分析方法：运用数据隐藏分析技术，如文件元数据分析、隐写术检测等，发现隐藏在正常数据中的额外信息。

2. 数据检索与固定

数据检索技术是指在电子数据取证过程中，根据特定的需求和条件，从海量的电子数据中快速、准确地提取出与案件相关的数据信息的过程。根据检索时预测信息的性质不同，可分为基于数据内容的检索技术、基于指纹信息的检索技术、基于痕迹信息的检索技术 3 种。前者根据数据本身的内容特征进行检索，这种技术通过分析数据中的关键词、图像特征、音频指纹等信息，来匹配和提取与案件相关的数据。中者通过计算文件的哈希值来生成数字指纹，并存储在数据库中。在检索时，通过比对哈希值快速定位到目标文件，在涉及生物识别技术的案件中，通过比对指纹图像来识别嫌疑人或关联相关证据。后者根据用户在计算机、手机等设备使用过程中留下的痕迹信息（如操作记录、浏览历史、文件访问记录等）进行检索。这些痕迹信息往往能够反映用户的行为习惯和活动轨迹，从而确定电子数据的位置和内容。目前，电子数据取证企业研发的软件普遍具备数据可视化功能，可以将检索结果以图形、图表等形式呈现，用于展示案件相关的数据流向、时间线、关系网络等信息，帮助取证人员更直观地理解数据之间的关系和特征。

电子数据固定是指将电子数据以某种形式保存下来，以确保其真实性、完整性和可用性。在司法实践中，电子数据作为证据使用时，必须经过严格的固定程序，以防止数据被篡改或丢失。除了采用传统的固定手段外，常使用的技术为电子数据复制技术。根据案件性质不同，对复制的技术要求也是不同的。从所提取和固定电子数据的形态不同，可分为静态数据的提取和固定、动态数据的提取和固定。电子数据固定后哈希值的计算非常重要。当需要验证数据的完整性时，只需重新计算数据的哈希值并与之前保存的哈希值进行比较。如果二者一致，则说明数据自固定以来未被篡改；如果不一致，则说明数据可能已被篡改。

3. 数据恢复

电子数据取证中的数据恢复技术是指通过技术手段，对保存在各类存储设备（如台式计算机硬盘、笔记本计算机硬盘、服务器硬盘、移动硬盘、U 盘、数码存储卡等）上丢失或损坏的电子数据进行抢救和恢复的过程。数据恢复技术一般分为两种主要类型：基于软件的技术和基于硬件的技术。

1) 基于软件的技术

系统级修复技术：主要针对可以正常进行读写操作的存储设备，如分区表及文件系统信息的修补技术。例如，对于 FAT32 系统的引导扇区、文件分配表、目录表及 UNIX 系统中的超级块等关键信息的修复。

文件级修复技术：包括损坏文件的恢复和文件碎片的提取。在文件相对完整的情况下，可以修复文件头和数据区损坏不大的文件；如果文件损坏很大，但数据区存有小部分，则可以提取文件碎片内的剩余部分。

元数据分析算法：通过分析存储设备上的元数据（如文件属性、目录层次等），来定位并修复损坏的文件系统。此方法允许获取具有原始名称、文件夹、日期和时间戳的文件，从而更准确地恢复数据。

2) 基于硬件的技术

主要针对无法进行读写操作的存储设备，尤其是硬盘。当硬盘出现磁头损坏、电路故障、固件损坏等硬件故障时，需要通过更换硬件组件、软件重建技术或盘片读取技术来解决问题。这些操作通常需要在专用的洁净间里进行，以确保数据恢复的成功率和安全性。

4. 数据来源分析

数据来源分析指根据现有的材料和信息，确定特定文件、程序、代码和其他数据信息的最初来源或者其来源路径的技术。通过数据来源分析，可以验证电子数据是否经过篡改或伪造，从而确保其作为证据的真实性和可信度。在刑事案件中，数据来源分析有助于揭示犯罪嫌疑人的活动轨迹和犯罪手段，为案件侦破提供重要线索。对于同一性鉴定、真实性鉴定等以"评估证据"为目标的电子数据鉴定，数据来源分析是评估证据价值的关键环节。常见的数据来源分析技术包括通过分析文档的创建时间、修改历史、作者信息等元数据，以及文档内容中的特定标记或水印，来确定文档的来源。通过分析邮件的发送方、接收方、发送时间、邮件头信息等，以及邮件内容中的线索，来确定邮件的来源和传输路径。通过捕获和分析网络数据包中的 IP 地址、端口号、协议类型等信息，以及数据包内容中的特定标记或签名，来确定数据包的来源和传输路径。

数据来源分析是电子数据取证中不可或缺的一环。通过采用适当的技术手段和方法，可以准确追溯和确定电子数据的来源，为司法案件的侦破和判决提供有力支持。

5. 同一性鉴定

电子数据鉴定中的同一鉴定是指根据一定的标准和方法，对两份或多份电子数据进行分析、比对，以确定它们是否来源于同一源头或具有相同的内容、格式等特征。同一性鉴定的对象包括但不限于电子文档、电子邮件、数据库记录、网页内容、社交媒体信息等各种类型的电子数据。通常采用直接比对法、哈希值比对法、元数据分析法和专业技术软件鉴定等方法对数据的同一性进行鉴定。它与数据来源分析性质不同。在同一性鉴定中委托人需要同时提供检验材料和样本，且检验材料和样本的信息内容基本相似。在数据来源分析中委托人只需要提供检验材料，其目的是寻找和判断检验材料的最初来源，或者其生成或运行路径。

6. 真实性鉴定

真实性鉴定是指判断被检验材料真实性的鉴定。进行真实性鉴定,需要分析影响检验材料可靠性的各种因素、检验其是否符合常见伪造手法的特征,综合评判其可靠程度,并结合案情最后做出检验材料是否真实的判断。

常用电子数据真实性鉴定方法包括:通过数字签名(非对称加密算法生成的数据摘要),用于验证数据的完整性和来源的真实性,确认电子数据在传输过程中是否被篡改;通过数据生成时间戳并嵌入数据中,确保数据的真实性;通过使用校验和、哈希值或循环冗余校验(Cyclic Redundancy Check,CRC)等方法对数据进行完整性检查;通过分析电子数据生成、存储、传输所依赖的计算机系统的硬件、软件环境是否完整、可靠,以及是否处于正常运行状态;利用专业的电子数据取证和分析工具,对电子数据进行深入的分析和鉴定。这些工具可以帮助鉴定人员发现数据中的异常和篡改痕迹。

从鉴定对象看,真实性鉴定包含的事项非常多,任何作为证据提供的材料均可能成为其对象。例如,电子邮件真实性鉴定、聊天记录真实性鉴定、数字图像真实性鉴定等。

7. 功能性鉴定

功能性鉴定主要是对计算机软件(包括具有破坏性的程序、合法程序等)的功能进行分析,判断是否具有某种功能,或者与所描述的功能是否一致的鉴定。其包括对软件的功能、电子设备的性能、计算机信息系统的运行状况以及破坏性程序(如病毒、木马等)的影响等进行评估。

常见的功能性鉴定有恶意代码鉴定、软件功能鉴定、技术措施鉴定等。

(1)恶意代码鉴定是指对计算机系统中的恶意软件进行识别、分析和鉴定的过程。恶意代码通常包括病毒、木马、蠕虫、勒索软件等,它们能够破坏计算机系统、窃取敏感信息或控制受害者的设备。恶意代码鉴定的主要目的是确定是否存在恶意代码、恶意代码的类型、传播方式、危害程度以及防御措施等。在恶意代码鉴定中,鉴定人员会运用专业的工具和技术对可疑代码进行分析,如静态代码分析、动态行为分析、网络流量分析等。通过这些分析手段,鉴定人员可以揭示恶意代码的工作原理、攻击目标以及可能造成的危害,为后续的处置和防御工作提供重要依据。

(2)软件功能鉴定是指对计算机软件的功能性进行检验、分析、鉴别和判断的过程。它关注软件是否按照设计要求实现了预期的功能,以及这些功能在实际使用中的表现如何。软件功能鉴定在软件开发、测试、验收以及司法鉴定等场景中都有广泛应用。在软件功能鉴定中,鉴定人员会依据软件的需求规格说明书、设计文档等资料,对软件的各项功能进行测试和验证。测试方法包括单元测试、集成测试、系统测试等,以确保软件的功能完整、正确且满足用户需求。此外,鉴定人员还会关注软件的性能、稳定性、安全性等方面的问题,以全面评估软件的质量。

(3)技术措施鉴定是指通过对技术措施的功能分析,判断技术措施的性质。例如,判断其是否具有控制访问次数功能,是否能够跟踪并收集用户信息,是否能够强制删除用户账号,是否能够删除竞争对手的程序等。

8. 相似性鉴定

相似性鉴定是指通过文件比对、文本比对、二进制比对等方式对软件相似性、电子文档相似性进行鉴定。通常与电子数据相关的知识产权问题密切相关。

根据相似性的性质不同,可以将相似性鉴定分为文件内容相似性鉴定、软件代码相似性鉴定等事项。

(1)文件内容相似性是指通过比较两个或多个文件的内容,来评估它们之间的一致性或实质性相似度。这种鉴定方法通常用于文档、图片、音频、视频等类型文件的比对。在实际过程中,通过运用专业的比对工具和技术,对文件的内容进行逐项或整体的分析,以发现可能的相似点或差异点。

(2)软件代码相似性指对软件的源代码的结构、逻辑、算法及特定的代码片段进行比对和技术分析,以判断两个软件程序之间是否存在实质性的相似,从而确定是否存在侵权行为,主要用于计算机软件著作权纠纷中。

9. 复合鉴定

复合鉴定是指一种相对较复杂的鉴定。在鉴定过程中涉及的事项较多、学科知识较广,难以纳入以评估证据为目标的其他电子数据鉴定都属于复合鉴定。常见的有资产损失鉴定、企业各种应用系统鉴定、数字证据链鉴定等。资产损失鉴定指对涉案的计算机软硬件资产和其他无形资产进行评估,判断案件涉及的资产损失情况。企业各种应用系统鉴定是指对企业的应用系统或软件中所存储数据的有效性、真实性及其所反映的公司财务、管理等情况的鉴定。数字证据链鉴定是结合案件中涉及的数字证据(如电子邮件、聊天记录、交易记录等)以及其他传统证据(如物证、书证等),通过综合分析,判断这些证据是否能形成完整、可靠的证据链,以证明案件事实。实际上它是一种对涉案证据真实性和可靠性进行判断的综合鉴定。

6.5.4 电子数据取证与鉴定原则

近年来,随着电子数据取证在社会生活中尤其是司法案件中的影响越来越大,国家先后出台了包括 GB/T 29362—2023《法庭科学 电子数据搜索检验规程》等在内的一系列涉及电子数据的国家标准、公共安全行业标准和司法部标准等。结合国家出台的法律法规,一系列法律和标准的出台明确了电子数据取证与鉴定工作的操作规范、工作原则等。电子数据取证与鉴定原则可以综合归纳为以下6方面。

1. 合法性原则

任何取证与鉴定工作都必须遵循《刑事诉讼法》《公安机关办理刑事案件程序规定》等相关法律法规和国家机关发布的专门规定。任何证据的有效性都取决于取证活动的合法性:①调查取证的人员要合法,应经过相关培训,具备法定资质。②作为电子数据取证的对象范围应明确确定,不能对与案件事实无关的数据随意取证。③取证所使用的方法必须符合相关技术标准,工具必须通过国家有关主管部门的评测。④取证必须按照法律的规定公开进行。采取非法手段获取的证据不具备可采用性,所以也就丧失了其证明力。⑤取证过程应严格遵守法定程序,确保取证行为的合法性,避免非法取证导致证据无效。

2. 完整性原则

《关于办理刑事案件收集提取和审查判断电子数据若干问题的规定》第五条规定:"对作为证据使用的电子数据,应当采取以下一种或者几种方法保护电子数据的完整性:(一)扣押、封存电子数据原始存储介质;(二)计算电子数据完整性校验值;(三)制作、封存电子数据备份;(四)冻结电子数据;(五)对收集、提取电子数据的相关活动进行录像;

(六)其他保护电子数据完整性的方法。"第十六条规定:"电子数据检查,应当对电子数据存储介质拆封过程进行录像,并将电子数据存储介质通过写保护设备接入检查设备进行检查;有条件的,应当制作电子数据备份,对备份进行检查;无法使用写保护设备且无法制作备份的,应当注明原因,并对相关活动进行录像。"

一般情况下,为了避免电子数据在分析处理过程中遭受意外损坏,对电子数据证据做多个备份是必要的。不应在原始介质上进行分析,而应对原始介质做备份,然后将原始介质作为证据保存起来,在备份上进行检验。

3. 真实性原则

电子数据取证与鉴定过程应尽可能保持数据的原始状态,包括数据的内容、格式、存储位置等,避免因操作不当导致数据发生变化。在取证过程中,应使用技术手段(如哈希值校验)验证电子数据的完整性,确保数据在传输、存储过程中未被篡改。通过有效的备份、镜像复制、位对位克隆等技术手段,建立电子证据保管锁链,确保电子取证的真实性。

在可能的情况下,应优先收集电子数据的原始存储介质,如硬盘、U 盘等,以确保数据的原始性和完整性。采用专业的电子取证工具和技术,如只读数据保护、镜像复制等,确保在取证过程中不对数据进行修改或破坏。从电子数据的收集、保全到分析,每个环节都应详细记录并形成完整的证据保管锁链,确保数据的真实性可追溯。

4. 及时性原则

电子数据证据的获取具有实效性,一旦确定对象后,应尽快提取证据,防止证据被篡改、删除或灭失。因为电子数据证据最重要的特点之一就是易破坏性,必须尽早收集证据,并保证其没有受到任何破坏。这一原则要求计算机证据的获取要有一定的时效性。电子数据证据从形成到获取间隔的时间越长,被删除、毁坏和修改的可能性就越大。因此,确定取证对象后,应该尽可能早地获取电子数据证据,保证其没有受到任何破坏和损失。在案件情况紧急时,应优先采取措施保护电子数据,如关闭电子设备、切断网络连接等,以防止数据被远程销毁或篡改。

5. 证据连续性原则

为了在法庭采用时能证明整个调查取证过程的合法性、真实性和完整性,在电子数据证据从最初的获取状态到法庭提交状态的整个过程中,若存在任何变化都能明确说明此过程中没有人对证据进行恶意篡改,则该证据是连续性的。这就是取证过程中一直强调的证据连续性原则。《关于办理刑事案件收集提取和审查判断电子数据若干问题的规定》第十四条规定:"收集、提取电子数据,应当制作笔录,记录案由、对象、内容、收集、提取电子数据的时间、地点、方法、过程,并附电子数据清单,注明类别、文件格式、完整性校验值等,由侦查人员、电子数据持有人(提供人)签名或者盖章;电子数据持有人(提供人)无法签名或者拒绝签名的,应当在笔录中注明,由见证人签名或者盖章。有条件的,应当对相关活动进行录像。"在取证过程中,应该记录相关的重要操作步骤及其细节,如所有可能接触证据的人、接触时间以及对电子数据证据进行的相关操作。任何取证分析的结果或结论可以在另一名取证人员的操作下重现。

6. 保密性原则

在取证过程中,应严格遵守保密规定,确保涉及国家秘密、警务工作秘密、商业秘密、个人隐私的电子数据不被泄露。对于获取的材料与案件无关的,应及时退还或者销毁,避免造成不必要的损失和影响。

通过建立严格的访问控制策略,包括设置密码、指纹识别、面部识别等身份验证措施等,确保只有经过授权的人员才能访问敏感电子数据。此外还需要对敏感电子数据进行加密存储和传输,以防止数据在存储和传输过程中被窃取或篡改。

6.5.5 电子数据取证与鉴定的意义

随着互联网的快速发展,特别是我国国民经济和社会信息化建设进程的全面加快,计算机和互联网已经成为人们日常生活、工作的重要组成部分。与此同时,我国正面临着复杂严峻的网络安全形势:一是针对互联网的犯罪日益猖獗,当前我国已经成为黑客攻击破坏的主要受害国之一;二是网络赌博、网络传播淫秽色情、网络销售违禁品、网上贩卖公民个人信息等利用互联网的违法犯罪形势严峻,严重污染了网络环境,扰乱了网络秩序;三是违法犯罪+互联网的趋势日益凸显,大量违法犯罪的准备和实施均借助网络技术而实现,技术门槛和犯罪成本大大降低,犯罪规模和危害程度急剧扩大,犯罪分工更加精细,犯罪手法更加复杂;四是恐怖分子利用网络制作传播暴力恐怖音频、视频,大肆宣扬暴力恐怖和宗教极端思想,煽动实施恐怖活动,传授暴恐犯罪技能。

随着各类组织的运转以及通信、运输、金融、电商、能源等社会经济活动对信息网络的依赖不断加深,与之相伴的网络违法犯罪也不断增多。打击网络犯罪,保障信息安全,促进网络有序发展已经成为我国公安机关面临的一个重大挑战。

由于网络空间的虚拟性,网络犯罪行为留下的通常为电子数据,因此,电子数据在整治打击各类网络违法犯罪,打击网络恐怖主义,加强国际网络安全执法合作等方面均具有重要的意义。随着互联网和计算机技术的发展与普及应用,很多刑事司法活动也会涉及电子数据,电子数据的收集提取和审查判断,已经成为刑事司法实践活动的基础性、普遍性工作。

小结

在网络空间安全领域,计算机病毒防护、防火墙与入侵检测系统、密码技术、电子数据取证等概念构成了保障网络空间安全与秩序的重要基石。

计算机病毒作为网络安全的一大威胁,具有传染性、寄生性、破坏性、潜伏性、可触发性、隐蔽性等特点,通过可移动介质和网络等途径传播,对系统造成损害。为了防范此类威胁,防火墙技术应运而生。防火墙能够监视并控制进出网络的数据流,过滤数据包,保护内部网络不受外部威胁,如黑客攻击和恶意软件。此外,防火墙还能记录网络活动,并在检测到可疑行为时发出警报,是网络安全的重要工具。

入侵检测系统作为防火墙后的第二道防线,通过实时监控网络数据,与已知的攻击手段进行匹配,从而发现网络或系统中是否有违反安全策略的行为和遭受袭击的迹象。它不仅能实时检测并处理异常数据报文,还能进行安全审计和主动响应。

密码技术则是保障信息安全的核心手段之一,通过加密算法和密钥实现保密通信,防止信息泄露。随着网络环境的复杂化,密码技术也在不断发展和完善,为数据的流动和隐私保护提供了有力支持。

在网络安全事件发生后,电子数据取证成为关键。它涉及对信息化、数字化的电子设备进行取证,以发现和收集关键证据,为案件的侦破提供有力支持。

综上所述,计算机病毒、防火墙、入侵检测系统、密码技术、电子数据取证与鉴定共同构成了网络安全的防护体系,为我们的生活和工作提供了安全保障。

思政阅读材料

案例一：王小云——中国密码女神

王小云,1966年8月出生于山东诸城,密码学家,中国科学院院士,发展中国家科学院院士。1983年考入山东大学数学系,并获得学士、硕士和博士学位。1993年博士毕业后留校任教,先后担任山东大学数学系讲师、副教授、教授。现为山东大学网络空间安全学院院长。

1966年8月,王小云出生在山东诸城一个教师家庭。天资聪颖的王小云,自幼热爱劳动,喜欢思考数学问题,数学也为她其他理科科目的学习打下了坚实的基础。1983年,王小云从山东省诸城第一中学毕业,曾想就读物理系的她,由于高考后数学成绩更优,便将山东大学数学系作为了首选。但随着学习的深入,数学本身严谨的逻辑思维,以一种巨大的力量紧紧地抓住了王小云的心,她的实力逐渐显现,成绩名列前茅,也逐渐爱上了这个当时退而求其次的专业。因此,在后来报考研究生志愿时,王小云毅然选择了著名数学家潘承洞院士所从事的解析数论方向。

1987年,王小云顺利考上了山东大学数学系的研究生,学习了一年之后,在两位导师潘承洞院士、于秀源教授的建议下,她将研究方向由解析数论改为新兴的密码学。"刚开始,感觉学习密码很简单,后来随着理论越来越深,感觉还是挺难的,但也觉得越来越有意思。"也正是由此,王小云正式与密码研究结缘,最终在多年的潜心钻研中,成就了"密码女神"的美誉。

1. 破译国际密码　引发学界震动

2004年夏天,在美国加州圣芭芭拉召开的国际密码学会议上,王小云以平静的语气向全世界宣布了一个重磅消息:包括MD5在内的四大国际密码算法全部存在漏洞。此言一出,举座皆惊。王小云把自己的算法放上网,以供世界各地密码学家验证其正确性。不少密码学家对王小云发表的结果有强烈怀疑,很多业界权威专家都表示,王小云的计算有问题。但王小云对自己的成果很自信,面对质疑,她主动提出和著名密码学家比哈姆教授一同验证,最终证实了破译结果的正确性。

王小云尝试破解MD5始于2001年,当时她35岁,作为高龄产妇,被医生强制要求远离计算机在家安胎。总想找点事情做的王小云在意外得知了MD5算法至今无人破解后,就开始了自己的研究。只是这时,不能用计算机的她只能用笔,一个公式一个公式的计算。

MD5被公认是"最安全的密码",想要破解它可能需要上百万年。在王小云之前,曾不断有世界顶级的密码学家试图破解MD5,当时的欧洲,所有的顶级科研机构都加入了MD5的挑战中,却始终没有成绩。

最开始,王小云只是想"试试它的破解有多难",然而过了两个星期,王小云就知道:"我肯定能破了。"孩子降生后,还没等身体复原,王小云就打开了计算机。功夫不负苦心人,经过3年专研,王小云最终成功破解包括MD5在内的多个国际密码。

2. 再破顶尖密码 美国宣布停用

在破解 MD5 之后,王小云把目光瞄准了有着"白宫密码"之称的 SHA-1。MD5 和 SHA-1 算法是当时世界最顶尖的密码加密算法。参与设计 SHA-1 的相关机构站出来公开表态,"不要担心,虽然 MD5 被破解了,但 SHA-1 的加密算法没有任何安全隐患!"然而,不到半年,王小云就把破译 SHA-1 的论文投给了国际密码学年会的密码专家。2005 年 2 月 15 日,世界 RSA 安全大会召开,会上宣布了 SHA-1 已被破译的消息,世界上最为坚固的密码堡垒再一次轰然倒塌。美国国家标准与技术研究院不得不宣布,美国政府在未来五年内将全部停用 SHA-1。

3. 着眼祖国需要 成果广泛应用

王小云连破多个国际密码算法,在密码学界名声远扬,美国、欧洲等多个知名密码学研究机构多次找到王小云,并提出了极为优厚的条件。但王小云拒绝了,她说,科学家要把国家的责任摆在第一位,任何条件都比不上祖国的需要。

她转而投身于国内密码算法的开发,在破译 MD5 两年之后,国内第一个基于哈希函数设计的算法 SM3 诞生了。其安全性远超 MD5 和 SHA-1,一直沿用至今,为我国在交通、电力系统和金融等多个行业保驾护航。在中国航天工程所用到的通信加密上,也同样运用到了王小云设计的算法。

未来,王小云还要一直朝前走,尽管她并不知道密码学的边界在哪,但她会一直坚持走下去,朝抵抗力最大的路径走:"生命就是一种奋斗,不能奋斗,就失去生命的意义与价值;能奋斗,则世间很少有不能征服的困难。"

密码是一种古老的发明。在战争年代,它可以克敌制胜;在和平年代,它可以捍卫安全。作为全中国最懂密码的人,王小云曾经沉潜十年,破解了世界上公认的最安全、最先进、应用最广泛的密码算法,她的科研成果被密码学家称为密码学领域最美妙的结果;作为站在世界科学殿堂的女性,她的头脑里有理性的光彩,她的心中有向美的追求。她就是中国科学院院士、密码学家王小云。

案例二:网络空间安全法律法规案例分析

例 1:2024 年 7 月,锡林郭勒盟公安机关接到报案,某煤矿公司的服务器无法正常运行,疑似受到病毒攻击。经现场勘查取证发现,该公司未采取有效防范技术措施,系统存在弱口令等问题隐患,不法分子通过暴力破解密码并在服务器植入勒索病毒,致使该公司的监测服务器无法正常运行,导致安全生产数据无法正常回传,致使其公司业务停摆。锡林郭勒盟公安机关依据相关法律法规,依法对该公司处以行政警告。

例 2:2023 年 11 月至 2024 年 7 月,通辽市公安机关曾多次对辖区某热电公司进行网络安全监督检查,并对同一个网络安全高危漏洞处以行政警告,但该公司一直未开展有效整改,导致系统长期处于"带病工作"状态,存在拒不履行网络安全保护义务的行为。通辽市公安机关依据相关法律法规,依法对该公司法人曹某、网络安全负责人杨某分别处以 1 万元、5000 元的行政罚款。

主要法律问题解析如下。

上述两起案例是基于《网络安全法》第二十一条对应法律责任和第五十九条作为执法依据。根据《网络安全法》第二十一条规定:"网络运营者应当按照网络安全等级保护制度的要求,采取防范计算机病毒和网络攻击、网络侵入等危害网络安全行为的技术措施。"根据

《网络安全法》第五十九条规定："网络运营者不履行本法第二十一条、第二十五条规定的网络安全保护义务的,由有关主管部门责令改正,给予警告;拒不改正或者导致危害网络安全等后果的,处一万元以上十万元以下罚款……"如前者案例中,某煤矿公司未采取有效防范技术措施,但尚未证据证明发生了导致危害网络安全等损耗后果,因此予以警告;后者案例则因存在网络安全高危漏洞被处以行政警告的情况下,该热电公司一直未开展有效整改,导致系统长期处于"带病工作"状态,存在拒不履行网络安全保护义务的行为,导致公司法人和网络安全负责人被处以行政罚款的情况。

习题 6

一、单项选择题

1. 发现计算机病毒后,比较彻底的清除方式是_____。
   A. 用查毒软件处理   B. 删除磁盘文件
   C. 用杀毒软件处理   D. 格式化磁盘

2. 计算机病毒可以使整个计算机瘫痪,危害极大,是_____。
   A. 人为开发的程序   B. 一种生物病毒
   C. 软件失误产生的程序   D. 灰尘

3. 按照寄生方式分类,计算机病毒通常分为引导型、文件型和_____。
   A. 外壳型   B. 混合型   C. 内码型   D. 蠕虫病毒

4. 密码学包含两个分支,即密码编码和_____。
   A. 密码分析   B. 加密算法   C. 解密算法   D. 密钥管理

5. _____可以发现网络内部的恶意破坏。
   A. 防火墙   B. 入侵检测系统   C. 数字签名   D. 杀毒软件

6. 与对称密码体制相比,非对称密码体制的主要优点在于_____。
   A. 加密速度快   B. 密钥管理简单
   C. 安全程度高   D. 容易实现

7. 电子数据取证与鉴定技术主要涉及_____ 4 个步骤。
   A. 收集、保护、分析、报告   B. 检验、调查、收集、分析
   C. 比较、分析、提取、报告   D. 保护、监控、分析、报告

8. 在电子数据取证中,_____可确保证据的完整性和真实性。
   A. 使用专业软件进行数据恢复   B. 从可信来源获取证据
   C. 对证据进行多次验证   D. 保持证据的存储和传输安全

9. 电子数据鉴定中,以下_____不是电子数据真实性鉴定的内容。
   A. 对电子邮件的真实性进行鉴定
   B. 对即时通信内容的修改情况进行鉴定
   C. 对电子文档中的数字签名进行验证
   D. 对软件的功能性进行鉴定

10. 根据《网络安全法》,以下_____不属于网络运营者应当履行的安全保护义务。

A. 采取防范计算机病毒和网络攻击、网络侵入等危害网络安全行为的技术措施

B. 采取监测、记录网络运行状态、网络安全事件的技术措施,并按照规定留存相关的网络日志不少于一年

C. 对其收集的用户信息严格保密,并不得泄露、篡改或者毁损

D. 为用户提供免费上网服务,确保用户在网络空间中的言论自由

11. 在《网络安全法》中,关键信息基础设施是指_____。

A. 涉及国家安全、国民经济命脉、重要民生、重大公共利益等的数据处理系统和信息系统

B. 所有企业的内部网络和信息系统

C. 个人用户的计算机和手机等终端设备

D. 公共场所的无线网络设施

12. 下列_____行为违反了《网络安全法》的规定。

A. 个人在网络上发布自己拍摄的风景照片

B. 网络运营者未经用户同意,不得收集、使用其个人信息

C. 企业将其收集的用户信息用于大数据分析,但并未泄露给第三方

D. 某黑客组织通过网络攻击手段窃取国家秘密

13. 计算机病毒是一种_____。

A. 软件故障   B. 硬件故障   C. 程序   D. 黑客

14. 防火墙_____不通过它的连接。

A. 不能控制   B. 能控制   C. 能过滤   D. 能禁止

15. 计算机病毒具有_____。

A. 传染性、潜伏性、破坏性、隐蔽性   B. 传染性、潜伏性、易读性、破坏性

C. 潜伏性、破坏性、易读性、隐蔽性   D. 传染性、潜伏性、安全性、破坏性

二、填空题

1. 计算机病毒的传播途径包含_____和_____。

2. 网络空间安全面临的威胁包括_____、_____、_____和_____。

3. 防火墙体系结构包括屏蔽路由器结构、_____、屏蔽主机结构和_____ 4 种。

4. 入侵检测系统有不同的分类方法,若以检测对象为标准,主要分为_____、_____和基于网络的入侵检测系统。

三、简答题

1. 从管理方面预防计算机病毒,一般应注意什么?

2. 按照病毒特性和行为分类,病毒分为哪几类?

3. 什么是入侵检测系统?

4. 什么是防火墙?

5. 简述电子数据取证与鉴定在司法实践中的重要性。并举例说明其应用场景。

6. 详述网络安全事件的分类以及发生网络安全事件后的监测预警和处理措施。

第7章　多媒体技术

本章学习目标
- 掌握多媒体技术的基本概念及理论。
- 理解多媒体技术的特征。
- 理解多媒体中图像和音频的处理过程。
- 掌握在多媒体应用中所需的计算机设备。
- 了解制作多媒体的技术。
- 了解多媒体技术的发展趋势。

本章首先介绍多媒体技术的概念、特征及元素构成,从硬件和软件两方面对多媒体计算机系统的组成进行阐述;其次针对多媒体信息处理技术从图形和图像处理技术、音频处理技术、视频处理技术及多媒体动画技术等方面加以介绍;最后结合实际介绍多媒体技术的应用领域、常用多媒体软件。学习完本章能够认识、了解和掌握多媒体技术的基础知识,熟悉常用的多媒体编辑工具、开发软件的使用,能让我们更好地适应信息社会,且会让我们的生活变得更加多姿多彩!

7.1　多媒体技术概述

7.1.1　多媒体技术的基本概念

1. 媒体

媒体(Media)一词是拉丁语 Medium 的复数形式,Medium 音译为媒介或媒质,是指信息在传播过程中,从信源到信宿之间承载并传播信息的载体或工具。在计算机领域中媒体有两层含义:①承载信息的物理载体,如磁盘、光盘、录像带和录音带等;②表述信息的逻辑载体,如文字、图像、语言等。

2. 多媒体与多媒体技术

多媒体一词译自英文 Multimedia,是多种媒体信息的载体,信息借助载体得以交流传播。图、文、声、像构成多媒体,采用如下 4 种媒体形式传递信息并呈现知识内容。

图——包括图形(Graphic)和静止图像(Image)。

文——文本(Text)。

声——声音(Audio)和视频(Video)。

像——包括动画(Animation)和运动图像(Motion Video)。

在信息领域中,多媒体是指文本、图形、图像、声音、视频等这些单媒体和计算机程序融合在一起形成的信息媒体,是指运用存储与再现技术得到的数字信息。

一般认为,多媒体技术是利用计算机对文本、图形、图像、声音、动画、视频等多种信息进行综合处理、建立逻辑关系和组织人机交互作用的技术。具体地说,多媒体技术是以数字化为基础,能够对多种媒体信息进行采集、编码、存储、传输、处理和表现,综合处理多种媒体信息并使之建立有机的逻辑联系,集成为一个系统并能具有良好交互性的技术。多媒体技术是一个技术群,包括数字化信息处理技术、音视频技术、计算机软硬件技术、人工智能、模式识别技术、网络通信技术等。

随着科技进步,计算机所能处理的媒体类型会不断增加,会有更多新型多媒体技术出现,多媒体技术能实现的功能也会不断地完善。

7.1.2 多媒体技术的特征

尽管多媒体技术的内涵、范围和所涉及的技术极其广泛,但都以计算机为核心,其特征集中体现在多样性、集成性、交互性、同步性、实时性 5 方面。

1. 多样性

多样性是指多媒体技术所涉及信息的多样化和承载信息载体的多样化。媒体的多样性使得信息的交换领域得到极大扩展,不再局限于视觉、听觉,还扩展到了嗅觉、触觉甚至是意识领域;信息的多样性使得计算机处理的信息空间范围扩大,不再局限于数值、文本或图形、图像,还能通过视觉、听觉和触觉等感觉形式实现信息的发送、接收、传输和交流。

2. 集成性

集成性主要表现在以计算机为中心对多种媒体信息(文字、图形/图像、语音、视频等)进行综合处理以及与操作这些媒体信息的软件和设备进行集成。多媒体技术涉及的不仅仅是媒体形式的多样性,而且各种形式的媒体信息在计算机内是相互关联的,如文字、声音和画面的同步等。例如,一个多媒体教室既包括计算机、投影仪、高清摄像头、收音器、音响、网络设备等硬件,还包括操作系统、录播系统等软件,以及一些通信接口协议,并且只有当这些要素全部有机地整合,多媒体教室才能真正发挥作用。

3. 交互性

交互性是多媒体技术的关键特征,即用户可以与计算机的多种信息媒体进行相互交流,从而更加有效地控制和使用信息。如早期的模拟电视系统,尽管集成多种声像媒体于一身,但用户只能使用信息,不能自由地控制和处理信息,因此不具有交互性。当多媒体技术引入后,借助于交互性,用户不再是被动地接受文字、图形、声音和图像,而是可以主动地进行检索、提问和回答,进而获得更多的信息。如现在各种在线学习平台,学生在其中可以通过视频课程观看教学讲解。视频可以随时暂停、播放和快进,学生能够根据自己的学习进度和理解程度进行自主控制。

4. 同步性

同步性是指多媒体系统处理接收到的各种媒体信息在时间上是协调一致的。例如,在视频会议中,音频和视频的播放需要保持同步,否则会影响会议的效果。在多媒体演示中,文字、图片、音频和视频等元素也需要同步展示,以达到更好的效果。同步性能够确保多媒体内容的完整性和协调性,提高用户的理解度和接受度。

5. 实时性

实时性是指在多媒体系统中,声音媒体和视频媒体是与时间因子密切相关的。多媒体及多媒体技术的实时性,意味着多媒体系统在处理信息时有着严格的时序要求和很高的速度要求。在一些场景中,如视频直播、在线游戏等,实时性至关重要。视频直播需要将视频画面和音频实时传输给观众,任何延迟都可能影响观众的体验。在线游戏中,玩家的操作需要及时反馈到游戏中,否则会影响游戏的流畅性和可玩性。在这些场景中,实时性能够让用户感受到即时的交互和反馈,增强用户的参与感和沉浸感。

7.1.3 多媒体的媒体元素

多媒体技术就是要处理与分析多媒体中所包含的媒体元素,以进行信息的编辑、传输、存储和交互,因此搞清楚多媒体的媒体元素很关键。虽然多媒体中包含的媒体元素众多,但概括起来主要包括文本、图形、图像、声音、视频及动画 6 种。

1. 文本

文本是用字符代码及字符格式表示的数据。计算机在进行文字处理时,依据的就是对字符代码的识别,它是文本处理程序的基础,也是多媒体应用程序的基础。例如,英文常用的是 ASCII 码,而中文采用的一般为国标码。那些用图像方式显示的文字,虽然人可以识别,但由于没有使用文字代码,所以并不属于文本信息。

文本是现实生活中使用最多、最重要的一种信息存储和传递方式。文本主要用于对知识进行描述性表示,如阐述概念、定义及原理等抽象性知识,表达的信息往往给人以充分的想象空间。常见的文本文件格式有 TXT、DOC、DOCX、WPS 及 PDF 等。这些格式与具体的文本编辑软件有关,例如 Microsoft Word、金山 WPS 等。

2. 图形

图形一般是指用计算机绘制的几何画面,如直线、圆、圆弧、矩形、任意曲线、图表等。在图形文件中只记录生成图的算法和图上的某些特征点,因此也称矢量图。图形主要用于表示线框型的图画、工程制图、美术字等。绝大多数 CAD 和 3D 造型软件都使用矢量图作为基本图形的存储格式。

相对图像来说,图形占用的存储空间小,但屏幕每次显示它时,都需要重新计算。图形最大的优点在于可以分别控制处理图中的各部分,如在屏幕上移动、旋转、放大、缩小、扭曲而不失真,在打印输出和放大时,图形的质量较高。

3. 图像

图像也称位图,是一个矩阵,其元素代表空间的一个点,称为像素。每像素的颜色都用二进制数表示,适合表现比较细致、层次和色彩比较丰富、包含大量细节的信息。图 7.1 显示的就是图形、图像的对比效果。

(a) 图形   (b) 图像

图 7.1 图形与图像效果对比图

4. 声音

声音是人们用来传递信息、交流感情最方便、最熟悉的方式之一。在多媒体中,声音基本上分为音乐和音效两类。物体规则振动发出的声音称为乐音,由有组织的乐音来表达人们思想感情、反映现实生活的一种艺术就是音乐。音效是指由声音所制造的效果,是指为增进场面之真实感、气氛或戏剧讯息,而进行的声音处理。

5. 视频

视频指的是将一系列静态影像以电信号方式加以捕捉、记录、处理、存储、传送与重现的各种技术,是多幅静止图像与连续的音频信息在时间轴上同步运动的混合媒体。当连续的图像变化每秒超过 24 帧画面以上时,根据视觉暂留原理,人眼无法辨别单幅的静态画面。多帧图像随时间变化而产生运动感,继而产生平滑连续的视觉效果,因此视频也被称为运动图像。视频文件的存储格式有 AVI、MPG、MOV 等。

6. 动画

动画也是一种视频,指的是采用动画制作软件生成的一系列可供实际播放的连续动态画面。动画是一门幻想艺术,更容易直观表现和抒发人们的感情,扩展人类的想象力和创造力。目前,动画已成功应用到多个领域,如娱乐行业的动漫游戏、建筑行业的建筑结构展示、军事行业的飞行模拟训练和机械行业的加工过程模拟等。存储动画的文件格式有 FLC、MMM、GIF、SWF 等。

7.1.4 流媒体技术

网络通信技术和多媒体技术相结合,产生了流媒体(Streaming Media)的概念。流媒体技术是指将一连串的多媒体数据压缩后,经过互联网分段发送数据,在互联网上即时传输影音,以供用户观赏的一种技术。流媒体又称流式媒体,是将普通多媒体,如声音、视频、动画等,经过特殊编码,使其成为在网络中使用流式传输的连续时基媒体,以适应在网络上边下载边播放的方式。

在流媒体技术出现之前,人们必须要先下载多媒体内容到本地计算机,等待完整的多媒体内容下载成功后,才能够欣赏多媒体的内容。流媒体技术的出现,使人们只需经过几秒或十几秒的启动延时即可欣赏媒体内容,无须再等待媒体内容完全下载完成。

使用流媒体的一个典型例子就是在线视频平台的播放服务。例如,在某视频平台上观看一部热门电视剧。当点击播放按钮后,视频数据并不是一次性下载到设备上,而是通过流媒体技术,以连续的数据流形式从服务器传输到设备上。在播放过程中,视频会一边缓冲后续的内容,一边播放已经接收到的数据。无须等待整个视频文件下载完成,就可以立即开始观看。随着网络技术的不断发展,流媒体的应用越来越广泛,除了在线视频,还包括在线音乐播放、网络直播等领域。

1. 流媒体技术的特征

流媒体包括文本流、图像流、声音流、视频流、动画流等在时间上连续的媒体数据。流媒体技术不仅具备多媒体技术的基本特点,还具有以下 6 方面的独有特征。

(1)流媒体的内容是时间上连续的媒体数据(如视频、声音、动画等)。

(2)流媒体内容可以不经转换便能通过网络流式传输。

(3)有较强的实时性要求以及较好的用户交互性支持。

(4)支持边下载边观看的用户播放模式,缩短了用户的启动等待时间。

(5)客户端接收、处理和回放流媒体文件的过程中,文件不在客户端长时间驻留,播放完随即被清除,不占用客户端的存储空间。

(6) 由于流媒体文件不在客户端保存,因此在一定程度上解决了媒体文件的版权保护问题。

2. 流媒体文件格式

1) 微软公司的 ASF

微软公司将 ASF(Advanced Stream Format)定义为同步媒体的串流多媒体文件格式,这类文件的后缀是.asf 和.wmv。ASF 是一种数据格式,声音、视频、图像以及控制命令脚本等多媒体信息通过这种格式以网络数据包的形式传输,实现流式多媒体内容发布。ASF 最大的优点就是体积小,因此适合网络传输,使用微软公司的最新媒体播放器 Microsoft Windows Media Player 可以直接播放该格式的文件。

2) RealNetworks 公司的 RealMedia

RealMedia 包括 RealAudio、RealVideo 和 RealFlash 3 类文件。其中,RealAudio 用来传输接近 CD 音质的音频数据;RealVideo 用来传输不间断的视频数据;RealFlash 则是 RealNetworks 公司与 Macromedia 公司联合推出的一种高压缩比的动画格式。这类文件的后缀是.rm,文件对应的播放器是 RealPlayer。

3) 苹果公司的 QuickTime

这类文件的后缀通常是.mov,它所对应的播放器是 QuickTime。它由 QuickTime 电影文件格式、QuickTime 内置媒体服务系统和 QuickTime 媒体抽象层组成。它支持各种各样的静态图像文件,多种视频和动画格式,但是应用较少。

7.1.5 多媒体计算机系统

早期的计算机处理的信息仅限于文字和数字,人机交互只能通过键盘和显示器进行,故交流信息的途径缺乏多样性。为了改换人机交互的接口,使计算机能够集图、文、声、像处理于一体,人类发明了有多媒体处理能力的计算机。

一个完整的多媒体计算机系统由硬件和软件两部分组成,其核心是一台计算机,外围主要是视听等多种媒体设备。多媒体计算机系统的硬件是计算机主机及可以接收和播放多媒体信息的各种输入输出设备,软件是多媒体操作系统及各种多媒体工具软件和应用软件。

多媒体计算机系统是一个可组织、存储、操纵和控制多媒体信息的集成环境和交互系统,能将计算机软硬件技术、数字化声像技术和高速通信网络技术等结合起来构成一个整体,使多媒体信息的获取、加工、处理、传输、存储和展示集于一体。根据应用的不同,多媒体计算机系统的配置也不同,常见的多媒体计算机系统有多媒体个人计算机(Multimedia Personal Computer,MPC)、多媒体工作站以及多媒体服务器,本部分将重点介绍多媒体个人计算机系统。多媒体个人计算机是能够输入输出并综合处理文本、声音、图形、图像和动画等多媒体信息的计算机。

1. 多媒体计算机硬件系统

构成多媒体系统除了需要较高配置的传统计算机硬件之外,通常还需要音视频处理设备、光盘驱动器、各种多媒体输入输出设备等。与常规的个人计算机相比,多媒体计算机的硬件结构只是多一些硬件的配置。一般而言,多媒体计算机的硬件结构有以下基本要求:

(1) 功能强大、速度快的 CPU。

(2) 有足够大的存储空间,以便存放大量的多媒体数据。

(3) 高分辨率的显示接口与设备,可以使动画、图像能够图文并茂地显示。

(4) 高质量的声卡,可以提供优质的数字音响。

多媒体计算机硬件系统主要包括计算机主机、与外部设备连接的各种多媒体接口卡及各种外部设备等,图 7.2 所示为多媒体计算机硬件系统的基本组成。

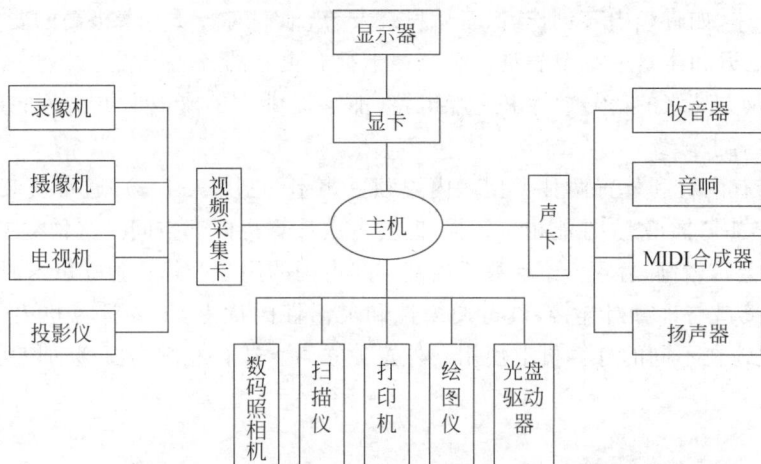

图 7.2　多媒体计算机硬件系统的基本组成

1) 主机

多媒体计算机主机可以是中型机、大型机,也可以是工作站,然而更普遍的是多媒体个人计算机。目前,个人计算机厂商为了满足越来越多的用户对多媒体系统的要求,采用两种方式提供多媒体所需的硬件:一是把各种部件都集成在计算机主板上(见图 7.3(a)),如 Tandy、Philips 等公司生产的多媒体计算机;二是生产各种有关的板、卡等硬件产品和工具插接到现有的计算机主板插槽中(见图 7.3(b)),使计算机升级而具有更佳的多媒体功能。

(a) 集成式

(b) 非集成式

图 7.3　计算机主板

2) 多媒体接口卡

多媒体接口卡是根据多媒体系统对获取、编辑音频或视频的需要而插接在计算机上的硬件板卡。多媒体接口卡可以连接各种计算机的外部设备、解决各种多媒体数据输入输出的问题,建立可以制作或播出多媒体系统的工作环境。常用接口卡包括声卡(音频卡)、显卡、视频采集卡、语音卡、声控卡、光盘接口卡、VGA/TV 转换卡、非线性编辑卡等。

（1）声卡。

声卡又称音频卡，是处理音频信号的硬件，主要功能包括录制与播放、编辑与合成处理、提供 MIDI 接口 3 部分。

目前，声卡一般作为微机必备功能集成在主板上。对于大多数普通用户来说，主板集成的声卡已经能够满足日常的基本音频需求，如听音乐、看视频、语音通话等。但对于有特定需求的用户群体，如音频内容创作者、音乐发烧友等，他们对音质有着极高的要求，追求音频的高保真、低延迟和丰富的细节表现。独立声卡拥有更好的音频解码芯片、更多的滤波电容和功放管，以及更高级的信号放大和降噪电路，能够提供比集成声卡更出色的音质，满足音频创作和欣赏需求。

独立声卡有内置和外置两种类型。内置独立声卡（见图 7.4(a)）通常安装在计算机主板的 PCI 或 PCI-E 插槽上，性能相对较强，但会占用计算机内部空间。这种类型的声卡适合对计算机性能要求较高，且不介意计算机内部空间占用的用户。外置独立声卡（见图 7.4(b)）通过 USB 等接口与计算机连接，具有便携性和灵活性的优点，不受计算机内部电路干扰，并且可以方便地在不同的计算机上使用。外置独立声卡适合经常需要移动使用或者计算机内部插槽不足的用户。

(a) 内置式　　　　　　(b) 外置式

图 7.4　独立声卡

（2）显卡。

显卡又称图形加速卡，工作在 CPU 和显示器之间，控制计算机图形图像的输出。显卡拥有图形函数加速器和显存，专门用来执行图形加速任务，从而减少 CPU 处理图形的负担，提高计算机的整体性能，多媒体功能也就更容易实现。

显卡主要有以附加独立卡的形式安装在计算机主板的扩展槽中（即独立显卡）或集成在主板上（即集成显卡）两种形式。

独立显卡拥有独立的显存和更强大的图形处理芯片，能够轻松应对复杂的图形任务，如运行大型 3D 游戏、进行专业的视频编辑、3D 建模、动画设计等，并且可以提供更高的帧率、更逼真的画面效果和更流畅的操作体验。缺点是制造成本较高，因此其价格相对较贵；消耗更多的电能，会产生较大的热量，需要配备额外的散热装置，如风扇或散热器，图 7.5(a) 为带风扇的独立显卡。

集成显卡（见图 7.5(b)）具有成本低、功耗低、兼容性高等优势，但其图形处理能力只能满足基本的日常办公和多媒体娱乐需求，如网页浏览、文档编辑、观看视频等。在运行大型 3D 游戏、专业图形软件或进行高清视频编辑时，集成显卡可能会出现卡顿、画面不流畅等问题。

(a) 独立显卡   (b) 集成显卡

图 7.5   显卡

(3) 视频采集卡。

视频采集卡是专门用于视频信号实时处理的板卡,插在主板的扩展插槽内,通过配套驱动程序和视频处理软件工作,其任务是对来自录像机、摄像机等物理设备的视频信号进行数字化转换、编辑和处理,最终形成数字化视频文件。

视频采集卡根据不同的接口和性能,一般分为内置式和外置式两种。内置视频采集卡(见图 7.6(a))是一种安装在计算机主板上的扩展卡,通常使用 PCI 或 PCI-E 接口连接(类似于独立显卡的安装),通常具有较高的读写速度和稳定性,可以支持高清晰度和高帧率的视频录制和播放。外置视频采集卡(见图 7.6(b))是一种通过 USB 或其他可以高速读写的接口(如雷电接口)连接到计算机的独立设备,通常使用外部电源供电,一般具有较好的兼容性和灵活性,可以支持多种类型和格式的视频输入输出。

(a) 内置式   (b) 外置式

图 7.6   视频采集卡

3) 多媒体输入输出设备

多媒体输入输出设备种类繁多,常见的输入设备包括录像机、摄像机、扫描仪、收音器和MIDI 合成器等。输出设备包括显示器、投影仪、电视机、扬声器等,人机交互设备包括键盘、鼠标、触摸屏和激光笔等。数据存储设备包括 CD-ROM、磁盘、打印机、可擦写光盘等。下面介绍几种新型的输入输出设备。

(1) 光学识别系统。

光学识别系统是可以直接阅读字符、标记和文字的扫描输入设备。常用的有条形码识别设备、光学标记识别设备及光学字符识别设备。

条形码识别(Barcode Recognition,BR)设备是集光电技术、通信技术、计算机技术和印刷技术为一体的自动识别技术,广泛应用于金融、商业、外贸、海关和医院等领域。条形码由一组宽度不同、平行相邻的黑条和白条,按照规定的编码规则组合。阅读条形码符号所包含的信息,需要一个扫描装置和译码装置,即条形码阅读器。当扫描器扫描条形码符号时,根据光的反射原理和光电转换原理,黑条和白条的宽度就变成了电信号,由译码器译出,转换成计算机可读的数据。

光学标记识别(Optical Mark Recognition,OMR)设备是一种集光、机、电于一体的专用计算机输入设备,能快速识别信息卡上的涂写内容,并传入计算机处理。如常见的英语标准化考试试卷,用铅笔将圆圈或条块标记涂黑,答卷经光学标记识别设备扫描输入计算机处理。图 7.7(a)是一台采用 OMR 技术的扫描阅卷机。

光学字符识别(Optical Character Recognition,OCR)设备主要对扫描输入的文字进行阅读和识别。OCR 系统涉及图像处理、模式识别、人工智能、认知心理学等许多领域。图 7.7(b)显示的是一台用于车站、码头等场所的电子护照阅读器,它采用 OCR 技术,可以自动识别各种类型的证件(护照、身份证、港澳通行证等),将证件信息输出为可编辑信息。

(a)扫描阅卷机　　　　　　　　　　(b)电子护照阅读器

图 7.7　OMR 识别设备和 OCR 识别设备

(2)虚拟现实/增强现实输入设备。

虚拟现实(Virtual Reality,VR)手柄是虚拟现实系统的重要输入工具,用户通过 VR 手柄可以在虚拟环境中进行抓取、操作、选择等动作,实现与虚拟场景的互动。例如,在 VR 游戏中,玩家可以用 VR 手柄控制角色的移动、攻击等动作,带来沉浸式的游戏体验;在 VR 教育应用中,学生可以通过 VR 手柄操作虚拟实验器材,进行实验操作学习。

增强现实(Augmented Reality,AR)眼镜上配备的手势识别模块能够捕捉用户的手部动作,将其转换为输入指令。这种输入方式更加自然和直观,用户无需额外的手持设备,直接通过手势就可以与增强现实环境中的内容进行交互。例如,在建筑设计领域,设计师可以佩戴 AR 眼镜,通过手势操作来查看和修改建筑模型。

(3)3D 扫描仪。

3D 扫描仪可以快速、精确地获取物体的三维模型数据。与传统的扫描仪相比,最新的 3D 扫描仪在扫描速度、精度和便携性方面都有了很大的提升。它能够应用于多个领域,如工业设计中对产品原型的扫描和建模,医疗领域中对人体部位的扫描以辅助诊断和治疗,文化遗产保护中对文物的数字化保存等。

(4)激光投影仪。

激光投影仪具有更高的亮度、更清晰的图像质量和更丰富的色彩表现。与传统的灯泡投影仪相比,激光投影仪的使用寿命更长,维护成本更低。它可以在各种环境下使用,无论是家庭影院、会议室还是大型场馆的投影展示,都能提供出色的投影效果。例如,在企业的大型会议中,激光投影仪可以清晰地展示会议内容,方便与会者观看和理解。

2. 多媒体计算机软件系统

多媒体计算机软件系统按功能可分为系统软件和应用软件,如图 7.8 所示。

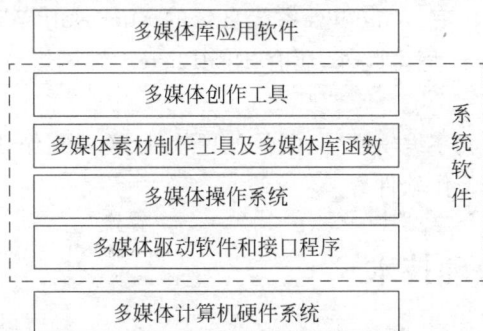

图 7.8　多媒体计算机软件系统

多媒体计算机的系统软件主要包括多媒体驱动软件和接口程序、多媒体操作系统、多媒体素材制作工具及多媒体库函数、多媒体创作工具等。多媒体计算机的应用软件是指在多媒体创作平台上设计开发的面向应用领域的软件系统。

1) 系统软件

系统软件是多媒体系统的核心,各种多媒体软件都需要运行于多媒体操作系统平台上。多媒体计算机系统的主要系统软件如下。

(1) 多媒体驱动软件和接口程序。

多媒体驱动软件和接口程序是最底层硬件的支撑环境,它直接与计算机硬件相关,完成设备初始化、设备的打开和关闭、设备操作、基于硬件的压缩/解压缩,图像快速变换及功能调用等。通常多媒体驱动软件有视频子系统,音频子系统及视频/音频信号获取子系统。接口程序是高层软件与驱动程序之间的接口软件,为高层软件建立虚拟设备。

(2) 多媒体操作系统。

多媒体操作系统实现多媒体环境下多任务调度,保证音频、视频同步控制及信息处理的实时性,提供多媒体信息的各种基本操作和管理。操作系统还具有独立于硬件设备的特性和较强的可扩展性。

(3) 多媒体素材制作工具及多媒体库函数。

多媒体素材制作工具及多媒体库函数是为多媒体应用程序进行数据准备的软件,主要是多媒体数据采集软件,作为开发环境的工具库供开发者调用。多媒体素材制作工具按功能有文本素材编辑工具、图形素材编辑工具、图像素材编辑工具、声音素材及 MIDI 音乐编辑工具、动画素材编辑工具和视频影像素材编辑工具等。

(4) 多媒体创作工具。

多媒体创作工具是在多媒体操作系统上进行开发的软件工具,用于编辑生成多媒体应用软件。多媒体创作工具提供将媒体对象集成到多媒体产品中的功能,并支持各种媒体对象之间的超级链接以及媒体对象呈现时的过渡效果。多媒体创作工具大都提供文本及图形的编辑功能,但对复杂的媒体对象,如声音、动画以及视频影像等的创建和编辑,还需借助多媒体素材编辑类工具软件。

2）应用软件

多媒体应用软件是根据多媒体系统终端用户要求而定制的应用软件或面向某一领域的用户应用软件系统，一般分为多媒体播放软件和多媒体制作软件两类。

常用的多媒体播放软件有 Windows 系统自带的 Microsoft Windows Media Player、苹果公司的 QuickTime Player 等。此外，还有 RealPlayer、暴风影音、豪杰超级解霸、金山影霸等。

多媒体制作软件包括文字编辑软件、图像处理软件、动画制作软件、音频处理软件、视频处理软件及多媒体创作或著作软件等。

7.2　多媒体信息处理技术

多媒体信息处理技术是当今信息技术领域的重要组成部分，它涵盖了图形、图像、音频、视频等多种媒体信息的处理。随着计算机技术的飞速发展，多媒体信息处理技术也得到了极大的提升，为人们的生活和工作带来了更多的便利和乐趣。本节将重点探讨图形和图像处理技术，包括图形与图像概述、图形与图像的色彩基础、图像的压缩，以及常见的图形、图像文件格式。

7.2.1　图形与图像处理技术

1. 图形与图像概述

图形与图像是多媒体信息处理中的重要组成部分，它们在各个领域都发挥着重要的作用。图形通常指的是由计算机绘制的、具有几何属性的矢量图，而图像则是由摄像机、扫描仪等设备捕捉的、由像素组成的位图。

1）图形的概念与特点

图形是通过计算机软件等工具，利用几何元素如点、线、面、体等构建而成的可视化元素。例如，在计算机辅助设计（Computer-Aided Design，CAD）中绘制的建筑蓝图、机械零件图等。图形具有以下显著特点。

（1）数据量相对较小：由于图形是通过数学公式和算法生成的几何形状，其描述所需的数据量相对图像来说较少。例如，一个简单的圆形只需要存储圆心坐标、半径和颜色等有限信息。

（2）易于编辑修改：可以方便地对图形的形状、颜色、位置等属性进行调整和修改。如在矢量图编辑软件中，移动一个多边形的顶点就可以改变其形状。

（3）不失真缩放：因为图形基于数学模型，无论进行放大、缩小还是旋转等操作，都能够保持清晰锐利，不会出现模糊或锯齿等失真现象，如图 7.9 所示。这使得图形在需要不同尺寸展示的场景中具有很大优势，如标志设计、图标制作等。

2）图像的概念与特点

图像则是对现实世界中客观存在的物体、场景等进行捕捉或绘制而得到的视觉呈现的数字化表达。常见的获取图像的方式有数码照相机拍摄、扫描仪扫描等。图像的特点如下。

（1）真实场景记录。图像能够更真实地反映现实世界的外观和细节。例如，一张风景照片可以记录大自然的美丽景色，包含丰富的色彩、纹理和光影信息。

（2）数据量大。由于图像包含大量的像素点以及每个像素点的颜色等信息，所以数据量通常较大。尤其是高分辨率、高质量的图像，所需的存储空间和处理资源更多。

（3）缩放可能失真。当图像被过度放大时，由于像素点的有限性，会出现模糊、锯齿等失真问题，如图 7.10 所示。通过一些图像处理算法可以在一定程度上缓解这种情况。

 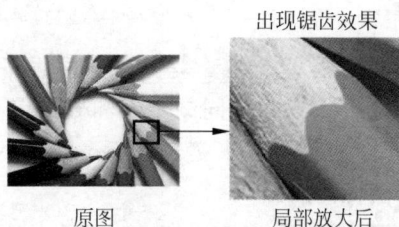

原图　　　　　放大后　　　　　　　　　原图　　　　　局部放大后
图 7.9　图形　　　　　　　　　　　图 7.10　图像

3）图形与图像的应用

图形与图像在各个领域都有广泛的应用。在 CAD 中，图形被用来绘制各种工程图纸和产品设计图。在广告和游戏制作中，图像则被用来创建逼真的场景和角色。此外，图形与图像还被广泛应用于网页制作、电子出版、医学影像处理等领域。

2. 图形与图像的色彩基础

色彩是图形与图像的重要属性之一，它对于图像的表现力和视觉效果具有重要影响。下面将介绍色彩的基本概念、色彩模型及色彩管理。

1）色彩的基本概念

色彩是由光波在物体表面反射或透射后进入人眼而产生的。光波是由不同波长的光组成的，人眼能够感知的波长为 380～780nm。不同波长的光对应着不同的颜色，例如红色对应着较长的波长，蓝色对应着较短的波长。

2）色彩模型

色彩模型是用来描述和表示色彩的一种数学方法。常见的色彩模型包括 RGB 模型、CMYK 模型、HSV 模型等。

RGB 模型：RGB 模型是基于红、绿、蓝 3 种基本颜色的加色法色彩模型。在 RGB 模型中，每种颜色都可以由红、绿、蓝 3 种颜色的不同强度组合而成。RGB 模型广泛应用于计算机图形学和显示器技术中。

CMYK 模型：CMYK 模型是基于青、品红、黄、黑 4 种颜色的减色法色彩模型。在 CMYK 模型中，每种颜色都可以通过调整青、品红、黄 3 种颜色的油墨量和黑色油墨的加入量来得到。CMYK 模型广泛应用于印刷和出版领域。

HSV 模型：HSV 模型是基于色调（Hue）、饱和度（Saturation）和明度（Value）3 个参数的色彩模型。在 HSV 模型中，色调表示颜色的种类，饱和度表示颜色的纯度，明度表示颜色的亮度。HSV 模型对于人类视觉系统来说更加直观和易于理解。

3）色彩管理

色彩管理是指在不同设备和环境中保持色彩一致性的技术。由于不同设备和环境对色彩的感知和表现存在差异，因此需要进行色彩管理来确保色彩的一致性。色彩管理通常包括色彩空间转换、色彩校正和色彩匹配等步骤。

色彩空间转换：色彩空间转换是指将一种色彩模型转换为另一种色彩模型的过程。例如，将 RGB 模型转换为 CMYK 模型，或者将 HSV 模型转换为 RGB 模型等。色彩空间转换可以确保在不同设备和环境中使用相同的色彩信息。

色彩校正：色彩校正是指对图像或设备的色彩进行调整，以使其符合特定的色彩标准或要求。例如，对扫描仪或打印机进行色彩校正，以确保其输出的图像色彩与原始图像色彩一致。

色彩匹配：色彩匹配是指在不同设备和环境中保持色彩一致性的技术。例如，在网页设计中，需要确保在不同浏览器和分辨率下网页的色彩保持一致。色彩匹配可以通过使用色彩管理工具或软件来实现。

3．图像的压缩

图像的压缩是多媒体信息处理中的重要技术之一，它对于图像的存储和传输具有重要意义。

图像压缩的基本原理是利用图像数据中的冗余和相关性来减少数据量。图像数据中的冗余包括空间冗余、时间冗余和视觉冗余等。空间冗余是指图像中相邻像素之间的相似性，时间冗余是指视频序列中相邻帧之间的相似性，而视觉冗余则是指人眼对于某些细节和色彩的不敏感性。

4．常见的图形、图像文件格式

图形、图像文件格式是存储和传输图形、图像数据的重要载体。不同的文件格式具有不同的特点和用途，适用于不同的应用场景。下面将介绍几种常见的图形、图像文件格式，包括矢量图文件格式和位图文件格式。

1）矢量图文件格式

矢量图文件格式是存储矢量图数据的文件格式。矢量图由数学公式和算法描述，因此具有精确的几何属性和可编辑性。常见的矢量图文件格式有 SVG、AI、EPS 等。

（1）SVG（Scalable Vector Graphics）：SVG 是一种基于可扩展标记语言（extensible Markup Language，XML）的矢量图文件格式，它支持文本、形状、路径、图像等多种元素，并提供了丰富的样式和动画效果。SVG 格式具有可缩放性、可编辑性和跨平台兼容性等优点，广泛应用于网页图形、图标等领域。

（2）AI（Adobe Illustrator）：AI 是 Adobe Illustrator 软件的专用文件格式，它支持复杂的矢量图和丰富的样式效果。AI 格式通常用于专业图形设计和出版领域。

（3）EPS（Encapsulated PostScript）：EPS 是一种基于 PostScript 语言的矢量图文件格式，它支持高质量的打印输出和跨平台兼容性。EPS 格式通常用于专业出版和打印领域。

2）位图文件格式

位图文件格式是存储位图数据的文件格式。位图由像素组成，每像素都包含颜色信息和亮度信息。常见的位图文件格式包括 JPEG、PNG、TIFF 等。

（1）JPEG（Joint Photographic Experts Group）：JPEG 是一种有损压缩的位图格式，它支持 24 位真彩色图像和灰度图像，并提供了良好的压缩率和图像质量。JPEG 格式广泛应用于数码照相机、网页图像、社交媒体图像等领域。然而，由于 JPEG 是有损压缩的，因此在多次编辑和保存后可能会损失部分图像质量。

（2）PNG（Portable Network Graphics）：PNG 是一种无损压缩的位图格式，它支持 24

位真彩色图像、8 位灰度图像和透明度效果。PNG 格式提供了更好的压缩效率和透明度支持，广泛应用于网页图像、图标等领域。与 JPEG 相比，PNG 格式在保持图像质量方面具有优势。

（3）TIFF(Tagged Image File Format)：TIFF 是一种灵活的位图格式，它支持多种颜色深度、压缩方法和图像元数据。TIFF 格式通常用于存储高质量的图像和医学影像等需要保留原始信息的场景。由于 TIFF 格式具有较高的灵活性和对高质量图像的支持，在多个领域中得到了广泛应用。

7.2.2　音频处理技术

音频是多媒体信息的重要组成部分，在日常生活和工作中扮演着不可或缺的角色。从音乐播放到语音通话，从影视配乐到游戏音效，音频无处不在。随着科技的不断发展，音频处理技术也日益精进，使得人们能够享受到更高质量、更丰富多样的音频体验。下面详细介绍音频处理技术中的数字音频技术及常见的音频文件格式。

1. 数字音频技术

1）音频数字化原理

声音是一种模拟信号，通过空气传播的声波引起耳膜振动被人耳感知。要让计算机处理声音，首先需要将模拟音频信号转换为数字信号，这一过程称为音频数字化。音频数字化主要包括采样、量化和编码 3 个步骤。

采样是按照一定的时间间隔对模拟音频信号进行测量，获取其瞬时值。采样频率是指每秒采样的次数，常用的采样频率有 8kHz、11.025kHz、16kHz、22.05kHz、44.1kHz、48kHz 等。根据奈奎斯特采样定理，为了能够完整地还原原始模拟信号，采样频率必须大于信号最高频率的两倍。例如，人类语音的频率范围一般在 300～3400Hz，所以电话通信中通常采用 8kHz 的采样频率；而对于音乐等高质量音频，一般采用 44.1kHz 或 48kHz 的采样频率。

量化是将采样得到的瞬时值用有限个幅度值近似表示的过程。量化位数决定了每个采样点能够表示的幅度等级数量，常见的量化位数有 8 位、16 位和 32 位等。量化位数越高，声音的精度就越高，能够表示的动态范围就越大，声音质量就越好，但同时数据量也会相应增加。

编码是将量化后的采样值按照一定的格式进行组织和存储的过程。编码方式有多种，不同的编码方式在数据压缩率、音质保真度等方面各有优劣。

2）数字音频的特点

（1）易于存储和传输。

数字音频以二进制数据的形式存在，可以方便地存储在计算机硬盘、光盘、闪存等存储介质中，并且可以通过网络等渠道进行快速传输。相比传统的模拟音频存储介质，如磁带等，数字音频具有更高的稳定性和可靠性，不易受环境因素影响而产生失真。

（2）精确编辑处理。

利用数字音频编辑软件，可以对音频进行精确的剪辑、混音、特效添加等处理操作。例如，可以轻松地删除音频中的某一段、调整音量大小、将多个音频片段进行拼接合成等。而且这些编辑操作可以反复进行，不会像模拟音频处理那样因多次复制或编辑而导致音质下降。

（3）可与其他多媒体元素融合。

数字音频能够与图像、视频等其他多媒体元素紧密结合，创造出更加丰富多样的多媒体作品。例如,在电影制作中,音频与视频的完美配合能够增强影片的感染力和表现力;在多媒体教学课件中,适当的音频讲解可以帮助学生更好地理解和掌握知识。

2. 常见的音频文件格式

1) WAV 格式

WAV(Waveform Audio File Format)是微软公司开发的一种标准音频文件格式,也称波形文件格式。它是一种未经压缩的音频格式,能够记录原始音频的完整信息,因此音质非常好,但文件体积相对较大。WAV 格式支持多种采样频率、量化位数和声道数,广泛应用于音频录制、编辑和专业音频制作领域。由于其兼容性好,几乎所有的操作系统和音频软件都能够支持 WAV 格式的播放和处理。

2) MP3 格式

MP3(MPEG Audio Layer Ⅲ)是目前应用最为广泛的一种音频有损压缩格式。它利用了人耳的听觉掩蔽效应等原理,去除了音频信号中一些人耳难以察觉的部分信息,从而在大幅降低数据量的同时能够保持较好的听觉效果。MP3 格式的压缩比通常可以达到 1∶10,甚至更高。文件体积小,非常适合在互联网上传播和在便携式音乐播放器中存储。不过,由于是有损压缩,与原始音频相比还是会有一定程度的音质损失。

3) WMA 格式

WMA(Windows Media Audio)是微软公司推出的一种音频格式。它具有较高的压缩比,在保证一定音质的前提下能够有效减小文件体积。WMA 格式支持数字版权管理(Digital Rights Management,DRM)技术,可以对音频文件进行加密和版权保护,这使得它在一些在线音乐平台和付费音乐下载领域有一定的应用。同时,WMA 在低码率下的音质表现相对较好,适合在网络带宽有限的情况下进行音频传输。

4) OGG Vorbis 格式

OGG Vorbis 是一种开源的音频压缩格式。它具有良好的音质和较高的压缩效率,能够在相对较低的码率下提供接近 MP3 高码率时的音质。OGG Vorbis 格式不受专利限制,因此在一些开源软件和自由软件项目中得到了广泛应用。它支持多声道音频,并且可以在不同的操作系统和设备上播放。

5) APE 格式

APE 是一种流行的无损音频压缩格式。它能够将音频文件压缩到接近原文件一半的大小,同时实现无损还原。APE 格式的音频文件音质极佳,在音乐发烧友中广受欢迎。不过,由于其压缩算法较为复杂,解码时对计算机硬件资源的要求相对较高。

7.2.3 视频处理技术

在信息技术日新月异的今天,视频处理技术已经成为多媒体技术应用的重要组成部分。无论是娱乐、教育、广告还是科研,视频都以其直观、生动的形式扮演着至关重要的角色。本节将深入探讨视频处理技术的核心内容,从视频的数字化到常见的视频文件格式,揭开视频技术的神秘面纱。

1. 视频数字化

视频数字化就是将视频信号经过视频采集卡转换成数字视频文件存储在数字载体中。在使用时,将数字视频文件从数字载体中读出,再还原成为电视图像加以输出。

首先,需要提供模拟视频输出的设备(如录像机、电视机、电视卡等)作为数字视频的来源之一。同时,数字视频还可以来自摄像机、录像机、影碟机等视频源的信号,涵盖从家用级到专业级、广播级的多种素材。此外,计算机软件生成的图形、图像和动画也是数字视频的重要来源。高质量的原始素材是获得高质量最终视频产品的基础。

其次,使用专门的视频采集卡对模拟视频信号进行采集、量化和编码。对视频信号的采集,尤其是动态视频信号的采集需要很大的存储空间和数据传输速度。这就需要在采集和播放过程中对图像进行压缩和解压缩处理,一般采用常见的压缩方法,且大多使用带压缩芯片的视频采集卡。

最后,多媒体计算机接收和记录编码后的数字视频数据。在这一过程中,视频采集卡不仅提供接口以连接模拟视频设备和计算机,而且具有把模拟信号转换成数字数据的功能。

数字化后的视频优势众多:①便于传输。利用视频数据压缩技术,传输数字化视频比传输等量的模拟视频所需的频带宽度要小得多。例如,在远距离传输中,数字信息抗干扰能力强,不易受传输线路信号衰减的影响,能够在数千公里以外实时监控现场;②便于存储。数字视频可以存储在硬盘等数字载体中,不占用过多物理空间,且存储稳定性高;③便于计算机处理。因为对视频图像进行了数字化,所以能够充分运用计算机的快速处理能力,对其进行压缩、分析、存储和显示。通过视频分析,可以及时发现异常情况并进行联动报警,从而实现无人值守。

2. 常见的视频文件格式

1) 各种格式的特点

(1) MPEG(Moving Picture Experts Group Format):MPEG 格式是运动图像专家组格式,有 3 个压缩标准,分别是 MPEG-1、MPEG-2 和 MPEG-4。它采用有损压缩方法减少动态图像中的冗余信息,平均压缩比高,最高可达 200∶1。例如,家里常看的 VCD、SVCD、DVD 就是这种格式。其兼容性好,现已被几乎所有的计算机平台共同支持。

(2) AVI(Audio Video Interleaved):AVI 即音频视频交错格式,由微软公司开发。它的优点是图像质量好,调用方便,压缩标准可任意选择,是应用最广泛、应用时间最长的格式之一。但缺点是体积过于庞大,早期编码编辑的 AVI 格式视频可能会出现播放问题。

(3) nAVI(newAVI):是一种新视频格式,由 ShadowRealm 的地下组织发展起来,由 Microsoft ASF 压缩算法修改而来,可拥有更高的帧率,改善了原始 ASF 格式的一些不足,是一种去掉视频流特性的改良型 ASF 格式。

(4) ASF:高级流格式,是微软公司为了和 RealPlayer 竞争开发的一种可以直接在网上观看视频节目的文件压缩格式。使用了 MPEG-4 的压缩算法,压缩率和图像质量都很不错,比同是视频流格式的 RAM 格式好。

(5) MOV:由苹果公司开发的一种多媒体容器格式,默认的播放器是苹果的 QuickTime Player。具有较高的压缩比率和较完美的视频清晰度,跨平台性强,不仅苹果 macOS 可以使用,而且 Windows 操作系统同样可以使用。

(6) 3GP:一种 3G 流媒体的视频编码格式,主要是为了配合 3G 网络的高传输速度而开发的,是目前手机中最为常见的一种视频格式。特点是网速占用较少,但画质较差。

(7) WMV(Windows Media Video):是微软公司推出的一种采用独立编码方式并且可以直接在网上实时观看视频节目的文件压缩格式。主要优点在于可扩充的媒体类型、本地或网络回放、可伸缩的媒体类型、流优先级管理、多语言支持及良好的可扩展性等。

（8）DivX、XviD：这两种都是常见的视频编码格式，以高压缩比和较好的画质著称。可以被多种播放器支持，常用于网络视频的传播。

（9）RM(Real Media)、RMVB(Real Media Variable Bitrate)：RealVideo 最初定位在视频流应用方面，是视频流技术的始创者，是 RM、RMVB 的核心编码技术。RMVB 格式是 RM 格式的升级延伸，打破了原先 RM 格式平均压缩采样的方式，在保证平均压缩比的基础上合理利用比特率资源，在低速率的网络上进行影像数据实时传送和播放，具有体积小、画质也还不错的优点。

（10）FLV(Flash Video)/F4V(Flash MP4 Video)：F4V 是 Adobe 公司为了迎接高清时代而推出的继 FLV 格式后支持 H.264 的流媒体格式。FLV 格式形成的文件极小、加载速度极快，使得网络观看视频文件成为可能。F4V 格式与 FLV 格式相比，在同等体积的前提下，能够实现更高的分辨率，支持更高比特率，且更清晰、流畅。

2）发展趋势

随着技术的不断进步，视频文件格式也在不断发展。目前，AVI 格式的推广和流行已经成为不可阻挡的趋势。AVI 视频格式出自 Google 公司等主导的开放媒体联盟（Alliance for Open Media，AOM），开源、免版权费，且能提供比 H.265/264/VP9 相同画质下更高的压缩率，同等带宽下可以传输更高清的画质。现在国际上大部分知名软件和流媒体网站都开始支持 AVI 格式，如微软公司的 Windows 10、谷歌公司的 Chrome 和安卓、亚马逊、苹果、Facebook、思科、ARM、Mozilla、Netfix、腾讯、爱奇艺等。未来，可能会有更多开放、高效的视频格式出现，以满足不断增长的高清视频需求和不同设备的兼容性要求。同时，随着5G 等高速网络技术的普及，视频文件格式可能会更加注重流媒体播放的稳定性和画质的提升，为用户带来更好的观看体验。

7.2.4　多媒体动画技术

多媒体动画技术作为现代信息技术的重要组成部分，已经深入人们生活的各个领域。从娱乐产业的精彩动画影片到教育领域的生动教学课件，从商业广告的创意展示到科学研究的模拟演示，多媒体动画都发挥着独特而重要的作用。它以其生动、形象、直观的表现形式，极大地丰富了信息传播和交流的方式，为用户带来了全新的视觉体验和互动感受。随着计算机技术的不断发展和进步，多媒体动画技术也在持续创新和完善，展现出更加广阔的应用前景和发展潜力。

1.　概念与原理

计算机动画技术是指借助计算机软件和硬件设备，通过对图形、图像等元素进行处理和操作，生成具有动态效果的画面序列的技术。其基本原理是利用人眼的视觉暂留现象，当一系列连续的静态画面以一定的速率快速播放时，人眼会将这些画面视为一个连续的动态场景，如图 7.11 所示。在计算机动画中，通过对物体的位置、形状、颜色、透明度等属性进行逐帧设定和调整，从而创造出各种动画效果。

2.　关键技术

1）建模技术

三维建模：通过使用专业的建模软件，如 3ds Max、Maya 等，创建具有三维空间结构的

图 7.11　动画关键帧

物体模型,包括对物体的几何形状、表面细节等进行精确描述,可以采用多边形建模、曲面建模等方法。多边形建模适用于构建各种复杂的形状,通过组合大量的多边形面来逼近物体的外形;而曲面建模则更适合创建光滑、流畅的曲面物体,如汽车车身、人体等。

二维建模:在一些动画制作中,也会涉及二维图形的建模。例如,使用 Adobe Illustrator 等软件绘制矢量图,用于制作平面动画或作为三维动画中的元素。二维建模注重图形的线条、形状和色彩搭配,强调平面设计的美感和创意。

2) 动画制作技术

关键帧动画:是计算机动画中最基本的制作方法之一。动画师在关键的时间点上设置物体的关键状态,如位置、旋转角度、缩放比例等,计算机自动计算并生成中间帧,从而实现物体的平滑运动。例如,在一个角色跑步的动画中,动画师可以设定起始帧、中间的几个关键姿势帧和结束帧,计算机根据这些关键帧生成跑步过程中的所有中间帧,使角色的动作看起来自然流畅。

运动捕捉技术:为了获取更加真实的动画效果,运动捕捉技术应运而生。通过在演员身上安装传感器,记录其在真实空间中的运动轨迹和姿态信息,然后将这些数据应用到计算机动画中的虚拟角色上。这种技术广泛应用于电影、游戏等领域的动画制作,能够大大提高动画的真实感和制作效率。例如,在一些大型电影的特效制作中,通过运动捕捉技术可以精确地记录演员的动作,使得虚拟角色的表演更加逼真。

物理模拟动画:利用计算机模拟现实世界中的物理规律,如重力、碰撞、弹性等,来制作动画效果。例如,制作一个物体掉落的动画,可以通过物理模拟引擎计算物体在重力作用下的运动轨迹、与地面碰撞后的反弹效果等。这种技术使得动画中的物体行为更加符合现实逻辑,增强了动画的真实感和可信度。

3) 渲染技术

渲染是将计算机生成的三维模型或动画场景转换为最终图像或视频的过程。它涉及光照、材质、纹理等方面的处理,以营造出逼真的视觉效果。高质量的渲染需要强大的计算资源和专业的渲染软件,如 V-Ray、Arnold 等。在渲染过程中,需要对场景中的光照进行设置,包括光源的类型、位置、强度、颜色等,以模拟不同的光照环境。同时,为物体赋予合适的材质和纹理,如金属、木材、皮肤等质感,使物体看起来更加真实。渲染技术的不断发展,使得计算机动画能够呈现出越来越细腻、逼真的画面效果,为观众带来更加震撼的视觉体验。

7.3　多媒体技术的应用

7.3.1　多媒体技术的应用领域

多媒体技术的应用领域非常广泛,几乎遍布各行各业以及社会生活的各方面。由于多媒体技术具有直观、信息量大、易于接受和传播迅速等显著的特点,已经成为现代社会信息传播和文化交流的重要工具。

1．教育

在教育中应用多媒体技术，不但能为学习者提供声形并茂的教学内容或者培训内容，还能使学习内容具有一定交互性，进而充分发挥学习者的各种感官功能，使学习者能够主动地、轻松愉快地学习，极大地提高了学习效率。例如，在物理课上，通过动画演示复杂的物理现象，如电磁场的变化、机械运动的过程等，让学生更加直观地理解这些抽象概念。多媒体应用系统在幼儿的启蒙教育、中小学的实验教学以及一些特殊技能的培训中都发挥了巨大的作用。

2．商业广告

借助多媒体技术，广告商在广告中整合各种媒介资源，使产品或服务以更加生动、鲜明的方式展现给受众。多媒体广告为商业活动提供更加丰富和形象的表达方式，例如，通过视频广告，企业可以将产品的特点和优势以动态的方式呈现给消费者，进一步加强消费者对产品的印象和认知。多媒体技术还可以大大提高广告的传播效果。通过户外广告、广播电视和网络等各种介质展示多媒体广告，企业可以更好地覆盖目标受众，提高广告曝光率。而且，由于多媒体广告具有更好的视觉和听觉效果，更容易引起受众的共鸣。这些都有助于加强品牌形象的塑造和产品销售的推动。

3．影视娱乐业

影视作品和游戏产品制作是多媒体技术应用的一个重要领域。多媒体技术在影视画面制作、后期制作、音效处理等方面发挥着不可替代的作用。通过多媒体技术，游戏开发商可以打造更加逼真、丰富多彩的游戏世界，提升玩家的游戏体验。多媒体技术在体育赛事中的应用也越来越广泛，例如，利用运动追踪技术，可以精准地记录运动员的各种数据（如跑步速度、射门角度、心率等），同时也可以通过数据分析对比，让观众更好地了解比赛情况。

4．医疗

多媒体技术在医疗领域的应用可以为患者提供更好的诊疗体验，加强医患之间的沟通，改善医疗教育与培训效果，以及提高医学研究的整体水平。早在 20 世纪 70—80 年代，多媒体技术就开始应用于医学影像的获取、处理和分析，例如，X 光、CT、MRI 等影像技术都是基于多媒体技术实现的，医生可以通过这些影像诊断疾病。近年来，多媒体技术在医疗中的应用日益广泛，如通过远程医疗，医生可以通过视频会诊的形式，远程诊断患者的病情；通过虚拟仿真技术，医学生可以进行虚拟手术实践，加深对医学知识的理解。

5．旅游

在旅游行业，多媒体技术的应用正在重新定义旅游推广和旅游产品营销的方式。国内的很多景点都已经应用了游客导览系统，通过多媒体技术，为游客提供丰富的音频、视频资料。多媒体丰富的表达形式更容易激发游客兴趣，提升对景点的好感度。例如，可以将景点的精美照片、创意视频通过短视频平台发布，利用虚拟现实和增强现实技术创建各种虚拟的旅游体验，为观众提供身临其境般的感受。此外，多媒体实时互动的特点可以增强游客的参与感，例如，游客可以在数字艺术展览中通过触摸屏参与艺术创作，或者在科技馆中通过投影仪和感应器体验各种科学实验。

6．计算机协同办公

在现代办公环境中，多媒体技术的应用已成为提高办公效率、实现信息高效处理的重要手段。从文件管理、信息检索、会议协作到远程办公，多媒体技术通过提供丰富的信息表达形式和高效的信息处理能力,为办公自动化带来了显著的提升。例如,视频会议、在线白板共享、音频会议等技术,不仅支持实时沟通和文件共享,还能通过高清晰度的音视频传输,增强会议的互动性和参与感,实现远程高效协作。借助在线协作工具和远程文件共享等,员工可以在不同地点协同工作,实现高效沟通和任务分发。

7.3.2 常见多媒体应用软件

1. 图像处理软件

图像处理软件是用于处理图像信息的各种应用软件的总称,是多媒体制作必不可少的工具。图像处理软件的主要作用是对构成图像的数字进行运算、处理和重新编码,形成新的数字组合和描述,从而改变图像的视觉效果。下面介绍 3 款常用的图像处理软件。

Photoshop 简称 PS,是 Adobe 公司开发和发行的一款专业级的图像处理软件,功能极其强大,可用于图像的合成、修复、调色、特效制作等各种高级操作,广泛应用于平面设计、广告、摄影、数字艺术等领域。例如,广告公司用它来制作创意海报,摄影师用它来对照片进行精细的后期处理。

Photoshop 主要处理由像素构成的数字图像,可以有效地完成各种图像处理任务,具体包括图像编辑、图像合成、校色调色及特效制作等主要功能。

(1) 图像编辑功能:是图像处理的基础,可以对图像进行各种变换,如放大、缩小、旋转、倾斜、镜像、透视等,也可以进行裁剪、去除斑点、修补、修饰图像的残损等操作。

(2) 图像合成功能:是 Photoshop 平面设计的核心技术,通过图层操作、路径工具应用将两张或者是两张以上的图片合成为一张完整的、实现某种特殊效果的图像。

(3) 校色调色功能:可方便快捷地对图像的颜色进行明暗、色偏的调整和校正,也可在不同颜色之间进行切换以满足图像在不同领域(如网页设计、印刷等方面)的应用。

(4) 特效制作功能:在 Photoshop 中综合应用滤镜、通道等工具,可以实现图像的特效创意和特效字的制作,如油画、浮雕、石膏画、素描等常用的传统美术技巧都可借由该软件的特效制作部分完成。

Illustrator 是 Adobe 公司推出的一款矢量图软件,主要用于创建和编辑矢量图,如徽标、图标、插图等。它的特点是可以无限放大或缩小图形而不失真,非常适用于需要高质量输出的设计项目,与 Photoshop 相互配合,可以满足各种复杂的设计需求。

ACDSee 是一款流行的数字图像管理软件,除了基本的图像浏览功能外,还具备图像裁剪、旋转、调整颜色等基本编辑功能。它的优势在于对大量图片的管理和快速浏览,用户可以方便地对图片进行分类、整理和搜索。

下面通过"制作证件照片"实例介绍图像处理软件 Photoshop 的使用。

操作任务:利用裁剪工具将第 7 章素材"人物.jpg"裁剪成 1 寸证件照片规格,然后将照片背景设置成白色,为照片加边框,定义为图案,利用"填充图案"命令实现在一张 5 寸相纸上排列 8 张 1 寸证件照片。

操作步骤如下。

(1) 打开文件。选择"文件"→"打开"命令,打开素材图片"人物.jpg",如图 7.12 所示。

(2) 裁剪图片。选择工具箱中的裁剪工具,如图 7.13 所示,在其属性栏中设置裁剪宽度为 2.7 厘米,高度为 3.8 厘米,分辨率为 300 像素/英寸,单击"确定"按钮。

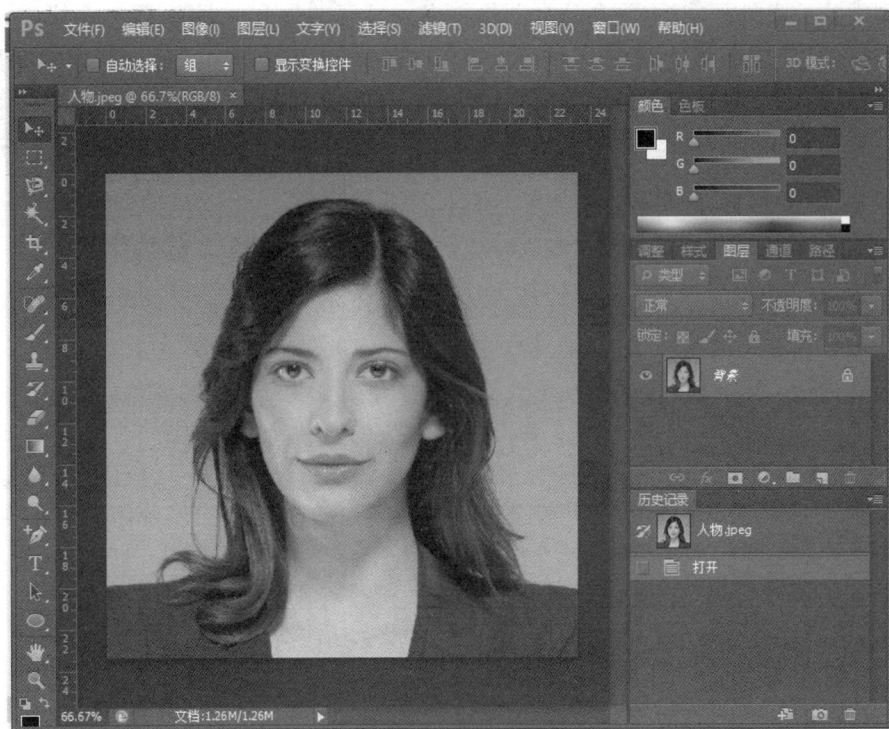

图 7.12　在 Photoshop 软件中打开"人物.jpg"素材图片

图 7.13　利用裁剪工具属性设置图像尺寸和分辨率

（3）更换背景。选择工具箱中的魔棒工具，单击人物背景，按住 Shift 键，在背景区域单击可以增加选择区域。选择"编辑"→"填充"命令，打开"填充"对话框，设置填充内容为白色，单击"确定"按钮，如图 7.14 所示。按 Ctrl＋D 键取消选区，效果如图 7.15 所示。

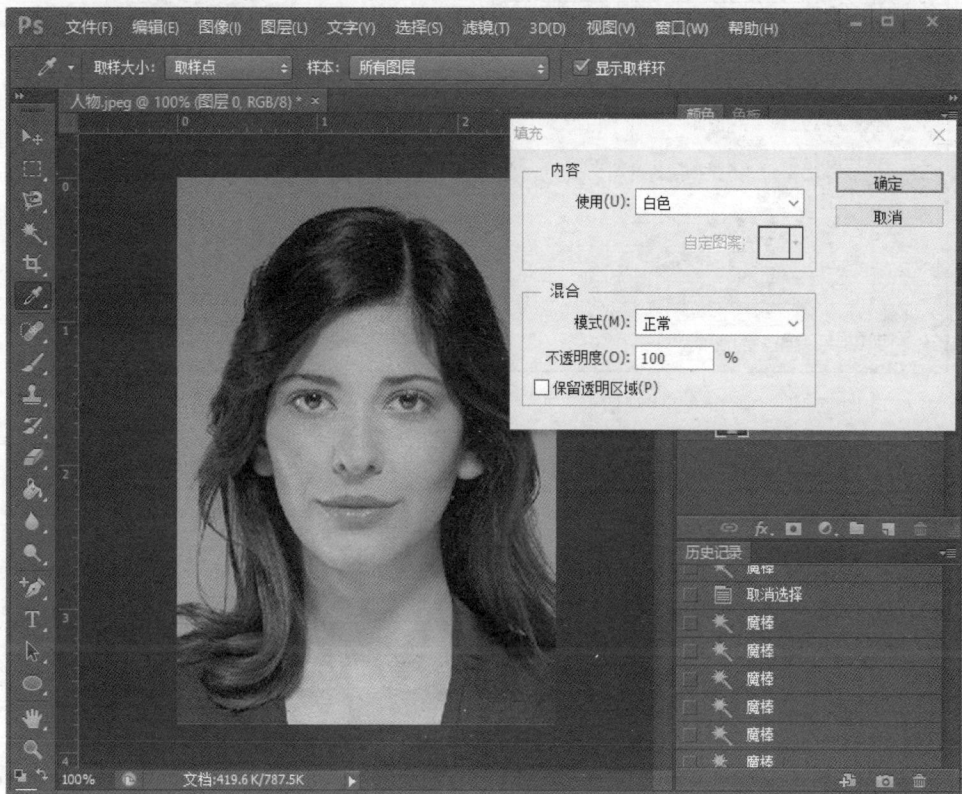

图 7.14 利用填充命令将人物背景更换为白色

图 7.15 背景改为白色

（4）添加白色边框。选择"图像"→"画布大小"命令，打开"画布大小"对话框，如图 7.16 所示，在对话框中将画布宽度和高度分别设为 3.2 厘米和 4.3 厘米，将画布扩展颜色设置为白色，单击"确定"按钮，效果如图 7.17 所示。

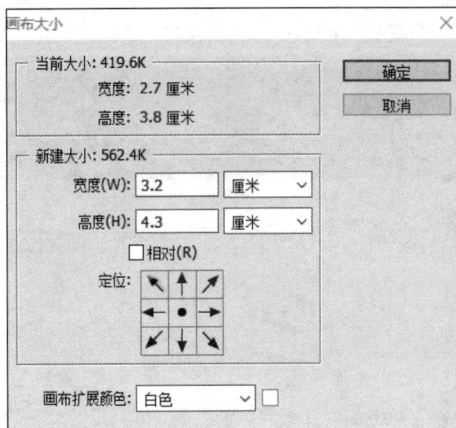

图 7.16　"画布大小"对话框

图 7.17　白色边框效果图

（5）定义图案。选择"编辑"→"定义图案"命令，在打开的"图案名称"对话框中定义图案，如图 7.18 所示。

图 7.18　"图案名称"对话框

（6）新建文件。选择"文件"→"新建"命令，在打开的"新建"对话框中进行设置，如图 7.19 所示，单击"确定"按钮。

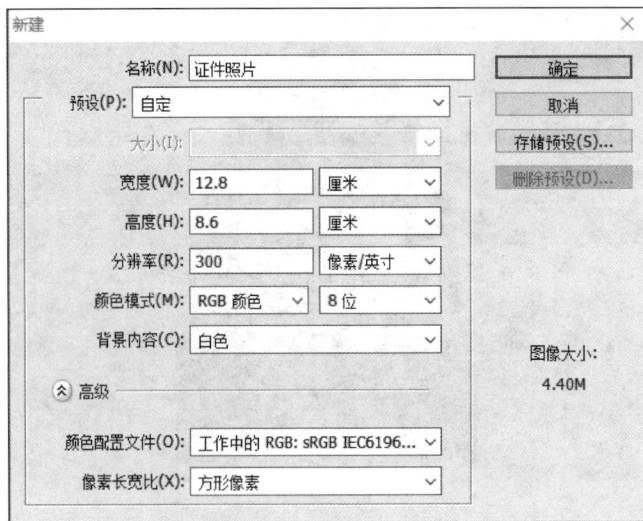

图 7.19　"新建"对话框

（7）图案填充。选择"编辑"→"填充"命令，在打开的"填充"对话框中使用定义的图案进行填充,如图 7.20 所示,就能生成一版 1 寸共 8 张证件照片,最终效果如图 7.21 所示。

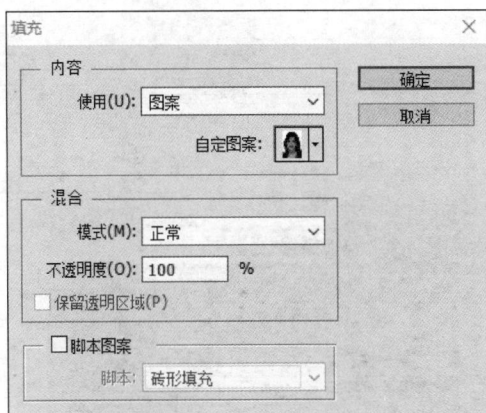

图 7.20　"填充"对话框

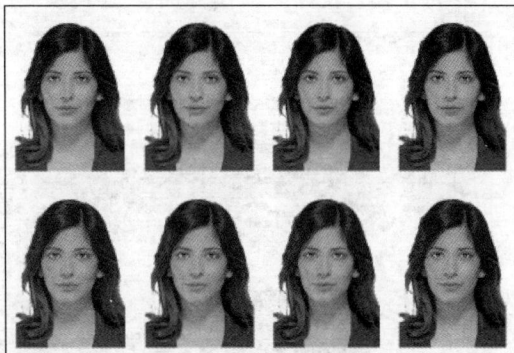

图 7.21　证件照片效果图

注意:如果要制作 2 寸证件照片,需要将人物图片裁剪尺寸设置为 3.5cm×5.3cm,画布扩展尺寸设置为 4.0cm×5.8cm,新建图像尺寸设置为 16.0cm×11.6cm,其他参数设置与上述操作基本一致。

2. 音频编辑软件

音频素材在使用前经常需要进行一定的加工处理。音频处理主要包括剪裁声音片段、合成多段声音、连接声音、生成淡入/淡出效果、响度控制、调整音频特性等。这些操作需要借助专门的处理软件完成。在众多的音频编辑软件当中,比较经典的有 GoldWave、Adobe Audition 等。

GoldWave 是一个功能强大的数字音乐编辑器,具有声音编辑、播放、录制和转换等多种音频处理功能。它还可以对音频内容进行转换格式等处理,体积小巧,功能强大,支持许多格式的音频文件,包括 WAV、OGG、VOC、IFF、AIFF、AIFC、AU、SND、MP3、MAT、DWD、SMP、VOX、SDS、AVI、MOV、APE 等。GoldWave 除了具有声音编辑、播放、录制和转换的常用功能外,还具有如下特点。

(1)多文档界面可以同时打开多个文件,简化文件之间的操作。

(2)编辑较长的音乐时,GoldWave 会自动使用硬盘;而编辑较短的音乐时,GoldWave 就会在速度较快的内存中编辑。

(3)GoldWave 允许使用多种声音效果,如多普勒(Doppler)、动态(Dynamics)、回声(Echo)、扩展/压缩(Expand/Compress)、比率(Ratio)、门限(Threshold)、平滑度(Smoothness)、滤波器(Filter)、镶边(Flange)、颠倒(Invert)、时间弯曲(Time Wrap)等。

(4)精密的过滤器(如降噪器和突变过滤器)帮助修复声音文件。

(5)批转换命令可以把一组声音文件转换为不同的格式和类型。该功能可以转换立体声为单声道,转换 8 位声音到 16 位声音,或者转换为文件类型支持的任意属性的组合。如果安装了 MPEG 多媒体数字信号编/解码器,还可以把原有的声音文件压缩为 MP3 格式,在保持出色的声音质量的前提下使声音文件的尺寸缩小为原有尺寸的1/10 左右。

(6)CD 音乐提取工具可以将 CD 音乐复制为一个声音文件。为了缩小尺寸,也可以把 CD 音乐直接提取出来并存为 MP3 格式。

（7）表达式求值程序在理论上可以制造任意声音，支持从简单的声调到复杂的过滤器。内置的表达式有电话拨号音的声调、波形和效果等。

GoldWave 软件的工作界面如图 7.22 所示。

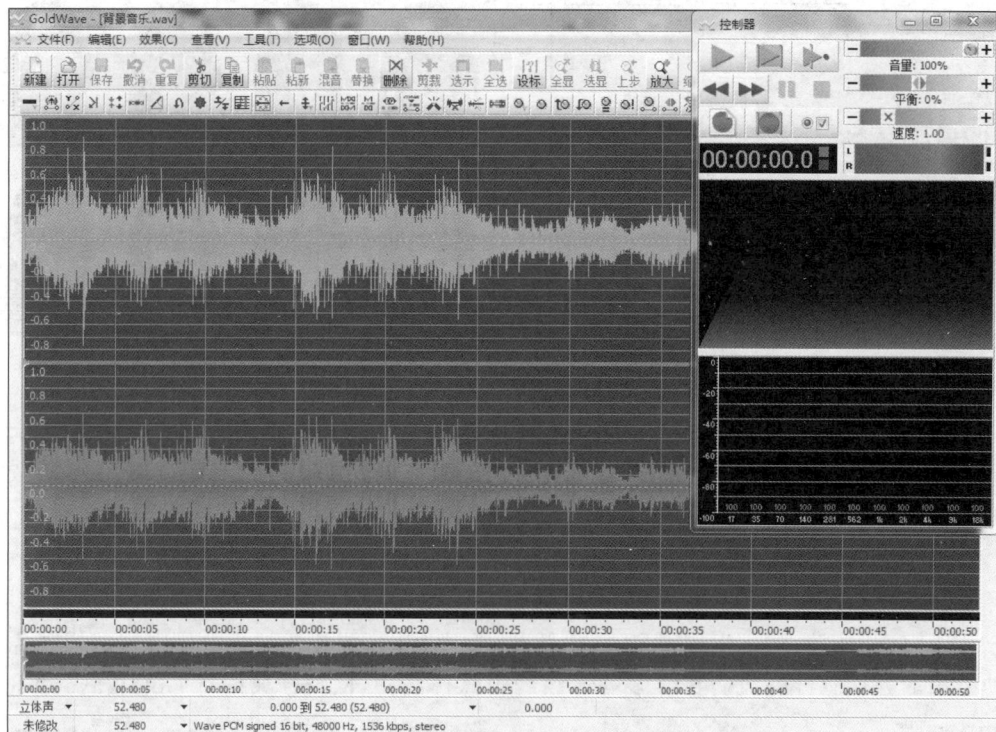

图 7.22　GoldWave 软件的工作界面

Adobe Audition 原名为 Cool Edit Pro，被 Adobe 公司收购后改名为 Adobe Audition。该软件提供了一个专业音频编辑和混合环境，是专为在音乐制作、影视编辑及广播录音等方面工作的专业人员而设计的，具有音频录制、混合、编辑、控制和效果处理等多种功能。Adobe Audition 提供多轨编辑功能，可以方便地对多个音频轨道进行混音、合成等操作。它具有丰富的音频特效和滤波器，如降噪、混响、延迟、均衡等，可以对音频进行精细处理和调整。此外，还支持音频的录制、剪辑、复制、粘贴等基本操作，可以方便地与 Adobe 公司推出的其他软件进行协作。

3. 视频编辑软件

视频编辑软件是能对视频源进行非线性编辑的软件，可以将外部图片、背景音乐、特效、场景等素材与视频进行重混合，对视频源进行切割、合并，通过二次编码，生成具有不同表现力的新视频。常用的视频编辑软件非常多，其中 Adobe 公司推出的 Premiere Pro 是视频制作领域广泛应用的一款专业级软件，它将影视和声音处理融为一体，功能强大，易于操作，能对影视、声音、动画、图片、文本进行编辑加工，并最终生成电影文件，为制作数字影视作品提供完整的创作环境。

Premiere Pro 为用户提供直观的创作界面和丰富的工具集，支持多轨道编辑，可同时对视频、音频、图像等多个元素进行操作。内置多种特效和转场效果，能高效完成视频制作任务。Premiere Pro 是所有非线性交互式编辑软件中的佼佼者，它首创的时间线编辑和剪辑

项目管理等概念,已经成为事实上的工业标准。Premiere Pro 软件的工作界面如图 7.23
所示。

图 7.23　Premiere Pro 软件的工作界面

国产软件中也有很多优秀的视频编辑软件,如 Filmora 和剪映。Filmora 界面友好,操
作简单易上手,功能丰富,支持多种视频格式和高级特效,适合初中级用户。Filmora 提供
了丰富的滤镜、转场和特效素材,可帮助用户快速制作具有一定质量的视频作品,支持
macOS 和 Windows 操作系统。剪映分为手机版和计算机版。手机版以简单易用、功能强
大的特点备受欢迎,拥有全面的视频编辑功能,如剪切、拼接、变速、倒放等,还提供了丰富的
滤镜、特效、字幕和音乐库。计算机版功能也较为丰富,基本的转场、倒放、画布、曲库和滤镜
等功能都具备,适合初学者快速上手。

剪映是一款由抖音官方推出的手机视频编辑工具,它可以帮助用户进行手机短视频的
剪辑制作和发布。剪映的基本界面和功能如下。

首先需要在手机应用商店搜索“剪映”,下载并安装到手机上。剪映的主界面采用了极
简主义风格,打开软件后,用户可以直观地看到新建项目以及草稿箱的工作台。在剪映中,
用户可以进行视频剪辑、音频处理、文本添加、贴纸使用、滤镜和特效设置等操作。以下是剪
映的一些基本功能。

视频剪辑:用户可以对视频进行基础剪辑操作,包括分割、变速、旋转、倒放等。

音频处理:剪映提供了音乐和音效的选择,用户可以为视频添加背景音乐,并支持提取
本地视频的音乐。

文本添加:剪映内置了丰富的文本样式和动画,用户可以方便地输入和编辑文字。

贴纸使用:用户可以在视频中添加各种贴纸,以装饰或遮挡不需要的部分。

滤镜和特效设置:剪映内置了多种滤镜和特效,用户可以根据需要选择使用。

下面将详细介绍剪映的基础操作,帮助从未使用过剪映的用户快速上手。

(1) 打开手机,点击“剪映”打开 App,如图 7.24 所示。

(2) 点击“开始创作”按钮,如图 7.25 所示。选择一个需要剪映的视频,如图 7.26 所

示,点击"添加"按钮,如图 7.27 所示。下面即可对视频进行剪辑或者删除一些不需要的视频,剪映支持同时上传多段视频,在剪映中制作完成的视频可以直接在抖音中发布,省去保存本地再上传的麻烦。

图 7.24　打开剪映

图 7.25　剪映界面

图 7.26　添加视频

图 7.27　视频编辑窗口

（3）点击"文本"菜单，如图 7.28 所示，即可对视频添加文字或识别歌词等操作，如图 7.29 所示。

图 7.28 设置文本

图 7.29 添加文本

（4）选择界面下方的"音频"→"音乐"命令，如图 7.30 所示，即可选择喜欢的音乐进行添加，如图 7.31 所示。

（5）视频制作好后，点击"导出"按钮，即可完成对视频的剪辑。

以上仅是一个简单视频的制作过程，剪映提供了调节视频亮度、对比度、饱和度等参数的功能，用户可以通过进度条拖曳完成调节。此外，剪映还提供了美颜功能，用户可以对视频中的图像进行磨皮和瘦脸操作；支持视频多轨道逻辑和运用操作，用户可以根据需要添加多个视频、音频或文本轨道；画中画功能可在视频中添加图片或另一个视频，实现画中画的效果；多种转场效果，用户可以根据需要调整转场时间和速度。

4. 动画制作软件

计算机动画一般分为二维动画和三维动画，计算机动画制作软件也相应地分为二维动画制作软件和三维动画制作软件。

1）二维动画制作软件

二维动画在二维平面上展示，只有长度和宽度两个维度，缺乏真实的深度和立体感。例

图 7.30　音频编辑界面

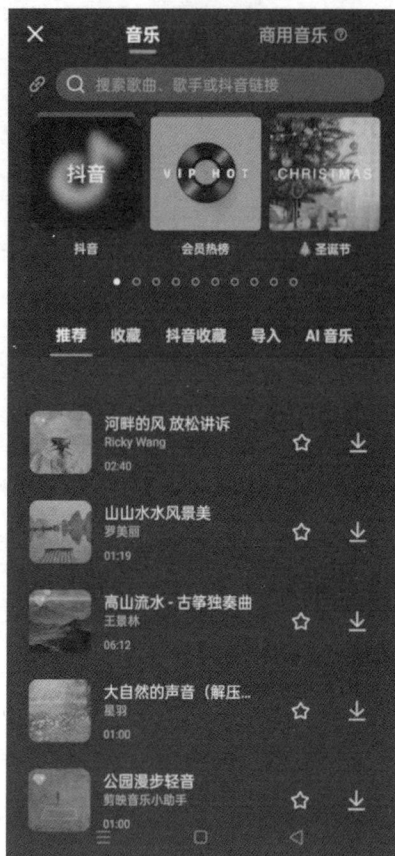

图 7.31　选择音乐

如,经典的二维动画《猫和老鼠》,角色和场景看起来像是在一个平面上活动,虽然可以通过一些技巧(如大小变化、遮挡等)来表现一定的空间关系,但整体空间感较为有限。

Toon Boom Harmony 是一款专业级的二维动画制作软件,在动画行业中备受推崇。它提供了强大的绘图、动画和特效工具,能够满足专业动画师对于高质量二维动画制作的需求。无论是角色动画、场景构建还是特效添加,都能在该软件中高效完成,常用于电影、电视和网络动画的制作。

Adobe Animate 由风靡多年的 Adobe Flash Professional 更名而来,是二维动画制作的主流软件之一。它支持传统的逐帧动画、补间动画等制作方式,能创建出富有创意的交互式动画和多媒体内容。该软件还具备强大的绘图工具和脚本编写功能,可实现复杂的动画效果和交互性,广泛应用于网页动画、广告、游戏等领域。Adobe Animate 软件的工作界面如图 7.32 所示。

2) 三维动画制作软件

三维动画具有长度、宽度和高度三个维度,能够呈现逼真的立体空间。三维立体电影(如《阿凡达》《蜘蛛侠》等剧作)中震撼无比的场景,身临其境的感觉,以及这些影片中令人惊叹的特技镜头,除了拍摄技巧外,还必须借助三维动画制作软件,才能实现预想的效果。目前,主流的三维动画制作软件性能对比如表 7.1 所示。

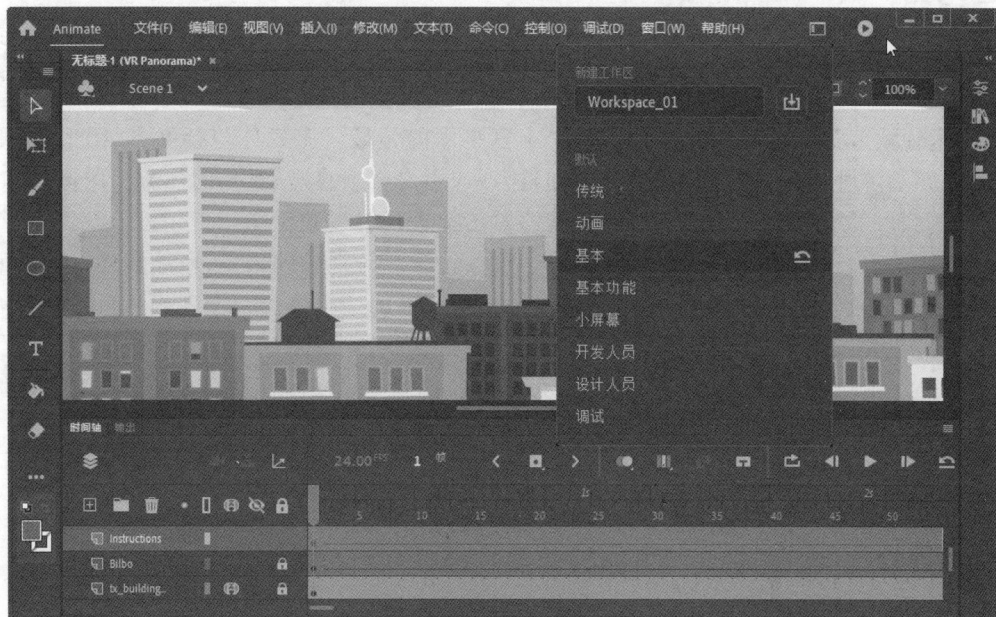

图 7.32　Adobe Animate 软件的工作界面

表 7.1　三维动画制作软件性能对比

软 件 名 称	功 能 介 绍	优　　势	劣　　势	适 用 场 合
Maya	顶级的三维动画软件,在影视广告、角色动画、电影特技等专业领域应用广泛。它的功能极为完善,拥有强大的建模、动画、渲染、特效等功能模块	功能强大且全面,制作效率高,渲染出的画面真实感极强;可扩展性强,拥有丰富的插件和脚本资源	学习难度大;硬件要求高	专业影视、动画领域
3ds Max	知名的三维建模、动画及渲染软件,建模功能强大,尤其擅长多边形建模;在动画制作方面,提供了丰富的动画工具,能够快速创建各种三维动画效果	容易上手,对于初学者来说比较友好;与 AutoCAD 良好兼容,用户可以方便地将 CAD 图纸导入 3ds Max 中进行建模和渲染	对角色动画、渲染器的功能支持不全面,效果不理想	游戏、建筑领域
Cinema 4D	一款由德国 Maxon 公司开发的三维建模、动画、渲染及后期制作软件。它的界面简洁直观,容易上手,同时功能也很强大,在建模、材质编辑、动画制作等方面都有出色的表现	稳定、快速及可定制的用户界面;在角色动画方面表现出色;在运动图形设计方面具有独特的优势,能够快速创建富有创意的动态图形效果	不支持 N 边多边形建模;不支持一些常用的游戏格式	三维视觉特效
Blender	一款免费开源三维图形图像软件,提供从建模、动画、材质、渲染到音频处理、视频剪辑等一系列动画短片制作解决方案	功能全面,涵盖建模、动画、渲染、雕刻等多领域,满足多样创作需求;社区活跃,有大量教程、插件等资源分享,利于学习与拓展功能	操作界面相对复杂,新手入门难度较大;对于大型复杂场景,渲染耗时较久	游戏、建筑领域

小结

本章让读者深入了解多媒体技术这个丰富多彩的领域。多媒体包括文本、图形、图像、音频、视频等多种形式,通过数字化处理和整合,为用户带来直观、生动的体验。图像技术涵盖图像的获取、处理和存储方法,使读者能够对图像进行编辑和优化。音频技术涵盖声音的数字化过程,以及音频的录制、编辑和播放。视频技术涵盖视频的采集、压缩和播放等方面。多媒体技术融合了多种信息形式,为用户提供丰富多样的交互体验。在现代社会,多媒体技术已广泛应用于教育、广告、娱乐等多个领域。通过多媒体技术的运用,教育内容变得生动有趣,提高了学生的学习兴趣;广告宣传也借助多媒体技术实现了更广泛、更有效的传播;娱乐产业得以创新发展,提供了沉浸式的观影和游戏体验。多媒体技术不仅提升了信息的传达效率,还深刻改变了人们的生活方式和工作模式,成为推动社会进步的重要力量。未来,随着技术的不断进步,多媒体技术将在更多领域发挥更大的作用。

📖 思政阅读材料

MATLAB 禁用事件下国产软件发展的思考与展望

在当今全球科技竞争日益激烈的背景下,技术自主与国产化已成为国家发展的重要战略。我国部分高校被禁用 MATLAB 软件的事件,不仅暴露了国际科技合作中的风险,也再次凸显了国产软件发展的紧迫性和重要性。这一事件不仅对高校的教学和科研活动产生了深远影响,更激发了我们对国家科技自立自强、软件国产化进程的深刻思考。

1. MATLAB 软件的重要性及其被禁用的背景

MATLAB,作为美国 MathWorks 公司出品的商业数学以及科学计算仿真软件,自 1984 年推出以来,凭借其强大的数值计算能力和丰富的工具箱,迅速成为理工科专业必不可少的工具。无论是在汽车设计、航空航天,还是在通信、金融等领域,MATLAB 都发挥着举足轻重的作用。特别是在高校教学和科研中,MATLAB 更是被誉为"工科神器",被广泛应用于数据处理、模型仿真、算法验证等多个环节。

然而,近年来,由于国际政治和经济形势的变化,我国部分高校,如哈尔滨工业大学、哈尔滨工程大学等,被美国政府列入出口限制实体清单,导致这些高校无法继续使用 MATLAB 软件。这一事件不仅对这些高校的教学和科研活动造成了巨大冲击,也引发了学术界和技术界的广泛关注和讨论。

2. MATLAB 被禁用对高校的影响

MATLAB 被禁用后,受影响的高校在多方面遭遇了严峻挑战。首先,在教学方面,MATLAB 作为理工科专业的必修课程之一,其缺失将直接影响学生的课程学习和实践能力的培养。其次,在科研方面,MATLAB 被广泛应用于各种科研项目的数据处理、模型仿真等环节,其缺失将导致科研项目进展受阻,甚至可能导致部分科研成果无法公开发布。此外,MATLAB 的禁用还引发了师生对国产软件替代品的关注和探讨,进一步加剧了国产软件研发的紧迫性。

3. 国产软件发展的紧迫性和重要性

MATLAB 被禁用的事件,再次凸显了国产软件发展的紧迫性和重要性。一方面,国产软件的发展是保障国家科技安全的重要一环。在当前的国际形势下,技术封锁和制裁已成为常态,只有拥有自主可控的国产软件,才能确保国家在关键时刻不受制于人。另一方面,国产软件的发展也是推动国家科技自立自强的关键所在。只有拥有强大的国产软件产业,才能为国家的科技创新和产业升级提供有力支撑。

4. 国产软件发展的现状与挑战

尽管近年来我国在国产软件研发方面取得了显著进展,但仍面临诸多挑战。首先,国产软件在功能、性能等方面与国际先进水平仍存在差距。其次,国产软件在生态系统和用户习惯方面尚需进一步完善。最后,国产软件在市场推广和应用方面也存在一定困难。这些挑战都需要在未来的发展中予以高度重视和积极应对。

5. 推动国产软件发展的策略与建议

为了推动国产软件的发展,需要从多方面入手。首先,政府应加大对国产软件的研发投入和政策支持,鼓励企业加强技术创新和人才培养。其次,高校和科研机构应加强与企业的合作与交流,共同推动国产软件的技术研发和应用推广。最后,应加强与国际先进企业的合作与交流,学习借鉴其成功经验和技术成果,为国产软件的发展提供有力支撑。

同时,还应注重培养用户的国产软件使用习惯。通过加强宣传和推广,提高用户对国产软件的认知度和信任度;通过提供优质的售后服务和技术支持,增强用户对国产软件的满意度和忠诚度。只有当用户真正认可和信赖国产软件时,国产软件才能在市场中立足并不断发展壮大。

我国部分高校被禁用MATLAB软件的事件,虽然给高校的教学和科研活动带来了巨大挑战,但也为我们提供了宝贵的机遇和启示。只有拥有自主可控的国产软件产业,才能确保国家的科技安全和科技的自立自强。因此,应积极应对挑战,加强国产软件的研发和推广工作,为国家的科技创新和产业升级提供有力支撑。让我们携手共进,共同推动国产软件发展壮大!

习题 7

一、单项选择题

1. 下列各项中,_____不是多媒体信息的类型。

   A. 数字   B. 图像   C. 声音   D. 视频

2. 下面说法中不正确的是_____。

   A. 电子出版物存储容量大,一张光盘可以存储几百本书

   B. 电子出版物可以集成文本、图形、图像、动画、视频和音频等多媒体信息

   C. 电子出版物不能长期保存

   D. 电子出版物检索快

3. 下列配置中,_____是多媒体计算机必不可少的。

   (1)CPU　(2)音频卡　(3)显示设备　(4)视频采集卡

   A. (1)   B. (1)(2)   C. (1)(2)(3)   D. 全部

4. 以下文件类型中,_____是音频格式。

   (1) WAV　(2) MP3　(3) BMP　(4) JPG

A. （1）　　　　B. （1）（2）　　　　C. （1）（2）（3）　　　　D. 全部

5. 将声音模拟信号节目存入计算机,使用的设置是_____。

A. 声卡　　　　B. 网卡　　　　C. 显卡　　　　D. 光驱

6. 不论多媒体作品设计开发的目的和内容有何不同,其开发的基本过程一般都要遵循_____阶段:①编写使用手册;②成品的制作与发布使用;③作品的程序编制与修改调试;④信息的规划与组织;⑤多媒体素材制作与集成。它们的先后次序是。

A. ①②③④⑤　　B. ④⑤③②①　　C. ②①④⑤③　　D. ⑤④①②③

二、判断题

1. 图像都是由一些排成行列的点(像素)组成的,通常称为位图或点阵图;图形文件中只记录生成图的算法和图上的某些特征点,数据量较小。　　　　　　　　　　（　　）

2. 扫描图像时,输入分辨率常用 DIP 来表示,它是指每英寸的像素数。　　（　　）

3. 多媒体技术的发展使得传统的文本媒体不再重要。　　　　　　　　　（　　）

4. 只要有好的软件,就能制作出优秀的多媒体作品。　　　　　　　　　（　　）

5. 所有的视频文件都可以在任何播放器上播放。　　　　　　　　　　　（　　）

6. 利用计算机可以直接将以模拟信号保存的素材制作成多媒体作品。　（　　）

三、填空题

1. 多媒体技术通常包括文本、_____、音频和视频等多种媒体形式。

2. 多媒体技术的一个重要特性是_____,它允许用户与计算机之间的交互。

3. 多媒体技术的特征主要有_____、集成性、_____、同步性、实时性。

4. 一个基本的流媒体系统必须包括编码器、_____和客户端播放器 3 个组成部分。

5. MP3 是一种非常流行的_____音频压缩格式。

6. 音频数字化主要包括采样、_____和编码 3 个步骤。

四、简答题

1. 为什么要压缩多媒体信息?

2. 多媒体计算机系统有哪些组成部分? 简述它们的功能。

3. 简述多媒体技术的发展趋势。

五、实验

使用剪映编辑一部 3 分钟的叙事或抒情短视频,题材不限,其中必须包含以下内容。

（1）5 个以上素材的导入与使用。

（2）2 个以上视频特效的使用与设置。

（3）2 个以上视频转场特效的使用与设置。

（4）2 个以上不同字幕的编辑与使用,其中一个字幕是标题,出现在视频开始 10 秒内;另一个字幕是个人信息,包括学号、姓名、系别、班级等,出现在视频结尾 10 秒内。

（5）2 个以上不同滤镜效果的使用。

第 8 章　IT 新技术

本章学习目标
- 了解人工智能的发展历史。
- 掌握人工智能的基本概念。
- 了解人工智能的主要支撑技术。
- 掌握人工智能大模型的使用方法。
- 了解区块链的发展历史。
- 掌握区块链的基本概念。
- 了解区块链的主要支撑技术。
- 了解区块链的技术特点和应用领域。
- 掌握 VR、AR、MR 的特征和区别。
- 掌握物联网的基本概念、支撑技术。

本章将介绍人工智能(AI)、区块链(Blockchain)、虚拟现实(VR)和物联网(IoT)等新技术。人工智能通过机器学习和大数据分析,不断提升智能决策的效率和准确性。区块链以其去中心化和不可篡改的特性,为金融交易、智能合约以及版权保护提供了全新的解决方案。虚拟现实技术则通过沉浸式体验,为游戏、教育和医疗等领域带来革命性的变化。物联网技术则通过连接各种设备和传感器,实现了智能化管理和远程控制,推动了智能家居、智慧城市和工业自动化的发展。这些技术的融合和创新,预示着一个更加智能、高效和互联的未来社会。

8.1　人工智能

作为最前沿的交叉学科,人工智能经过半个多世纪的发展,在很多应用领域取得革命性的进展,进入高速繁荣时期。我国《人工智能标准化白皮书(2018 年)》给出了人工智能的定义:"人工智能是利用数字计算机或者由数字计算机控制的机器,模拟、延伸和扩展人类的智能,感知环境、获取知识并使用知识获得最佳结果的理论、方法、技术和应用系统。"

本节将从人工智能技术的发展历史谈起,着重介绍人工智能的主要支撑技术和现阶段的主要应用。

8.1.1　人工智能概述

人工智能的研究是高度技术性和专业的,各分支领域都是深入且各不相通的,因而涉及范围极广。人工智能技术将广泛渗入新型基础设施建设(包括特高压、新能源汽车充电桩、5G 基站、大数据中心、人工智能、工业互联网、城际高速铁路和城市轨道交通七大领域),且获得越来越多元的应用场景和更大规模的受众。

人工智能的核心思想在于构造智能的人工系统。人工智能是一项知识工程,利用机器模仿人类完成一系列的动作。人工智能根据是否能够实现理解、思考、推理、解决问题等高级行为,可分为强人工智能和弱人工智能。强人工智能指的是机器能像人类一样思考,有感知和自我意识,能够自发学习知识;弱人工智能是指机器不能像人类一样进行推理思考并解决问题。

1. 人工智能的起源

1956 年夏,约翰·麦卡锡(John McCarthy)、马文·明斯基(Marvin Minsky)等科学家在美国达特茅斯学院开会研讨"如何用机器模拟人的智能",首次提出人工智能(Artificial Intelligence,AI)这一概念,标志着人工智能学科的诞生。2011 年至今,随着物联网、大数据、云计算、互联网等信息通信技术的发展,泛在感知数据、网络共享数据和高速数据处理单元得到飞快发展,数据获取能力、数据计算能力及数据存取能力得到全面大幅提升,推动以深度神经网络为代表的人工智能技术飞速发展,大幅跨越了科学与应用之间的"技术鸿沟"。如图像分类、语音识别、知识问答、人机对弈、无人驾驶等人工智能技术实现了从"不能用、不好用"到"可以用"的技术突破,迎来爆发式增长的新高潮。

人工智能,它是当前全球最热门的话题之一,也是最活跃的研究、应用方向之一,是 21世纪引领世界未来科技领域发展和生活方式转变的风向标。人们在日常生活中其实已经方方面面地运用到了人工智能技术,如网上购物的个性化推荐系统、人脸识别门禁、人工智能医疗影像、人工智能导航系统、人工智能写作助手、人工智能语音助手等。人工智能是计算机科学的一个分支,是研究、开发用于模拟、延伸和扩展人的智能的理论、方法、技术及应用系统的一门新的技术科学。

人工智能的定义可以分为两部分,即人工和智能。人工就是通常意义下的人工系统。智能涉及诸如意识(Consciousness)、自我(Self)、思维(Mind)(包括无意识的思维)等问题。人唯一了解的智能是人本身的智能,这是普遍认同的观点。但是人类对自身智能的理解非常有限,对构成人的智能的必要元素也了解有限,所以就很难定义什么是"人工"制造的"智能"。因此,人工智能的研究往往涉及对人的智能本身的研究。关于动物或其他人造系统的智能也普遍被认为是人工智能相关的研究课题。

人工智能的一种定义:《人工智能,一种现代的方法》书中提到人工智能是类人思考、类人行为,理性的思考、理性的行动。人工智能的基础是哲学、数学、经济学、神经科学、心理学、计算机工程、控制论、语言学。人工智能的发展,经过了孕育、诞生、早期的热情、现实的困难等数个阶段。

人工智能的另一种定义:人工智能是研究、开发用于模拟、延伸和扩展人的智能理论、方法、技术及应用系统的一门新的技术科学,它是计算机科学的一个分支。

从 20 世纪 50 年代开始,许多科学家、程序员、逻辑学家、理论家帮助和巩固了当代人对人工智能思想的整体理解。随着每个新的十年,创新和发现改变了人工智能领域的基本知识,不断的历史进步推动着人工智能从一个无法实现的幻想到当代和后代切实可以实现的现实。最近几十年,是人工智能科学发展跌宕起伏的时期,其中有很多人工智能领域的代表人物在不同的方向做出重大贡献,典型人物如图 8.1 所示。

1)唐纳德·赫布

1949 年,唐纳德·赫布(Donald Hebb)基于神经心理学的学习机制开启机器学习的第一步。此后被称为赫布学习规则。赫布学习规则是一个无监督学习规则,这种学习的结果

唐纳德·赫布　　　艾伦·图灵　　　阿瑟·塞缪尔　　弗兰克·罗森布拉特　　马文·明斯基

图 8.1　人工智能领域典型人物

是使网络能够提取训练集的统计特性,从而把输入信息按照它们的相似性程度划分为若干类。这一点与人类观察和认识世界的过程非常吻合,人类观察和认识世界在相当程度上就是在根据事物的统计特征进行分类。

2) 艾伦·图灵

1950 年,艾伦·图灵(Alan Turing)发表了《计算机器和智能》,如图 8.2 所示,提出了模仿游戏的想法,考虑机器是否可以思考的问题。这一建议后来发展成为图灵测试,是评估机器(人工)智能的经典方法。图灵测试认为,如果一台机器能够与人类展开对话(通过电传设备)而不能被辨别出其机器身份,那么称这台机器具有智能。这一简化使得图灵能够令人信服地说明"思考的机器"是可能的。图灵测试成为人工智能哲学的重要组成部分,人工智能在机器中讨论智能、意识和能力。

询问者

图 8.2　计算机器和智能

3) 阿瑟·塞缪尔

1952 年,计算机科学家阿瑟·塞缪尔(Arthur Samuel)开发了一种跳棋计算机程序,成为第一个独立学习如何玩游戏的人。该程序学会了纯粹通过自己与自己玩来学习跳棋游戏,是后期使用 IBM 701 电子管在计算机编程实现的。那时塞缪尔的胆识无可比拟,因为那时计算机很难编程,没有计算机显示终端,没有现代的编程语言,所有东西都必须用汇编语言编码,他们有的只是一些闪烁的指示灯。

通过这个程序,塞缪尔驳倒了普罗维登斯(Providence)提出的"机器无法超越人类,像人类一样写代码和学习"的模式。将机器学习描述为"使计算机在没有明确编程的情况下进行学习"。

4) 弗兰克·罗森布拉特

1957 年,弗兰克·罗森布拉特(Frank Rosenblatt)基于神经感知科学背景提出了第二模型,非常类似今天的机器学习模型。这在当时是一个非常令人兴奋的发现,它比赫布的想法更适用。基于这个模型罗森布拉特设计了第一个计算机神经网络——感知机(Perceptron),它模拟了人脑的运作方式,如图 8.3 所示。

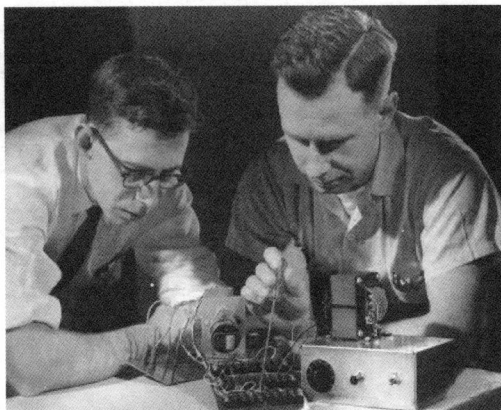

图 8.3　罗森布拉特(右)和合作伙伴调试感知机

罗森布拉特实验的训练数据是 50 组图片,每组两幅,由一张标识向左和一张标识向右的图片组成。每次练习都是以左面的输入神经元为开端,先给每个输入神经元都赋上随机的权重,然后计算它们的加权输入之和。如果加权和为负数,则预测结果为 0;否则,预测结果为 1(这里的 0 或 1,对应于图片的左或右,在本质上,感知机实现的就是一个二分类)。如果预测是正确的,则无须修正权重;如果预测有误,则用学习率(Learning Rate)乘以差错(期望值与实际值之间的差值)来对应地调整权重,如图 8.4 所示。

(期望值-实际值) ×学习率

输入

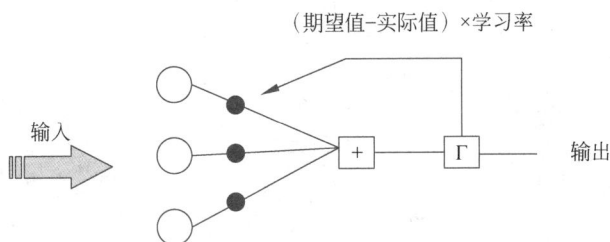

输出

图 8.4　罗森布拉特提出的感知机模型

5) 马文·明斯基

1969 年,马文·明斯基(Marvin Minsky)提出了著名的 XOR 问题和感知器数据的线性不可分情形。在对人工智能技术和机器人技术的深入研究下,他构建出了世界上最早的、能够模拟人类活动的机器人 Robot C,带领机器人技术进入了一个新时代。早在 20 世纪 60 年代,明斯基就提出了远程介入(Telepresence)这一概念,通过利用微型摄像机、运动传感器等设备,明斯基让人体验到了自己驾驶飞机、在战场上参加战斗、在水下游泳这些现实中未发生的事情,这也为他奠定了虚拟现实倡导者的地位。明斯基的另一个大举措是创建了著名的思维机公司(Thinking Machines,Inc.),开发具有智能的计算机。作为人工智能的先驱,明斯基一直坚信机器可以模拟人的思维过程,从而让机器变得更加智能,图 8.5 是明斯基当时建造的一台名为 Snare 的学习机。

此后,神经网络的研究将处于休眠状态,直到 20 世纪 80 年代。尽管 BP 神经的想法由赛普·林纳因马(Seppo Linnainmaa)在 1970 年提出,并将其称为"自动分化反向模式",但是并未引起足够的关注。

在计算机科学的众多领域,尤其是在让计算机模拟人类大脑认知能力的人工智能领域,

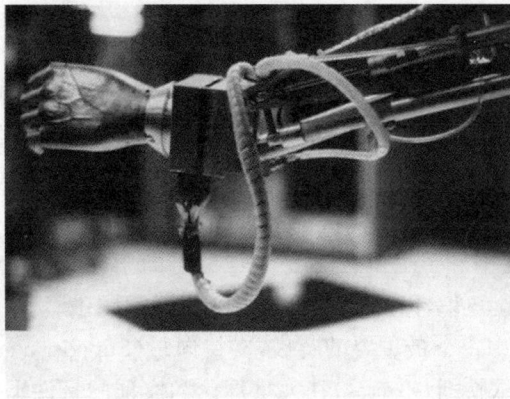

图 8.5　明斯基建造的一台名为 Snare 的学习机

明斯基无疑都是一个闪耀着明星般光环的著名研究人员。由于他的研究引领了人工智能、认知心理学、神经网络、图灵机理论和回归函数这些领域理论与实践的发展潮流,并在图像处理、符号计算、知识表示、计算语义学、机器感知和符号连接学习等领域做出了许多贡献,1969 年,明斯基被授予"计算机界的诺贝尔奖"——图灵奖,这是第一位获此殊荣的人工智能学者。

2. 人工智能的发展

1) 20 世纪 60 年代中期到 70 年代末

从 20 世纪 60 年代中期到 70 年代末,机器学习的发展步伐几乎处于停滞状态。虽然这个时期帕特里克·温斯顿(Patrick Winston)的结构学习系统和海斯·罗思(Hayes Roth)等的基于逻辑的归纳学习系统取得较大进展,但其只能学习单一概念,而且未能投入实际应用。此外,神经网络学习机因理论缺陷未能达到预期效果而转入低潮。

这个时期的研究目标是模拟人类的概念学习过程,并采用逻辑结构或图结构作为机器内部描述。机器能够采用符号来描述概念(符号概念获取),并提出关于学习概念的各种假设。

2) 20 世纪 70 年代末到 80 年代末

从 20 世纪 70 年代末开始,人们从学习单个概念扩展到学习多个概念,探索不同的学习策略和各种学习方法。这个时期,机器学习在大量的时间应用中回到人们的视线,又慢慢复苏。

1980 年,在美国的卡内基-梅隆大学(CMU)召开了第一届机器学习国际研讨会,标志着机器学习研究已在全世界兴起。此后,机器归纳学习进入应用。

经过一些挫折后,多层感知器(Multi Layer Perceptron,MLP)由伟博斯在 1981 年的神经网络反向传播(Back Propagation,BP)算法中具体提出。当然 BP 算法仍然是今天神经网络架构的关键因素。有了这些新思想,神经网络的研究又加快了。

1985—1986 年,神经网络研究人员(大卫·鲁梅尔哈特(David Rumelhart)、杰弗里·辛顿(Geoffrey Hinton)、赫伯·威廉姆斯等)先后提出了 MLP 与 BP 训练相结合的理念。

一个非常著名的机器学习(ML)算法由昆兰(Ross Quinlan)在 1986 年提出,我们称之为决策树算法,更准确地说是 ID3(Iterative Dichotomiser 3)算法。这是另一个主流机器学习的火花点。此外,与黑盒神经网络模型截然不同的是,ID3 算法也被作为一个软件,通过使用简单的规则和清晰的参考可以找到更多在现实生活中使用的情况。

3）20 世纪 90 年代初到 21 世纪初

1990 年,夏皮尔(Schapire)最先构造出一种多项式级的算法,并对该问题做了肯定的证明,这就是最初的 Boosting 算法。一年后,弗罗因德(Freund)提出了一种效率更高的 Boosting 算法。但是,这两种算法在实践上存在共同的缺陷,那就是都要求事先知道弱学习算法学习正确的下限。

1995 年,Freund 和 Schapire 改进了 Boosting 算法,提出了 AdaBoost(Adaptive Boosting)算法,该算法效率和 Freund 于 1991 年提出的 Boosting 算法几乎相同,但不需要任何关于弱学习器的先验知识,因而更容易应用到实际问题中。

同年,机器学习领域中一个最重要的突破,支持向量(Support Vector Machines,SVM),由瓦普尼克(Vapnik)和科尔特斯(Cortes)在大量理论和实证的条件下提出。从此将机器学习社区分为神经网络社区和支持向量机社区。

另一个集成决策树模型由布雷曼(Breiman)博士在 2001 年提出。它由一个随机子集的实例组成,并且每个节点都是从一系列随机子集中选择,因此被称为随机森林(Random Forests,RF)。随机森林也在理论和经验上证明了对过拟合的抵抗性。

4）21 世纪初至今

机器学习的发展可分为两部分:浅层学习(Shallow Learning,SL)和深度学习(Deep Learning,DL)。浅层学习起源 20 世纪 20 年代人工神经网络 BP 算法的发明,为基于统计的机器学习算法的兴起奠定了技术基础,虽然这时的人工神经网络算法也被称为多层感知机,但由于多层网络训练困难,通常都是只有一层隐含层的浅层模型。

神经网络研究领域领军者辛顿在 2006 年提出了神经网络 DL 算法,使神经网络的能力大大提高,向支持向量机发出挑战。2006 年,辛顿和他的学生萨拉赫丁诺夫(Salakhutdinov)在顶尖学术刊物 Science 上发表了《使用神经网络进行数据降维》的文章,开启了深度学习在学术界和工业界的浪潮。

辛顿的学生杨立昆(Yann LeCun)的 LeNets 深度学习网络可以被广泛应用在全球的 ATM 机和银行之中。同时,杨立昆和吴恩达等认为卷积神经网络允许人工神经网络快速训练,因为其所占用的内存非常小,无须在图像的每个位置都单独存储滤镜,因此非常适合构建可扩展的深度网络,卷积神经网络因此非常适合识别模型。

2015 年,为纪念人工智能概念提出 60 周年,杨立昆、约书亚·本吉奥(Yoshua Bengio)和辛顿推出了深度学习的联合综述文章——《深度学习》。

3. 人工智能的未来展望

1）技术发展

随着 5G、物联网、云边端计算的发展和互补金属氧化物半导体(Complementary Metal-Oxide-Semiconductor,CMOS)制程的不断技术创新,人工智能芯片从专用走向通用化,GPU 仍然将延续统治人工智能芯片领域,特别是在云端和边缘端具有巨大的市场前景,但随着深度学习等技术在功耗效率和场景应用方面的进一步发展,现场可编程门阵列(Field Programmable Gate Array,FPGA)和专用集成电路(Application Specific Integrated Circuit,ASIC)的市场占有率将逐步上升。长期看,GPU、FPGA、ASIC 和基于非冯·诺依曼架构的神经形态芯片等将向通用人工智能计算平台等方向发展。

随着可用计算能力和数据量的增加,深度学习技术的广泛产业化应用随着大数据、5G、物联网、云边端计算的快速发展,基于深度学习网络的人工智能技术应用领域更广泛、深入。在计算机视觉、语音识别、自然语言处理、机器翻译和路径规划等技术领域将持续深入探索,在安防、金融、交通、教育、医疗和能源等多个领域的应用将实现大规模产业化落地。

AI 自主学习是终极目标,AI"大脑"变聪明分阶段进行,从机器学习进化到深度学习,再进化至自主学习。目前,仍处于机器学习及深度学习的阶段,若要达到自主学习需要解决四大关键问题:①为自主机器打造一个 AI 平台;②提供一个能够让自主机器进行自主学习的虚拟环境,必须符合物理法则,碰撞、压力、效果都要与现实世界一样;③将 AI 的"大脑"放到自主机器的框架中;④建立虚拟世界入口。目前,NVIDIA 公司推出的自主机器处理器 Xavier,就在为自主机器的商用和普及做准备工作。

2)行业应用发展

人工智能市场在零售、交通运输和自动化、制造业及农业等各行业垂直领域具有巨大的潜力。而驱动市场的主要因素,是人工智能技术在各种终端用户垂直领域的应用数量不断增加,尤其是改善对终端消费者服务。

(1)智能医疗行业。

随着人工智能技术不断落地,已有不少应用人工智能提高医疗服务水平的成功案例。

人工智能已深入医疗健康领域的方方面面,包括智能诊疗、医学影像分析、医学数据治理、健康管理、精准医疗、新药研发等场景中都可以看到人工智能的身影。

过去,医生以自己的医疗知识和临床经验为基础,根据病人的症状和检查结果判定病症及病程。如今,人们将人工智能应用于医疗辅助诊断,让计算机"学习"专业的医疗知识、"记忆"海量历史病例、识别医学影像,构建智能诊疗系统,为医生提供一个"超级助手",帮助医生完成诊断。IBM 公司的 Watson 是智能诊疗应用中的一个著名案例,Watson 可以在 17 秒内阅读 3469 本医学专著、248 000 篇论文、69 种治疗方案、61 540 次试验数据、106 000 份临床报告。2012 年,Watson 通过了美国职业医师资格考试,并部署在美国多家医院提供辅助诊疗的服务。目前,Watson 提供诊治服务的病种包括乳腺癌、肺癌、结肠癌、前列腺癌、膀胱癌、卵巢癌、子宫癌等多种癌症。智能医疗如图 8.6 所示。

图 8.6 智能医疗

(2)智能金融行业。

智能金融是人工智能技术与金融体系的全面融合。人工智能在金融领域的应用主要包括智能投顾和金融欺诈检测等。

智能投顾即智能投资顾问,通过机器学习算法,根据客户设定的收益目标、年龄、收入、当前资产及风险承受能力自动调整金融投资组合,以实现客户的收益目标。不仅如此,算法还能根据客户收益目标的变动和市场行情的变化实时自动调整投资策略,始终围绕客户的收益目标为客户提供最佳投资组合。

以往金融欺诈检测系统非常依赖复杂和呆板的规则,由于缺乏有效的科技手段,已无法应对日益演进的欺诈模式和欺诈技术。伪造、冒充身份等欺诈事件常有发生,给金融企业和用户造成很大经济损失。国内以猛犸反欺诈为代表的金融科技公司,应用人工智能技术构建自动、智能的反欺诈技术和系统,可以帮助企业风控系统打造用户行为追踪与分析能力,建立异常特征的自动识别能力,逐步达到自主、实时发现新欺诈模式的目标。

(3)智能安防行业。

安防是人工智能落地较好的应用领域。安防以图像、视频数据为核心,海量的数据来源满足了算法和模型训练的需求,同时人工智能技术也为安防行业事前预警、事中响应和事后处理提供了技术保障。

目前,人工智能在安防领域的应用主要包括警用和民用两个方向。在警用方向,人工智能在公安行业的应用最具代表性。利用人工智能技术实时分析图像和视频内容,可以识别人员、车辆信息,追踪犯罪嫌疑人,也可以通过视频检索从海量图片和视频库中对犯罪嫌疑人进行检索比对,为各类案件侦查节省宝贵时间。在民用方向,利用人工智能可以实现智能楼宇和工业园区的智能监控。智能楼宇包括门禁管理、通过摄像头实现人脸打卡、人员进出管理、发现盗窃和违规探访的行为。在工业园区,固定摄像头和巡防机器人配合,可实现对园区内各个场所的实时监控,并对潜在的危险进行预警。除此之外,民用安防方向还有一个非常重要的应用场景,就是家用安防。当检测到家庭中没有人员时,家庭安防摄像机可自动进入布防模式,有异常时,给予闯入人员声音警告,并远程通知家庭主人。而当家庭成员回家后,又能自动撤防,保护用户隐私。

(4)智能家居行业。

智能家居基于物联网技术,以住宅为平台,由硬件、软件、云平台构成家居生态圈。智能家居可以实现远程设备控制、人机交互、设备互连互通、用户行为分析和用户画像等,为用户提供个性化生活服务,使家居生活更便捷、舒适和安全。

借助语音和自然语言处理技术,用户通过说话即可实现对智能家居产品的控制,如语音控制开关窗帘、照明系统、调节音量、切换电视节目等操作;借助机器学习和深度学习技术,智能电视、智能音箱等可以根据用户订阅或者收看的历史数据对用户进行画像,并将用户可能感兴趣的内容进行推荐。在家居安防方面,可以利用面部识别、指纹识别等生物识别技术对智能家居产品进行解锁,通过智能摄像头实时监控住宅安全,对非法入侵者进行监测等。智能家居如图8.7所示。

在人类社会,按照公正原则,人工智能技术发展应该使尽可能多的人群获益,技术所带来的福利和便捷应让尽可能多的人群共享。2017年年初,在美国阿西洛马召开的Beneficial AI会议上提出的"阿西洛马人工智能原则"强调,应以安全、透明、负责、可解释、为人类做贡献和多数人受益等方式开发人工智能。实实在在的公共服务将极大限度地促进和谐良好的人机关系,使均等的智能服务惠及各地区、不同行业和不同群体。因此,人工智

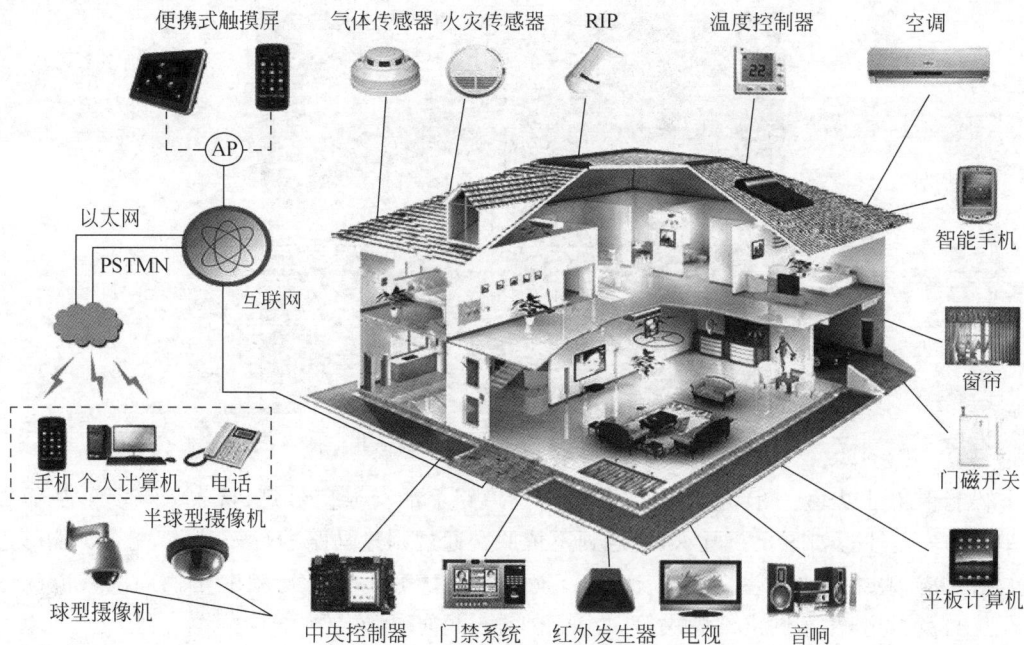

便携式触摸屏　气体传感器　火灾传感器　RIP　温度控制器　空调

AP

以太网

PSTMN

互联网

智能手机

窗帘

手机 个人计算机 电话

门磁开关

半球型摄像机

球型摄像机

中央控制器　门禁系统　红外发生器　电视　音响

平板计算机

图 8.7　智能家居

能技术突飞猛进的同时,要积极思考与研究如何利用其提高基本公共服务平台的建设水平,不断缩小信息鸿沟,建设高效、发达、宜居的智能社会,推动社会包容与可持续发展,让全体公民能共享科技创造的美好未来。

8.1.2　人工智能应用

1. 智能视觉

智能视觉是使用计算机及相关设备对生物视觉的一种模拟,是人工智能领域的一个重要部分,它的研究目标是使计算机具有通过二维图像认知三维环境信息的能力。智能视觉是以图像处理技术、信号处理技术、概率统计分析、计算几何、神经网络、机器学习理论和计算机信息处理技术等为基础,通过计算机分析与处理视觉信息。

智能视觉同人类视觉感知系统一样,其主要任务是感知外部环境,通过映射、变换、重构等过程将三维环境投影至二维图像。如果识别一个物体,需要获取它的参数,包括颜色、形状、距离、角度,甚至物体的状态,如自然界山峰的阴影和色彩会随自然光变化,这类状态改变的物体感知,对人类视觉而言,非常简单,对智能视觉则相对困难。尽管如此,很多知名景点(如埃菲尔铁塔、富士山等)的识别算法已经实现。如图 8.8 所示的视频监控系统利用神经网络深度学习实现了物体的自动检测和自动识别,并且在图像中标注出小狗、自行车和汽车。

在无人驾驶技术中,车辆必须依靠多个传感器来获取外部信息,包括雷达、GPS、激光雷达、摄像头等。智能视觉技术通过摄像头等传感器获取的数据,通过计算机算法进行分析和处理,从而实现车辆的自主驾驶。视觉系统所需的摄像头可分为多个单元,组成一个视野广阔的立体视觉系统。通过三角测量原理对距离进行估计,判断目标物的位置、大小、形状、方向等。

图 8.8　视频监控系统自动识别物体并标注

　　智能视觉可以通过图像识别的方式来辨别道路上的交通信号灯、行人、车辆等，从而提高车辆的安全性。如图 8.9 所示，当遇到不依照交通规则过马路的行人时，智能视觉能够迅速做出反应，避免事故发生。图 8.10 是智能视觉系统通过分析行驶中车辆周围环境的图像，帮助自动驾驶汽车做出驾驶决策，如车道变换、超车、停车等。

图 8.9　智能视觉检测横穿马路的行人

2. 自然语言处理

　　当前我们正处于语音和语言处理技术发展过程中令人兴奋的时代。普通用户可利用的计算机资源正飞速增长，互联网以及移动互联网的发展，催生海量信息源的崛起。随着物联网技术的日益普及，语音和语言处理应用成为这项技术的重要组成部分，智能语音技术及应用在学术和产业界都成为焦点，一些快速发展的领域正突显这一趋势。

　　(1) 公共交通、地图导航、旅游服务等服务商利用语音技术代替传统的人工实现与旅客互动，引导他们完成预订和获取即时服务。

　　(2) 汽车制造商提供自动语音识别和文本语音转换系统，使驾驶员能够通过语音控制环境、娱乐和导航系统。

　　(3) 视频搜索公司通过使用语音识别技术捕捉音轨中的单词，为网络上数百万小时的视频提供多媒体检索、字幕生成及内容筛查等服务。

图 8.10　行驶中的车辆周围环境的自动检测

（4）高精度的语音识别和合成为外语教育提供了巨大机会，从实时翻译、发音纠正、讲解教学等功能服务成百上千万学子。

3. 智能机器人

机器人是实现人工智能技术综合应用的重要载体之一。人工智能中的智能传感器技术、机器学习、深度学习等智能决策技术在智能机器人中得到广泛使用。智能机器人成为人工智能重要的应用领域之一，是人工智能与机器人结合的产物。智能机器人广泛应用于工业制造、医疗、教育、农业、智能家居等领域。智能机器人技术包括智能传感技术、机器视觉技术、智能导航和路径规划、智能控制技术和智能交互技术等。

工业机器人是应用于工业领域的多关节机械手或多自由度机器人。工业机器人是自动执行工作的装置，是靠自身动力和控制能力实现各种功能的一种机器。它可以接受人类指挥，也可以按照预先编排的程序运行，现代工业机器人还可以根据人工智能技术实现相关的行动。当今工业机器人技术正逐渐具有行走能力、感知能力及较强的环境自适应能力。

服务机器人是指在非结构环境下为人类提供必要服务的多种高技术集成的机器人，它还细分为家用服务机器人（如扫地机器人、送餐机器人等）、医疗服务机器人（见图 8.11）、公共服务机器人（见图 8.12，包括教育、娱乐、农林等领域的机器人）。

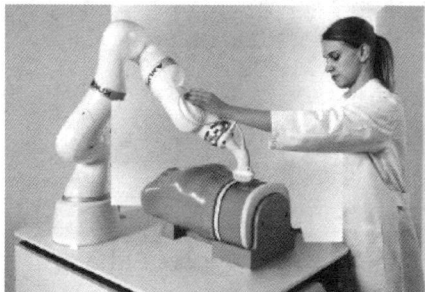

图 8.11　医疗服务机器人

由斯坦福大学研究团队发明的人形机器人 OceanOne 采取"AI＋触觉反馈"的协同工作方式，让机器人手部能够感受到所抓取物体的重量与质感，实现对抓取力量的精确掌控。美国波士顿动力公司致力于研发具有高机动性、灵活性和移动速度的先进机器人，先后推出了

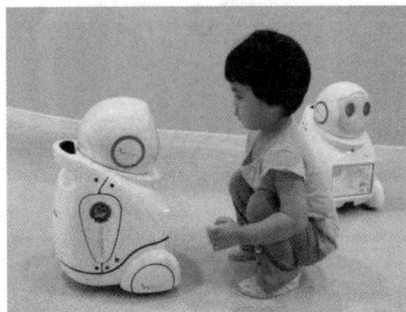 

(a) 教育、娱乐机器人   (b) 农林业应用机器人

图 8.12　公共服务机器人

用于全地形运输物资的 BigDog,拥有超高平衡能力的双足机器 Atlas 和具有轮腿结合形态并拥有超强弹跳力的 Handle,如图 8.13 所示。

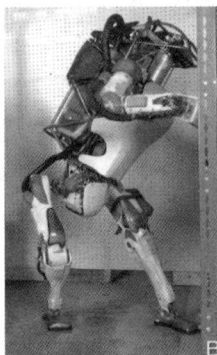 

(a) Atlas   (b) Handle

图 8.13　波士顿动力公司的机器人

8.2　区块链概述

区块链是一项通用前沿技术,在数字经济时代起到数据组织平台的作用,成为数据组织、机构协同的基础设施。区块链通过数据的有序记录,基于协同机制的机器传递信任,可以有效降低交易成本、提升群体协作能力。区块链是典型的跨领域、多学科交叉的新兴技术,通过集成创新,实现了数据不可篡改、数据集体维护、多中心决策等功能,可以构建公开、透明、可追溯、不可篡改的价值信任传递链,从而赋能金融服务、产业升级、社会治理等方面的创新。区块链不仅是技术上的集成创新,同时也是一种思维模式的创新,有望成为数字社会中的重要基础设施。

按照国际标准化组织(ISO)的定义:区块链是采用密码学手段保障的、只可追加的、通过区块链式结构组织的分布式账本结构。

8.2.1　区块链的起源与发展

1. 起源

过去几十年,作为信息基础设施,互联网通过高效的信息交换,给人们的生活、工作和商业活动带来了极大便利。然而一些问题也随之出现,如数据泄露、网络诈骗、虚假和垃圾信息泛滥等,给互联网服务的使用者带来很大困扰。

随着依赖互联网的商业活动日益增多,加强信息互联网信任机制的需求越来越迫切,区块链技术恰好满足了人们对数据可信、安全交换的需求。而基于区块链技术构建的可以传递价值的"价值互联网",也成为社会发展的必然。

2008 年 9 月,美国次贷危机引发的全球金融危机波及多个地区和国家,导致大量大型金融机构倒闭,造成世界经济的重大损失,与此同时,一项看似不相关的数字货币的发明,引起了世界范围的广泛关注。2008 年 10 月 31 日,化名为中本聪(Satoshi Nakamoto)的研究人员提出了基于密码学的比特币(Bitcoin),解决了长期困扰数字加密货币的三大难题:重复支付问题、中心化问题与发行量控制问题。他指出,我们非常需要这样一种电子支付系统,它基于密码学原理而不是基于人与人之间的信用,使得任何达成一致的双方能够直接进行支付,从而不需要第三方中介。

由于其突破性的创新和巨大的应用潜力,区块链技术被认为是继个人计算机、互联网、社交网络、智能手机之后,人类的第五次计算革命,如果说互联网让人类进入了信息自由传递时代,区块链则将把人们带入价值自由交换时代。

2. 发展过程

到目前为止区块链技术的发展经历了如下两个阶段。

1) 区块链 1.0 时代

2009 年 1 月,比特币的正式上线标志着区块链进入 1.0 阶段,其最显著的作用就是为数字货币的产生、流通与交易提供了技术保障。

区块链技术支撑的数字货币是一种点对点价值传递技术,在无须借助可信第三方的网络空间内,实现了不可信参与者之间的可信价值传递,使得人们逐渐接受数字货币这一新事物,并尝试挖掘其背后的区块链技术在各种领域的应用。

2) 区块链 2.0 时代

以太坊的问世意味着区块链进入 2.0 时代。区块链的技术架构在进一步调整与改进,支持更加复杂的表达能力,逐渐涌现出区块链技术平台,开始支持智能合约及去中心化应用(Decentralized Application,DApp)的开发,使得区块链系统演变成去中心的计算平台。在智能合约技术的支撑下,区块链的应用开始从单一货币领域延伸到包括股票、清算、私募股权等其他金融领域,从可编程货币进阶至可编程金融,区块链 2.0 时代与区块链 1.0 时代相比,最大的优点在于允许在其底层技术平台的基础上进行应用开发。区块链 2.0 时代主要有以下几个典型特征。

(1) 智能合约。

区块链 2.0 的典型特征是具有智能合约功能。1994 年,尼克·萨博(Nick Szabo)提出了智能合约(Smart Contract)的概念,即一个智能合约是一套以数字形式定义的承诺(Commitment),包括合约参与方可以在上面执行这些承诺的协议。由于无须第三方中介机构介入,因此智能合约部署的成本远小于现实社会中法律或商业合同的签署成本。

(2) 分布式应用。

分布式应用是指构建在智能合约之上不依赖中心化机构的应用程序。使用者调用应用,通过关联的智能合约执行指定的业务规则,从而使区块链系统演变成一个分布式应用的引擎。分布式应用在设计和开发时不仅要考虑区块链技术的特性,还要了解所支持智能合约的情况,例如,以太坊区块链支持基于 Solidiy 或 Vyper 语言开发的智能合约。

(3) 共识算法的多样性。

区块链 2.0 中使用更多高性能、可扩展的共识算法,如权益证明(Proof of Stake,PS)、授权权益证明(Delegated Proof of Stake,DPoS)、实用拜占庭容错算法(Practical Byzantine Fault Tolerance,PBFT)等。

随着区块链理论和技术的持续深入研究,基于区块链的应用也在逐渐成熟。面向复杂的企业应用场景,提供高性能、安全、可审计等服务的企业级区块链技术不断迭代发展。例如,目前基于跨区块链技术的应用,可以让多种区块链在同一个共识网络中相互调用,实现更大规模的可信交互。以智能合约、分布式应用为代表的区块链技术,未来将广泛而深刻地改变人类的生产生活方式。

区块链属典型的跨领域、多学科交叉的新兴技术。区块链系统由数据层、网络层、共识层、合约层、应用层及激励机制组成,涉及复杂网络、分布式数据管理、高性能计算、密码算法、共识机制、智能合约等众多自然科学技术领域及经济学、管理学社会学、法学等众多社会科学领域的集成创新。

区块链通过集成创新,实现了数据不可篡改、数据集体维护、多中心决策等,可以构建公开、透明、可追、不可篡改的价值信任传递链,从而为金融服务、产业升级、社会治理等方面的创新提供了可能。

8.2.2　区块链的特点

区块链技术最显著的特点在于能够实现安全、可靠的分布式协同计算,主要特点可以总结为以下 6 个:去中心化、可追溯防篡改、隐私性、可信性、自治性和可靠性。

1) 去中心化

区块链的去中心化指的是在区块链网络中不存在中心化节点,各节点高度自治具有相等的权利和地位。传统中心化系统便于管理,但是一旦发生故障容易崩溃,去中心化系统由于其分布式运行的特性而具有高度容错和抗攻击的优点。区块链的去中心化技术特性,可以让交易双方在没有中介机构参与的情况下,完成双方互信转账,即对第三方机构的信任转换为对机器代码的信任。

2) 可追溯防篡改

区块链的防篡改主要由两种机制来保障。

(1) 采用梅克尔树的形式进行交易数据的记录,若梅克尔树中的某个数据发生改变,则对应的梅克尔树的根哈希值也会发生改变,由此判定该区块产生了错误。

(2) 在每个区块中都包括上一个区块的哈希值,使得区块之间形成链接关系,如果在某一区块中更改了一条数据,则需要将链上该区块之后所有区块的交易记录和哈希值都进行重构。

区块链独特的分布式数据存储方式决定,如果要修改一条数据,必须将大部分节点对应的数据都进行更改,否则单个节点上的数据修改是无效和不被认可的,因此区块链具有很强的防篡改性。

区块链通过块链式结构进行数据存储,在每个区块中记录前一个区块的哈希值能够借此访问前一个区块,乃至整个区块链的起始块。通过这种方式,可以访问区块链中的所有信息,做到对每笔交易的追溯。

3) 隐私性

现实社会中,每个人都有保护隐私的权利,尤其在当下,互联网大数据所带来的个人信息被贩卖、滥用等问题,使得人们更为看重个人隐私,商业交易中很多账户和交易信息更是商业机构的重要资产和商业机密。除了通过密码学的技术对区块链进行加密外,针对特定成员或用户的联盟链具有网络准入与节点授权的功能,可以实现信息的读写授权,对私密信息的访问和传输形成有力的安全保障,在信息开放共享的环境下增强信息传输对象的可控性。

4) 可信性

区块链创造了一种新型的信任机制,不需要用户之间达成信任就可以完成交易确认。区块链将信任(中介或第三方)机构变成了信任机器,一经创立,交易逻辑、共识算法等规则就已经确定;一旦交易发起,中间的确认步骤由事先设定好的规则完成,经过确认上链的数据就能够保证其可信度。此外,由于区块链具有防篡改、可追溯、代码公开透明等特性,能够得到用户的充分信任。用户可以容易地加入或退出区块链网络,通过公开的接口查询区块链数据记录或者开发相关应用,其高度开放性增加了用户的信赖。

5) 自治性

区块链的自治性是指采用基于协商一致的规范和协议,使系统中的所有节点能够在去信任的环境下自由、安全地交换、记录及更新数据,不受人为干预影响。区块链上的多个参与方按照客户已商议好的算法和规则进行处理,并能对处理结果形成共识,以确保记录在区块链上的每笔交易的准确性和真实性,这是实现以客户为中心的商业重构的重要一环。

6) 可靠性

可靠性主要体现在数据的完整性和安全性上。数据的完整性是指通过"区块+链"的创新数据存储结构,将交易打包成区块,盖上时间戳,通过前一区块哈希值链接到前一区块的后面,前后顺序连接为一套完整的账本,且每个节点都存有一份相同的账本,保障了数据的完整性。数据的安全性主要通过非对称加密算法和哈希函数等加以保障。非对称加密算法使用私钥控制数据访问权限,哈希函数则把任意长度的输入变换成固定长度的由字母和数字组成的输出,具有不可逆性,实现不可篡改。

区块链技术的上述 6 个特征支撑了上层业务的可控、可靠和安全。

8.3 虚拟现实

虚拟现实(Virtual Reality,VR),是指创建数字内容来取代用户所在的真实世界环境。增强现实(Augment Reality,AR),是指将创建的数字内容叠加到用户所在的真实世界环境中。混合现实(Mixed Reality,MR),是指将数字内容与真实世界环境融合在一起。VR、AR、MR 的技术革新,给人们工作、生活涉及的诸多领域带来翻天覆地的改变。

作为公认的"下一代交互方式",VR、AR、MR 技术产业浪潮正席卷全球。在各大科技"巨头"纷纷介入的形势下,VR、AR、MR 技术在不同领域的应用愈加普及。各级政府纷纷针对各个领域推出不同力度的扶持政策,以推动 VR、AR、MR 技术产业的快速发展。与此同时,人们在工作、生活中也越来越多地使用虚实交互工具。

VR、AR、MR 技术作为综合多种科学技术的计算机领域新技术,已经涉及众多研究和应用领域,被认为是 21 世纪重要的发展学科及影响人们工作、生活的重要技术之一。VR、AR、MR 技术的发展,首先从 VR 技术开始,逐渐演化到 AR、MR 技术,在这个过程中形成 VR、AR、MR 的技术体系,并应用在社会的各行各业。

8.3.1 虚拟现实的发展

1. 起源

VR 技术是 20 世纪 90 年代流行起来的一种新型信息技术,它以计算机技术为主,综合三维图形技术、多媒体技术、仿真技术、传感技术、显示技术、伺服技术等多种高科技的发展成果,利用计算机等设备创造一个提供三维视觉、触觉、嗅觉等多种感官体验的逼真的虚拟世界,从而使处于虚拟世界中的人产生身临其境的感觉。在这个虚拟世界中,人们可直接观察周围及物体的内在变化,与其中的物体进行自然交互,并能实时产生与真实世界中相同的感觉,VR 技术可使人与计算机融为一体,从而"指导"人们的现实生活。

1957 年,美国摄影师莫顿 · 海利希(Morton Heilig)发明了第一台原始 VR 设备 Sensorama(见图 8.14,1962 年提交专利),这台设备被认为是 VR 设备的"鼻祖"。它非常大,屏幕固定,拥有 3D 立体声、3D 显示、震动座椅、风扇(模拟风吹)及气味生成器等功能及设备。可见早期人们对 VR 的理解,就已经不限于视觉方面的内容。

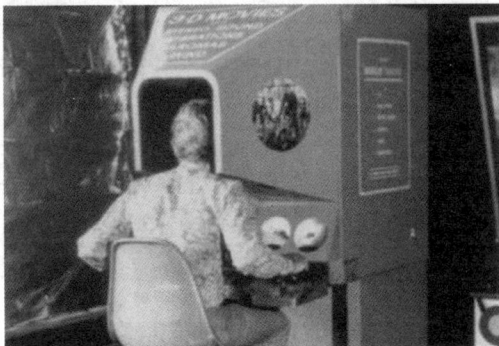

图 8.14　第一台原始 VR 设备 Sensorama

1965 年,美国计算机科学家伊凡 · 萨瑟兰(Ivan Sutherland)发表论文《终极显示》(*The Ultimate Display*)。1968 年,萨瑟兰发明了非常接近于现代 VR 设备概念的第一款头戴式 VR 显示器 Sutherland(见图 8.15),其因为重量大,需要由一副机械臂吊在人的头顶,所以也被称为达摩克利斯之剑。

这个 VR 设备,通过超声和机械轴实现了初步的姿态检测功能。当用户的头部姿态变化时,计算机会实时计算新的图形并将其显示给用户。可以说,现代的 VR 眼镜都是对达摩克利斯之剑的技术革新。Sutherland 的诞生,标志着头戴式 VR 设备与头部位置追踪系统的诞生,为现今的 VR 技术奠定了坚实基础。

2. 概念产生和理论形成

20 世纪 70—80 年代,是整个虚拟技术理论和概念形成的时期,组成虚拟头盔的各种组件在技术上已经十分成熟。1987 年,著名计算机科学家杰伦 · 拉尼尔(Jaron Lanier)利用

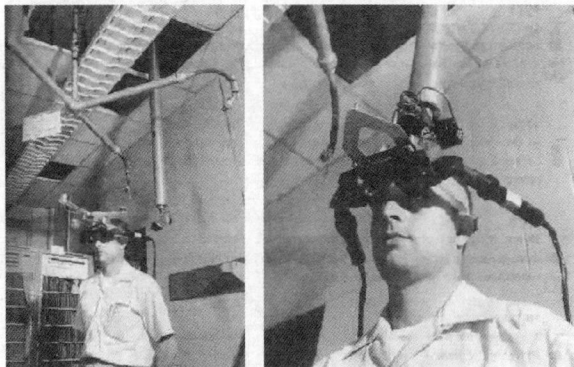

图 8.15　第一款头戴式 VR 显示器 Sutherland

各种组件"拼凑"出第一款真正投放市场的 VR 商业产品,这款 VR 头盔看起来有点像 Oculus VR 头盔(目前市场主流的 VR 头盔之一),但 10 万美元的天价阻碍了其普及之路。

3. 第一次热潮

20 世纪 90 年代,VR 技术的理论已经非常成熟,但对应的 VR 头盔依旧是概念性的产品,展现了 VR 产品的尴尬之处——设备笨重、功能单一、价格昂贵。游戏公司任天堂 1995 年推出了 Virtual Boy 游戏主机。它由头戴式变成了三脚架支撑形式,画面显示单一色彩——红色,仅仅在市场上生存了大约 6 个月就销声匿迹,VR 游戏的首次尝试也随之烟消云散,但这为 VR 硬件进军个人用户市场打开了一扇门。

4. 热潮重启

2012 年,Oculus 公司推出一款头戴式显示器(简称头显)Oculus Rift。Oculus 公司通过国外知名众筹网站 Kickstarter 募资开发费用,后来其被脸书公司以 20 亿美元的天价收购。而当时 Unity(市场主流 VR 开发引擎)作为第一个支持 Oculus 产品的引擎,吸引了大批开发者投身于 VR 项目的开发中。

2014 年,谷歌公司发布了 Google Cardboard VR 眼镜(谷歌卡板,是谷歌推出的廉价 VR 眼镜),让消费者能以非常低廉的价格,通过在盒子里面插入手机来体验 VR 世界,直接点燃了移动端(Mobile)VR 产品超级营销大战。

HTC VIVE VR 头显如图 8.16 所示,这是由 HTC 公司与 Valve 公司联合开发的一款 VR 头显,其在 2015 年世界移动通信(Mobile World Congress,MWC)大会上被正式发布。2016 年,索尼子公司推出了 PSVR(一款 VR 头显),随后大量的厂家开始研发自己的 VR 设备,"VR 元年"正式开始。

图 8.16　HTC VIVE VR 头显

VR 技术的发展跌宕起伏,但大部分新技术,从概念出现到最终普及,都会经历起伏的过程。业界有一条专门描述这个过程的曲线,即技术成熟度曲线(Hype Cycle)。了解技术成熟度曲线,可以使我们在新技术的应用过程中有效把握时机,做出正确判断。

5. 发展趋势

VR、AR、MR 是新一代信息通信技术的重点,具有产业潜力大、技术跨度大、应用空间广的特点。目前,业内也将 VR、AR、MR 统称为扩展现实(eXtended Reality,XR),XR 和 5G、人工智能、云计算等前沿技术不断融合、创新、发展,催生新的业态和服务。

随着技术和产业生态的持续发展,XR 的概念不断演进。业界对 XR 的研讨不再拘泥于特定终端形态与实现方式,而是聚焦体验效果,强调关键技术、产业生态与应用领域的融合创新。产业内对 XR 目标的理解:借助近眼显示、感知交互、渲染处理、网络传输和内容制作等新一代信息通信技术,构建跨越端管云的新业态,以提供更高的沉浸感,更流畅的网络交互,以及跨平台的终端展示,以满足用户在身临其境等方面的体验需求,进而促进信息消费的扩大升级与传统行业的融合创新。

8.3.2 虚拟现实的特征

VR 技术已经逐渐影响人们的日常生活。通过观察可发现,其实我们身边已经有许许多多 VR 应用。例如,现在街边随处可见的 VR 体验馆,商场里普遍的收费 VR 游戏区,许多移动设备端的购物软件也加入了 VR 购物模式,购房选房平台也加入了 360°VR 全景看房等。由此可见,VR 离我们的生活不远,甚至可以说正在渗透我们生活的各方面。

与传统的虚拟技术相比,VR 技术的特点:用户能够进入由计算机系统生成的交互式的三维虚拟环境,可以与之进行交互。VR 技术通过用户与仿真环境的相互作用,并利用人类本身对其所接触事物的感知和认知能力,启发用户思维,让用户全方位地获取事物的各种空间信息和逻辑信息。

VR 技术有 3 个主要特征:沉浸性(Immersion)、交互性(Interactivity)和想象性(Imagination)。

1. 沉浸性

沉浸性是指用户感受到被虚拟世界所包围,好像完全置身于虚拟世界中一样。VR 技术主要的技术特征是让用户觉得自己是计算机系统所创建的虚拟世界中的一部分,使用户由观察者变成参与者,沉浸其中,并参与虚拟世界的活动。

理想的虚拟世界应该使用户难以分辨真假,使用户能全身心地投入计算机创建的三维虚拟环境。由于相关技术,特别是传感技术的限制,目前 VR 技术所具有的沉浸功能仅限于视觉、听觉、触觉等方面。

2. 交互性

交互性是指用户对模拟环境内物体的可操作程度和从环境得到反馈的自然程度(包括实时性)。例如,用户可以借助 VR 系统中的特殊硬件设备(如数据手套、力反馈装置等)直接抓取模拟环境中的虚拟物体。这时手有握着东西的感觉,并可以感受到物体的重量,在用户视野中,被抓的物体也能立刻随着手的移动而移动。用户在 VR 系统中自然交互,可以产生如同在真实世界中一样的感觉。

3. 想象性

VR 技术的目标是由计算机生成虚拟世界,用户可以进行视觉、听觉、触觉、嗅觉、味觉等方面全方位的交互,并且系统能进行实时响应。VR 技术的实现过程包括创建虚拟世界、呈现虚拟世界、感知虚拟世界、与虚拟世界交互。相对应的 VR 技术体系主要有环境建模技术、立体呈现技术、检测感知技术、自然交互技术等。

AR 技术是指在虚拟场景中叠加现实场景信息,以增强计算机对环境的认知能力,是以虚拟场景为主、现实场景为补的技术。这种技术的目标是在屏幕上把虚拟世界叠加到现实世界中,并在二者之间进行互动。

智能手机正是移动手持 AR 显示设备的代表,目前移动手持设备正在变得越来越好——显示器分辨率越来越高,处理器性能越来越强,相机成像质量越来越好,传感器数量越来越多,提供加速计、全球定位系统(北斗)、罗盘等功能。移动手持设备成为天然的 AR 平台。人们正经历着智能手机、平板计算机等移动手持设备爆炸式发展的时代,这将会促进 AR 的普及。

MR 技术是 AR 技术的进一步发展,该技术包括 AR 和 VR,可以用于创建介于真实世界和虚拟世界之间的一种新的可视化环境。MR 技术是在 VR 及 AR 基础上延伸的又一新型技术,其融合了二者的优点,使得现实场景与虚拟场景更加无缝结合。MR 技术通过在虚拟环境中引入现实场景信息,在虚拟世界、现实世界和用户之间搭起一个交互反馈的信息回路,以增强用户体验的真实感。MR 是下一个大的虚拟交互范式,是 AR 和 VR 的混合。MR 比 VR 更先进,因为它结合若干类型的技术,包括传感器、先进的光学和下一代的计算能力。这些技术集成到一个设备中,这个设备将会为用户提供叠加增强全息数字内容到实时空间的功能,可创造令人难以置信和令人兴奋的场景。

简单来说,VR 中的场景和人物全是假的,是把人的意识带入一个虚拟世界(Virtual World)。AR 中的场景和人物一半真一半假,是把虚拟的信息带入现实世界(Reality World)。MR 中的场景有真有假,不易区分,虚拟世界与现实世界混合在一起。VR、AR、MR 的关系如图 8.17 所示。

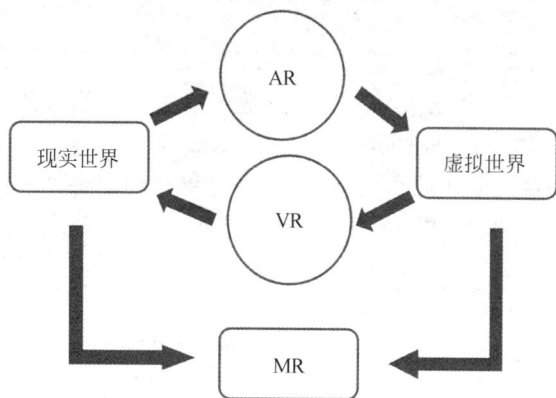

图 8.17　VR、AR、MR 的关系

8.3.3　虚拟现实技术的应用

1. 教育

过去几年,全球在线教育市场增长迅速,印度、中国和马来西亚位列前三。移动在线教育增长更快,其中 K12 教育占比近 30%,基于线上教育的新教育模式已经成为未来发展的关键方向,具有广阔的市场。值得注意的是,目前已经有公司生产出作为外语学习用的 VR 应用软件,其内置 18 种语言,可以让使用者通过 VR 头显设备实现与 AI 进行对话,不用出国便能学习多门外语。另外,从 2020 年开始,网课已经成为教育行业新的发展方向,不少 VR 设备也支持网课 App,让孩子在家就可以通过 VR 技术实现与老师的沟通交流。VR 技术在未来的教育行业势必将会成为具有举足轻重能力的新技术。

2. 心理治疗

用于治疗恐惧症、焦虑症等,通过虚拟环境逐步暴露患者于其恐惧源中,图 8.18 是山东大学研制的服刑人员虚实融合心理修复空间。

图 8.18　山东大学研制的服刑人员虚实融合心理修复空间

3. 社交和办公

未来十年,社交分享的主要媒体将从照片和视频发展到 VR。脸书公司的 Newsfeed 和 YouTube 都已经开始支持 360°视频,YouTube 上专用的 360°视频频道拥有超过 50 万订阅用户。RicohTheta 等公司开始打造消费级全景相机。除了消费领域的社交,VR 还将为企业服务市场的远程办公协作提供了新的环境。

中投顾问公司发布的《2017—2021 年虚拟现实行业深度调研及投资前景预测报告》指出,未来社交软件的界面风格可能是 3D、VR 技术升级方向。脸书公司已经开发了 4 个社交 VR 应用,包括 SocialPhotos、SocialCinema、Toybox 和 VRRoom。游戏平台社交也是发展方向之一。Steam 平台的游戏社交发展多年,在一定程度上得到了重度游戏爱好者的认可。未来游戏社交的模式将进一步升级为 VR 游戏社交、VR 电影社交(如豆瓣)和 VR 旅行社交(如马蜂窝)等。

4. 医疗

虚拟现实技术在医学上已应用于构建仿真组织、器官的解剖结构,以后还可构建虚拟器官。

远程医疗系统在医学中用于控制远方的医疗设备,远程手术系统根据遥感和机器人等技术将远程传送来的图像仿真成手术场景,手术医生在此场景下进行手术操作,传感器将医生的操作控制信号传送到手术目的地,控制手术目的地的手术机器人或机器手完成手术。

5. 房地产

随着房地产行业竞争的加剧,平面图、性能图、沙盘、样板房等传统展示手段远远不能满足消费者的需求。因此,只有敏锐地把握市场趋势,果断地启用最新技术,并迅速将其转化为生产力，才能领先并击败竞争对手。

虚拟现实技术是融合影视广告、动画、多媒体、网络技术的最新房地产营销手段。其在中国广州、上海、北京等城市，以及加拿大、美国等国外经济技术发达的国家非常流行，是当今房地产行业综合实力的象征和标志，主要核心是房地产销售。同时，在房地产开发中的其他重要环节，如申报、审批、设计、宣传等，虚拟现实技术也是刚需，图 8.19 是国内某售房网站 VR 线上看房的截图。

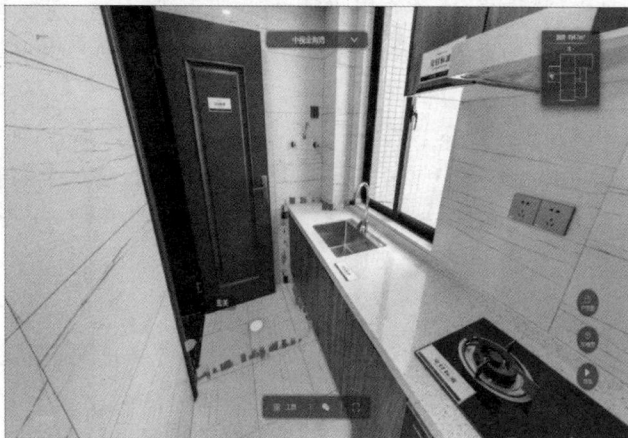

图 8.19　某售房网站 VR 线上看房的截图

6. 城市规划

城市规划一直是全新可视化技术需求最为迫切的领域之一。虚拟现实技术可以在城市规划中广泛应用，带来实用且可观的好处：在规划方案中展现虚拟现实系统的沉浸性和交互性，不仅可以给用户带来强烈而生动的感官冲击，还可以获得身临其境的体验。用户可以通过其数据接口在实时虚拟环境中随时获取项目数据，方便大型复杂工程项目的规划、设计、招投标、审批和管理，有利于设计人员和管理人员辅助各种规划设计方案的设计和评审。

虚拟现实为规避设计风险而建立的虚拟环境，是基于真实数据的数字模型的组合，严格遵循工程项目设计的标准和要求，建立逼真的三维场景，真正"再现"规划的项目。用户在 3D 场景中自由漫游，相互交互，使得很多不易察觉的设计缺陷很容易被发现，减少了因提前未完成规划而带来的不可挽回的损失和遗憾，大大提高了项目的评估质量。使用虚拟现实系统加快设计速度，只需修改系统中的参数，就可以轻松随意地改变建筑高度、建筑立面的材质和颜色以及绿化密度。从而大大加快了方案设计的速度和质量，提高了方案设计和修改的效率，节省了大量资金，并提供了一个合作平台。

7. 航天军工

虚拟化仿真在航空领域的实施主要包括飞机虚拟化、飞机制造虚拟化、飞行流程虚拟化和飞行体验虚拟化 4 方面。

在中国民航运力创新高及政策大力支持的背景下，中国飞行员和飞行教员数量稳步增加，航空培训行业持续稳定增长。基于 VR 的飞行员培训市场前景广阔。

8. 工业制造

虚拟现实制造是 VR 技术在工业制造领域的重要组成部分，即通过计算机仿真系统中的虚拟仿真，可以实现现实世界中生产制造的设计、工艺、生产线、质检、分析、物流、维修等环节,从整个生产过程中预测和解决生产制造过程中的实际问题,从而优化产品外观和功能设计,提高生产效率,降低生产成本。虚拟现实制造由仿真软件、图形计算平台、交互设备等关键技术环节组成,如多通道交互技术、虚拟世界建模技术和现实技术。

根据中投顾问公司发布的《2017—2021年虚拟现实行业深度调研和投资前景预测报告》显示,基于虚拟现实和增强现实技术的工业领域的数字显示服务可以贯穿整个制造过程,包括初期市场调研、建模开发、工程开发和市场开发阶段。

建模开发阶段是虚拟现实的主要应用阶段之一,可以进行产品建模评审、产品建模多方案评估、产品配色等。在市场开发阶段,虚拟现实及相关技术主要用于数字产品生产前的营销。

利用虚拟现实和增强现实技术,可以在半成品轿车上叠加图像,从而测量实际情况。通过测量设计产品与实际原型车的关系,大大减少了研发时间,减少了实物原型车的制造数量,降低了成本。

8.4 物联网

8.4.1 物联网概述

如今信息社会已经从互联网、移动互联网步入物联网(IoT)时代,在未来几年中,将有几百亿的"物"设备接入互联网。这些"物"绝大部分都是各种嵌入式系统设备。将传统的嵌入式系统接入互联网,不仅拓展了嵌入式系统的功能及应用范围,而且可以为大数据、人工智能等提供坚实的基础。物联网给嵌入式系统带来了巨大的发展空间,同时也对嵌入式系统开发人员提出了更高的要求,他们需要了解和掌握更多的知识和技术。

物联网最早出现在1995年比尔·盖茨(Bill Gates)的《未来之路》一书中。比尔·盖茨花费5000万美元做了一个智能家居系统,他利用微软公司强大的技术力量,把家里的电器都连起来,通过网络访问、控制。这被许多专家认为是物联网的起源。

经过几年的技术发展,1999年,美国麻省理工学院的Auto-ID中心主任凯文·艾什顿(Kevin Ashton)教授在研究射频识别(Radio Frequency Identification,RFID)技术时提出了物联网的概念雏形。它最初是针对物流行业的自动监控和管理系统设计的,设想是给每个物品都贴上射频标签,通过移动式RFID扫描设备,在互联网的基础上,构造一个物物通信的全球网络,目的是实现物品信息的实时共享。

1999—2003年是物联网研究发展极为重要的一个时期,研究的重点主要集中在物品身份自动识别技术上,包括怎样识别物品和提高识别率等。当时,国际物品编码协会(European Article Numbering Association,EAN)International和美国统一代码委员会(Uniform Code Council,UCC)组建了一家非营利性国际组织EPCGlobal来负责管理和推广电子产品码(Electronic Product Code,EPC)工作,并促进EPC物联网标准的制定及EPC物联网在全球范围的应用。2003年,EPC决策研讨会在美国芝加哥召开。该研讨会确定了EPC系统主要由EPC编码体系、RFID标签、识读器、神经网络软件(Savant)、对象名解析服务(Object Naming Service,ONS)、物理标记语言(Physical Markup Language,PML)6部分组成,这6部分组成了叠加在互联网上的一层通信网络。EPC网络是一个支持计算机自动识别与跟踪物品的基础设施。

　　2005 年 11 月 17 日，在突尼斯举行的信息社会世界峰会（World Summit on the Information Society，WSIS）上，国际电信联盟（ITU）发布的《ITU 互联网报告 2005：物联网》中引用了物联网的概念，物联网概念开始正式出现在官方文件中。报告从综合的、整体的角度提出，物联网将以感知和智能的形式连接世界上的物品。此时，物联网的定义和范围发生了变化，覆盖范围有了较大的拓展，不再只是指基于 RFID 技术的物联网，无所不在、无时不在的物联网通信时代即将来临。根据 ITU 的描述，在物联网时代，通过在各种各样的日常用品上嵌入一种短距离的移动收发器，人类在信息与通信世界里将获得一个新的沟通维度，从任何时间、任何地点的人与人之间的沟通连接扩展到人与物、物与物之间的沟通连接。世界上所有的物体都可以通过互联网主动进行信息交换。

　　目前，物联网的发展如火如荼，验证了 IBM 公司前首席执行官路易斯·郭士纳（Louisv Gerstmer）提出的“15 年周期定律”，即计算模式每隔 15 年发生一次变革。该定律认为 1965 年前后发生的变革以大型机为标志，进入主机计算模式时代；1980 年前后以个人计算机的普及为标志，进入桌面计算模式时代；1995 年前后发生了互联网革命，进入 Web 计算模式时代。以此类推，2010 年前后以物联网的兴起为标志，进入泛在计算模式时代；2025 年以中国智能制造 2025 及德国工业 4.0 完成为标志，进入智能计算模式时代。

8.4.2　物联网的定义

　　自从物联网的概念被提出至今，其本身还在不断发展中，目前，无论是学术界还是工业界，对物联网都还没有一个公认的标准定义。

　　有学者认为物联网是智能感知、识别技术与普通科学和泛在网络相融合的应用。也有学者认为，物联网是通过射频识别系统、红外感应器、全球定位系统、激光扫描器、气体感应器等信息传感设备，按约定的协议，把任何物品与互联网连接起来，进行信息交换和通信，以实现智能化识别、定位、跟踪、监控和管理的一种网络。

　　国际上将物联网的概念定义如下：物联网是通过各种信息传感设备（如 RFID、红外感应器、定位系统、扫描器等），按约定的协议把“物”与互联网连接，进行信息交换和通信，以实现对“物”的智能化识别、定位、跟踪、监控和管理的一种网络。

　　根据国际电信联盟的定义，物联网主要解决物品与物品（Thing to Thing，T2T）、人与物品（Human to Thing，H2T）、人与人（Human to Human，H2H）之间的互联。但是与传统互联网不同的是，H2T 是指人利用通用装置与物品之间的连接，从而使得物品连接更加简化；而 H2H 是指人与人之间不依赖于个人计算机而进行的互联。因为互联网并没有考虑对于任何物品连接的问题，故使用物联网来解决这个传统意义上的问题。

　　综上所述，可以这样定义物联网：物联网是通过条码技术、射频识别系统、传感器、定位系统、激光扫描器等各种信息传感设备，按约定的协议，实现人与人、人与物、物与物在任何时间、任何地点的连接，从而进行信息交换和通信，以实现智能化识别、定位、跟踪、监控和管理的庞大网络系统。

8.4.3　物联网的体系结构

　　物联网是物理世界与信息空间的深度融合系统，涉及众多的技术领域和行业应用，需要对物联网中设备实体的功能、行为和角色进行梳理。从各种物联网的应用中总结元件、组件、模块和功能的共性与区别,建立一种科学的物联网的体系结构,可以促进物联网标准的统一、规范,引导物联网产业的健康发展。各种网络的体系结构都是按照分层的思想建立的。分层就是按照数据流动的关系对整个物联网进行分割,以便物联网的设计者、设备厂家、服务提供商可以专注于本领域的工作,然后通过标准的接口进行互联。关于物联网的体系结构,学术界和工业界迄今并未达成共识,但大多参照互联网分层的方法提出物联网的分层模型。

1. 物联网的三层模型结构

物联网是传感、通信、自动控制、计算机等不同领域跨学科综合应用的产物,其核心技术非常多,从传感器到通信网络,从嵌入式微处理节点到计算机软件系统。但从物联网的整体架构上来说,可以大致分成三层,分别是感知层、网络层、应用层,如图 8.20 所示。

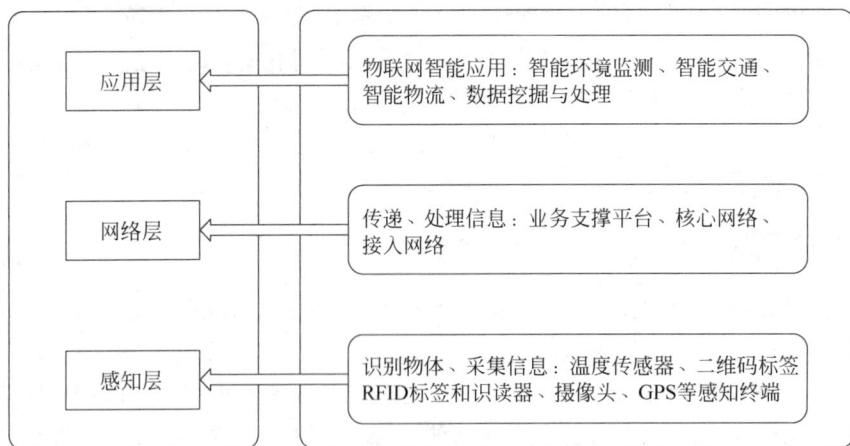

图 8.20　物联网的三层模型结构

1) 感知层

感知层是整个架构的基础,并且通过传感网络将物品的信息接入网络层。该层的主要功能是实现信息的采集、转换及收集。传感器用来进行数据采集并实现控制,而传感网络一般是由使用传感器的设备(通常是 MCU 系统)组成的无线自治网络,其中每个传感器节点都有传感器、微处理器以及通信单元,节点之间相互通信、共同协作,以监测各种物理量和事件。因此,这一层的关键技术包括传感器技术以及传感器之间的通信技术。感知层由各种传感器及传感器网关构成,其作用相当于人的眼、耳、鼻、喉和皮肤等部位的神经末梢,它是物联网识别物体、采集信息的来源。

2) 网络层

网络层是中间层,由各种私有网络、互联网、有线和无线通信网、网络管理系统等组成。该层主要实现信息的接入、传输和处理,相当于人的神经中枢和大脑,负责传递和处理感知层获取的信息,从而实现更加广泛的互联功能,把感知到的信息无障碍且安全可靠地进行传送。网络层由接入单元和网络单元组成。接入单元从感知层获取数据并将数据发送到网络单元,是连接感知层的网桥。网络单元可以利用现有的通信网络将数据传入互联网。由此可知,通信网络是物联网的重要组成部分,其中通信运营商也将扮演关键的角色,并发挥重要的作用。

3）应用层

应用层是整个物联网架构的最上层，主要实现信息的处理与决策，是物联网和用户（包括人、组织和其他系统）的接口，它与行业需求相结合，实现物联网的智能应用。应用层包括用于支撑该物联网的接入平台和应用服务两部分，该层的主要功能就是提供大量传感设备安全接入，通过分析网络层接收的大量数据，得出有用的数据并为用户提供应用服务。物联接入平台是一种独立的服务程序或系统软件，用来实现接口的封装，并供给物联网的应用端（Web 或 App）开发使用。应用层主要通过一些智能计算技术，如云计算、模糊识别、人工智能等技术，对采集的数据和信息进行分类、存储、分析和处理，实现物体的智能化运行。应用层也是物联网和用户（包括人、组织和其他系统）联系的纽带。虽然各种物联网应用系统非常多，但其基本应用框架类似。

这里的智能设备是指能通过网络与云端服务器连接的设备，其一般是带联网功能的嵌入式系统设备，通过网络接入模块连接到物联网服务器。而应用客户端通过网络与应用服务器进行交互，一般是手机 App 或者 Web 网页。同时由于物联网中的智能设备数量很多，所以一般物联网应用通常需要搭建一个物联网云平台，使数以万计的智能设备可以高效地接入网络。此类物联网云平台可以自己搭建或者直接租用其他大公司搭建好的物联网平台。企业在开发一个物联网应用时，往往需要智能设备、云平台和应用客户端几方面的专业开发人员共同配合才能完成。

2. 三层模型结构案例分析

下面以地铁车票的手机支付为例，来观察物联网中的数据流动。当人经过验票口时验票口的 RFID 识读器会扫描到手机中嵌入的 RFID 标签，从中读取手机主人的信息；这些信息通过网络发送到服务器，服务器上的应用程序根据这些信息，实现手机主人与地铁公司账户之间的消费转账。按照物联网体系结构的三层模型，手机支付的过程可以分为如下 3 部分。

（1）感知层负责识别经过验票口的人，而且识别过程是自动进行的，无须人的参与。这就要求人们的手机必须具备 RFID 标签，RFID 识读器读取 RFID 标签中的用户信息，然后把用户信息发送到本地计算机上。

（2）网络层负责在多个服务器之间传输数据。本地计算机会把用户信息发送到相应的服务器。这里涉及多个服务器，如地铁公司的服务器（客流量统计）、电信公司的服务器（话费）银行的服务器（转账）。每个行业的服务器也不止一个，这些服务器之间的数据传输就需要依靠各种通信网络。

（3）数据之所以在各个服务器之间流动，是因为要把这些数据交付给服务器上的应用程序进行处理。这些应用程序的最终目的只有一个，就是把车票钱从用户的账户转到地铁公司的账户。

三层模型结构的优点是能够迅速了解物联网的全貌，可以作为物联网的功能、组成或者应用流程划分的依据。缺点是把多种技术放在一层中，各种技术的集成关系不明确；另外，粗略地划分也会造成一些技术无法归类，容易混淆。

8.4.4 物联网的相关技术

物联网应用涉及多方面，物联网系统设计的相关技术主要包括如下 4 方面。

1. 传感器技术

传感器是物联网系统中必不可少的一环。传感器按照被测对象分类,能够方便地表示传感器功能,也便于用户按此分类方法选择相应功能的传感器。传感器可以分为力学量、温度、磁学量、光学量、流量、湿度等传感器。GB/T 7665—2005《传感器通用术语》对传感器的定义如下:能感受被测量并按照一定的规律转换成可用输出信号的器件或装置。传感器通常由敏感元件、转换元件和基本转换电路 3 部分组成。

敏感元件是对特殊的被测量(物理量、化学量或生物量)敏感,可以直接感受到被测量的变化,并输出与被测量成确定关系的某一物理量的元件。敏感元件的输出就是转换元件的输入,转换元件把输入转换成电参量。基本转换电路将电参量转换成可供其他仪器使用的电量输出。

2. 无线通信技术

嵌入式设备要完成物联网应用,一般都要用到无线通信技术。无线通信技术很多,如NFC、BLE、Wi-Fi、ZigBee、LoRa、NB-IoT、5G 通信等。各种无线技术的特点和差异主要体现在通信频率、通信距离、通信带宽、功耗等方面,以及无线通信组网协议和网络拓扑结构。如 ZigBee 和 BLE 支持网状结构,Wi-Fi 和 LoRa 支持星状结构。BLE、ZigBee、Wi-Fi 都是短距离通信,而 LoRa、NB-IoT 则支持远距离通信。嵌入式设备需要根据实际需求,选择合适的无线通信技术,达到最佳效果。无线网络通信技术在物联网中占有重要地位,随着无线技术日趋成熟,只有更好地掌握无线技术,才能更好地将它应用到物联网中。

3. 终端技术

物联网应用一般还需要一个客户端 App,使人们能够在自己的手机或者平板终端上进行操作。终端技术直接面对用户,有大量的需求,需要有良好的用户体验和开发效率,技术发展也非常快,很多新的技术、框架不断出现,需要开发者不断学习和突破。目前,常用的终端技术主要是基于 iOS、Android 的 App 开发,有原生开发、H5 开发、混合开发等。对于一般验证性项目或用户界面要求不是很高的应用,建议使用 H5 开发,可以实现快速、跨平台的应用。

4. 物联网云平台技术

物联网应用开发一直存在开发链路长、技术栈复杂、协同成本高、方案移植困难等问题,而物联网云平台技术可以使物联网开发变得简便、高效。物联网云平台一般构筑于云计算中的平台即服务(Platform as a Service,PaaS)层,为智能设备提供多种网络接入方式,保证数以万计智能设备的接入和安全,又为应用客户端提供友好的 API,满足应用客户端在不同场景下的需求。因此,充分利用平台带来的优势,对开发物联网应用有很大帮助。如今国内较成熟的物联网云平台有阿里云 IoT、百度 IoT、中移物联、华为的小艺平台、小米的小爱同学等,国外主要是亚马逊的 AWS IoT、微软的 Azure 和 Azure IoT Centra。如果应用产品需要海外发布,就要更多地考虑物联网云平台的海外部署情况。

8.4.5 物联网的安全

物联网的安全技术涉及物联网的各个层次。由于物联网场景中的物理实体均具有一定的感知、计算和执行能力,广泛存在的这些感知设备将会对国家基础设施、社会和个人信息安全构成新的威胁。一方面,由于物联网具有网络技术种类上兼容和业务范围上无限扩展的特点,将导致更多的个人信息被非法获取;另一方面,随着国家重要的基础设施和社会关键服务领域(如电力、医疗等)都依赖于物联网的感知业务,国家基础设施领域的动态信息将可能被窃取。所有这些问题使得物联网安全上升到国家层面,成为影响国家发展和社会稳定的重要因素。

1. 物联网的安全架构

物联网融合了传感器网络、移动通信网络和互联网,这些网络面临的安全问题,物联网中也同样存在。与此同时,由于物联网是一个由多种网络融合而成的异构网络,因此,它不仅存在异构网络的认证、访问控制、信息存储和信息管理等安全问题,而且其设备还具有数量庞大、复杂多元、缺乏有效监控、节点资源有限、结构动态离散等特点,这就使得其安全问题较其他网络更加复杂。

物联网的安全包括信息采集安全、网络与信息系统安全、信息应用安全和物理安全。

(1) 信息采集安全,需要防止信息被窃听、篡改、伪造和重放攻击等,主要涉及 RFID、EPC、传感器等技术的安全。采用的安全技术有高速密码芯片、密码技术、公钥基础设施(Public Key Infrastructure,PKI)等。

(2) 网络与信息系统安全,需要保证信息在存储、传递、处理过程中数据的机密性、完整性、真实性和可靠性,主要涉及各种通信网络和互联网的安全,以及云计算、数据中心等的安全。采用的安全技术主要有虚拟专用网、信号加密、安全路由、防火墙、安全域策略、内容分析、病毒防治、攻击检测、应急反应、战略预警等。

(3) 信息应用安全,需要保证信息的私密性和安全使用等,主要涉及个体隐私保护和应用系统安全等。采用的安全技术主要有身份认证、可信终端、访问控制、安全审计等。

(4) 物理安全,需要保证物联网各层的设备(如信息采集节点、大型机等)不被欺骗、控制、破坏,主要涉及设备的安全放置、使用与维护,机房的建筑布局等。

2. 物联网的安全威胁

随着物联网建设的加快,物联网的安全问题成为制约物联网全面发展的重要因素。在物联网发展的高级阶段,由于物联网场景中的实体均具有一定的感知、计算和执行能力,广泛存在的这些感知设备将会对国家、社会和个人信息安全构成新的威胁。一方面,由于物联网具有网络技术种类上兼容和业务范围上无限扩展的特点,因此当大到国家电网数据、小到个人病例连接到看似无边界的物联网时,将可能导致更多的公众个人信息在任何时候,任何地方被非法获取;另一方面,随着国家重要的基础行业和社会关键服务领域(如电力、医疗等)都依赖物联网和感知业务,国家基础领域的动态信息将可能被窃取。所有这些问题使得物联网安全上升到国家层面,成为影响国家发展和社会稳定的重要因素。

物联网结构复杂,技术繁多,面对的安全威胁种类也比较多。结合物联网的安全架构分析感知层、网络层及应用层的安全威胁与需求,不仅有助于选取、研发适合物联网的安全技术,更有助于系统地建设完整的物联网安全体系。物联网的安全机制应当建立在各层技术特点和面临的安全威胁基础上,物联网的模型结构分为三层,物联网的安全结构也相应分为三层。

1) 感知层安全

物联网感知层的任务是实现智能感知外界信息功能,包括信息采集、捕获和物体识别。该层的典型设备包括 RFID 装置、各类传感器(如红外传感器、光敏传感器、振动传感器、超声传感器、温湿度传感器、速度传感器等)、图像捕捉装置(如摄像头)、全球定位系统(如BDS)、激光扫描仪等,这些设备收集的信息通常具有明确的应用目的,因此传统上这些信息直接被处理并应用,如海洋上的温度传感器所感知的信息用于天气预报,高速公路上的摄像头捕捉的图像信息用于交通监控等。但是在物联网应用中,多种类型的感知信息可能会同时处理、综合利用,甚至非商业感知信息的结果将影响其他控制调节行为,如湿度的感知结果可能会影响温度或光照控制的调节。同时,物联网应用强调的是信息共享,这是物联网区别于传感网的重要特点之一,如交通监控录像信息可能同时用于公安侦破、城市改造规划设计、城市环境监测等。因此,感知层的安全性问题显得十分重要。

2) 网络层安全

物联网网络层主要实现信息的存储、处理和传送,它将感知层获取的信息传送到远端的节点,为数据在远端进行智能处理和分析决策提供强有力的支持。考虑到物联网本身具有专业性的特征,其基础设施包括传输网络、海量计算与存储中心等资源,这些资源构成了物联网系统的神经系统,其安全性是系统安全的重要环节。传输网络可以是互联网,也可以是具体的某个行业网络。其安全的重要环节主要在近距离通信及接入骨干网络的网关方面。近距离通信涉及各种无线、有线通信协议的互联互通,它主要采用无线通信方式,无线链路的广播特性、不稳定性、非对称性对于物联网系统的安全有重要影响。而通信网关主要完成协议转换、数据融合等任务,其安全性尤为重要,网关的计算能力、数据存储能力一般比传统的计算机弱,无法使用复杂的加密算法,其信息安全是系统的薄弱环节。

各种数据中心的存在主要是为客户提供便利的云存储与云计算服务。从技术层面来看,海量计算技术属于多种技术的融合与集成,云计算系统规模庞大、结构复杂,属于大规模复杂网络信息系统,由大量的基础设施、平台软件及应用软件组成。一般来说,系统规模越大,其安全问题就越重要,系统的可靠性及安全性取决于各个环节,任何环节发生故障都将导致系统产生问题。因此,云计算系统不可避免地存在一些可靠性和安全性隐患。从外部来看,随着云系统的不断发展,其各个组件和部件及加载的应用不断更新和增加,而且网络环境也日趋复杂,云计算上部署的应用来源广泛,使用途径多种多样,也存在着大量的可靠性和安全性隐患。特别地,虚拟化、伸缩性、多租户等特性为云计算注入创新活力的同时,也使得安全性和可靠性威胁趋于严重,虚拟机逃逸、拒绝服务访问、服务失效、信息窃取、非法闯入、电子欺骗、数据隐私泄露、网络安全漏洞、容错能力低、伸缩能力差等问题将是云计算系统在可靠性和安全性方面的重大隐患。

3) 应用层安全

物联网应用是信息技术与行业专业技术紧密结合的产物。考虑到物联网涉及多领域、多行业,因此广域范围的海量数据信息处理和业务控制策略将在安全性和可靠性方面面临巨大挑战,特别是业务控制和管理、中间件以及隐私保护等安全问题显得尤为突出。

物联网必然需要一个强大而统一的安全管理平台,否则单独的平台会被各式各样的物联网应用淹没,但这样将使如何对物联网机器的日志等安全信息进行管理成为新的问题,并且可能割裂网络与业务平台之间的信任关系,导致新一轮安全问题的产生。

3. 隐私保护

在物联网发展过程中,大量的数据涉及个人隐私问题(如个人出行路线、消费习惯、位置信息、健康状况,企业产品信息等),因此隐私保护是必须考虑的一个问题。如何设计不同场景、不同等级的隐私保护技术将是物联网安全技术研究的热点问题。随着个人和商业信息的网络化,越来越多的信息被认为是用户隐私信息。

需要隐私保护的应用至少包括以下 4 种。

(1) 移动用户既需要知道(或者被合法知道)其位置信息,又不愿意让非法用户获取该信息。

(2) 用户既需要证明自己合法使用某种业务,又不想让他人知道自己正在使用某种业务,如在线游戏。

(3) 急救时需要及时获得病人的电子病历信息,但又要保护该病历信息不被非法获取(包括病历数据管理员)。事实上,电子病历数据库的管理人员可能有机会获得电子病历的内容,但隐私保护采用某种管理和技术手段使病历内容与病人身份信息在电子病历数据库中无关联。

(4) 许多业务需要匿名进行,如网络投票。很多情况下,用户信息是认证过程中的必需信息,如何对这些信息提供隐私保护是一个具有挑战性的问题,但又是必须解决的问题。

8.4.6 物联网的发展趋势

1. 美国“智慧地球”战略

2009 年,IBM 公司前 CEO 彭明盛首次提出“智慧地球”的概念,得到美国政府批准,计划投资新一代的智慧型基础设施。智慧地球包含物联化、互联化和智能化 3 个要素,即利用信息技术,把铁路公路、建筑、电网、供水系统、油气管道,乃至汽车、冰箱、电视机等各种物体连接形成一个物联网,再通过计算机和其他方法将物联网整合,人类便可以通过互联网精确而又实时地管控这些接入网络的设备,从而方便地从事生产、生活的管理,并最终实现“智慧地球”这一理想状态。

2. 日本及欧盟委员会的发展计划

在日本,总务省(MIC)提出以发展泛在(Ubiquitous)社会为目标的 U-Japan 构想,文化教育与科学技术部(MEXT)积极响应,提出了对信息技术、生命科学的支持计划,经济与工业部(MEI)于 2008 年启动了绿色 IT 项目,旨在通过物联网技术实现经济与环境之间的平衡。

在欧洲,2009 年 6 月,欧盟委员会在比利时首都布鲁塞尔发布了题为《物联网欧洲行动计划》的公告,希望欧洲通过构建新型物联网管理框架来引领世界物联网发展。在计划书中,欧盟委员会提出物联网 3 方面的特性。

(1) 不能简单地将物联网看作互联网的延伸,物联网建立在特有的基础设施上,将是一系列新的独立系统,当然,部分基础设施仍要依存于现有的互联网。

(2) 物联网将伴随新的业务共同发展。

(3) 物联网包括多种不同的通信模式,物与人通信、物与物通信等,其中特别强调了机器对机器(Machine to Machine,M2M)通信。

M2M 是无线通信和信息技术的整合,是物联网底层数据交互的关键技术,它主要通过电话、计算机、传真机等机器设备之间的通信来实现人与人的交流。机器与机器之间的对话是切入物联网的关键,M2M 正是解决机器开口说话的关键技术,不是数据在机器和机器之间的简单传输,而是机器和机器之间的一种智能化、交互的通信。也就是说,即使人们没有实时发出信号,机器也会根据既定程序主动进行通信,并根据得到的数据智能地做出选择,对相关设备发出正确的指令。智能化、交互式是 M2M 有别于其他物联网应用的典型特征,这一特征下的机器也被赋予了更多的"思想"和"智慧"。

3. 中国"感知中国"计划

2009年,中国政府提出"感知中国"战略,物联网被正式列为国家五大新兴战略性产业之一,并写入当年的政府工作报告。这使物联网在中国受到了极大关注,一些高等院校也开始开设物联网工程专业。2012年,工信部发布物联网"十二五"规划,指出在新兴战略性产业中,新一代信息技术产业的发展重点是物联网、云计算、三网融合、集成电路等。物联网的关键技术是信息感知技术、信息传输技术、信息处理技术、信息安全技术。2016年,工信部又发布了物联网"十三五"规划,指出物联网关键技术要重点发展传感器技术、体系架构共性技术、操作系统、物联网与移动互联网、大数据整合技术。

2009年10月24日,在第四届中国民营科技企业博览会上,西安优势微电子公司宣布中国第一颗物联网的中国芯——"唐芯一号"芯片研制成功,标志着中国已经攻克了物联网的核心技术。"唐芯一号"芯片是一颗2.4GHz超低功耗射频、可编程片上系统(Programmable System on Chip,PSoC),可以满足各种条件下无线传感网、无线局域网、有源RFID等物联网应用的特殊需要,为我国物联网产业的发展奠定了基础。2010年1月,江苏无锡高新技术产业开发区正式获批为国家电子信息(物联网)示范基地。该区规划面积20km^2,到2012年完成传感网示范基地建设,形成全市产业发展空间布局和功能定位,产业规模达到1000亿元,具有较大规模各类传感网企业500家以上,销售额10亿元以上的龙头企业5家以上,培育上市企业5家以上。

"物联网"的梦想在2010年上海世博会上实现。世博园内的门票、监控系统都已依赖物联网技术。观众未进世博园,先进"物联"大网:世博会参观者手持的纸质门票采用RFID技术,轻松一刷便可快速验票通关。RFID是物联网的一项基础技术,通过使用RFID技术世博会门票从生产、发行、销售到检票环节都实现了数字化管理。

2011年1月3日,国家电网首座220kV智能变电站——无锡市惠山区西泾变电站投入运行。其利用物联网技术,建立传感测控网络,将传统意义上的变电设备"活化"实现自我感知、判别和决策,从而完成自动控制,实现了真正意义上的"无人值守和巡检"。此外,中国还建成了高铁物联网,改变了以往购票、检票的单调方式,升级为人性化、多样化的新体验。刷卡购票、手机购票、电话购票等新技术的集成使用,让旅客摆脱了拥挤的车站购票;与地铁类似的检票方式,则可实现持有不同票据的旅客快速通行。清华易程公司研发了目前世界上最大的票务系统,每年可处理30亿人次,而此前全球在用系统的最大极限是5亿人次。

未来,物联网的用途将无处不在,除用于环境保护、政府工作、公共安全等公共领域外,还能在人们的日常生活中起到重要作用。例如,洗衣服时,洗衣机会主动告知水量少了还是多了;携带的公文包会提醒忘记带的东西;通过点击手机按钮,在A地控制电饭煲为B地的家人煮饭;驾车时只需设置好目的地,车载系统会通过接收到的信号智能行驶;生病时无须去医院,只要通过一个小小的仪器,医生就能24小时监控病人的体温、血压、脉搏等。

小结

本章主要从IT新技术的特点和应用领域展开论述,着重介绍了人工智能、虚拟现实、区块链和物联网等新技术。在人工智能部分,将大数据、知识图谱和云计算这些与人工智能发展密不可分的技术逐一简要做了介绍。本章介绍的这些信息技术从诞生之日起，活跃于人类生产生活的主要领域，并在未来迅猛发展，更加深刻地影响世界经济发展，影响改变每个人。

思政阅读材料

IT新技术

在自媒体时代，信息传播速度加快，各种新技术的发现推广速度也很快，但是新技术因为其新颖性，以及宣传对象多为普通民众，所以各平台宣传时倾向于宣传新技术的贡献和效果，不介绍新技术的原理。社会上一部分人抓住这个信息差做文章，给广大人民群众造成不小的损失。

如本章介绍的区块链技术，这本身是一个从计算机、密码学领域兴起的新技术，国家也在宣传这项技术的先进性。但是因为这个技术第一次被人所知是中本聪所设计的比特币，所以很多犯罪分子利用大多数人对区块链、数字货币认知有限，所以大肆曲解国家对于区块链的正面宣传，炒作概念，引导大家投资所谓的"数字货币"，非法参与挖矿等活动，不仅会掉入犯罪分子设计的诈骗陷阱，钱财尽失，甚至沦落为扰乱数字经济秩序的帮凶，触犯法律，受到法律的制裁。以下是引自呼伦贝尔财政局网站公布的一则利用"区块链"炒作概念的诈骗案例。

深圳普银区块链集团有限公司（简称普银公司）通过互联网、社交软件等平台对外宣称：其公司发布的普洱币（后更名为普银币），是一种自称以百亿藏茶作为抵押的虚拟货币。投资人可通过聚币网（虚拟交易平台）上买卖普银币赚取差价，但普银币价格的变动并非市场价格，而是由该公司操盘控制。为吸引更多投资人，该公司一度将价格从0.5元拉升至10元，还在发布会上承诺将投资人持有的普银币通过两次拆分（一拆十、十拆百），使投资人持有的普银币扩大100倍，增加收益。当大量投资人进场之后，该公司又通过恶意操纵普银币价格走势、不断套现，导致投资人手中普银币毫无价值，损失惨重。至案发，普银币被曝出集资诈骗3亿多元，共有3000多人被骗。

风险提示：

(1) 国家明确规定，虚拟货币不具有与法定货币等同的法律地位，严禁虚拟货币"挖矿"和交易行为，严厉打击虚拟货币相关非法金融活动，严厉打击以虚拟货币为噱头的非法集资等犯罪活动。

(2) 参与虚拟货币投资交易活动存在法律风险。任何法人、非法人组织和自然人投资虚拟货币及相关衍生品，违背公序良俗的，相关民事法律行为无效，由此引发的损失由其自行承担；涉嫌破坏金融秩序、危害金融安全的，由相关部门依法查处。

我们要关注科技资讯，学习新知识，了解新技术，使自己对新的科技有自己的认知和观点，不要给不法分子以可乘之机。

习题8

一、单项选择题

1. 以下________不是人工智能的主要支撑技术。

   A. 大数据　　B. 知识图谱　　C. 云计算　　D. 量子计算

2. 人工智能的核心技术不包括_____。

　　A. 机器学习　　　　B. 自然语言处理　　C. 区块链技术　　　D. 深度学习

3. 下列_____不是区块链的核心技术。

　　A. 哈希(Hash)函数　　　　　　　　B. "区块"和"链"技术

　　C. 数字签名技术　　　　　　　　　D. 货币技术

4. 下列_____不是区块链2.0时代的特征。

　　A. 智能合约　　　　　　　　　　　B. 分布式应用

　　C. 匿名性　　　　　　　　　　　　D. 共识算法的多样性

5. 下列_____不是区块链的技术价值或者社会意义。

　　A. 创建数字社会新规则　　　　　　B. 为网络安全提供技术支撑

　　C. 激发经济新动能　　　　　　　　D. 优化生产关系

6. 下列关于虚拟现实的特征,描述正确的是_____。

　　A. 虚拟现实技术所呈现的虚拟世界,只能观察无法参与

　　B. 用户可以在VR系统中自然交互,可以产生如同在真实世界中一样的感觉

　　C. 虚拟现实技术只能对现有的客观世界进行虚拟化,无法营造想象中的世界

　　D. 以目前的技术,虚拟现实系统的交互设备主要以鼠标、键盘为主

7. 下列关于虚拟现实的应用技术的说法中,错误的是_____。

　　A. 虚拟现实可以提供身临其境的游戏体验,增强玩家的沉浸感

　　B. 虚拟现实技术可以通过虚拟环境使患者逐步暴露于其恐惧源,用于治疗恐惧症、
　　　焦虑症等

　　C. 虚拟现实技术在医学上已应用于构建仿真组织、器官的解剖结构,甚至还可以构
　　　建虚拟器官

　　D. 因为虚拟现实技术的虚拟性,其对于客观世界中的城市规划、地产等行业几乎没
　　　有任何帮助

8. 下列_____不是物联网的特征。

　　A. 专网专用　　　　B. 全面感知特征　　C. 异构互联　　　　D. 智能处理

9. 下列关于物联网中"物"的描述错误的是_____。

　　A. 现实世界中所有的物体都可以作为物联网的"物"接入物联网

　　B. 接入物联网需要一定的数据存储能力

　　C. 接入物联网需要一定的数据处理能力

　　D. 接入物联网需要有畅通的数据传输通路

10. 物联网的体系结构分为三层,物联网的信息安全结构也分为三层,下列_____不
属于物联网的安全结构。

　　　A. 感知层安全　　　B. 网络层安全　　　C. 数据层安全　　　D. 应用层安全

二、判断题

1. 人工智能的研究始于1956年夏,在美国达特茅斯学院召开的会议上首次提出"人工
智能"这一概念。　　　　　　　　　　　　　　　　　　　　　　　　　　　(　　)

2. 弱人工智能是指能够像人类一样进行推理思考并解决问题的智能机器。　(　　)

3. 区块链属典型的跨领域、多学科交叉的新兴技术。　　　　　　　　　　(　　)

4. 区块链公有链的成员之间有统一的账本集中记录交易，账本数据经共识则无法被篡改。 （　　）

5. 区块链将改变人和人、人和物之间的合作方式，能够协调优化生产关系。 （　　）

6. 虚拟现实一般指 VR，AR 和 MR 一般不称为虚拟现实。 （　　）

7. 虚拟现实技术是 21 世纪发明的新技术，在这之前没有虚拟现实的概念。 （　　）

8. 利用虚拟现实技术，用户能够进入由计算机系统生成的交互式的三维虚拟环境，并与之进行交互。 （　　）

9. 物联网，顾名思义，就是物与物互联，与使用的人没有联系。 （　　）

10. 物联网，不仅支持不同的"物"互联，而且支持异构网络之间的互联互通。 （　　）

11. 物联网结构复杂，技术繁多，面对的安全威胁种类也比较多。 （　　）

12. 未来，物联网的用途将无处不在，除用于环境保护、政府工作、公共安全等公共领域外，还能使日用家电智能化，甚至允许使用者在远方控制家电运行。 （　　）

三、填空题

1. 人工智能的定义是利用数字计算机或者由数字计算机控制的机器，模拟、延伸和扩展人类的智能，感知环境、获取知识并使用知识获得最佳结果的_____、_____和_____和应用系统。

2. 区块链是典型的跨领域、多学科交叉的新兴技术，通过集成创新，实现了数据不可篡改、数据集体维护、多中心决策等功能，可以构建_____、_____、_____、_____的价值信任传递链，从而赋能金融服务、产业升级、社会治理等方面的创新。

3. 区块链技术最显著的特点在于能够实现安全、可靠的分布式协同计算，主要特点可以总结为以下 6 点：_____、_____、_____、_____、_____、_____。

4. 区块链系统可以大致分为_____、_____和_____3 类。

5. _____是指创建数字内容来取代用户所在的真实世界环境。_____是指将创建的数字内容叠加到用户所在的真实世界环境中。_____是指将数字内容与真实世界环境融合在一起。

6. VR 技术有 3 个主要特征：_____、_____和_____。

7. AR 技术有 3 个特征：_____、_____、_____。

8. 物联网并不是简单地把物品连接起来，而是通过_____之间、_____之间的信息互动，使社会活动的管理更加有效，人类的生活更加舒适。

9. 从物联网的整体架构上来说，可以大致分成三层，分别是_____、_____、_____。

10. 物联网的安全包括_____安全、_____安全、_____安全和_____安全。

四、简答题

1. 简述在人工智能的发展历程中，推动人工智能技术发展的关键技术。

2. 描述人工智能在医疗领域的应用，并解释其如何提高医疗服务水平。

3. 简述区块链的定义、特点和主要技术类型。

4. 区块链体系结构中的五层是哪些？它们之间的逻辑关系是什么？

5. 区块链的产生和发展有何意义？

6. 保证区块链数据不可篡改的关键点是什么？

7. 什么是 VR？什么是 AR？什么是 MR？简述三者的关系与异同。

8. 简述物联网的定义，分析物联网中"物"的概念。

9. 物联网架构总共分为几层？每层的主要组件和功能有哪些？

10. 为什么说物联网的安全有特殊性？

11. 物联网的感知层可能遇到的主要安全问题有哪些？

参 考 文 献

[1] 马丁·坎贝尔-凯利,威廉·阿斯普雷,内森·恩斯门格,等.计算机简史[M].蒋楠,译.3 版.北京:人民邮电出版社,2020.

[2] 董荣胜.计算机科学导论:思想与方法[M].4 版.北京:高等教育出版社,2024.

[3] 张凯.计算机导论[M].2 版.北京:清华大学出版社,2020.

[4] 罗晓娟,罗雪兵,严海涛.计算机基础[M].北京:清华大学出版社,2023.

[5] 汤小丹,王红玲,姜华,等.计算机操作系统:慕课版[M].北京:人民邮电出版社,2021.

[6] 罗宇,文艳军.操作系统[M].5 版.北京:电子工业出版社,2019.

[7] 刘子龙,陶凌梅,胡晓燕.WPS Office 2022 办公应用入门与提高[M].北京:清华大学出版社,2023.

[8] 韩丽,张旭.WPS Office 高级应用与设计标准教程[M].北京:清华大学出版社,2023.

[9] 眭碧霞.信息技术基础[M].北京:高等教育出版社,2019.

[10] 中国互联网络信息中心.第 53 次中国互联网络发展状况统计报告[EB/OL].(2024-3-22).https://www.cnnic.net.cn/n4/2024/0322/c88-10964.html.

[11] 谢希仁.计算机网络[M].8 版.北京:电子工业出版社,2021.

[12] 汪涛.无线网络技术导论[M].2 版.北京:清华大学出版社,2012.

[13] 于萍,孙启隆,齐长利.多媒体技术与应用[M].北京:清华大学出版社,2019.

[14] 徐晓华.多媒体技术应用[M].北京:电子工业出版社,2021.

[15] 张翼英,张茜,张传雷,等.人工智能导论[M].北京:中国水利水电出版社,2021.

[16] 王吉伟.AI Agent 发展简史,从哲学思想启蒙到人工智能实体落地[J].大数据时代,2023(12):6-19.

[17] 弗朗索瓦·坎德龙.AI 治理即将到来[J].孙琪梦,译.国际贸易译丛,2022(2):32-38.

[18] 费小兵.良知与正当共时性存在下的算法正义原则:兼反思赫拉利《未来简史:从智人到智神》之提问[J].上海大学学报(社会科学版),2024,41(3):19-36.

[19] 王康,肖蓉,赖晶亮,等.虚拟现实技术导论:微课版[M].北京:人民邮电出版社,2023.

[20] 贾坤,康晓娜,杨露,等.物联网技术及应用教程[M].北京:清华大学出版社,2023.

[21] 沈建华,王慈.嵌入式系统原理与物联网实践[M].北京:清华大学出版社,2022.

[22] 人力资源社会保障部专业技术人员管理司.区块链工程技术人员:区块链技术基础知识[M].北京:中国人事出版社,2021.

图 书 资 源 支 持

感谢您一直以来对清华版图书的支持和爱护。为了配合本书的使用，本书提供配套的资源，有需求的读者请扫描下方的"书圈"微信公众号二维码，在图书专区下载，也可以拨打电话或发送电子邮件咨询。

如果您在使用本书的过程中遇到了什么问题，或者有相关图书出版计划，也请您发邮件告诉我们，以便我们更好地为您服务。

我们的联系方式：

清华大学出版社计算机与信息分社网站：https://www.shuimushuhui.com/

地　　址：北京市海淀区双清路学研大厦 A 座 714

邮　　编：100084

电　　话：010-83470236　010-83470237

客服邮箱：2301891038@qq.com

QQ：2301891038（请写明您的单位和姓名）

资源下载：关注公众号"书圈"下载配套资源。

资源下载、样书申请

图书案例

书 圈

清华计算机学堂

观看课程直播